高等学校"十三五"规划教材·工程管理系列

U0269576

BIM 管理与应用

张静晓　　**主　编**

谢海燕　樊松丽　　**副主编**
李　慧　毛　超

人民交通出版社股份有限公司

China Communications Press　Co.,Ltd.

内 容 提 要

本书力求结合学生未来就业岗位来确定学习范围,编制学习内容,具有"针对性、实用性、系统性、先进性"等特色。本书立足工程项目管理视角,从 BIM 基本概念入手,分析 BIM 基本理论和 BIM 技术基础;进一步融合 BIM 全寿命周期,以工程管理相关参与方为基点,对 BIM 与工程规划设计阶段项目管理、BIM 与工程施工阶段的项目管理、BIM 与项目运营阶段的项目管理、BIM 在工程项目决策中的应用和效益 4 个方面进行理论阐述,在此基础上,对 BIM 大数据策略与应用管理进行理论阐述,并由此切入 BIM 应用实践。全书共分九章,主要内容包括 BIM 概述、BIM 技术基础、工程规划设计阶段 BIM 管理等,注重基本概念的讲解和 BIM 技术的应用。

本书可作为高等教育工程管理、工程造价、建筑信息管理等专业全日制本、专科的教材,还可供建筑工程技术人员及从事信息管理的工作人员学习参考。

图书在版编目(CIP)数据

BIM 管理与应用 / 张静晓主编. — 北京 : 人民交通出版社股份有限公司, 2017.4

ISBN 978-7-114-13657-3

Ⅰ.①B… Ⅱ.①张… Ⅲ.①建筑设计 – 计算机辅助设计 – 应用软件 – 高等学校 – 教材 Ⅳ.①TU201.4

中国版本图书馆 CIP 数据核字(2017)第 023906 号

高等学校"十三五"规划教材·工程管理系列

书　　名:BIM 管理与应用
著 作 者:张静晓
责任编辑:李　瑞
出版发行:人民交通出版社股份有限公司
地　　址:(100011)北京市朝阳区安定门外外馆斜街 3 号
网　　址:http://www.ccpress.com.cn
销售电话:(010)59757973
总 经 销:人民交通出版社股份有限公司发行部
经　　销:各地新华书店
印　　刷:北京市密东印刷有限公司
开　　本:787×1092　1/16
印　　张:20.5
字　　数:481 千
版　　次:2017 年 4 月　第 1 版
印　　次:2020 年 12 月　第 3 次印刷
书　　号:ISBN 978-7-114-13657-3
定　　价:45.00 元

(有印刷、装订质量问题的图书,由本公司负责调换)

前　言

　　国际承发包市场 BIM 应用的巨大市场利润已深深带动中国国内建筑市场 BIM 应用,而 BIM 人才培养和教育是 BIM 在中国国内应用的一个重要障碍。高等教育专业作为培养土木工程与管理人才的摇篮,必须承担起建筑行业 BIM 发展的人才培养重任,跟上国际建筑产业发展的 BIM 步伐。对于高校工程管理教育来说,这是信息化背景和建筑行业未来发展需求趋势下我国工程管理教育必须面对的教育范式转型问题,即通过工程管理 BIM 教育改革,工程管理专业人才培养需要从目前传统的图表教学、单纯的软件技能教育(包括工程造价软件、工程项目管理软件)等,向以建筑信息系统或者建设工程大行业、大数据、大平台为核心的工程管理技术和管理教育模式转变。

　　目前,BIM 技术与管理正全面融入工程管理、工程造价、建筑信息管理等专业。为此,许多高校工程管理、工程造价等本科专业及建筑信息管理等专科专业,先后开设 BIM 管理和技术相关课程,以培养既懂技术和经济,又懂法律和管理的复合型人才。为满足高校对工程造价、工程管理、土木工程等专业的教材或教学参考书的要求,根据高校土建类专业的人才培养目标、教学计划、建筑工程计量与计价课程的教学特点和要求,依据《高等学校工程管理本科指导性专业规范》《高等学校工程造价本科指导性专业规范》的最新规定,编写了本书。

　　本书立足工程项目管理视角,从 BIM 基本概念入手,分析 BIM 基本理论和 BIM 技术基础;进一步融合 BIM 全寿命周期,以工程管理相关参与方为基点,对 BIM 与工程规划设计阶段项目管理、BIM 与工程施工阶段的项目管理、BIM 与项目运营阶段的项目管理、BIM 在工程项目决策中的应用和效益 4 个方面进行理论阐述,在此基础上,对 BIM 大数据策略与应用管理进行理论阐述,并由此切入 BIM 应用实践。

　　本书力求结合学生未来就业岗位来确定学习范围,编制学习内容,具有"针对性、实用性、系统性、先进性"等特色。本书可作为高等教育工程管理、工程造价、建筑信息管理等专业全日制本、专科的教材,还可供建筑工程技术人员及从事信息管理的工作人员学习参考。

全书共分九章,包括 BIM 概述、BIM 技术基础、工程规划设计阶段 BIM 管理等,注重基本概念的讲解和 BIM 技术的应用。为便于教学和自学,本书每个章节都附有例题,对学生准确把握 BIM 实质、正确理解 BIM 理论知识并灵活运用 BIM 理念有着非常重要的意义。

由河南职业技术学院樊松丽编写第一章,重庆大学毛超和长安大学周鹤编写第二章第一至三节,伊利诺伊州立大学谢海燕编写第二章第四节和第九章第七至九节,长安大学张静晓编写第三章至六章,长安大学李慧编写第七章、第八章及第九章第一至六节,硕士研究生翟颖、唐晓莹、李娇、王引和张鹤立为本书的资料搜集付出了艰辛努力,周鹤、张晨馨、闫丽璐负责本书初稿排版和 PPT 制作,全书由长安大学张静晓教授主编和统稿。同时,本书在编写过程中参考了大量的规范、政策标准等相关专业资料和文献,对这些资料、文献的作者及提供者表示深深地谢意。

由于诸多原因,教材中难免存在疏漏,敬请广大读者、同行专家批评指正。

作　者
2017.3

目　　录

第一章 BIM概述

📊 **学习目的与要求**

　　本章主要介绍 BIM 的概念及特征、BIM 发展状况、BIM 应用、BIM 标准和相关政策,并给出全书导图,对全书的章节分布进行简要说明。通过本章学习,要求学生能对 BIM 有较详细的了解。

第一节　BIM 基本概念及特征

　　建筑业是中国国民经济的支柱性产业之一,每年完成的工程量居世界之首,然而相比其他行业,其效率相对低下。随着工程建设规模日趋增大,项目参与方日趋增多,在设计与施工过程中,跨越专业、地域、参与方及项目阶段的协同工作变得越来越重要,信息交流与信息管理成为项目的关键因素。若采用传统的阶段式项目管理方式以及基于 2D 图纸的信息交流,则会导致信息丢失、滞后或传递错误,导致项目产生进度风险和大量浪费。

　　建设行业这些问题引发了人们在两个方向上的研究与探索:一是从阶段式项目管理转向建设项目全寿命周期管理(Building Life cycle Management,BLM)的研究,从项目全寿命周期视角研究信息交流的需求与信息管理方法。目前,BLM 理论与方法日趋成熟,已广泛用于管理实践。第二个方向是借鉴制造业的先进管理理念和技术,研究建筑信息模型(Building Information Modeling,BIM)在规划、设计、施工与设施管理过程中的应用。BIM 技术已在全球建设工程项目领域受到广泛重视,BIM 正推动建设行业信息化发展变革。

　　BIM 的信息资源共享,是建筑行业信息化管理的一个突破手段,它能够整合建设工程全寿命周期阶段各个项目参与方之间的信息协同、共享集成与应用。借助 BIM 进一步的发展,越来越多的信息加载到建筑模型,形成数字化的基础,同时,综合利用物联网、无线互联等技术,实现广泛的城镇信息化,推动智慧城市的发展,从而使人类的生活更加便捷,这就是行业赋予 BIM 的使命,即解决项目不同阶段、不同参与方、不同应用软件之间的信息结构化组织管理和信息交换共享的问题,使得合适的人在合适的时候得到准确、及时、充分的信息。

　　BIM 是建筑领域的第四次革命,其余三次革命如表 1-1 所示。

建筑领域的四次革命 表1-1

建筑行业信息革命	技术名称	普及时间	特 征 及 应 用
第一次革命	个人电脑及互联网	20 世纪 80 年代后期	结构设计计算,存储电子文本
第二次革命	AutoCAD	20 世纪 90 年代	二维,绘制设计图
第三次革命	3DS Max	21 世纪初期	三维建模,可视化
第四次革命	BIM	21 世纪	协同管理,仿真模拟,碰撞检查

一、BIM 概念

(一)BIM 定义

BIM(Building Information Modeling)即建筑信息模型,最早由 Autodesk 公司提出。它以建筑工程项目的各项相关信息数据作为模型的基础,进行建筑模型的建立,通过数字信息仿真模拟建筑物所具有的真实信息。

1. Building

Building 指建筑工程,在 BIM 中可以理解为建设项目全寿命周期,从前期规划决策,到设计、施工以及运行维护,是一个建设项目的全过程。

2. Information

Information 指信息,在 BIM 中可以理解为信息、数据。在建设项目全寿命周期中,将会产生非常庞大的信息与数据,并分属于不同领域,如设计资料、施工管理资料等。将信息分类、系统汇总,并共享信息库,以供相关方使用,是 BIM 出现的意义,也是 BIM 的基础和关键。

3. Modeling

Modeling 即模型,在 BIM 中可以理解为建模。BIM 是一个建模过程,在建模中传递相应信息,是 BIM 的核心。

BIM 的定义有多种版本,较早时期,McGraw Hill(麦格劳·希尔)在 2009 年"BIM 的商业价值"市场调研报告中对 BIM 的定义比较简练,即 BIM 是利用数字模型对项目进行设计、施工和运营的过程。

2016 年 12 月,我国国家标准《建筑工程信息模型应用统一标准》发布,对建筑信息模型(BIM)的定义是:全寿命周期工程项目或其组成部分物理特征、功能特性及管理要素的共享数字化表达。

2015 年 7 月,美国国家 BIM 标准 NBIMS(第三版)发布的 BIM 定义比较权威,由以下三部分组成:

(1)BIM 是一个设施(建设项目)物理和功能特性的数字表达;

(2)BIM 是一个共享的知识资源,是一个分享有关这个设施的信息,为该设施从建设到拆除的全寿命周期中所有决策提供可靠依据的过程;

(3)在项目的不同阶段,不同利益相关方通过在 BIM 中插入、提取、更新和修改信息,以支持和反映其各自职责的协同作业。

2016 年 12 月,我国国家标准《建筑工程施工信息模型应用标准》发布对建筑信息模型

（BIM）的定义包含两个方面：①建设工程及其设施物理和功能特性的数字化表达，在全寿命周期内提供共享的信息资源，并为各种决策提供基础信息，简称模型；②建筑信息模型的创建、使用和管理过程，简称模型应用。

因此，BIM 主要涉及技术领域与管理领域。BIM 以建设工程项目的各项相关信息数据作为技术基础，建立模型，通过数字信息仿真模拟建筑物所具有的真实信息，对建设项目全寿命周期各个阶段进行工程管理。本书从工程管理视角展开对 BIM 技术的介绍，主要包括 BIM 发展过程、技术基础、在建设项目全生命周期管理中各项目参与方的 BIM 管理及 BIM 大数据的应用管理等。

（二）BIM 内涵

1. BIM 应用于建设项目全寿命周期

从以上定义可看出，BIM 参与项目建设全生命周期的各项活动，贯穿项目全过程，实现各个环节协同运作。通过应用 BIM 手段，提供信息管理和共享的方法，实现 BLM（BIM 全寿命周期管理）的目的。BIM 涉及建设项目各项活动如图 1-1 所示。

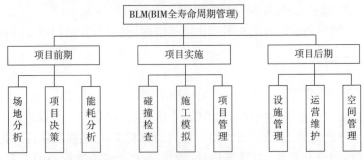

图 1-1　BIM 涉及建设项目各项活动

2. BIM 的信息载体是多维（nD）

BIM 通过创建并利用数字模型对项目全寿命周期进行管理，它实现了从传统二维到三维绘图，甚至 n 维的转变，使建筑信息更加全面、直观的展现，众多行业专家认为"多维工程信息模型"是对 BIM 最贴切的解释。BIM 的 n 个维度如表 1-2 所示。

BIM 的 n 个维度　　　　　　　　　　　　　　　表 1-2

BIM 维度	相 应 特 性	价 值 体 现
3D	3D 可视化，立体造型	立体直观表现设计模型，进行碰撞检查
4D	3D + 进度计划	动态模拟施工过程，方便进度管理
5D	4D + 造价信息	统计工程量，提供资源量信息，实施监控造价管理，提高利润
6D	5D + 建设项目性能分析	关联数据库，全寿命周期全方位信息集成，实现可持续建筑的精细化管理
nD	各种维度的分析和优化	建筑产业链信息共享，更广泛的自动化和智能化应用等

随着 BIM 应用的不断扩大和深入，可以通过各种维度进行建设项目的分析和优化，政府、行业、产业、企业以及工作过程之间信息相互协作，从而实现更广泛的自动化和智能化应用。

BIM n 维以数据中心为基础,以模型中心为载体,以应用中心为核心价值,其内涵如图 1-2 所示。

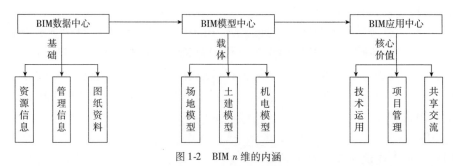

图 1-2　BIM n 维的内涵

BIM 正是这样一种技术、方法和理念,通过集成项目信息的收集、管理、变换、更新、存储过程和项目业务流程,为建设项目全寿命周期中的不同阶段、不同参与方提供及时、准确、充足的信息,支持相互之间的信息交流和共享,使工程技术和管理人员能够对各种建筑信息做出高效、正确的理解和应对,为多方参与的协同工作提供坚实基础,并为建设项目从决策到运营维护全寿命周期中各参与方的决策提供可靠依据,进而提升工程建设行业发展水平。

二、BIM 基本特征

BIM 不是一个软件或者几个软件的组合,它是一种新的工作方式,是一个强大的综合性工具,它可以改变建筑产业中的设计方式,建造手法,经营和维护工程设施的理念及方法,它涉及从规划、设计理论到施工、维护技术的一系列创新和变革,是建筑业信息化的发展趋势。

BIM 采用多维数字化技术,对建筑设计、建造及运营维护过程中的方案进行可视化展示、分析和优化,把 CAD 时代只能在建造过程发现的设计中的一些遗漏或错误,在多维数字化模型中预先发现并解决。BIM 能够提高人们对全寿命周期内的建筑物信息的控制。其基本特征如表 1-3 所示。

BIM 基本特征　　　　　　　　　　　　　　　　　　　　表 1-3

BIM 基本特征	相 应 优 点
可视化	立体模型,容易理解
协调性	信息共享平台,方便有效沟通协调
模拟性	施工模拟及监控,提高设计、施工及管理效率
优化性	碰撞检查,优化方案
可出图性	汇总信息,形成综合施工图
信息整合能力强	信息共享,提高信息传递、使用效率

（一）可视化

可视化是指"所见即所得"。对于建筑行业来说,可视化的真正运用能够起到非常大的作用。例如拿到的施工图纸,只是各个构件的信息在图纸上的线条化表达,但是其真正的构造形式就需要建筑业参与人员去自行想象。对于一般简单的建筑来说,这种想象未尝不可,但当前建筑形式各异,造型复杂,光靠人脑去想象变得并不现实。而 BIM 提供了可视化的思路,将线条式的构件形成一种三维的立体实物图形展示在人们的面前,并且 BIM 可视化能够同构件相互之间形成互动性和反馈性。

在建筑信息模型中,整个过程都是可视化的,其可视化的效果不仅可以展示效果图及生成报表,更重要的是项目设计、建造、运营过程中的沟通、讨论、决策都在可视化的状态下进行,更加方便,效果更好。

(二)协调性

这属于建筑业中的重点内容,因为不管施工单位、业主还是设计单位,均在做协调及相互配合的工作。一旦项目实施过程中遇到问题,需要相关人士开协调会,找到原因及解决办法,做出变更及相应补救措施来解决问题。但这种协调是出现问题后的协调,是事后补救措施。在设计时,由于各专业设计师之间的沟通不充分,可能会出现各专业之间碰撞的问题。例如结构设计中梁等构件会妨碍暖通等专业中的管道布置,但很可能到施工时才发现问题。

使用 BIM 能有效协调流程,减少不合理变更方案或者问题变更方案。例如基于 BIM 的三维设计软件在项目管线综合设计周期里,能够清晰、高效率地与各系统专业进行有效沟通,更好地满足工程需求,提高设计品质。

(三)模拟性

在设计阶段,BIM 可以进行模拟实验,例如节能模拟、日照模拟、热能传导模拟等,以便优化设计。施工阶段,通过四维施工模拟与施工组织方案的结合,能够使设备材料进场、劳动力分配、机械排班等各项工作的安排变得最为有效、经济;BIM 还可以实现数字化的监控模式,更有效地管理施工现场。后期运营阶段可以进行日常紧急情况处理方式的模拟,如地震人员逃生模拟及消防人员疏散模拟等。

(四)优化性

事实上整个设计、施工、运营的过程就是一个不断优化的过程。

优化受三种因素的制约:信息、复杂程度和时间。信息包括几何信息、物理信息、规则信息,还反映了建筑物变化以后的实际存在。当复杂程度高时,参与人员本身的能力无法掌握所有的信息,必须借助一定的科学技术及设备的帮助。现代建筑物的复杂程度是参与人员难以想象的,且参与人员能力有限,BIM 及与其配套的各种优化工具则提供了对复杂项目进行优化的可能。基于 BIM 的优化可以做下面的工作:

(1)项目方案优化:把项目设计和投资回报分析结合起来,设计变化对投资回报的影响可以实时计算出来,这样业主对设计方案的选择就不会主要停留在对样式形状的评价上,而更多的可以使得业主知道哪种项目设计方案更有利于自身的需求。

(2)特殊项目的设计优化:例如裙楼、幕墙、屋顶、大空间到处可以看到的异型设计,这些内容看起来占整个建筑的比例不大,但是占投资和工作量的比例和占整个建筑的比例相比却往往要大得多,而且通常也是施工难度比较大和施工问题比较多的地方,对这些内容的设计施工方案进行优化,可以显著地缩短工期和降低造价。

(五)可出图性

对建筑物进行可视化展示、协调、模拟、优化以后,BIM 技术可以协助形成综合施工图,如综合管线图、碰撞检测错误报告和建议改进方案等使用的施工图。

(六)协同作业

传统的信息交换方式是一种分散的信息传递模式,各参与方必须相互交换信息才能获取自己所需的信息以及将信息传递出去。而 BIM 联合了建筑项目的各参与方，强调多工种、多行业协同进行建模工作，为建设行业各环节质量和效率的提升提供了方法和保障。同时，由于 BIM 信息整合能力强，各参与方只需将信息数据提交至 BIM 信息数据库，即可在数据库中实现信息共享，这种信息交换模式简化了信息传递路径，提高了信息传递效率，实现了协同作业。

第二节　BIM 的发展

一、BIM 产生阶段

BIM 思想产生于 20 世纪 70 年代，最早的记载可追溯至 1975 年美国乔治亚理工学院的 Chuck Eastman 在研究报告《建筑描述系统概述》（An Outline of the Building Description System）中提出的"建筑描述系统"（Building Description System）。此理念描述为：便于实现建筑工程的可视化和量化分析，提高工程建设效率。Chuck Eastman 因此被业界称为"BIM 之父"。20 世纪 80 年代，美国和欧洲分别提出 Building Product Model 和 Product Information Model 的概念，此时为 BIM 萌芽阶段。

2002 年，欧特克公司（Autodesk, Inc.）收购三维建模软件公司，在业界首次提出 BIM 的概念，并引入工程建设行业，推出相关软件，是建筑设计领域的创新。同时，在政府的引导推动下，BIM 受到广泛重视。但此阶段为 BIM 的产生阶段，主要是学术研究，无法实践应用。

二、BIM 发展阶段

进入 21 世纪，BIM 的研究和应用得到突破性进展。BIM 最先从美国发展起来，在制定 BIM 标准后就迅速得到推广和应用。之后，BIM 技术遍布于欧美工程建设行业，引发了前所未有的建筑变革。

BIM 发展里程碑事件如图 1-3 所示。

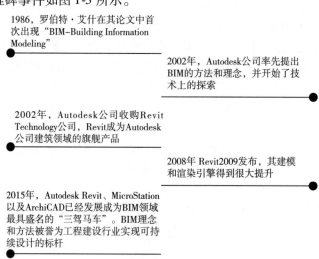

图 1-3　BIM 发展里程碑事件

目前,美国大多数建筑项目已经开始应用 BIM,而且兴起了各种 BIM 协会,也出台了各种 BIM 标准。英国政府要求强制使用 BIM,并提出阶段性目标,这些政策受到广泛重视,并得到有效执行。加拿大 BIM 委员会(CanBIM)等非政府组织联合起来,推动并促进 BIM 在整个建筑行业(包括公共和私营项目)的应用;加拿大也在积极推动利用 BIM 系统将居民生活、城市发展和自然环境进行持续发展的整合。韩国在运用 BIM 技术上十分领先,主要的建筑公司已经都在积极采用 BIM 技术。日本大量的设计公司、施工企业开始应用 BIM,而日本国土交通省也在 2010 年 3 月选择一项政府建设项目作为试点,探索 BIM 在设计可视化、信息整合方面的价值及实施流程。

2012 年,欧特克推出 Autodesk BIM 360,将 BIM 流程引入云端,结合其他相关软件,帮助用户在项目全寿命周期中对 BIM 的应用不断深化,并随时随地访问和分享 BIM 项目信息,这使得 BIM 得到更进一步发展。

2015 年 11 月,Bentley 软件公司发布最新 CONNECT 版本系列产品,借助这一产品,各类大型工程项目的交付在软件平台的支撑下首次进入通用环境,包括同样建模环境、通用数据环境等,将把基础设施领域带入数字化的无缝协同时代,这标志着 BIM 发展进入全新时代。

我国香港地区房屋署自 2006 年起,已率先试用建筑信息模型,积极推动 BIM 应用。我国大陆地区于 2004 年引入 BIM 技术和理念。最近几年 BIM 在国内建筑业形成一股热潮,除了前期软件厂商的大声呼吁外,政府相关单位、各行业协会与专家、设计单位、施工企业、科研院校等也开始重视并推广 BIM。

中国 BIM 发展过程如表 1-4 所示。

中国 BIM 发展过程　　　　　　　　　　　　　　　　　　表 1-4

时　间	BIM 发展过程	具 体 表 现
2002~2005 年	概念导入阶段	IFC 标准研究,BIM 概念引入
2006~2012 年	试点推广阶段	BIM 技术、标准及软件研究;大型建设项目试用 BIM
2013 年至今	快速发展及深度应用阶段	大规模工程实践;BIM 标准制定,政策支持

总之,BIM 发展迅速,在建筑工程中采用 BIM 已成为全球趋势。

第三节　BIM 应用

一、BIM 应用现状

(一)应用现状及存在问题

近年来,BIM 在建筑业的应用越来越广,越来越深入,其主要原因是:计算机软硬件技术和网络技术的发展为 BIM 应用提供了基础;城镇化进程和众多大型复杂项目的增多为 BIM 应用提供了市场需求;全球范围的节能减排要求,特别是可持续理念及生态环保理念的升华,提高了人们对建筑品质的要求,增大了人们对 BIM 技术应用效果的期望。

BIM 运用直观的三维信息模型,成为承载各方信息和数据的圆心,各方的诉求汇集于此,沟通均在该平台上完成,能极大地提高建设效率,降低出错率。BIM 数据平台实现各方信息共享如图 1-4 所示。

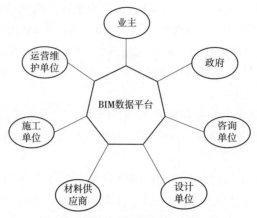

图 1-4　BIM 数据平台实现各方信息共享

BIM 能够应用于工程项目规划、勘察、设计、施工、运营维护等各阶段,实现建筑全寿命期各参与方在同一多维建筑信息模型基础上的数据共享,为产业链贯通、工业化建造和丰富建筑创作设计提供技术保障;支持对工程环境、能耗、经济、质量、安全等方面的分析、检查和模拟,为项目全过程的方案优化和科学决策提供依据;支持各专业协同工作、项目的虚拟建造和精细化管理,为建筑业的提质增效、节能环保创造条件。

BIM 分类及相关应用如表 1-5 所示。

BIM 不同分类及相关应用　　　　　　　　　　　表 1-5

BIM 功能角度分类	对象	细　分	具 体 内 容	特征及作用
技术方面	软件	基于绘图的 BIM 软件	建模软件	nD 可视化;方案优化;碰撞检查;应急管理模拟
		基于专业的 BIM 软件	建筑设计软件、结构设计软件、能耗及日照分析软件	
管理方面	项目主体	政府	项目监控、项目管理、设施维护管理等	全寿命周期应用,各方协同设计;节约成本、时间、工期;空间管理
		业主		
		咨询公司		
		设计单位		
		施工单位		
		运营维护单位		

BIM 在我国的应用主要集中在设计阶段。近几年来,业主对 BIM 的认知度也在不断提升,SOHO 董事长潘石屹已将 BIM 作为 SOHO 未来三大核心竞争力之一;万达、龙湖等大型房产商也在积极探索应用 BIM;上海中心大厦、上海迪士尼等大型项目要求在全寿命周期中使用 BIM,BIM 已经是企业参与项目的门槛;其他项目中也逐渐将 BIM 写入招标合同,或者

将 BIM 作为技术标的重要亮点。总体来说,大中型设计企业基本上拥有了专门的 BIM 团队,有一定的 BIM 实施经验;施工企业起步略晚于设计企业,不过不少大型施工企业也开始了对 BIM 的实施与探索,也有一些成功案例;运营维护阶段的 BIM 还处于探索研究阶段。

（二）BIM 发展措施

据调查,BIM 应用最重要的因素如图 1-5 所示。

设计企业前五类答案	施工企业前五类答案
1. 标准化/法规	1. 提升质量/准确度
2. 成本/利润	2. 效率/便利性
3. 效率/便利性	3. 项目管理/系统整合
4. 提高 BIM 熟悉程度/应用率	4. 提高 BIM 熟悉程度/应用率
5. 项目管理/系统整合	5. 成本/利润

图 1-5 BIM 应用最重要的因素

注:关于 BIM 应用的最重要因素——前五类答案(根据中国设计企业和施工企业的反馈)

根据调查结果可以看出,设计企业、施工企业认为成本/利润、效率/便利性以及提高 BIM 熟悉程度/应用率等是 BIM 应用的最重要因素。因此我国可以据此采取相应措施,推进 BIM 得到更好的发展和应用。

（1）中国的大型企业应鼓励和带动小型企业接受并推广 BIM。

相比于规模较小的同类企业,中国的大型设计企业和施工企业通常拥有更丰富的 BIM 应用经验。全球各地的研究表明,应用 BIM 的业内参与者越多,技能越强,BIM 的益处就越多,优势越明显。这意味着规模较小的企业也需参与其中。因此,业内领先的 BIM 用户需努力带动尚未应用 BIM 的企业;应用率较低的企业应更深入地参与进来;这两点至关重要。这将加速中国推广 BIM 应用的发展步伐。

（2）开发支持项目全寿命周期的三维族库

未来,BIM 最强大的功效将是支持整个项目全寿命周期运作,因此需要创建 BIM 三维族库,以供项目相关方在设计到运维的整个流程中使用。中国的设计企业和施工企业需要与建筑材料供应商协作,敦促其创建易于获取和使用的 BIM 族库,以便各公司减少在内部创建族库的需求。

（3）把握基于模型的预制

在许多先进的 BIM 市场中,最受重视的 BIM 应用之一是协调使用模型来推动装配件的场外及近场预制,从而整合多类分包商的工作。预制可以加快项目进度,因为装配件可以事先制造好,在运抵现场后于适当的时候直接安装。在车间内铸造装配件可更严谨地控制质量,避免其遭受天气的影响,且工作环境通常也更为安全。这种方法不仅可以减少现场的物料运送、存储、管理和浪费,还可以通过相对低廉的车间劳动力(而非更高昂的现场劳动力)来降低成本。

二、BIM 具体应用

BIM 的应用贯穿于整个项目全寿命周期的各个阶段：设计、施工和运营管理。BIM 电子文件能够在参与项目的各建筑企业间共享。建筑设计专业可以直接生成三维实体模型；结构专业则可取其中墙材料强度及墙体上孔洞大小进行计算；设备专业可以据此进行建筑能量分析、声学分析、光学分析等；施工单位则可取其墙上混凝土类型、配筋等信息进行水泥等材料的备料及下料；而物业单位也可以用之进行可视化物业管理。BIM 在整个建筑行业从上游到下游的各个企业间不断被完善，从而实现项目全寿命周期的信息化管理，最大化地体现 BIM 的意义。

BIM 包含了工程造价、进度安排、设备管理等多方面项目管理的潜能。可根据 BIM 模型得知丰富的建筑信息，有利于优化施工流程，可统筹管理材料、设备、劳动力等施工资源，提高项目整体的建造效率和建造质量。BIM 具体应用如图 1-6 所示。

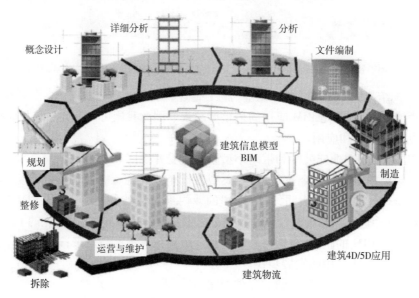

图 1-6　BIM 具体应用

BIM 是新兴的建筑信息化技术，同时也是未来建筑技术发展的大势所趋，建筑工程进行 BIM 管理，通常由业主方搭建 BIM 平台，组织业主、监理、设计、施工多方，进行工程建造的集成管理和全寿命周期管理。BIM 应用阶段及服务对象如图 1-7 所示。

信息化是建筑产业现代化的主要特征之一，BIM 应用作为建筑业信息化的重要组成部分，有望大幅度提高建筑工程的集成化程度，极大促进建筑业生产方式的变革，提高投资、设计、施工乃至整个工程寿命周期的质量和效率，提升科学决策和管理水平。BIM 应用如图 1-8所示。

（一）BIM 软件的应用

从技术角度看，BIM 以三维技术为基础，整合项目全寿命周期的不同信息，创建项目实体与功能为一体的数字化模型，集成应用于包括设计、施工和投产运营的建筑全寿命周期。相比于传统模式工序分散、信息化不足，BIM 提供的协同工作环境，可使项目生产交互进行，集成化程度高，能满足行业发展的需要。

例如,BIM 核心建模软件能够完成整个建筑项目的设计,包括方案设计、成果输出等。建模软件不仅可以通过建筑设计得到效果图和建筑动画,同时还可以生成建筑施工图,统计构建数量形成明细表,导入分析软件进行绿色建筑分析、结构计算,甚至综合各专业模型进行碰撞检测。与相关软件协同设计,建模结果即可产生指导施工的精确施工图,设计过程和设计结果均可视。

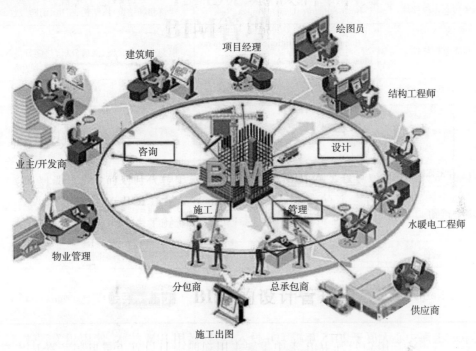

图 1-7　BIM 应用阶段及服务对象

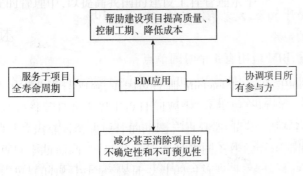

图 1-8　BIM 应用

结构分析软件可与 BIM 核心建模软件高度配合,基本上实现双向信息交换,即:结构分析软件可使用 BIM 核心建模软件的信息进行结构分析,分析结果可用于结构的调整,又可反馈到 BIM 核心建模软件中去,自动更新 BIM 模型。

根据 AGC(Associated General Contractors,即美国总承包协会)分类法,把 BIM 软件分为八大类,其分类及相关应用如表 1-6 所示。

BIM 软件分类及应用   表 1-6

BIM 软件分类	代表性软件	BIM 软件应用
概念设计和可行性研究软件	Revit Architecture、ArchiCAD、Vico office	创建和审核三维模型;概念设计和成本估算; 3D、5D 概念建模
BIM 核心建模软件	Revit Structure、Digital Project、Risa	建筑和场地设计;结构、机电、消防设计等
BIM 分析软件	Robot、Green Building Studio、Energy Plus	模型检查和验证;能量分析;热能分析等
加工图和预制加工软件	Revit MEP、CAD-Duct	加工图和工厂制造、预制加工
施工管理软件	Navieworks Manage、Solobri Model Designer	碰撞检查;模型协调;施工计划;施工管理
算量和预算软件	QTO、Visual Applications	计算工程量;施工图预算等
加工图和预制加工软件	Inventor、Revit、CATIA	制作建筑、结构、机电等加工图,进行预制构件的加工
计划软件	Navisworks Simulate、Sunchro Professional	编制项目计划;编制施工计划
文件共享和协同软件	Digital Exchange Server、Project Center、Share Point	文件共享和沟通;项目管理信息;信息协同

例如,上海中心大厦于 2015 年竣工并投入运营,运用 BIM 技术,使用相关软件,进行四维建模、优化图纸、各专业间碰撞检查,提前发现了 10 万多个问题,保守估计节约费用超过一亿元。以上海中心大厦的外幕墙为例,运用 BIM 技术后,绘制加工图效率提升 200%,加工图数据转化效率提升 50%,复杂构件测量效率提高 10%。

(二)BIM 管理的应用

从管理角度来看,BIM 应用有 4 个时间节点:

(1)规划设计:建立综合 BIM 模型,协调综合设计图纸并进行优化,提高设计质量,提供更专业的技能和服务,整体布置,科学规划;

(2)施工过程:进行施工进度、施工组织和可建设性模拟,有效指导施工,检查碰撞冲突,提高施工现场效率,降低成本,减少工期;

(3)运营维护:提供高效数据库,建立 BIM 竣工模型,进行灾害应急模拟,采取有效措施应对突发状况,并且方便后期维护管理;

(4)全寿命周期:整合各阶段的信息,构建信息共享平台,用于业主、政府监管部门、咨询管理方、设计方、施工方、物业管理单位等相关人员,共享信息,沟通交流,协同管理。

从建设项目全寿命周期看,BIM 在规划、设计、施工及运营维护阶段起到非常大的作用。详见本书相关章节。

从建设项目参与方看,各方对 BIM 的应用如表 1-7 所示。

BIM 项目参与方应用　　　　　　　　　　　　　表 1-7

项目参与方	BIM 应 用
业主	帮助项目决策;对比设计方案;项目沟通和协同;业主方项目管理;动态管理投资项目
政府监管部门	方便审批项目;随时监管建设项目;项目审计
咨询管理方	帮助业主对项目进行管理
设计方	优化设计;建立 3D 模型;各设计专业协调
施工方	虚拟建造;施工分析和规划;施工碰撞检查;施工项目管理;精确计算施工工程量及预算;施工过程电子监控
物业管理单位	运行维护管理;应急救援;空间管理

BIM 实现了施工图纸的三维可视化,改变了传统的 2D 施工图局面,从而实现了建筑物的 3D 设计与 3D 施工,以及 4D、5D 应用。BIM nD 更是加入了时间、成本、性能分析等,能够帮助业主、设计方、施工单位等进行项目规划,提高项目质量,降低项目成本,并优化项目进度。BIM 为项目所有参与方服务,实现了信息共享。

从技术角度看,BIM 使建筑工程更高效、更经济、更精确,使各工种配合得更好,减少了图纸的出错风险,在很大程度上提高了设计乃至整个工程的质量和效率。从管理角度看,BIM 不断提供质量高、可靠性强的信息,使建筑物的运作、维护和设施管理更好的进行。

三、BIM 应用价值

从调查数据看 BIM 应用价值:

根据 2016 年度 NBS 国际 BIM 报告(NBS International BIM Report 2016),2015 年五大 BIM 项目应用效益最明显。BIM 应用效益,BIM 为设计企业创造的应用价值,BIM 创造的内部商业价值以及七大 BIM 内部效益如图 1-9 ~ 图 1-12 所示。

根据调查,能够看出,中国早已开始将基于 BIM 的技术日益融入其强健的建筑经济中,并取得了巨大的应用价值。

四、BIM 应用趋势

BIM 技术在未来的发展必须结合先进的通信技术、计算机技术及先进的项目管理模式,才能够大大提高建筑工程行业的效率,预计将有以下几种应用发展趋势。

1. 移动终端的应用

随着互联网和移动智能终端的普及,人们现在可以在任何地点和任何时间来获取信息。而在建筑设计领域,很多承包商都为自己的工作人员配备移动设备,使工作人员在现场就可以进行设计。

目前正在开发的 3D 打印 + 无人机的技术,被称为"空中添加建筑制造"(Aerial Additive Building Manufacturing),简称 AABM。AABM 技术不仅能被用于灾后应急建筑的建设,还有可能成为一种改变所有建筑类型的新方法。未来有望通过 AABM,实现:无人机搜集现场信息→将搜集到的信息提供给 BIM 软件→设计结构→使用具有 3D 打印功能的携带了打印材料的多架无人机进行建设。

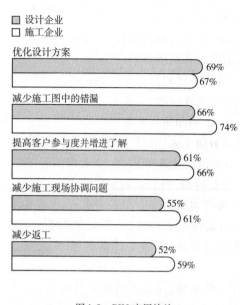

图 1-9　BIM 应用效益

注：五大 BIM 项目效益（按获得高/极高效益的中国企业占比呈现）

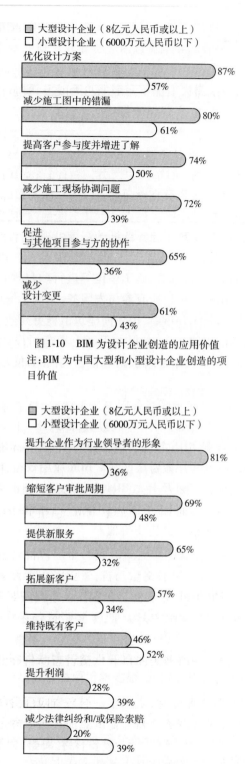

图 1-10　BIM 为设计企业创造的应用价值

注：BIM 为中国大型和小型设计企业创造的项目价值

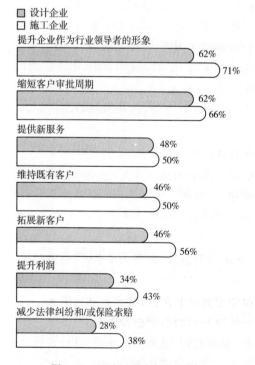

图 1-11　BIM 创造的内部商业价值

注：BIM 创造的内部商业效益（按获得高/极高效益的中国企业占比呈现）

图 1-12　七大 BIM 内部效益

注：七大 BIM 内部效益（根据获得高/极高效益的中国大型和小型设计企业的反馈）

2. 无线传感器网络的普及

现在可以把监控器和传感器放置在建筑物的任何一个地方,针对建筑内的温度、空气质量、湿度进行监测。然后,再加上供热信息、通风信息、供水信息和其他的控制信息。这些信息通过无线传感器网络汇总之后,提供给工程师,就可以对建筑的现状有全面充分的了解,从而对新的设计方案和施工方案提供有效的决策依据。

3. 与项目管理的集成应用

基于 BIM 的项目管理系统将越来越完善,甚至完全可代替传统的项目管理系统,基于 BIM 的项目管理也会促进新的工程项目交付模式 IPD(项目集成交付)得到推广和应用。IPD 是项目集成交付的英文缩写,是在工程项目总承包的基础上,要求项目各参与方在项目初期介入,密切协作并承担相应责任,直至项目交付。各参与方着眼于工程项目的整体过程,运用专业技能,依照工程项目的价值利益做出决策。在 IPD 模式下,BIM 与 PM(项目管理)集成应用可将项目相关方融入团队,通过扩展决策圈拥有更为广泛的知识基础,共享信息化平台,做出更优决策,实现持续优化,减少浪费而获得各方收益。因此,IPD 模式将是项目管理创新发展的重要方式,也是 BIM 与 PM 集成应用的一种新的应用模式。

4. BIM 与 PPP 相结合

2016 年已经迎来政府和社会资本合作(PPP)落地的大潮,但是,国内外实践表明,由于前期规划不当、特许经营期监管失利等原因会导致部分 PPP 项目失败,问题的症结之一在于当前建筑业信息管理的缺失。随着公司对 BIM 技术研究和应用的不断成熟,基于信息管理的视角,以现代信息技术为手段,将 BIM 技术应用于 PPP 项目,通过对项目各个阶段数据的收集、整理搭建 BIM 信息平台、BIM 协同平台以及 BIM 运维系统,以期实现对 PPP 项目全寿命周期的信息进行集成与管理,进而打通政府与社会资本之间的信息通道,搭建利益相关者共享的 PPP 项目信息平台,全面推动 PPP 项目的成果运作,促进 PPP 的良性发展和延续。PPP 与 BIM 组合必将有助于推动建设行业的健康快速发展,实现公众、政府、社会资本三方共赢的新局面。

5. 云计算技术的应用

云计算是一种基于互联网的计算方式,以这种方式共享的软硬件和信息资源可以按需提供给计算机和其他终端使用。BIM 与云计算集成应用,是利用云计算的优势将 BIM 应用转化为 BIM 云服务,这是未来发展的趋势。

基于云计算强大的计算能力,可将 BIM 应用中计算量大且复杂的工作转移到云端,以提升计算效率。基于云计算的大规模数据存储能力,可将 BIM 模型及其相关的业务数据同步到云端,并通过精细的权限控制及多种协作功能,满足项目各专业、全过程海量数据的存储、多用户同时访问及协同的需求,确保工程文档能够快速、安全、便捷、受控地在团队中流通和共享,大大提升管理水平和工作效率。

6. BIM 与数字化加工

数字化是将不同类型的信息转变为可以度量的数字,将这些数字保存在适当的模型中,再将模型引入计算机进行处理的过程。数字化加工则是在应用已经建立的数字模型的基础上,利用生产设备完成对产品的加工。

BIM 与数字化加工集成,意味着将 BIM 模型中的数据转换成数字化加工所需的数字模型,制造设备可根据该模型进行数字化加工。目前,主要应用在预制混凝土板生产、管线预制加工和钢结构加工三个方面。

未来,将以建筑产品三维模型为基础,进一步加入资料、构件制造、构件物流、构件装置以及工期、成本等信息,以可视化的方法完成 BIM 与数字化加工的融合。同时,更加广泛地发展和应用 BIM 技术与数字化技术的集成,进一步拓展信息网络技术、智能卡技术、家庭智能化技术、无线局域网技术、数据卫星通信技术、双向电视传输技术等与 BIM 技术的融合。

7. BIM 与物联网集成应用

物联网是通过射频识别、红外感应器、全球定位系统、激光扫描器等信息传感设备,按约定的协议将物品与互联网相连进行信息交换和通信,以实现智能化识别、定位、跟踪、监控和管理的一种网络。

BIM 与物联网集成应用,实质上是建筑全过程信息的集成与融合。BIM 技术发挥上层信息集成、交互、展示和管理的作用,而物联网技术则承担底层信息感知、采集、传递、监控的功能。二者集成应用可以实现建筑全过程"信息流闭环",实现虚拟信息化管理与实体环境硬件之间的有机融合。目前 BIM 在设计阶段应用较多,并开始向建造和运维阶段应用延伸,二者集成应用将会产生极大的价值。

在工程建设阶段,二者集成应用可提高施工现场安全管理能力,确定合理的施工进度,支持有效的成本控制,提高质量管理水平。如,临边洞口防护不到位、部分作业人员高处作业不系安全带等安全隐患在施工现场无处不在,基于 BIM 的物联网应用可实时发现这些隐患并报警提示。高空作业人员的安全帽、安全带、身份识别牌上安装的无线射频识别,可在 BIM 系统中实现精确定位,如果作业行为不符合相关规定,身份识别牌与 BIM 系统中相关定位会同时报警,管理人员可精准定位隐患位置,并采取有效措施避免安全事故发生。

在建筑运维阶段,二者集成应用可提高设备的日常维护维修工作效率,提升重要资产的监控水平,增强安全防护能力,并支持智能家居。

BIM 与物联网的深度融合与应用,势必将智能建造提升到智慧建造的新高度,开创智慧建筑新时代,是未来建设行业信息化发展的重要方向之一。未来建筑智能化系统,将会出现以物联网为核心,以功能分类、相互通信兼容为主要特点的建筑"智慧化"大控制系统。

总之,未来发展如果能够通过分享 BIM 让建设项目所有干系人在项目的全寿命周期都参与其中,那么,BIM 将能够实现它最大的价值。

第四节　**BIM 标准和相关政策**

BIM 的作用是将建筑项目各方面的信息在从规划设计、建造到运营维护的全寿命周期中无损传递。因此,要在建筑物几十年甚至上百年的寿命周期中方便地获取模型和相应的各类信息,同时要面对信息技术的不断发展、变化,BIM 标准就成为 BIM 推广应用的前提。BIM 作为一项新技术,其发展与应用需要政府的引导,并制定相关标准来提升 BIM 应用效果、规范 BIM 应用行为。

一、国外 BIM 标准和相关政策

国际上一些发达国家很早开始研究和制定 BIM 标准。2011 年,IAI(国际协同联盟)发布 IFC(Industry Foundation Classes)标准的最新版本,已经被国际标准化组织(ISO)接受;IFC 标准是面向对象的三维建筑产品数据标准,可以共享和交换 BIM 数据,其在建筑规划、设计、施工等领域获得广泛应用。

1. 美国 BIM 标准、政策

2015 年 7 月,美国国家建筑科学院及 buildingSMART 联盟发布"NBIMS-US V3"(第三版),这是一个基于多方共识的行业规范。从场地规划和建筑设计,到建造过程和使用经营,作为基于多方共识的实施标准,其覆盖了一个建筑工程的整个生命过程。

为了把 BIM 技术应用得更好,美国早在 2003 年就开始规定了具体的政策。2009 年 7 月,美国威斯康辛州成为第一个要求州内新建大型公共建筑项目使用 BIM 的州政府;该州国家设施部门发布实施规则要求从 2009 年 7 月开始,州内预算在 500 万美元以上的公共建筑项目都必须从设计开始就应用 BIM 技术。

2015 年 BIM 模型精度 LOD(模型精细度,用于描述 BIM 模型构建精度)标准(秋季版)在美国奥兰多正式发布。同时 LOD 编委会开始组织 LOD 认证,即 CD-BIM(建筑信息模型深化建模认证)网,为设计单位、项目协同工程师等提供认证。

2. 英国 BIM 标准、政策

2011 年 5 月,英国内阁办公室发布了"政府建设战略(Government Construction Strategy)"文件,其中有一整个关于建筑信息模型(BIM)的章节。该章节中明确要求,到 2016 年,全面协同 3D·BIM,并将信息化管理全部的文件。文件也承认由于缺少兼容性的系统、标准和协议,以及客户和主导设计师的要求存在区别,大大限制了 BIM 的应用。因此,政府将重点放在制定标准上,确保 BIM 产业链上的所有成员能够通过 BIM 实现协同工作。

英国建筑业 BIM 标准委员会于 2009 年 11 月发布了英国建筑业 BIM 标准[AEC(UK)BIM Standard];2011 年 6 月发布适用于 Revit 的英国建筑业 BIM 标准[AEC(UK)BIM Standard for Revit];2011 年 9 月发布适用于 Bentley 的英国建筑业 BIM 标准[AEC(UK)BIM Standard for Bentley Product]。2013 年 3 月,推出 PAS 1192-2 标准。这项标准作为英国政府建设策略的一部分,专门以加强工程交付管理及财务管理为目标,其主要目的是为了在总体上减少公共部门建设 20% ~30% 的费用支出。这些标准的制定都是为英国的 AEC 企业从 CAD 过渡到 BIM 提供切实可行的方案和程序。标准委员会成员来自于日常使用 BIM 工作的建筑行业专业人员,所以这些服务不只停留在理论上,更能应用于 BIM 的实际实施。

英国 CIC 在 2013 年 2 月颁布的这部"BIM 协议"已囊括了该国现行 BIM 深层次推广和应用过程中的一些亟待解决的法律问题,如 BIM 保险服务、BIM Manager 的角色定位,为 BIM 2016 计划执行层面提供的法律保障基础。

英国皇家特许测量师协会(RICS)于 2015 年 8 月发布 RICS 指导细则(第一版)"适用于成本控制经理的 BIM——BIM 模型的需求",为 5D 工程预算与 BIM 执行计划初期相关性方面提供了强有力的结构化指导。

英国政府规定,2016 年 4 月 4 日后,所有公共建设项目必须强制使用 3D BIM,并且所有期望获得政府工程项目的建筑集团,都必须证明自己拥有 BIM level 2 能力。此外,由国家提供资金支持的政府部门要在合同中提供"明确而且完整"的雇主信息需求(EIRs)。英国政府还公布自 2016 年 10 月 3 日起,每个政府部门必须具备"电子检验供应链 BIM 信息"的能力。

为配合 2016 BIM 强制令,帮助相关单位轻松识别建筑公司的 BIM 实施资质,英国标准协会(BSI)出台了一部针对 BIM 项目资本/交付阶段信息管理细则的认证方案,帮助行业甄别相关企业是否具备运用 BIM 技术进行项目交付的能力,以保证 BIM 市场的健康发展;该认证方案将为与政府部门相关的建筑公司带来巨大收益。

3. 澳大利亚 BIM 标准、政策

澳大利亚也制定了国家 BIM 行动方案,将 BIM 技术列为教育内容之一,并推行 BIM 示范工程。2016 年 2 月,国家基础设施建设局正式公布了未来十五年的基础设施发展战略——《澳大利亚基础设施规划》,作为澳大利亚首个长期性的全国基础设施规划,BIM 是其一大亮点,作为一种"追求最佳采购和交付实践"的方法。规划中还列出了"基础设施优先名单",涉及全澳 90 余个重大基础设施建设优先项目,其中悉尼西北地铁项目被地方政府强制列为 BIM 项目。

4. 亚洲发达国家 BIM 标准、政策

韩国公共采购服务中心(PPS)于 2010 年制定了 BIM 实施指南和路线图,规定先在小范围内作为试点应用,然后逐步扩大应用规模,力求到 2016 年实现全部公共设施项目试用 BIM 技术的目标。2010 年 1 月,韩国国土交通海洋部发布了《建筑领域 BIM 应用指南》。

2010 年,新加坡公共工程全面以 BIM 设计施工,要求 2015 年所有公私建筑以 BIM 送审及兴建。新加坡在 2012 年发布了新加坡 BIM 标准指南。在创造需求方面,新加坡规定政府部门必须带头在所有新建项目中明确提出 BIM 需求。2011 年,BCA 与一些政府部门合作确立了示范项目。BCA 将强制要求提交建筑 BIM 模型(2013 年起)、结构与机电 BIM 模型(2014 年起),并且最终在 2015 年前实现所有建筑面积大于 $5\ 000\text{m}^2$ 的项目都必须提交 BIM 模型的目标。

日本建筑学会于 2012 年 7 月发布了日本 BIM 指南,从 BIM 团队建设、BIM 数据处理、BIM 设计流程、应用 BIM 进行预算、模拟等方面为日本的设计院和施工企业应用 BIM 提供指导。

上述发达国家政府非常重视 BIM 的应用,从政府到学术组织的角度出发来制定 BIM 标准和指南。BIM 标准和指南的建立不仅实现了产业竞争力的提升,也带来了显著的经济效益。

二、国内 BIM 标准和相关政策

现代化、工业化、信息化是我国建筑业发展的三个方向,BIM 技术将成为中国建筑业信息化未来十年的主旋律。目前,BIM 理念已经在我国建筑行业迅速扩展,基于 BIM 的设计、施工和运维等应用已经成为不可逆转的中国 BIM 发展的趋势和方向。为此,政府出台多项标准政策指导和引领企业应用 BIM。

我国香港 BIM 发展较早,为成功推行 BIM,香港房屋署自行订立 BIM 标准、用户指南、组建资料库等,这些资料有效地为模型建立、管理档案,以及用户之间的沟通创造良好的环境。2009 年 11 月,香港房屋署发布了 BIM 用户指南,为各个项目主体提供指导。

我国内地针对 BIM 标准化进行了一些基础性的研究工作。2007 年,中国建筑标准设计研究院提出了《建筑对象数字化定义》(JG/T 198—2007)标准,并非等效采用了国际上的 IFC 标准《工业基础类 IFC 平台规范》,而是对 IFC 进行了一定简化。2010 年清华大学软件学院 BIM 课题组提出了《中国建筑信息模型标准框架》(China Building Information Model Standards,简称 CBIMS),框架中技术规范主要包括三个方面的内容:数据交格式标准(IFC)、信息分类及数据字典(IFD)和流程规则(IDM)。2012 年,住房和城乡建设部发布的"关于印发 2012 年工程建设标准规范制订修订计划的通知",宣告了中国 BIM 标准制定工作的正式启动,该计划中包含了《建筑信息模型应用统一标准》等 5 项跟 BIM 有关的标准,截至 2016 年 12 月份,大部分征求意见稿已经进入审批阶段。2015 年 6 月,住房和城乡建设部发布《关于推进建筑信息模型应用的指导意见》,强调 BIM 的全过程应用,指出要聚焦于工程项目全寿命期内的经济、社会和环境效益,在规划、勘察、设计、施工、运营维护全过程中普及和深化 BIM 应用;并提出了发展目标:到 2020 年年底,建筑行业甲级勘察、设计单位以及特级、一级房屋建筑工程施工企业应掌握并实现 BIM 与企业管理系统和其他信息技术的一体化集成应用。以国有资金投资为主的大中型建筑以及在申报绿色建筑的公共建筑和绿色生态示范小区新立项项目勘察设计、施工、运营维护中,集成应用 BIM 的项目比率达到 90% 。

上海申通地铁集团 2014 年 9 月发布了《城市轨道交通 BIM 应用系列标准》,包括:轨道交通工程建筑信息模型建模指导意见、交付标准、应用技术标准等。2015 年 8 月,上海市发布 BIM 技术应用咨询服务招标、合同示范文本,共计十八条,主要包括:工程概况、服务阶段、服务内容、人员配置和职责、服务期限、服务质量标准、服务费计算和合同价、委托人权利和义务、受托人权利和义务以及合同生效条件等内容,约定了合同当事人合同的权利和义务。示范文本有助于加快推进上海 BIM 技术应用过程,规范 BIM 技术应用咨询服务活动,维护合同当事人的合法权益。

深圳市建筑工务署 2015 年 5 月发布了全国首例政府工程的 BIM 标准《深圳市建筑工务署政府公共工程政府工程 BIM 应用实施纲要》《深圳市建筑工务署 BIM 实施管理标准》,包括 BIM 应用的形势与需求、政府工程实施 BIM 的必要性、BIM 应用实施内容等。

2015 年,住建部科技与产业化发展中心在住房和城乡建设部科研计划项目——"基于信息技术(BIM)的绿色建筑产品数据平台构建与应用研究"课题基础上,开发了住房和城乡建设产品 BIM 大型数据库,涵盖建设领域全部产品类别。BIM 数据库产品体系,是在国际 OmniClass 标准(建筑业分类体系)与《建筑产品分类和编码》(JG/T 151—2003)相结合的基础上进行规划的。BIM 数据库是覆盖建设领域,用于建设流程中设计、施工选型、招标采购与运行维护等各个阶段,通过网络共享的方式,让使用者在任何时间、任何地方都可以访问 BIM 数据库的建设信息集成平台。

截至 2016 年,中国工程建设标准化协会建筑信息模型专业委员会已发布多份 P-BIM 软件技术与信息交换标准征求意见稿,包括规划审批、绿色建筑设计评价、工程造价管理、混凝土结构施工等,大多数已经通过审批,预计很快会正式发布。这些标准从全寿命周期角度出发,以各阶段 P-BIM 为对象,内容包含相关方专业任务建筑信息模型数据读入、本专业工作规定、相关方专业任务建筑信息模型数据交付等。

各省(区、市)也陆续发布 BIM 各项指导意见与实施办法。国内相关部门及各地政府 BIM 相关标准政策如表 1-8 所示。

国内 BIM 相关标准和政策 表 1-8

发布单位	发布时间	标 准 政 策	要 点
住房和城乡建设部	2014.07	《关于推进建筑业发展和改革的若干意见》	推进建筑信息模型(BIM)等信息技术在工程设计、施工和运行维护全过程的应用,提高综合效益
	2015.06	《关于推进建筑信息模型应用的指导意见》	发挥企业在 BIM 应用中的主体作用,聚焦于工程项目全寿命期内的经济、社会和环境效益,通过 BIM 应用,提高工程项目管理水平,保证工程质量和综合效益
	2016.08	《2016—2020 年建筑业信息化发展纲要》	"十三五"时期,全面提高建筑业信息化水平,着力增强 BIM、大数据、物联网等信息技术集成应用能力
	2016.12	《建筑信息模型应用统一标准》	到 2020 年末,以下新立项项目勘察设计、施工、运营维护中,集成应用 BIM 的项目比率达到 90%:以国有资金投资为主的大中型建筑;申报绿色建筑的公共建筑和绿色生态示范小区
北京质量技术监督局	2014.05	《民用建筑信息模型设计标准》	提出 BIM 的资源要求、模型深度要求、交付要求,是在 BIM 的实施过程规范民用建筑 BIM 设计的基本内容
广东省住房和城乡建设厅	2014.09	《关于开展建筑信息模型 BIM 技术推广应用工作的通知》	目标:到 2020 年底,全省建筑面积 2 万平方米及以上的工程普遍应用 BIM 技术
上海市人民政府办公厅	2014.10	《上海市推进 BIM 技术应用指导意见》	政府通过分阶段、分步骤推进 BIM 技术试点和推广应用,到 2016 年底,基本形成满足 BIM 技术应用的配套政策、标准和市场环境
深圳市建筑工务署	2015.05	《深圳市建筑工务署政府公共工程 BIM 应用实施纲要》	总体实施目标:BIM 技术的实施必须是全系统的应用,方能实现 BIM 价值的最大化
湖南省政府	2016.01	《关于开展建筑信息模型应用工作的指导意见》	目标:在 2020 年底,建立完善的 BIM 技术的政策法规、标准体系,90% 以上的新建项目采用 BIM 技术
成都市城乡建设委员会	2016.12	《关于在成都市开展建筑信息模型(BIM)技术应用的通知》	设计单位在项目设计阶段相对应的 BIM 设计技术深度应满足《成都市民用建筑信息模型设计技术规定》(2016 版)的精度要求。并应对提交的 BIM 模型负责

随着建筑行业逐渐意识到 BIM 的价值以及 BIM 在全球的广泛应用,国际标准的规定也日渐明确;因为只有制定更好的标准才能提高全球市场对 BIM 工具的充分利用。国际建筑测量标准(International Construction Measurement Standards,以下简称 ICMS)可以有效支持 BIM 标准的实践,并提供如何在不同国家应用 BIM 的共同指南。

第五节　BIM 人才培养

BIM 技术理念发展迅速,在大学数字化建筑教学中以及企业培养人才中引入 BIM 可谓大势所趋。在 BIM 不断发展的背景下,迅速推广最新的建筑数字技术,实现建筑行业高质量、高效率、低成本发展,整体提升建筑业的信息化水平,已成为整个行业的当务之急。BIM 技术将成为未来建筑专业人员的必备技能,开展 BIM 教育,培养 BIM 人才迫在眉睫。

2015 年 7 月发布的《中国建筑施工行业信息化发展报告(2015)——BIM 深度应用与发展》及 2016 年 6 月发布的《中国建筑施工行业信息化发展报告(2016)——互联网应用与发展》,对 BIM 的应用与发展情况进行了分析,调研显示出企业缺乏 BIM 专业人才,反映了 BIM 人才在 BIM 技术过程中的重要作用,企业希望高等院校能够提供合格的 BIM 应用型人才。

通过国际上多个 BIM 项目,发现 BIM 发展过程中遇到的一个最大的问题就是缺乏人才,这使得 BIM 应用进展缓慢。当务之急就是培训企业人才以及大学开设 BIM 相关专业课程,培养 BIM 专业人才。

越来越多的建设项目相关企业在设计、招投标、施工、运维过程中使用 BIM 技术,这必然会导致企业对专业人才技能要求的变化,对毕业生能力的要求也会因企业的需求变化而变化,由原来传统岗位的设计、施工、管理等人才,向基于 BIM 的应用人才过渡,在学校内已掌握 BIM 应用技术的毕业生,也必将成为抢手的资源。

从市场需求的角度看,建筑行业需要 BIM 工程专业应用人才——能应用 BIM 技术完成工程项目全寿命周期过程中各种专业任务的专业人才,是具备工程能力 + BIM 能力的复合型人才,即这些人才既要具备完成工程项目建设过程中某项或几项工作任务的能力,又要具备应用 BIM 工具软件、流程提升工作质量和效率的能力。

项目级、企业级 BIM 应用人才和专业级 BIM 应用人才在软件操作能力上会有一个本质区别:专业级 BIM 人才一定要熟练应用本岗位相关软件,而项目级和企业级 BIM 人才需要管理团队成员应用自己可能不熟悉甚至不会用的软件实现项目 BIM 应用目标。

BIM 工程应用人才应具备的能力架构如图 1-13 所示。

BIM 专业应用人员的 BIM 能力从低到高分为 6 个层次或类型,分别说明如下:

(1)BIM 软件操作能力:即 BIM 专业应用人员掌握一种或若干种 BIM 软件,这至少应该是 BIM 模型生产工程师、BIM 信息应用工程师和 BIM 专业分析工程师三类职位必须具备的基本能力。

(2)BIM 模型生产能力:利用 BIM 建模软件建立工程项目不同专业、不同用途模型的能力,如建筑模型、结构模型、场地模型、机电模型、性能分析模型、安全预警模型等,是 BIM 模型生产工程师必须具备的能力。

(3)BIM 模型应用能力:使用 BIM 模型对工程项目不同阶段的各种任务进行分析、模拟、优化的能力,如方案论证、性能分析、设计审查、施工工艺模拟等,是 BIM 专业分析工程师需要具备的能力。

（4）BIM 应用环境建立能力：建立一个工程项目顺利进行 BIM 应用所需技术环境的能力，包括交付标准、工作流程、构件部件库、软件、硬件、网络等，是 BIM 项目经理在 BIM IT 应用人员支持下需要具备的能力。

（5）BIM 项目管理能力：按要求管理协调 BIM 项目团队实现 BIM 应用目标的能力，包括确定项目的具体 BIM 应用、项目团队建立和培训等，是 BIM 项目经理需要具备的能力。

（6）BIM 业务集成能力：把 BIM 应用和企业业务目标集成的能力，包括确认 BIM 对企业的业务价值、BIM 投资回报计算评估、新业务模式的建立等，是 BIM 战略总监需要具备的能力。

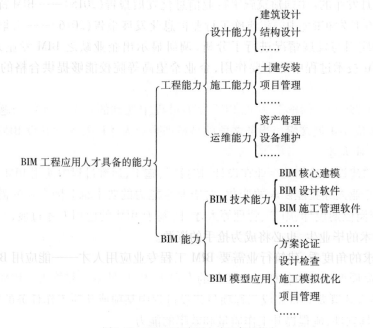

图 1-13　BIM 工程应用人才具备的能力

第六节　全书导图

BIM 已经成为 AEC 从业人员（建筑师、工程师、承包商、制造商和其他专业人员）的关键技能。行业需求决定了 BIM 人才培养结构。简单来说，BIM 包含的协同建模是建筑师设计意图沟通交流的有效工具，使用 BIM 冲突检测工具，建筑师可以在施工前减少失误和差错，会有更高的设计性能和工作满意度；BIM 可以完善整个建筑行业从上游到下游的各个企业间的沟通和交流环节，有能力实现项目全寿命周期的信息化管理。随着建筑物设计、招投标、施工、运营的不断发展推进，BIM 将在建筑的全寿命周期管理中不断体现其价值。

2013 版《高等学校工程管理本科指导性专业规范》（以下简称《规范》）按知识领域、知识单元和知识点三个层次构建工程管理专业知识体系，强调工程管理专业学生培养的知识体系是由知识而不是由课程构成。在《规范》中，BIM 更多体现为计算机及信息技术的专业应用,但是绝对不能将其等同为一门软件课程。从《规范》角度来看,工程管理人才培养 BIM 能力的实现,涉及技术、管理和合同等多方面知识,其培养层次如图 1-14 所示。

图 1-14　工程管理 BIM 教育培养层次

　　工程管理专业 BIM 人才应综合掌握与工程管理相关的技术、管理、经济、法律方面的理论和方法,具备在土木工程或其他工程领域进行设计管理、投资控制、进度控制、质量控制、合同管理、信息管理和组织协调的基本能力,具备发现、分析、研究、解决工程管理实际问题的综合专业能力。因此,本书认为不可能通过一门课程掌握 BIM 所需的所有技术和管理能力,合理的途径应该是 BIM 与《规范》所要求的五个知识领域进行交叉,依托工程管理人才培养的五大知识领域(即土木工程或其他工程领域技术基础、管理学理论和方法、经济学理论和方法、法学理论和方法及计算机信息技术领域),形成相应的 BIM 交叉知识单元和知识点,通过五个知识领域内相关课程对 BIM 交叉知识点进行学习,学习模式可采用分散学习、交互学习、独立学习等,进行工程管理 BIM 教育的能力结构培养。

　　基于五大知识体系与 BIM 的交叉知识单元和知识点,进行工程管理专业 BIM 能力的培养,其与其他专业相比,呈现以下特点:首先是实践深度和广度的区别——客观因素,其他工程类专业,如结构、土木和路桥专业等,BIM 环节一般局限于工程建设的某一具体方面,有比较精深的专业实践要求,对学生的专业实践能力要求更具体、更深入。这是由这些专业具有深度大、广度小的特点决定的,而工程管理专业却恰恰相反。其次,由于学制和时间等因素——主观因素,工程管理专业 BIM 能力培养不可能像上述其他工程类专业那样专注于工程建设的某一方面,如规划、设计、监理、施工、预算、工程财务、工程法律等方面。工程管理 BIM 教育必须融合在工程建设系统的认识和实践过程中以及融合在工程建设的交叉知识单元和知识点中。因此,工程管理 BIM 教育知识单元和知识点较宽泛,能力结构要求更加综合,既包括 BIM 核心工具技术和工程技术实践的要求,又容纳工程项目方面的素质和体验,还涵盖工程经济与管理方面的实践操作能力的培养。BIM 与《规范》的融合应该立足于 BIM 的基本原理与技术应用基础,从 BIM 全寿命周期角度,结合工程管理的利益相关者实践应用,突出 BIM 的数据集成平台核心地位,进行课程体系的构建、相关知识单元和知识点的融合。

　　因此,在此对书中各章节进行章节疏导,导图如图 1-15 所示。

　　(1)从 BIM 基本概念入手,引出 BIM 概述和 BIM 技术基础。

　　(2)从 BIM 全寿命周期入手,确定 BIM 应与工程管理的规划、设计、施工及交付运营阶段相结合。

（3）以工程管理相关参与方为基点，从 BIM 与工程规划设计阶段的项目管理、BIM 与工程施工阶段的项目管理、BIM 与项目运营阶段的项目管理、BIM 在工程项目决策中的应用和效益等四个方面进行理论阐述；需要注意的是，BIM 与合同管理始终贯穿以上四个方面。

（4）在以上 3 点的基础上，对 BIM 大数据策略与应用管理进行理论阐述，并由此切入BIM 应用实践。

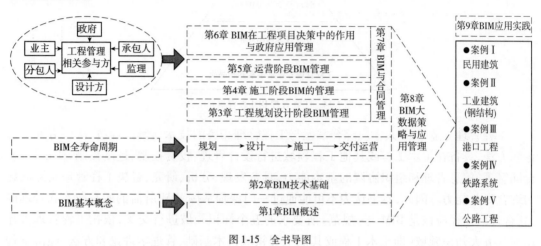

图 1-15　全书导图

章后习题

1. 谈谈你对 BIM 标准和相关政策的理解。

2. 讨论 BIM 的应用范围。

本章参考文献与延伸阅读

［1］宋麟. BIM 在建设项目生命周期中的应用研究［D］. 天津：天津大学，2013.

［2］NBS International BIM Report 2016［R］. Washington：NBS，2016.

［3］李烨. BIM 技术在 DB 模式中的应用研究［D］. 武汉：武汉理工大学，2014.

［4］宋勇刚. BIM 在项目设计阶段的应用研究［D］. 大连：大连理工大学，2014.

［5］刘俊颖. 工程管理研究前沿与趋势［M］. 北京：中国城市出版社，2014.

［6］PHV Fellow. GSA's National 3D-4D-BIM Program［J］. Design Management Review，2009，20（1）：39-44.

［7］侯江峰. BIM 技术在建筑工程项目管理中的应用研究［D］. 天津：天津工业大学，2016.

［8］NBS National BIM Report 2015［R］. Washington：NBS，2015.

［9］McGraw Hill Construction. The Business Value of BIM for Owners［R］. Bedford：SmartMarket Report，2014.

［10］McGraw Hill Construction. The Business Value of BIM in China［R］. Bedford：SmartMarket Report，2015.

［11］McGraw Hill Construction. The Business Value of BIM for Construction in Major Global

Markets：How Contractors around the World are Driving Innovation with Building Information Modeling[R]. Bedford：SmartMarket Report，2014.

[12] 何关培. BIM 第一维度——项目不同阶段的 BIM 应用[M]. 北京：中国建筑工业出版社，2013.

[13] 王婷. 国内外 BIM 标准综述与探讨[J]. 建筑经济，2014(05).

[14] 何关培. BIM 专业应用人才职业发展思考(二)——要求何种能力. http://blog. sina. com. cn/s/blog_620be62e0100v1za. html.

第二章 BIM技术基础

本章主要从 BIM 工具、BIM 系统、BIM 平台、BIM 参数等方面来阐述 BIM 技术基础。要求学生能够较深刻地理解 BIM 技术基础的方方面面。

第一节 BIM 工具

BIM 工具主要指常用的 BIM 软件系列。在了解 BIM 软件系列的基础上,还需熟悉 BIM 软件与 CAD 软件的区别,以便后续对 BIM 技术的全面理解。

一、BIM 软件系列

一般可以将 BIM 软件分成以下两大类型:

类型一:BIM 核心建模软件,包括建筑与结构设计软件(如 Autodesk Revit 系列、Graphisoft ArchiCAD 等)、机电与其他各系统的设计软件(如 Autodesk Revit 系列、Design Master 等)等。

类型二:基于 BIM 模型的分析软件,包括结构分析软件(如 PKPM、SAP2000 等)、施工进度管理软件(如 MS project、Naviswork 等)、制作加工图 Shop Drawing 的深化设计软件(如 Xsteel 等)、概预算软件、设备管理软件、可视化软件等。

本书将 BIM 软件分为设计类、施工类及与 BIM 核心软件(包括设计类与施工类)具有互用性的软件三类,并对其进行论述举例。

(一)BIM 设计类软件

BIM 设计类软件在市场上主要有五家主流公司,分别是 Autodesk、Bentley、Graphisoft/Nemetschek AG、Gery Technology 以及 Tekla 公司。各自旗下开发的系列软件如下:

● Autodesk——Revit Architecture 等

Autodesk 公司的 Revit 系列占据了最大的市场份额且是行业领跑者,包括:

Revit Architecture(建筑);

Revit Structure(结构);

Revit MEP(机电管道)。

Revit 是运用不同的代码库及文件结构区别于 AutoCAD 的独立软件平台。其特色包括:①该软件系列包含了绿色建筑可扩展标记语言模式(Green Building XML,即 ghXML),为能耗模拟、荷载分析等提供了工程分析工具;②与结构分析软件 ROBOT、RISA 等具有互用性;③能利用其他概念设计软件、建模软件(如 Sketchup)等导出的 DXF 文件格式的模型或图纸输出为 BIM 模型。

优势:软件易上手,用户界面友好;具备由第三方开发的海量对象库(Object libraries),方便项目各参与方多用户操作模式;各视图与三维模型双向关联功能(Bi-directional drawing support)支持信息、全局实时更新、提高准确性且避免了重复作业;根据路径实现三维漫游,方便项目各参与方交流与协调。

劣势:Revit 软件的参数规则(Parametric rules)对于由角度变化引起的全局更新有局限性,软件不支持复杂的设计(如曲面等)。

● Bentley——Bentley Architecture 等

Bentley 公司继开发出 MicroStationTriForma 这一专业的 3D 建筑模型制作软件(由所建模型可以自动生成平面图、剖面图、立面图、透视图及各式的量化报告,如数量计算、规格与成本估计)后,于 2004 年推出了其革命性的继承者:

Bentley Architecture(建筑);

Bentley Structural(结构);

Bentley Building Mechanical Systems(机械:通风、空调、水道);

Bentley Building Electrical Systems(电气);

Bentley Facilities(设备);

Bentley PowerCivil(场地建模);

Bentley Generative Components(设计复杂几何造型);

及 Bentley Interference Manager(碰撞检查)等系列软件。

除此之外,Bentley 公司还提供了支持多用户(multi-user)、多项目(multi-project)的管理平台 Bentley ProjectWise,其管理的文件内容包括:工程图纸文件(DGN/DWG/光栅影像),工程管理文件(设计标准/项目规范/进度信息/各类报表和日志),工程资源文件(各种模板/专业的单元库/字体库/计算书)。

该系列软件是基于文件形式的,即所有指令都写入文件以减少记忆内存。第三方开发了大量基于文件的应用,但由于与其他软件平台不匹配,用户需要转换模型形式。

优势:

(1)Bentley 提供了功能强大的 BIM 模型工具,涉及工业设计和建筑与基础设施设计的方方面面,包括建筑设计、机电设计、设备设计、场地规划、地理信息系统管理(Geographic Information System)、绘图(Mapping)、污水处理模拟与分析、厂房设备内外管理(Complete lifecycle management of inside and outside plant assets)、不规则设计等。

(2)相比于 Revit,Bentley 的先进之处在于基于 MicroStation 这一优秀图形平台,涵盖了实体、B-Spline 曲线曲面、网格面、拓扑、特征参数化、建筑关系和程序式建模等多种 3D 建模方式,完全能替代市面上各种软件的建模功能,能满足用户在方案设计阶段对各种建模方式的需求。Parametric Cell Studio 与 Generative Components 都是其强大的工具;Generative Components 作为参数化建模插件,可以帮助建筑师和工程师设计从前不可想象的自由曲面和不规则几何造型,其参数化的设计思路和工作模式使生成的几何体处于"可控的随机形态",即通过定义一系列几何元素的空间关系就可以在同一个空间实体上产生相当丰富的拓展变形,从而为设计师的形体构思提供多样化的参考,并可为施工图纸的生成提供精确的定位。

劣势:Bentley 系统软件具有大量不同的用户操作界面,不易上手;且 Bentley 系统各分析软件间需要配合工作,其各式各样的功能模型包含了不同的特征行为,很难在短时间内学习掌握;相比 Revit 软件,其对象库(Object libraries)的数量有限;其互用性差的缺点使其各不同功能的系统只能单独被应用。

• Graphisoft/Nemetschek AG——ArchiCAD

ArchiCAD 是历史最悠久的且至今仍被应用的 BIM 建模软件。早在 20 世纪 80 年代初,Graphisoft 公司就开发了 ArchiCAD 软件,2007 年 Nemetschek 公司收购 Graphisoft 公司以后,新发布了 11.0 版本的 ArchiCAD 软件,其不但可以在 Mac 操作平台应用,还可以运用在 Windows 操作平台。

ArchiCAD 与一系列软件均具有互用性,包括利用 Maxon 创建曲面和制作动画模拟、利用 ArchiFM 进行设备管理、利用 Sketchup 创建模型等。此外,ArchiCAD 与一系列能耗与可持续发展软件都有互用接口,如 Ecotect、Energy + 、ARCHIPHISIK 及 RIUSKA 等,且 ArchiCAD 包含了广泛的对象库(Object libraries)供用户使用。

优势:ArchiCAD 软件界面直观相对容易学习;具有海量对象库(Object libraries);具有丰富多样的支持施工与设备管理的应用;唯一的可以在 Mac 操作系统运用的 BIM 建模软件。

劣势:由 ArchiCAD 软件设计的 BIM 参数模型对于全局更新参数规则(Parametric rules)有局限性;ArchiCAD 采用的是内存记忆系统,对于大型项目的处理会遇到缩放问题,需要将其分割成小型的组件才能进行设计管理。

• Gery Technology——Digital Project

Dassault 公司开发的 CATIA 软件是全球被广泛应用的针对航空航天、汽车等大型机械设计制造领域的建模平台,而 Digital Project 是 Gery Technology 公司基于 CATIA 软件为工程建设项目定做开发的应用软件(二次开发软件),其本质还是 CATIA。

Digital Project 软件需要强大的工作站支持其运行,但这为 Digital Project 能够设计处理大型工程项目提供了必要条件。此外,Digital Project 与 Ecotect 等能耗设计软件具有互用性。

Digital Project 软件能够设计任何几何造型的模型,且支持导入复杂的特制的参数模型构件。CATIA 的逻辑结构是称为 Workbenches 的模件,用户可以重复使用由别的用户开发的模件,但 Digital Project 软件并没有此项功能。于是,Gery Technology 公司通过导入建筑模件(Architecture Workbench)和结构模件(Structure Workbench),将 Digital Project 软件的功能更加强大化。此外,使 Digital Project 软件同时与一系列模件协作:Knowledge Expert 支持基于规则的设计复核;Project Engineering Optimizer 根据所需功能要求优化参数设计;Project

Manager 跟踪管理模型构件。

另外,Digital Project 软件支持强大的应用程序接口以开发附加组件(Add-ones)。对于建立了本国建筑业需要的建设工程项目编码体系的许多发达国家,如美国、加拿大、新加坡等,可以将建设工程项目编码如美国所采用的 Uniformat 和 Masterformat 体系导入 Digital Project 软件,以方便工程预算。

优势:Digital Project 提供了强大且完整的建模功能;能直接创建大型复杂的构件,对于大部分细节的建模过程都是直接以 3D 模式进行。

劣势:Digital Project 软件的掌握需要很长的学习过程,用户界面复杂且初期投资高;其对象库(Object libraries)数量有限;建筑设计的绘画功能有缺陷。

- TeklaCorp.——TeklaStructure,Xsteel

Tekla 公司是 1966 年在芬兰创建的,其有多个专业分支,包括建筑、施工、基础设施及能耗。

Xsteel 是 Tekla 公司最早开发的基于 BIM 技术的施工软件,于 20 世纪 90 年代面世并迅速成长为世界范围内被广泛应用的钢结构深化设计软件。该软件可以使用 BIM 核心建模软件的数据,对钢结构进行针对加工、安装的详细设计,生成钢结构施工图(加工图、深化图、详图)、材料表、数控机床加工代码等。

为顺应欧洲及北美对于预制混凝土构件装配的需求,Tekla 公司将 Xsteel 的功能拓展到支持预制混凝土构件的详细设计、支持结构分析,并与有限元分析具有互用性,同时增加了开放性的应用程序接口。2004 年,具有拓展功能的 Xsteel 正式更名为 Tekla Structures,以反映其支持钢结构、预制混凝土构件、木结构以及钢筋混凝土结构的设计与结构分析。同时,其能够输出信息到数控加工设备(CNC fabrication equipment)及加工设备自动化软件(Fabrication plant automation software),如 Fabtrol(钢结构加工软件)及 Eliplan(预制件加工软件)。

优势:Tekla Structure 软件可以设计与分析各种不同材料及不同细节构造的结构模型;支持设计大型结构,如温哥华会展中心扩建工程(Vancouvcr Convention Center)即利用 Tekla Structures 软件设计与分析 3D 模型;支持在同一工程项目中多个用户对于模型的并行操作;少用甚至不用程序设计即能实现复杂的定制参数构件库(parametric custom component libraries)的编辑。

劣势:Tekla Structures 软件作为功能强大的工具,很难学习掌握以至于不能被完全地发挥功能;其不能从外界应用中导入多曲面复杂形体;购买软件费用昂贵。

(二)BIM 施工类软件

BIM 参数模型具有多维属性,对于施工阶段,4D(3D + time)模型的施工建造模拟与 5D(4D + cost)模型的造价功能使建设项目各参与方更清晰地预见和控制管理施工进度与工程造价。常见的 4D 应用软件和 5D 应用软件如下。

1.4D 应用软件

- Autodesk——Navisworks

Autodesk Navisworks Manage 软件是 Autodesk 公司开发的用于施工模拟、工程项目整体分析以及信息交流的智能软件。其具体的功能包括模拟与优化施工进度、识别与协调冲突与碰撞、使项目参与方有效沟通与协作以及在施工前发现潜在问题。Navisworks Manage 软件与 Microsoft Project 具有互用性,在 Microsoft Project 软件环境下创建的施工进度计划可以被导入 Navisworks Manage 软件,再将每项计划工序与 3D 模型的每一个构件一一关联,即可制作施工模拟过程。

优势:不论模型大小 Navisworks Manage 软件都可进行实时漫游;Navisworks 兼容多种模型格式,包括 Autodesk、ArchiCAD、MicroStation 以及 Solidworks 等;Navisworks 软件操作界面友好,便于掌握;Navisworks 的 3D Mail 功能允许设计团队的成员使用标准的 MAPI e-mail 进行交流,任一 3D 模型的特定场景视图可以和文字内容一同发送。

劣势:Navisworks Manage 软件由于其渲染与制作模拟动画的功能需求对于电脑的配置要求很高,且渲染花费的时间极长;对于变更后的模型再次导入 Navisworks,需要重新将每一个构件与进度计划的任务一一关联,工作量巨大且烦琐,故不适用大型项目。

- Bentley——Project WiseNavigator

Project WiseNavigator 软件是 Bentley 公司于 2007 年发布的施工类 BIM 软件,其以动态协作的平台使项目各参与方容易快速看到设计人员提供的包含设备布置、维修通道和其他关键设计数据的最初设计模型,并做出评估、分析及改进,以避免在施工阶段出现代价高昂的错误与漏洞。其具体的功能包括:①友好的交互式可视化界面方便不同用户轻松地利用切割、过滤等工具生成并保存特定的视图,进而分析错综复杂的 3D 模型;②检查冲突与碰撞,项目建设人员在施工前利用施工模拟能尽早发现施工过程中的不当之处,降低施工成本,避免重复工作;③模拟、分析施工过程以评估建造是否可行,并优化施工进度;④直观的三维实时漫游功能,用户可以根据需要简单地运用行走、飞行、自动巡视、旋转、缩放等功能模拟置身于建设项目的任何一个角落实时查看构件的工程属性。除此之外,Project WiseNavigator 对各种应用、行业标准及文件格式提供广泛的支持,一些 2D、3D 文件格式和所支持的应用包括:DGN、DWG、PDF、DWF、AutoPLANT、TriForma、PlantSpace、PDS、Google Sketchup、Google Earth、IGES、STEP、JPEG、TIFF 和 3DS。

优势:相比 Navisworks Manage 软件,成本低廉;软件支持的 2D、3D 文件格式广泛(DGN、DWG、DWF 等);可以同时浏览 2D 图纸与 3D 模型,软件界面友好;检查碰撞与模拟施工功能强大。

劣势:Project WiseNavigator 软件对于电脑配置要求较高,包括内存、硬盘、显卡等;在安装 Project WiseNavigator 软件之前必须安装 MicroStation Edition Software Prerequisite Pack 作为其前提包。

- Innovaya——VisualSimulation

VisualSimulation 软件是 Innovaya 公司开发的一款 4D 进度规划与可施工性分析的软件,与 Navisworks 相似处在于其能与 Revit 软件创建的模型相关联,且由 Microsoft Project 及 Primavera 进度计划软件创建的施工进度计划可以被导入该 4D 软件。用户可以方便地点击 4D 建筑模拟中的建筑对象,查看在甘特图中显示的相关任务;反之亦可。施工模拟可以有效地加强项目各参与方的沟通与协作,优化施工进度计划,为缩短工期、降低造价提供帮助。

优势:操作界面简单,易学习;与 Revit 模型及进度计划软件具有兼容性;进度任务与构件——关联,如对于模型设计变更软件可以自动完成更新、对于进度、计划变化软件也将在 4D 模拟施工时完成更新,且关联工作较 Navisworks 简单方便。

劣势:软件自动更新能力不强。虽然上述关联工作较 Navisworks 简单易行,但是 Visual Simulation 软件与进度计划任务及变更后的模型相关联时有缺陷,如对于新增构件、临时性建筑(脚手架、起重机等的进出场安排)、删减构件,常常需要手动添加新类型的任务项于进度计划中再进行关联工作。

- Synchro Ltd. ——Synchro 4D

Synchro 4D 是一款年轻但功能强大的 4D 软件,具有比其他同类 4D 软件更加成熟的施工进度计划管理功能,正如软件的名字"同步(Synchro)"一样,Synchro 4D 可以为整个工程项目的各参与方(包括业主、建筑师、结构师、承包商、分包商、材料供应商等)提供实时共享的工程数据。工程人员可以利用 Synchro 4D 软件进行施工过程可视化模拟、安排施工进度计划、实现高风险管理、同步设计变更、实现供应链管理以及造价管理。Synchro 4D 软件能与 SolidWorks、Google Sketchup 及 Bentley 软件创建的模型相关联,且由 Microsoft Project、Primavera 及 AstaPowerproject 进度计划软件创建的施工进度计划可以被导入该 4D 软件。

优势:Synchro 4D 软件是目前最成熟的 4D 平台之一,除基本的 4D 可视化模拟施工功能之外,其强大的施工进度计划管理功能是其一大优势,包括任务状态管理(Task status control)、任务顺序排列管理(Task sequencing options)、资源管理(Resource management)、多重考核机制(比较实际完工情况与计划出入)、进度跟踪管理(Progress tracking)、重新编制施工进度计划(Rescheduling)及关键线路分析(Critical path analysis)。除此之外,Synchro4D 所提供的风险缓冲机制(Risk buffers)能够保护关键线路,从而最大化地减少重新编制施工进度计划的情况,同时减少与缓解可识别的风险。

劣势:Synchro 4D 软件强大的施工进度计划管理功能对使用者提出了比较高的要求,使用人员需要具备丰富的施工进度安排经验和知识才能最大化地利用软件的风险分析、资源管理等特色功能。

2.5D 应用软件

- Innovay——Visual Estimating + Visual Simulation

Visual Estimating 软件是 Innovaya 公司开发的一款针对工程造价的应用软件,结合应用该公司的 Visual Simulation 4D 软件,即可实现 5D 项目管理功能。Visual Estimating 软件可以与 MC^{2}ICE 及 Sage Tirnberline 工程造价软件相协作,且由 Revit 软件和 Tekla 软件各自创建的 BIM 模型均可以被导入。其具体功能包括:

(1)自动计算工程量

Visual Estimating 软件可以由设计模型根据构件类型与尺寸直接导出工程量,如计算墙体工程量需要确定三个参量包括墙体单面毛面积(计算墙体的材料数量)、双面毛面积与净面积(计算饰面数量),该功能可以为用户量身定制且可被多个工程重复使用;导出的工程量可以按照特定的格式保存,如 Uniformat(美国建设工程项目编码);且每一项工程量均与 BIM 模型的构件自动链接,随设计变更而自动更新;工程量协同 MC^{2}ICE 与 Sage Tirnberline 工程造价软件以 Microsoft Excel 报告形式给出总造价。

（2）定义装配件的组成

利用 Visual Estimating 软件，用户可以在 MC²ICE 与 Sage Tirnberline 中定义装配件的组成，然后直接将模型中相应定义装配件的组成尺寸与数量拉入定义中，如"墙"装配件包括钉子、龙骨、石膏板等组成件的规格和数量。这样对于所有同类型的装配件 Visual Estimating 软件可以自动归类计算，大大减少了工作量，提高了效率。

优势：操作界面简单，易学习；与 Revit 模型、Tekla 模型及 MC²ICE、Sage Tirnberline 工程造价软件具有兼容性；Visual Estimating 软件量化的信息与构件一一关联，便于归类计算；定义装配件的功能将工程造价精确到装配件的每一个细节。

劣势：由于我国工程造价体系在工程量的计算规则上与国外不同，且定额管理体制也有区别，若想利用 Visual Estimating 软件，则设置的参数较多甚至需要修改软件，代价高昂。

  ● VICO Software——Virtual Construction

Virtual Construction 软件套装是一款高度集成的为施工单位服务的 5D 管理工具，其套装如下所示。

（1）VICO Constructor（建模）：创建 VICO 环境下 BIM 模型，包括建筑（Architecture）、结构（Structure）及机电管道（MEP）模型，作为其他工具的基础。

（2）VICO Estimator（概预算）：基于模型的预算分析，其对于不同的预算方案（Budget alternatives）与投标包报价（bid packages）可以提供数值及图表分析。

（3）VICO Control（进度控制）：基于详尽的建筑构件、造价及施工进度计划的工作分解结构（Work-breakdown structure）和地区的生产流程常规编制施工进度计划、减少进度风险；同样地，由 Microsoft Project 及 Primavera 进度计划软件创建的施工进度计划可以被导入该软件。

（4）VICO 5D Presenter（5D 演示工具）：将 BIM 模型（3D）、施工进度计划（4D）与施工过程模拟以及工程造价（5D）所有信息集中在一个平台演示，为项目各参与方提供决策参考。

（5）VICO Cost Manager（造价管理）：监控与管理造价变更。

（6）VICO Change Manager（变更管理）：跟踪管理实现同步化。

优势：Virtual Construction 软件套装是一款综合性强、成熟度高的 5D 管理工具，其将设计、施工、造价、工期紧密地连接成为一个有机的整体，使项目各参与方对项目有更深刻的认识以便做出各种正确的决策。其多元化的优势体现在：①分析可施工性，5D 建模过程能及时发现潜在的问题，避免施工时的错误与碰撞；②加强各参与方交流与协作；③基于模型的实时造价分析使结果更准确；④加强对项目的可控性，减少不确定性因素，从而提高生产效率、缩短工期等等。

劣势：由于我国工程造价体系对于工程量的计算规则、定额管理体制、施工技术方法与设备条件与国外有比较大的区别，故 Virtual Construction 软件套装不能与我国建筑业的大环境相匹配；此外，运用 5D 软件进行施工管理对于现行的工作模式是革新性的变化，且对于工程人员实际运用软件的知识与经验、软硬件的配套设施都提出了极高的要求，故软件的推广应用不可能在短时间内实现。

（三）与 BIM 核心软件具有互用性的软件

以下将对与 BIM 核心软件（设计类、施工类 BIM 软件）具有互用性的软件作简要概述。

1. 建模类软件

（1）2D 建模类软件

以 BIM 应用的最终成果而言，2D 施工图仅作为 BIM 模型的一个表现形式即输出功能，但是目前，我国工程建设行业设计、施工、运营所依据的仍然是 2D 施工图，BIM 软件的直接输出还不能满足市场对施工图的要求，因此 2D 建模类软件仍然是不可或缺的施工图生产工具。

使用范围最广的 2D 建模类软件是 Autodesk 的 AutoCAD 和 Bentley 的 Microstation，如图 2-1a）所示。

（2）3D 建模类（3D Solid model）软件

设计初期阶段的形体、体量研究或者遇到复杂建筑造型的情况，使用单纯的 3D 建模（3D Solid model）软件比直接使用 BIM 核心建模软件更方便、效率更高，甚至可以实现 BIM 核心建模软件无法实现的功能。3D 建模（3D Solid model）软件的成果可以作为 BIM 核心建模软件的输入。

目前常用的与 BIM 核心软件具有互用性的 3D 建模类（3D Solid model）软件有 Google Sketchup、Rhino 和 FormZ 等，其与 BIM 核心建模软件的关系如图 2-1b）所示。

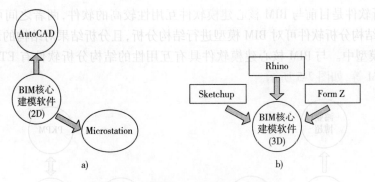

图 2-1 与 BIM 具有互用性的软件之建模类

a）与 BIM 具有互用性的软件之 2D 建模类；b）与 BIM 具有互用性的软件之 3D 建模类

注：箭头表示信息传递方向。

2. 可视化类软件

基于创建的 BIM 模型，与 BIM 具有互用性的可视化软件可以将其以可视化的效果输出，常用的软件包括 3Ds Max、Artlantis、Lightscape 与 Accurender 等，如图 2-2 所示。

3. 分析类软件

（1）可持续发展分析软件

基于 BIM 模型信息，可持续发展分析软件可以对项目的日照、风环境、热工、景观可视度、噪声等方面做出分析，主要软件有国外的 EcoTect、IES、Green Building Studio 以及国内的 PKPM 等，如图 2-3 所示。

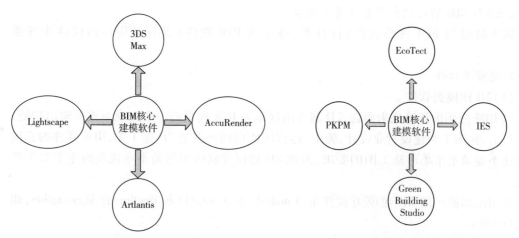

图 2-2　与 BIM 具有互用性的软件之可视化类
注:箭头表示信息传递方向。

图 2-3　与 BIM 具有互用性的软件之
可持续发展分析类
注:箭头表示信息传递方向。

（2）机电分析软件

水暖电等设备和电气分析软件国内有鸿业、博超等,国外有 Design Master、IEs Virtual Environment、Trane Trace 等,如图 2-4 所示。

（3）结构分析软件

结构分析软件是目前与 BIM 核心建模软件互用性较高的软件,两者之间可以实现双向信息交换,即结构分析软件可对 BIM 模型进行结构分析,且分析结果对结构的调整可以自动更新到 BIM 模型中。与 BIM 核心建模软件具有互用性的结构分析软件有 ETABS、STAAD、Robot 及 PKPM 等,如图 2-5 所示。

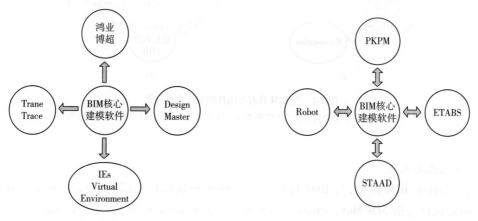

图 2-4　与 BIM 具有互用性的软件之机电分析类
注:箭头表示信息传递方向。

图 2-5　与 BIM 具有互用性的软件之结构分析类
注:箭头表示信息传递方向。

（四）BIM 软件小结

下面将上述 BIM 设计类、施工类及与 BIM 核心软件具有互用性的三类软件做出简要总结,如表 2-1 所示。

BIM 软件类型   表 2-1

软件类型	公 司			软 件 名 称
BIM 设计类软件	Autodesk			Revit Architecture(建筑)
				Revit Structure(结构)
				Revit MEP(机电管道)
	Bentley			Bentley Architecture(建筑)
				Bentley Structural(结构)
				Bentley Building Mechanical Systems(机械:通风、空调、水道)
				Bentley Building Electrical Systems(电气)
				Bentley Facilities(设备)
				Bentley PowerCivil(场地建模)
				Bentley Generative Components(设计复杂造型)
				Bentley Interference Manager(碰撞检查)
	Graphisoft/Nemetschek AG			Archicad
	Gery Technology			Digital Project
	Tekla Corp			Xsteel
				Tekla Structure
BIM 施工类软件	4D		Autodesk	Navisworks
			Bentley	Project WiseNavigator
			Innovaya	Visual Simulation
			Synchro	Synchro 4D
			CommonPoint	Project 4D Constructsim
	5D		Innovaya	Visual Simulation + Visual Estimating
			VICO Software	Visual Construction
与 BIM 核心软件具有互用性的软件	建模类	2D	Autodesk	AutoCAD
			Bentley	MicroStation
		3D	Google	Sketchup
			Rhino Software	Rhino
			AutoDesSys	FormZ
	可视化类		Autodesk	3Ds Max
			Autodesk 收购 Lightscape	Lightscape
			Abvent	Artlantis
			RobertMcneel	Accurender

软件类型			公　司	软件名称
与BIM核心软件具有互用性的软件	分析类	可持续发展	Autodesk	Ecotect
			Autodesk 收购 GeoPraxis	Green Building Studio
			Illuminating Engineering Society	IES
			中国建筑科学研究院建筑工程软件研究所	PKPM
		机电	Design Master Software	Design Master
			Integrated Environmental Solutions	IES Virtual Environment
			Trane	Trane Trace
			鸿业科技	鸿业 MEP 系列软件
			北京博超时代软件有限公司	博超电气设计软件
		结构	Computer and Structures Inc.（CSI）	ETABS
			REI Engineering Software	STAAD
			Autodesk	Robot
			中国建筑科学研究院建筑工程软件研究所	PKPM

二、BIM 软件与 CAD 软件的比较

1. 信息整合化能力不同

在 CAD 软件时代，建设项目各专业如结构、机械、电气、暖通、造价等以 2D 建筑设计图纸为基础各司其职，极易出现设计变更、空间碰撞等情况，修改烦琐费时，整体协调性差；在 BIM 软件时代，BIM 整体参数模型由各专业的 BIM 模型整合而来，作为统筹信息的平台消除了空间碰撞等情况，且其对于设计变更全局更新的特性方便了建设项目的整体协调运作。

2. 软件种类与数量要求不同

"CAD 时代基本上一个软件就可以解决问题，而 BIM 时代需要一组软件才可以解决问题"。由于 BIM 更加智能化的功能所需，其软件种类较 CAD 拓展到了许多新的领域，如施工 4D 模拟（Navisworks 等）、工程造价（Visual Estimating 等）、施工进度计划（Innovaya 等）等软件，且与其具有互用性软件的范围更广。

3. "生产工具"与"生产内容"不同

如图 2-6 所示，"CAD 只改变了生产的工具，没有改变生产的内容；而 BIM 既改变了生产的工具，又改变了生产的内容"及"CAD 成果是静态的、平面的，纸张可以作为承载和传递的媒介；而 BIM 成果是动态的、多维的，必须借助电脑和软件来承载和传递"。狭义上讲，CAD 软件提供给工程人员的仅仅是生产的"画板"，并没有改变生产的内容即静态的、平面的"图纸"。而 BIM 软件提供的生产工具不仅仅是"画板"，而是利于多方协作的 3D 平台，生产内容也从"图纸"变成了模拟实际建设项目动态的、多维的、实时的"参数模型"。

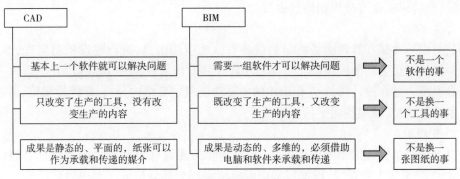

图 2-6　BIM 软件与 CAD 软件的比较

第二节　基于 BIM 的信息管理框架

建设项目全寿命周期信息管理是指通过在整个寿命周期中实现信息的有效集成和应用,使得建设项目达到预期的使用目的,并实现可持续应用。有效的信息管理是指有效地实现建筑信息的创建、管理和共享;而 BIM 便是实现信息有效管理的关键。本节提出了基于 BIM 的建设项目全寿命周期信息管理框架。该管理框架为实现建设项目全寿命周期信息管理奠定理论基础。

一、基于 BIM 信息管理框架的总体设计

(一)构建思路

建设项目信息管理涉及业主方、设计单位、施工单位、材料供应商、运营管理单位、政府部门、金融机构等众多参与方,信息量巨大,信息交换复杂,传统的信息管理方式凌乱无序,信息利用率低。因此基于 BIM 信息管理框架的构建思路核心就是要改变传统的信息传递和共享方式,通过 BIM 将不同阶段、不同参与方之间的信息有效地集成起来,真正地实现建设项目全寿命周期的信息管理。因此,基于 BIM 的建设项目全寿命周期信息管理框架的构建主要从以下三点展开。

1. 数据问题

建设项目信息管理过程中,产生的信息形式多样,各参与方所用的信息管理软件不尽相同,如何实现 BIM 数据和其他形式数据的共享和利用,保证不同阶段产生的信息能够持续应用,而避免重复输入,就需要建立可以保证不同 BIM 应用之间的信息提取、关联及扩展的数据库,该数据库也是基于 BIM 信息管理框架的基础。

2. 信息模型

数据库是存储信息的地方,而信息模型是承载信息的载体。随着建设项目的进展,信息数据不断增加,如何保证这些信息分门别类有效地存储,需要在全寿命周期不同阶段,针对不同的 BIM 应用形成子信息模型,由各子信息模型来承载不同专业和类别的信息,以保证信息的有序。子信息模型通过提取上一阶段信息模型中的数据,然后再经过扩展和集成,如此

继续反复,最终形成全寿命周期信息模型。

3.功能实现

对信息进行存储和管理的最终目的就是有效地应用信息,进行建设项目管理,因此,在管理框架的最上层为功能模块层。不同的功能模块对应着不同的 BIM 应用,也即为一个功能子信息模型。如在设计阶段基于 BIM 的主要功能模块有结构分析、碰撞检测等,对应着结构分析子信息模型、碰撞检测子信息模型。

(二)管理框架

根据上述信息管理框架的构建思路,基于 BIM 的建设项目全寿命周期信息管理框架如图 2-7 所示,该框架由数据层、模型层和功能模块层三个部分构成。其中数据层是一个中央数据库,其包含了建设项目在整个存续阶段方方面面的信息,通过该中央数据库,实现了信息在不同阶段、不同参与方之间的传递和共享;模型层是该管理框架的核心部分,链接着数据层和功能模块层;功能模块层是 BIM 在全寿命周期中不同阶段的主要应用,每一个 BIM 应用都对应着一个子 BIM 模型,根据建设项目管理的需求不同、目标不同,功能模块可适当的扩展或改变。

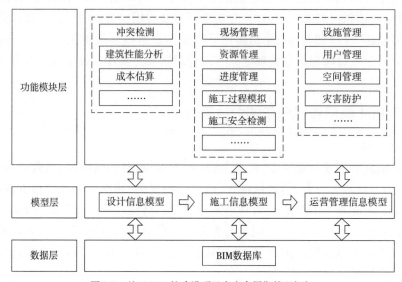

图 2-7　基于 BIM 的建设项目全寿命周期管理框架

二、基于 BIM 的信息管理框架的数据层

信息管理框架的数据层是一个 BIM 数据库,理论上,其包含了建设项目方方面面的信息。BIM 数据库的数据分为基本数据和扩展数据,基本数据是对信息模型的图元本身的几何、物理、性能等信息的数字化描述;扩展数据是与模型图元相关的各种技术层面、经济管理层面的文档、资料,这些数据通常是非结构化和半结构化的。BIM 数据库相当于一个信息存储平台,保证不同阶段不同参与方需要什么信息都可以随时从这个数据库中提取,同时各个参与方也会根据建设项目管理的实际需要,扩展和输入相应的信息,并用对应的软件进行分析后,再将结果输入到中央数据库中,不断完善数据层信息。通过该数据层,避免了建设信

息的重复输入,减少了不必要的人力和财力投入,以提高信息使用效率,节约工期和成本。因此,存储在BIM数据库中的信息只需要在某一阶段由某个参与方输入一次即可,其他后续参与方只需要根据自己的使用需求提取这些信息,这样不但避免了重复输入发生错误,又节省了重复输入的成本。由前述分析可知,建设项目涉及业主、设计、施工、供应商、运营单位等众多参与方,信息量大,来源多,数据形式各异,因此建设项目全寿命周期中信息数据的存储和共享就是数据层要实现的关键。因此,数据层应能保证数据存储、数据交换、数据应用三个功能的实现。

（一）数据存储

通过对建设项目全寿命周期的信息进行分析可知,信息类型复杂,数据形式各异,因此,将这些数据以合理的形式进行管理和存储,以方便后续的应用是数据层要实现的功能之一。而由于不同阶段的工作活动和目标不同,阶段信息也会不同,项目信息有多种分类标准,如按属性划分、按目标划分、按来源划分、按层次划分等等。下面从内容属性方面说明信息的分类。

根据前述的信息分析,按内容属性,大体上可以将项目信息分为以下几方面:项目公共信息,如国家和地方的政策法规、法律、技术标准和规范等;经济信息,如项目的投资额、与成本有关的各种资源的市场价格、工程款支付情况等;环境信息,如当地自然环境、治安环境、地块周边的设施情况等;商务类信息,如签订的各种合同、合约,工程索赔信息等;工程概况信息,如工程各项说明、所有设计图纸等;技术信息,如各项施工技术、施工要求、操作规范等;管理方面信息,主要是指项目参与方的组织信息。

以上的信息内容,形态各异,主要有各种数字、表单、文档、图纸、照片、视频、声音等,因此既有结构化的信息,又有非结构化或半结构化的信息,根据管理目标不同主要用于投资控制、质量控制、进度控制、成本控制、安全控制等。

因此,在数据存储过程中,要综合考虑信息的属性、专业、形态、阶段、目标,分门别类,以利于信息的存储和检索。最终目标能够保证其他参与方或专业人员可以在BIM数据库中方便快捷的查询,搜索到所需的任何信息。

（二）数据交换

数据交换主要是指实现不同BIM专业软件与BIM数据库之间数据互操作畅通无阻。虽然很多信息数据都是由基本的信息模型提供,但是仍有大量信息是由不同专业根据对应的专业软件分析后提供,因此不同参与方、不同专业间的信息交换问题是BIM数据层要实现的功能之一。

要解决信息交换问题,一定要有一套可以被业界接受和认可的数据交换标准。目前大多数软件工具支持由国际协同工作联盟组织（IAI）研究的IFC（Industry Foundation Class,工业基础类）标准格式的数据。有了统一的标准也就有了各个软件之间交流的语言。IFC标准的最终目标是保证全球不同的BIM应用软件、不同的专业之间、在全寿命周期内信息的有序共享。虽然在现阶段基于IFC标准的数据存储和交换还存在着许多问题,但是其在数据存储和交换方面的优势已经被广泛认可,对于IFC数据标准的研究还有待更多研究人员的努力。总之,数据标准的建立,可以有效地解决信息化管理过程中的一系列问题和困惑,极大地提高建设项目管理水平。

（三）数据应用

数据应用是指在数据层能够实现对相关信息的查询、建立、更新以及删除等基本功能,保证不同阶段、不同参与方能够及时地访问所需的数据。关于数据应用主要从以下两点考虑:

（1）对于各个参与方来说,在访问 BIM 数据库中的数据时,需要明晰每个参与方的权限设置。需要明确不同的参与方对信息数据的权限,以保证各种数据及时更新、纠正、删除等。

（2）关于数据的任何变动,即各个参与方在权限设置范围内对数据所做的建立、纠正、删除、扩展,都能及时的反馈给其他参与方,反馈到 BIM 数据库中,以保证数据的准确性和实时性。

三、基于 BIM 信息管理框架的模型层

在基于 BIM 的建设项目全寿命周期信息管理框架中,模型层起到了核心作用,因为其针对功能模块层不同的 BIM 应用需求,从数据层获取信息,产生相应的子信息模型。在这个过程中,充分发挥了 BIM 的关联修改、一致性、协同工作等特点,真正实现了 BIM 在全寿命周期各个阶段的集成应用。建设项目全寿命周期管理,更多的是站在业主或承包商的角度,因此从他们的立场和整个项目全寿命周期的综合效益角度来分析,有三个时间段能够最大化 BIM 效益,分别是设计阶段、施工阶段、运营阶段。因此,管理框架的模型层定义为设计信息模型、施工信息模型和运营管理信息模型。

（一）设计信息模型

设计阶段是建设项目全寿命周期后续各个阶段的基础,此阶段虽然相对简单,但是将会创建大量的信息,并且将会有大量的不同专业的相关人员介入此过程,包括建筑设计师、结构工程师、水暖电工程师、室内设计师、造价工程师等等,同时这些不同的专业人员分属于不同的部门,因此这些人员之间的建筑信息的共享和利用非常重要。

设计信息模型是后续阶段 BIM 模型建立的基础,是在设计阶段由各个专业的设计师们共同设计而成,主要由三部分构成:由建筑师设计的建筑模型、由结构工程师设计的结构模型以及由水暖电工程师们设计的水暖电模型。如图 2-8 所示的就是设计阶段各个专业设计的信息流动和传递,之后三个模型结合即构成了 BIM 集成的基础,即设计信息模型。后续信息模型在建立时可以从中提取所需的信息,减少了不必要的信息输入,提高了建筑信息的重复利用率。

1. 建筑模型

由建筑师基于 BIM 技术构建的建筑模型主要是由建筑物的几何数据构成的三维模型,建筑模型侧重于表达建筑产品的各个基本对象(墙、柱、梁、板等)的规模尺寸、空间拓扑关系、空间分配关系、外观真实表现等。因此建筑模型所承载的主要是各个构件的几何信息。

2. 结构模型

结构工程师从建筑师创建的建筑模型中提取轴网、构件尺寸等信息然后输入配筋以及各个构件的性能等物理数据和功能数据,创建用于结构分析的结构模型,以便于从力学角度对建筑产品和建筑对象以及对象之间的链接关系进行分析和计算,根据计算的结果对材料和构件尺寸进行调整,以满足结构安全的需要,同时经过修改和调整后的数据会转换到建筑

模型中,保证数据信息的同步更新。

3. 水暖电模型

在设计过程中要充分考虑设备与管线的安装、修理、更新的要求。水、暖、电设计人员在之前的建筑模型和结构模型的基础上,提取空间数据等信息,然后根据设计的总体方案和规范的规定,输入相应的技术指标和系统形式,进行负荷计算,确定设备型号,进行水暖电系统设计,形成完整的水暖电模型。

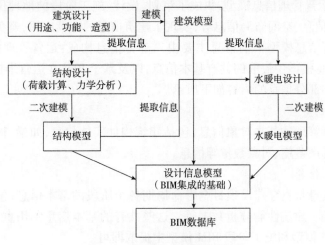

图 2-8 设计信息模型形成示意图

(二)施工信息模型

现在大多数施工企业都已经借助一定的计算机系统进行施工管理,如施工计划与进度、成本控制、文档管理、分包商和供应商管理等。但是在基于计算机进行这些管理的时候,如进度管理,在用进度管理软件的时候,仍然需要重新将设计数据输入到软件中建立模型,这不但消耗大量时间还会由于人为的错误而增加成本。而使用 BIM 技术,在施工阶段,根据管理目标及功能模块的需求,可以直接从 BIM 数据库中提取决策和设计阶段的部分信息,并从进度、质量、资源等方面进行信息扩展,这些扩展的信息都将存储到数据层中,逐渐形成完善的施工信息模型。该完善的施工信息模型的信息主要由基本信息和扩展信息两个部分组成。

1. 基本信息

基本信息为全寿命周期的不同阶段所需要,是施工信息模型建立的基础,基本信息通常在设计阶段由不同专业的设计师们创建,主要是指与建筑产品相关的几何属性信息,如建筑物的规模、尺寸、布局、结构、构件、设备等,以及关于建筑物概况的说明和描述等。

2. 扩展信息

扩展信息是在基本信息的基础上,根据施工阶段管理目标增加的信息,这些信息主要包括进度信息、成本信息、施工方案、质量信息、安全信息、资源信息等,将基本信息与扩展信息整合,形成施工信息模型,支持施工阶段各种管理活动的需要。

(三)运营管理信息模型

运营管理主要是对建筑物和设备进行维护管理。因此运营管理过程中将需要大量的原有设计图纸、施工信息。虽然现在已经有各种智能的物业管理系统，但是由于设计、施工阶段的信息不能被运营阶段直接利用，需要重新输入，不但浪费了大量的人力、财力，甚至还会造成信息的延误和缺失。而基于 BIM 进行建设项目全寿命周期信息管理，运营单位或物业单位在建设项目建造完成后，需要得到的不再是传统的设计图纸、竣工图纸和文档，而是能够反映建筑物真实状态的可视化模型，通过该模型，运营单位或物业单位可以获取后续管理过程中所需的各种信息。

基于 BIM 的运营管理信息模型，集成了策划、设计、施工阶段的地理位置、规模尺寸、建筑构件信息、设备信息、空间布局信息等，实现了建筑信息的持续应用，避免了信息流失和断层问题。运营管理信息模型中的信息主要由三部分信息构成：运营管理的基本元素，从策划、设计和施工信息模型中提取的共有基本信息，以及基于 BIM 在运营维护阶段的应用需要输入的信息。每一部分信息的内容如下所示。

1. 基本元素

主要是指运营管理的基本对象信息，包括建筑构件实体信息，如梁、板、柱等；设备管道信息、设备分组、资产鉴定、对象数量等信息。

2. 共有的基本信息

共有的基本信息是贯穿建设项目全寿命周期各个阶段的基本信息，包括建筑的几何尺寸、结构构件的性能、建筑性能分析数据等。这些共有的基本信息不用重复地输入，而是直接从设计阶段 BIM 模型和施工阶段 BIM 模型中提取即可。

3. 扩展信息

扩展信息主要用于改善设施的性能，在基于运营维护阶段所要实现的目标以及共有的基本信息的基础上，由管理人员或用户自定义的各种扩展信息和根据管理需要而建立的元素：如运行水平、满足程度、资产管理数据、检查和维护计划等。

四、基于 BIM 信息管理框架的功能模块层

功能模块层是由 BIM 在建设项目管理中的应用构成，这些管理功能模块会自动将分析结果反馈给相应的专业人员，由专业人员将信息数据存储到 BIM 数据库中，以方便后续阶段及参与方使用，提高信息的利用率，使项目效益最大化。

（一）设计信息模型功能模块

1. 管线碰撞检测

碰撞检测是指对建筑构件、结构构件、机械设备、水暖电管线等进行检查，以确保上述构件和设备之间不发生碰撞交叉等现象。而建筑各专业的工程师们都是各自独立进行设计的，因此经常会出现不同专业的设计管线发生交叉碰撞的问题，所以设计完成后不能立即出图，要进行管线碰撞检测。

传统模式下，是在施工前水暖电各专业召开协调会议，通过图纸对比来发现设计过程中的碰撞问题，然后再进行修改。但是即使如此，仍然会有大量的碰撞问题不能发现，同时由于传统模式下，图纸不能进行关联修改，使得设计变更不能及时得到修改，导致问题直至施工时才被发现，不但增加了投资成本，甚至还延误工期。

而基于 BIM 创建的管线综合碰撞模型，首先能够实现关联修改，保证了设计变更信息的

及时传递,管线综合碰撞模型包含了参数化三维模型中实体对象更多的信息,使得构件、设备、管线之间的冲突直观地呈现在眼前,确保了工程师们能够准确地发现问题,并及时进行修改。

碰撞检测时,主要从设计信息模型中获取碰撞检测需要的空间数据,以及建筑构件、结构构件、设备、管线、连接件等的尺寸、坐标、型号等几何数据。将以上提取的数据组合成一个子系统,基于此子系统,再输入相应的检测指标、规范要求或者经验数据等,形成用于碰撞检测的子模型。在检测过程中,发生冲突的地方会得到相应的显示,以确保设计人员可以及时进行调整。基于 BIM 的碰撞检测模型的应用流程如图 2-9 所示。

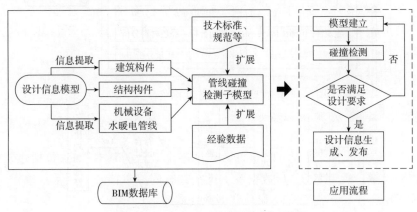

图 2-9　基于 BIM 的碰撞检测模型应用流程

2.建筑性能分析

现代建筑在满足基本的功能需求以后,越来越重视提高建筑的品质,同时对于绿色建筑的倡导也要求降低对能源和资源的消耗。因此,要求对建筑物进行性能分析,以达到建筑物的性能指标。在传统情况下,通过性能分析软件进行能量分析时,需要人工再次输入构件的几何尺寸、特性等信息,进行相关的性能分析,而若发生设计信息的变更,则又需要重新进行调整,耗时耗力的同时,还极容易发生错误。

基于 BIM 技术,在进行能量分析时只需直接调用设计信息模型中的信息即可,减少了信息的重复输入,同时由于 BIM 的关联功能,使得设计变更同时,性能分析也会随之更改。这种自动性和关联性大大降低了建筑性能分析的周期,为业主提供了更为专业化的服务,保证了决策的准确性和高效性。基于 BIM 的建筑性能分析流程如图 2-10 所示。

3.成本估算

采用 CAD 技术只能绘制图形,却无法自动计算出工程量信息,所以需要人工根据 CAD 的输出文件进行工程量计算。基于此,出现了专门的工程造价软件,虽然可以一定程度上实现工程量的自动统计,但是前提需要人工将 CAD 图纸的数据重新输入到工程造价软件中。传统的纯手工计算,不但需要大量的人员,而且产生错误后不易纠正,而使用工程造价软件,虽然测算速度加快,但是若设计出现变更,仍然需要不断地更新输入的数据,关联性不高导致自动化程度并没有达到理想的效果。

而 BIM 的信息集成,使得 BIM 数据库包含了建设项目的方方面面的信息,可以为成本估算提供各种所需信息。由于减少了重复输入的工作,应用相应的 BIM 成本软件可以快速测算工程量和成本,进行方案的比选和修改,实现成本的有效控制。而且 BIM 的关联修改功能保证了各种工程设计数据、价格数据更新及时、高效。

成本估算功能模块构成如图 2-11 所示。

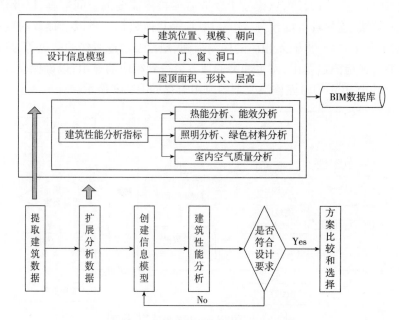

图 2-10　基于 BIM 的建筑性能分析流程

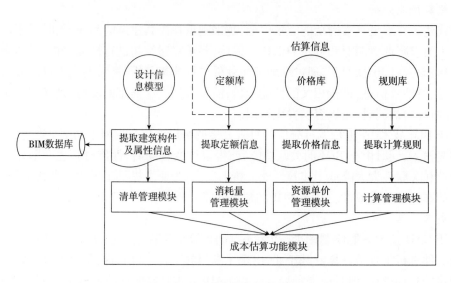

图 2-11　成本估算功能模块构成图

（二）施工信息模型功能模块

1.场地管理

场地管理是对施工现场进行合理的布置,主要包括现场控制网测量,建筑物定位和放线,施工道路、管线、临时用水用电等设施的建设,施工材料的进场及调度安排等,以保证施工的有序进行。

通过 BIM 现场管理人员可以迅速为相关人员展示和介绍场地布置和使用情况，或者是场地规划调整情况，从而实现更好的交流沟通，将施工过程中产生的变更对全寿命周期的经验管理的影响最小化。基于 BIM 进行的施工现场平面布置如图 2-12 所示。

图 2-12　基于 BIM 的施工现场平面布置图

2. 资源管理

资源是项目实施的物质基础，因此对资源的合理管理是项目顺利实施的保证。而从实践意义上"资源计划"重点是确定物资资源需求数量与时间的计划。资源计划主要指材料、设备等物资的采购计划。传统情况下，资源计划的编制是现场管理人员根据项目实施计划，确定资源需求的时间及数量，制订资源采购计划，并随着项目的开展不断深化和细化。而施工信息模型可以根据工程的进度，以及资源的使用量等，自动生成资源需求计划，可以动态地可视化地表现出各个时间阶段，各种施工资源的使用、剩余、采购计划，便于管理人员对资源进行管理。

3. 进度管理

建筑施工过程的复杂程度会随着工程的规模的扩大而不断提高，因此施工是一个高度动态、时刻变化的过程，这也使建设项目施工进度管理变得极为复杂。现阶段，建设项目中常用的进度管理工具仍然以甘特图和网络图为主，虽然已经广为施工人员采纳，但是可视化程度非常低，无法将时间与建筑物相连接，不能清晰地表示出各种复杂关系，最关键的是不能清晰明了地表达施工的动态过程。

在施工阶段基于 BIM 技术的进度管理，是在设计信息模型的基础上增加时间维度，建立可以直观、准确反映施工过程的进度管理子信息模型。该子信息模型可以实现施工进度的模拟，即根据建筑信息模型中的信息预先制订施工进度计划，随着施工的进行，基于进度管理子信息模型的可视化进度模拟功能，对比实际施工进度计划与预先制订的施工进度计划的差距，找出原因，及时进行调整和控制，以保证按时完成任务。进度管理功能模块构成如图 2-13 所示。

4. 施工过程模拟

施工过程模拟是指在建设项目建造阶段，利用 BIM 技术虚拟出建筑施工过程，充分考虑到可能产生的问题,尤其适用于复杂的大型项目。利用 BIM 技术,可以精确调用关于施工进度、资源以及场地规划等信息,合理管理和控制进度、资源等,以制订出更为优化的施工方案,然后结合这些施工方案进行施工模拟和可行性检测。这样不但能够提前预防施工事故的发生,提高施工质量和施工安全性,也减少了返工现象,真正实现了施工过程模拟的可视化。通过 BIM 技术可以对重点和难点施工工序进行可行性模拟,施工方可以进一步对施工方案进行优化。

5. 施工安全监测

施工安全一直备受重视,但是一直没有合适的施工安全监测和预警的有效方法,所以往往是事故发生后,才发现存在严重安全隐患。基于 BIM 技术,在施工过程中,将建筑安全信息扩展进已经建立的施工信息模型中,形成施工安全子信息模型,对全过程施工安全进行分析与监测。施工安全子信息模型可以实时动态地对建设过程和建设项目安全性进行分析。同时将建立的施工安全子信息模型与摄像机、传感器等技术结合,可以实时地对施工过程进行安全监测、分析和评价,对安全隐患进行预警,并通过包含在 BIM 数据库中的安全知识库,为管理者们提供相应的解决方案。

施工安全检测功能模块构成如图 2-14 所示。

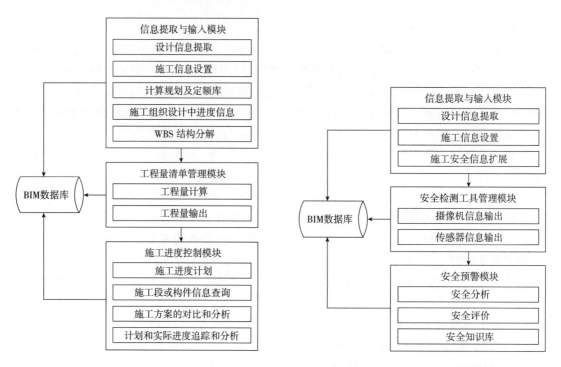

图 2-13　进度管理功能模块图　　　　图 2-14　施工安全监测功能模块图

(三)运营管理信息模型功能模块

1. 设施管理

在传统情况下,结构设施、设备设施等资产信息需要在运营初期,通过手动重新输入到相关的管理系统中,而且很容易出现输入错误。应用 BIM 后,BIM 模型中包含的大量的建筑信息可以直接导入到运营管理信息模型或相关的管理软件中,大大减少了时间和人力的投入。通过 BIM 可以记录各种资产设施的位置、数量、使用情况、性能等信息,方便查询,以便于提前对设备设施、结构设施的使用状态做出判断,制订合理的维护计划,提高设施的使用性能,降低修理费用和能耗,进而降低长期的维护成本。

基于 BIM 避免了重复建立模型和建筑性能信息的工作,因此将 BIM 与专业的建筑物性能分析软件结合,来评估建筑物的使用性能以及相关的维护、改造、扩建、改建计划,以提高建筑物的可持续使用功能。

2. 用户管理

在运营管理阶段,BIM 可以同步记录用户信息、入住人员与容量、访客来往记录、房屋空置率、可销售或出租面积、对于商业场地可记录已经出租面积、承租人情况或部门分配情况、可出租的情况或部门信息。定期访问这些信息可以提高建筑物在运营过程中的管理水平和整体收益。

3. 空间管理

运营单位或物业单位基于 BIM 模型可以有效地记录建筑物的空间使用情况。空间管理可以帮助业主有效利用空间,合理布局,为最终用户提供良好的工作和生活环境。BIM 模型可以帮助分析空间使用情况,处理用户提出的空间变更请求,分析现有空间布局情况,制订合理的空间分配方案,确保空间资源的最大化使用。

例如,2008 年北京奥运会就采用了基于 BIM 模型的数据信息管理方法,设计了"奥运村空间规划及物资管理信息系统"。设计师们将奥运村空间规划和设施信息经过二维图形方式处理,创建了 BIM 模型。将 BIM 模型与该信息系统结合,在完成奥运村空间规划的同时,也确保了奥运村资产设施管理、物流服务的高质高效,实现了奥运村空间规划、物流服务的在线设计与管理。

4. 灾害防护

在灾害发生前,基于 BIM 提供的虚拟现实、漫游技术和相关的灾害分析软件,可以模拟出灾害发生的过程,分析发生灾害的原因,制订出灾害防护计划,以及灾害发生后最佳的疏散和防护计划,借助可视化的演示,使得顾客和救援人员方便地了解该建筑物的灾害应急预案。当灾害发生后,BIM 模型可以为救援人员提供发生紧急状况部位的完整且详尽的信息,包括建筑各个部位空间信息、构件和设备的状态、性能信息,最佳逃生路线等信息,根据这些信息,救援人员可以立刻做出正确的救援处置,有效地提高对突发状况的应对成效。

第三节　BIM 平台

基于 BIM 的建设项目全寿命周期信息管理框架建立后,为了保障基于 BIM 的建设项目全寿命周期信息管理的顺利实施,需要从网络协作平台的构建、信息管理体系的建设以及信息管理实施保障三个方面展开。

建设项目全寿命周期中参与方多、信息量大,格式多样,如何实现不同参与方之间的交流和沟通,实现这些信息的有效交换、集成、共享和应用,避免前文所述的信息管理问题的出现,则需要构建面向建设项目全寿命周期信息管理的网络协作平台。网络协作平台是一个应用计算机和信息处理技术,在项目全寿命周期内,为项目参与方提供一个信息交流和相互协作的虚拟网络环境。下面将从网络协作平台的构建原则、体系架构、功能要求、平台实现四个方面阐述网络协作平台的构建。

一、BIM 网络协作平台构建原则

(一)实时性原则

保证各参与方都能够在任何地点任何时间及时获取所需的信息,即建设项目各参与方之间有身处同一地点的感觉,同时建设项目的实际状态以及每个过程都能够及时且清晰地通过网络平台展现出来。增强信息的协作与共享,消除信息传递发生的错误,从而提高信息管理质量。通过各参与方的协同工作,使问题在发生前得到及时处理,保证项目各成员良好的工作能力和状态。

(二)流畅性原则

由于目前基于 BIM 开发的各类软件还没有形成完整的体系,因此在建设项目全寿命周期信息交换过程中,有很多软件不能支持目前通用的 IFC 数据标准。所以网络协作平台需要能支持这些软件之间进行 IFC 数据的交换,以保证基于 BIM 的建筑信息交换和共享的流畅性。

(三)安全性原则

由于建设项目参与方众多,参与建设项目的范围和专业领域也不同,所以应该有严格的访问权限和安全措施,以阻止非法用户的侵入,保证信息不会受到损失,保证各方的利益不会因为网络的虚拟环境而受到损害。

二、BIM 网络协作平台体系架构

网络协作平台是通过计算机与信息技术,为建设项目的参与方提供一个信息交流和共享的网络虚拟环境,可以说是电子商务平台在建设项目管理领域的一种应用。因此,网络协作平台的体系架构应该是开放的、模块化的、体系化的。在综合已有的其他平台的基础上提出了网络协作平台的体系架构,如图 2-15 所示。

以下对构成网络协作平台体系架构的各个层次作简要分析。

1. 参与方软件交互层

由于基于 BIM 的建设项目全寿命周期信息管理框架的最上层为功能模块层,每个功能模块都是 BIM 在建设项目管理中的一个应用,都由相应的 BIM 软件去实现,因此参与方软件交互层针对的即为管理框架的功能模块层。参与方软件交互层面向的是建设项目的管理,针对不同的项目管理目标,可以将不同的 BIM 应用软件进行集成,实施阶段管理或目标管理。在设计该层时,要考虑相应的软件接口,提高软件结合能力及扩展性。

2. 参与方管理层

参与方管理层主要是为各参与方提供一个协作的工作环境,一个具有个性化信息需求获取的窗口。参与方管理层基于 Web 的网络站点,可以进行远程通信和交流,其对应的技术工具是项目信息门户,后面在网络协作平台的实现中将有介绍。

3. 参与方信息交互层

参与方信息交互层主要是各方信息数据存储、交换和共享的一个环境。为全寿命周期内的数据库管理、数据交换和存储服务提供了支撑平台。例如,将设计阶段的信息为施工阶段使用,将 BIM 数据库中竣工信息为运营管理应用。该层为软件交互层提供信息接口,以方便基于 BIM 的软件及时获取所需信息,进行相应的分析和评价及管理。

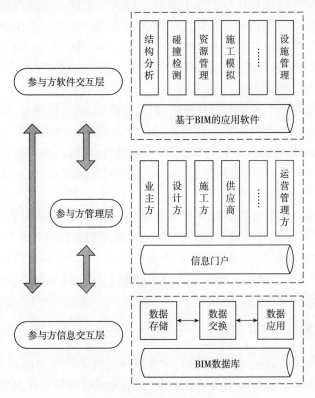

图 2-15　网络协作平台体系架构

三、BIM 技术建筑协同平台的功能要求

构建基于 BIM 技术建筑协同平台的目标是在建筑全寿命周期过程中,各部门各专业设计人员对建筑信息模型的共享和转换,从而实现建筑领域中的协同工作。这就要求基于 BIM 技术建筑协同平台应具备以下几点功能。

1. 建筑模型信息存储功能

建筑领域中各部门各专业设计人员协同工作的基础是建筑信息模型的共享与转换,这同时也是 BIM 技术实现的核心基础。所以,基于 BIM 技术建筑协同平台应具备良好的存储功能。目前在建筑领域中,大部分建筑信息模型的存储形式仍为文件存储,这样的存储形式对于处理包含大量数据且改动频繁的建筑信息模型效率是十分低下的,更难以对多个项目的工程信息进行集中存储。而在当前信息技术的应用中,以数据库存储技术的发展最为成熟、应用最为广泛,并且数据库具有存储容量大、信息输入输出和查询效率高、易于共享等优点,所以采用数据库对建筑信息模型进行存储,从而可以解决当前 BIM 技术发展所存在的问题。

2. 图形编辑平台

在基于 BIM 技术建筑协同平台上,各个专业的设计人员需要对 BIM 数据库中的建筑信息模型进行编辑、转换、共享等操作。这就需要在 BIM 数据库的基础上,构建图形编辑平台。图形编辑平台的构建可以对 BIM 数据库中的建筑信息模型进行更直观的显示,专业设计人员可以通过它对 BIM 数据库内的建筑信息模型进行相应的操作。不仅如此,存储整个城市建筑信息模型的 BIM 数据库与 GIS(Geographic Information System,地理信息系统)、交通信息等相结合,利用图形编辑平台进行显示,可以实现真正意义上的数字城市。

3. 建筑专业应用软件

建筑业是一个包含多个专业的综合行业,如设计阶段,需要建筑师、结构工程师、暖通工程师、电气工程师、给排水工程师等多个专业的设计人员进行协同工作,这就需要用到大量的建筑专业软件,如结构性能计算软件、光照计算软件等。所以,在 BIM 建筑协同平台中,需要开发建筑专业应用软件,以便于各专业设计人员对建筑性能的设计和计算。

4. 基于 BIM 技术建筑协同平台

由于在建筑全寿命周期过程中有多个专业设计人员的参与,如何能够有效的管理是至关重要的。所以,需要开发 BIM 建筑协同平台,通过此平台可以对各个专业的设计人员进行合理的权限分配、对各个专业的建筑功能软件进行有效的管理,对设计流程、信息传输的时间和内容进行合理的分配,这样才能更有效的发挥基于 BIM 技术建筑协同平台的优势。从而为 BIM 技术的实现奠定基础。

四、BIM 网络协作平台的实现

由上述网络协作平台的功能分析可知,网络协作平台是将在时间和空间上相互分离的建设项目不同参与方及其活动有序的组织起来,实现建设项目信息在全寿命周期内传递、交换和共享,以实现建设目标的分布式虚拟工作环境。以上网络协作平台的功能只是从理论上提出了基本的方向,而具体实现则是技术层面的问题,需要从以下三个方面来保障网络协作平台的实现。

1. 应用 PIP 实现远程协同工作

PIP 是指项目信息门户(Project Information Portal),是网络协作平台实现的核心技术。PIP 是为建设项目各参与方提供一个信息共享和交流,以及协同工作的基于网络平台信息获取的单一入口。作为网络协作平台实现的核心工具,通过个性化的用户权限和用户界面设置,为在时间和空间上广泛分布的项目各参与方提供一个安全、高效的信息交流环境。PIP 作为网络协作平台实现的核心技术,除了要满足网络协作平台构建的总体目标和功能要求外,还应根据实际需求细化功能,以满足建设项目全寿命周期信息的管理需要。PIP 的应用使建设项目的信息流动大大加快,信息处理效率极大提高,不但遏制了传统建设信息沟通的问题,而且杜绝了由于信息重复输入而产生的成本浪费,确保了全寿命周期 BIM 模型的建立。

2. 运用中间件实现多个系统的集成

当前应用 BIM 进行建设项目信息管理的较大阻力就是不同系统、不同应用软件之间的协作。中间件是一种软件,它可以消除以上所说的阻力。利用中间件可以实现不同的系统、不同的数据源之间的相互操作,特别是能够与 IFC 标准相容的中间件,能帮助网络协作平台的集成,发挥网络协作平台的整体效力。

3. 运用分布式数据库系统进行数据管理

基于分布式数据库实现建设项目信息的管理。所有信息都被存储于一个中央数据库中,称之为 BIM 数据库,该数据库是建设项目最终的信息模型,包含了完整的建筑数据。不同的参与方通过访问该数据库,实现信息的交流和共享。用户通过直接访问数据库获得所需数据。基于分布式的数据库系统,是一种理想的数据协作方法。即每个参与方都有自己的数据库系统,随着工程的进展,各参与方不断地与 BIM 中央数据库进行信息交换,不断完善中央数据库中的信息。

第四节　BIM 参数

一、BIM 参数与属性

(一)BIM 参数与属性的涵义

参数是指决定事物特征和行为的一系列物质属性。在 BIM 专业术语中,参数和属性是联合在一起使用的,参数是属性的名称,而这些名称里面包含着量值。使用参数整理信息的主要益处是能够迅速地输入、读取、修正和筛选信息,而不必查阅实际的图像参数,这样可控制多维变量,如材料、颜色,此外还有利于表现数据和进行详细解释说明。

传统的 CAD 软件和 BIM 系统的区别在于,BIM 的功能更加多样化,它有能力给物体的尺寸大小、文字说明以及其他有利于项目的信息等,赋予相应的量值。在使用 BIM 时,参数能够使人们更好地从项目本身出发,对产品进行研究。

试想一下使用 BIM 模型查找一扇门或者窗户,还可以便捷地列出它的隔热系数、太阳能吸热系数、可选择的颜色以及它的性能指标。模型上蕴含着丰富的信息,可以帮助人们筛选罗列出模型的内容,和选择每一项产品的原因。这些信息,能够由初步设计转化为施工要求,通过建设管理,变成资产管理的内容。如果在建模的早期就将信息输入到模型当中去,它能够为决策提供支持,特别是在根据项目的设计要求进行产品或材料的选择的时候。

最常使用的参数类型是长度参数或维度参数,这些通常是用来简化 BIM 模型的创建与管理过程。比如,一扇窗或门可能会有数百种尺寸,但在 BIM 模型上,只需要用一个目标物体并且通过运用参数便可以表示它们了。通过创建一个尺寸参数并命名,用户可以在这个尺寸参数上配置多个量值。一般来说,BIM 的物体会有多个维度参数,所有这些维度参数可能在版本和类型上会有细微的差别。如果有一个维度称为宽度,另一个称为高度,这些创建的参数都有独立的量值,并且可合并成 BIM 物体的不同版本。

在 BIM 模型上创建物体时,我们可以模拟现实的产品在现实世界中可能出现的各种问题,因此,在建模的时候,对于产品材料的考虑就变得十分重要。几何实体可以有材料参数,从而可以根据实际材料,对这些实体的组成部分进行分类和整合。在选择产品使用材料的时候,通常根据它们所处的位置和作用来进行选择,比如颜色往往就不能作为模型元件的唯一特性,又比如一扇门,仅仅说明它是红色的,人们就没有办法辨明它的材质,也无法判断该扇门究竟是用木头、钢材还是其他合成材料制作的。

这里再举一个非常直观的例子,有关使用材料与维度作为参数来影响建筑细部的例子。创建一个简单的球形物体,为了使球形物体具有动态的特征,我们可以添加一些参数使其符合使用者的要求。添加的参数包括直径、颜色和球体的材料。若我们将直径设置为 2in(1in = 0.025 4m),颜色设置为红色,材料设定为橡胶,我们便创建了一个直径为 2in 的,红色的橡胶球。因为这个物体是由参数来进行调节的,通过改变参数,这个球体可以迅速转换成直径为 1in 的光面钢球,又或者是直径 12in 的蓝塑料球。

在 BIM 模型中往往会使用一些不同类型的属性和参数,关于这一点,我们将会在后面章节中讨论。BIM 模型中最常使用的参数是维度和材料参数,因为这些参数决定着物体对象的整体轮廓。参数和属性在本质上具有一致性。参数和属性的不同之处可以定义如下:参数是基于图像或视觉特征的量值,这些特征不会直接影响外观。长度是一项参数,因为它改变模型的外观;而重量是一项属性,因为它改变的是量值,是非图像型的量值。

(二)BIM 参数与属性的类型

不同类型的参数有不同的使用意图和限制条件,这取决于使用软件的类型,这些软件对于参数的管理方式不同,参数的限制条件也不同。参数的类型有:

● 长度参数:长度参数属于物体尺寸方面的参数,能够对于维度进行命名,它不单单是一个量值。另外一个优点是,它能够自动在不同的计量单位之间进行转换。BIM 软件系统能够在英制单位(如英尺、英寸)和公制单位(如米、厘米)间转化,因此,如果一个物体是用英尺和英寸来衡量的,那么在加载进一个 BIM 模型时,BIM 系统会自动将它转换成公制标准。

● 面积参数:面积参数是使用 BIM 模型进行材料用量计算和概预算的基础。通常这项参数是自动生成的,但有时操作者需要基于参数维度的设置,自己定义计算公式,自动辨识并计算出特殊区域的面积。例如,一扇窗户需要达到作为消防出口的要求,根据建筑消防条例,它要有特定的无遮挡的开放面积。BIM 软件在这种情况下,是无法主动定义窗户的开放面积的,这时候,建模人员就需要自己定义这个物体。建模人员创建窗户开口的宽度和高度等参数,使用简单的算式,通过代码编程,就能够自动进行窗户开口的无遮挡的开放面积的计算。

● 角度和坡度参数:角度和坡度参数帮助我们创建这样一个维度,它既能识别坡度,又能识别角度,还能够改变控件物体相对于周边物体的方向或角度。这个参数通常应用于屋顶坡度,也可用于照明系统、管道系统、通风系统、楼梯、栏杆等等。

● 文本参数:文本参数是包罗万象的参数,它可以给任意属性分配任意量值。它在处理信息资源性质、鉴别和属性时的作用尤为突出,这些是软件分析时无法顾及的内容。从产品名称、说明,到美国测试和材料协会(ASTM)对于材料性能方面的描述等都可以被列为文本的属性。

● 布尔值参数(是或否参数):布尔值参数(是或否参数)主要是用于打开、关闭图像,或者用于注明一个组成部件是否包含某个特定的附件。此参数可改变图像的外观,而文件大小不会有太多变化。通常我们可以采用打开或关闭几何尺寸参数的方式,来构成特定的图像,而不是将不同类型的图像全部融合在一起。

● 数字参数:数字参数能在不同小数位上加以分类使用,在有些情况下还能进行四舍五入以满足工程要求。

● 整数:整数属性通常用于数组,或对于某个特定构件进行整体数量的计数。整数参数和数字参数的不同之处在于,整数参数只可能是整数,所以在使用整数参数进行计算时,必须要小心,因为两个整数做除法时,其结果可能是一个分数或带有小数。

● 超链接:超链接参数允许用户在模型上添加一个动态链接,以允许软件使用默认的浏览器,自动打开模型中的一个特定网页(URL)。这对于添加可能会经常改变的属性信息来说,是一个巨大的优点。如果软件不需要使用某些属性来分析模型的话,通常来说,使用超链接的方式,而不是属性嵌入的方式,能够将这些属性更好地和模型联系起来。

还有一些其他类别的参数,它们针对的是性能取值,或是与特定类型组件有关的其他物理性能。例如,结构组件的参数包括外力、质量、荷载或压力等参数,照明组件的参数包括流明、烛光、瓦特数和色温等。对于上述这些参数来说,不同的软件需要使用的参数是不同的,但这些参数都遵循着通用的测量标准,这种标准应用于某个特定的参数类别。遵循通用的测量标准模式,会让使用者在设计时,方便了解组件在工程使用中的性能和使用要求。除非参数数据是用来进行分析的,以上参数在很多情况下是不实用的。在不需要进行分析的情况下,文本参数的作用是传递信息。

(三)使用参数加快设计过程

使用参数进行设计的最大好处是可以给长度参数赋予不同的数值,而不必固定尺寸。当人们无法立刻对某个尺寸、材料或组件的位置设置进行决策时,使用者可通过参数来对这些量值进行任意设置,在后期也可以根据决策内容迅速地更改参数的量值。量值可选择时,使用者可对其进行限制。比如说,建设项目的地板材料的选项是有限的,那么使用者可以限制材料选项。当实际工程中地板材料确定后,就可以从材料列表中挑选相应的材料。一般说来,建筑设计是从创建外形物体,或拟建建筑的外观形状开始的。一旦拟建建筑的外观形状创建完成后,便可以添加墙体、楼板、屋面和天花板。随后,可以继续添加需要开洞的物体,例如门窗等。门窗的尺寸大小无法确定时,添加可变大小的门窗;既提高建筑设计的灵活性,也可避免像修改门窗周围的墙体这种附加工作。

一旦墙体设置完成,使用者可根据需要决定是否移动这些墙体,或锁住可移动的墙体。在工作流程的下游,当用户需要新增额外的组件时,会帮助用户决定模型中哪些是可变的部分,而哪些又是不可变的部分。内部承重墙和管道墙就是典型的不可变部分。结构组件,管道和空调管网的布置是基于建筑物本身的结构与机械系统的设计要求来决定的,这就规定了在布置墙体时需要考虑或者包含上述要素。

在不同的地区,根据房间用途、房屋的朝向、当地建设法规、光照和客户偏好等因素的不同,房间的窗户、门的型号或尺寸也会不同。在设计之初,可能未曾全面考虑这些因素的影响,所以应用可变尺寸的窗户和门的组件,用户就能够方便快速的比较使用不同尺寸的门窗时,对于建筑外观和材料性能的影响。除了尺寸之外,窗户的外观也可用相应的参数设置,以利于窗户的色彩搭配和配置,这样,不仅能够满足功能的要求,也可达到预期的设计艺术目标。

在设置好门窗以后,可以继续添加系统元件和设备来完善模型,例如壁橱、壁柜、装饰、灯具、五金等模型组件,随着新模型组件的添加,用户需要对模型组件的尺寸、外形和位置等作出决策。这些决策可能影响其他的设计决策,例如墙和门窗的放置位置,而使用参数的意义可通过限制材料的使用条件,体现在合成模型中。通过了解哪面墙能移动而哪面墙不能移动,使用者能轻松地设置组件和门窗的位置。

一旦所有的组件都添加到模型中,BIM 模型会列出某一个特定类别的组件一览表,或是工程项目中所有组件的一览表。因每种组件的属性都是由参数来定义的,所以可以对信息进行及时的审阅、操作和更新,这些操作可以在表格中进行,而不必在 BIM 模型上定位到某一壁橱来修改它的材料,或者定位到某一窗户来修改它的玻璃材料。传统用法上,表格仅在一部分组件中应用,例如门的列表、门的五金件列表、室内装修列表、设备列表和窗户列表。而使用 BIM,任何材料都可以形成列表,这有助于对 BIM 模型上的所有组件进行用量计算,包括计算材料的件数、面积、长度等。

二、BIM 参数的约束与条件

(一)约束的涵义

BIM 模型中参数的约束是指把工程的可能性控制在有效的或可能的范围内。例如当一堵墙被限定在某个具体的位置时,就不能移动;而一扇窗可通过定位来保证它与两面墙是等距离的;又或是一扇门被限定为只能用红、白、蓝三种颜色。BIM 物体的约束能限制用户出错的可能性,但如果添加过多的约束,计算量就会变大,从而导致软件运行速度变慢,效率变低。基于此,在设计中应仅使用必要的约束,而不是用约束来限制制造商的产品选择。

当 BIM 软件作为条件引擎使用时,可以限定模型组件的高度或者宽度的上限。但这个方法不太实用,因为在重新生成与使用模型组件时,操作会变得缓慢。BIM 是一套方便快捷的工具,而不是限制用户创造能力的指令引擎。尽管我们不可能看到一扇 3 英尺高 9 英尺宽的门,但限制门的尺寸的做法是不太实际的。这取决于用户自身的判断力,由用户自己决定是否为模型创建合适的物体对象。比起尺寸约束,创建一系列可用尺寸的选项集会更合适;或者如果该物体是可以完全由用户自定义的话,就直接在物体上进行文本标注,注明物体尺寸。

约束有的时候是可以用的,有的时候是应当用的,而有的时候是不应该用的。约束的主要用途是它们限定了什么事情是能做的,而什么事情是不能做的。

最常用的约束大概是等距离约束。从固定点开始测量,该约束允许设定两个以上的等距离的点。例如,如果需要在一个长方体的中央钻一个孔,只要确保在长和宽方向上都是等距的,就能确定圆心的位置;如果需要钻多个孔的话,需要对准多个位置,可以进一步添加参考点。另一种等距离约束的形式上升到了整个工程的高度上。用户可以基于美感或平衡感将元素放在特定位置。比如说,如果四扇窗在墙上是等距排列的,而在墙的长度仍不确定的情况下,用户就可在每堵墙与每个窗户间实施等距离约束,这样窗户就能等距排列,而这个约束不受墙长度的影响。

还有一种约束方式是固定它的位置或与某个控制线对齐。一个几何体可以与另一个几何体一起移动,所以将两个要素捆绑在一起,就能让它们一块儿移动。例如窗户中的玻璃,不用去显示窗户玻璃的总体高度和宽度,只需要把窗户尺寸绑定在窗户框架上,玻璃尺寸就能随着窗框尺寸的改变而相应地发生改变。窗户玻璃的完整尺寸是不必要的,因此不需要给它添加尺寸参数。一个窗户的首要尺寸通常是该扇窗户的高度和宽度。次要尺寸通常是由首要尺寸通过计算而得到的,诸如粗糙开孔尺寸和精确开口缝隙尺寸,而且在某些情况下,不需要显示次要尺寸的数据。若这些属性是必要的,通过创建计算公式的方式来确定次要尺寸,通常比改变多个维度要更有效,同时出错的风险也小。

在极少数情况下,对于用户自定义程度很高的物体组件,才会选择通过赋予最大和最小极限值的方式来限制它们的尺寸。许多制造商都可以提供任何尺寸的窗户,尺寸可以精确至 1/16 或 1/32 英寸。创建一系列各种尺寸是不实际的,那么问题来了:用户在一个有限的范围内选择的时候,我们如何限制他们的选择能力?而在大多数情况下创建极限值是不太现实的,但在非常必要的时候,就可以通过创建最小和最大参数,然后建立一个条件陈述,描述一下允许创建小于最小值或大于最大值的条件。虽然这降低了模型制作的速度,但对制造商来说,条件限制通常是极具吸引力的,因为它限制了创建不恰当要素的潜在威胁。

(二)条件语句的创建

条件语句是由一系列的如果("if")语句创建而来的,这些条件语句决定了要素的显示及行为方式。一般情况下,只有尺寸、整数、数字、布尔(是/否)这些参数用于条件语句,只有这些参数是真正需要用条件语句的方式来控制的。简单的条件语句可能只包含一个操作,而一个更复杂的语句可能有多个操作和多个语句嵌入其中。简单条件语句可以用来控制很多东西,从最小最大尺寸,到基于特定尺寸的材料性能数值。条件语句可以生成关于最小最大值的文本注释,例如注明尺寸超出了合适的范围,而不是去阻止用户创建这个尺寸。条件语句也可以根据一个特定的尺寸打开图形,根据窗口的尺寸计算并显示它的功能数值,或是根据部件长度和间距来确定其安装数量。

条件语句的用途很多,但是就如同约束的使用一样,它们也会降低建模速度,因此应当只在必要的时候使用它们。条件语句允许在模型内进行大量的操控。当模型上添加了太多控制的时候,会有对信息进行微处理的趋势,它会导致建模速度大幅度变慢。故一定要慎重选择我们需要限制的要素,如果对所有方面都限制的话,最终将导致建模速度,甚至崩溃。

章后习题

1. 简述 BIM 的常用工具。
2. 谈谈你对 BIM 协作平台构建的理解。
3. 谈谈你对 BIM 参数的理解。

本章参考文献与延伸阅读

［1］王珺. BIM 理念及 BIM 软件在建设项目中的应用研究［D］. 成都:西南交通大学,2011.

［2］孙悦. 基于 BIM 的建设项目全生命周期信息管理研究［D］. 哈尔滨:哈尔滨工业大学,2011.

［3］李犁. 基于 BIM 技术建筑协同平台的初步研究［D］. 上海:上海交通大学,2012.

［4］RobertS. Weygant. BIM Content Develo pmentStand［J］. Wileg,2011.

第三章　工程规划设计阶段 BIM管理

📊 **学习目的与要求**

BIM是规划设计实践的划时代转变。本章主要介绍BIM在工程规划设计阶段的项目管理内容,从设计方BIM管理、BIM建模流程、BIM规划设计实践的注意事项及BIM与设计变更几个方面展开介绍。要求学生了解BIM在工程规划设计阶段的主要作用和建模流程,清楚工程规划设计阶段BIM管理的要点、难点。

第一节　BIM 的设计管理

目前,BIM在我国建筑工程设计中的应用主要集中于BIM软件应用。为更好地发挥BIM在建设工程项目中的价值,还应进一步将BIM应用扩展至建筑工程设计的管理层面乃至建设工程项目全过程的管理中,以提高我国的建设工程管理水平。

一、设计管理概述

（一）设计管理概念

设计管理的理论源于工业设计领域,英国设计师 Michael Farry 在 1966 年出版的《设计管理》一书中首先提出:"设计管理是在界定设计问题中,寻找最合适的设计师,且尽可能地使该设计师能在同意的预算内准时解决设计的问题。"直到 20 世纪末,随着建设工程项目规模不断扩大、项目复杂程度不断提高、项目参与各方对协同工作的要求不断增加,为了有效地控制项目的成本、提供更好的设计质量、保证设计的可施工性,人们才逐渐开始重视建筑工程设计管理。其中代表著作有英国设计师 Colin Gray 与 Will Hughes 所著的《建筑设计管理》,该书介绍了建筑工程设计的流程、参与设计的角色及其责任以及提高设计效率的方法,是一本实用的建筑工程设计管理手册。

（二）设计工作特点分析

建筑设计企业作为提供设计咨询服务的企业,是典型的知识型企业。其员工主要以建筑工程师和管理人员等知识型人才为主,企业的生产和工作投入是知识、产出的是知识、销售的是知识,因此建筑工程设计过程是典型的知识生产的过程。了解设计工作的特点,才能更好地进行设计管理工作。建筑工程的设计工作主要有以下特点:

(1)准确理解业主需求和政府规定对设计而言十分重要。建筑工程设计工作开始于设计任务书,而设计任务书是一个相对简要的工作大纲,并无具体、详细的需求、目标和准则,在设计过程中业主和承包商会不断地提出修改要求,而且设计成果受政府审批的影响较大。

(2)建筑工程设计主要是信息的加工和综合,而非物料的加工和装配。因此,设计过程中信息和沟通管理具有十分重要的意义。

(3)建筑工程设计成果验收缺乏严格的标准,需要业主和专家来评价。因此,成果不仅要说明"是什么""怎样做",还要说明"为什么",以满足业主的需求并通过专家的评审。

(4)建筑工程设计工作并非直线式而是螺旋式的渐进,其间包含许多反复(不是重复)的过程。因此,如何合理安排设计顺序以减少反复十分重要。

(5)建筑工程设计利用的主要是智力(而非物料和劳力)资源,因此,精确估计工作量和效率十分困难,设计管理者应富有经验或通过科学的技术手段吸取经验并不断总结,在计划安排上留有一定的弹性空间。

(6)建筑工程设计的任何变化都有可能影响建设工程项目的整体成本,然而出于安全和避免过多工作量的考虑,设计师通常只是从大方向上对工程造价进行把控,却很少进行更为深入的设计与造价综合优化。因此,创建一种更便于项目参与各方交流的平台,将更有利于工程造价的控制。

二、传统建筑工程设计管理中存在的问题

(一)设计及分析手段问题

在传统的二维设计手段下,常见的问题主要有专业间的碰撞、设计的缺漏以及在功能上的错误。图 3-1 描述的是某项目在设计中,利用 BIM 软件检查出的送风管与主梁的碰撞、剪力墙未给冷却水管预留洞口,以及水、电专业缺乏协作造成的设计隐患。

从图中不难发现,大多数的设计问题在三维设计手段介入后,都能较容易地被设计师发现并得以解决。然而在传统设计工作中,即使经验丰富的设计师也不能完全避免这类隐患,通常只有在施工过程中才能发现进而导致设计变更。这是因为,传统建筑工程在设计过程中,各专业的绘图工作都以平面为基础,空间中存在的问题需要通过强大的空间想象能力或者非常全面的剖面图才能被发现。经验丰富的设计师虽然具有更加敏锐的观察能力,但空间中的问题通常涉及多个专业,如果缺乏有效的沟通,再有经验的设计师也难以全面地检查出设计中的各种问题。

传统设计分析手段的不足,也会影响设计的质量。以结构分析计算为例,目前普遍的情况是结构的分析和绘图需要通过不同的软件来完成,即在做好结构分析模型后,再将单线的有限元模型导入绘图软件进行绘图。但随着设计过程的推进,一旦出现了需要改动的地方,如果再重新回到分析软件中进行整体计算,将会非常烦琐而且耽误设计工期。所以,通常的做法是根据经验以及临时的局部计算,在绘图软件里直接修改,而修改的结果往往不会再次返回到分析软件里进行校核。

分析手段的不足也表现在对建筑性能的分析上,如空调负荷计算、能耗分析、绿色建筑

相关指标的评价等。由于设计进度的需求,这类型的分析通常会在施工图设计的中段开始进行。但分析的同时,工程设计图纸的修改并未停止,这也很可能导致最终的图纸和分析模型无法完全一致。如果分析中的各个分项又交由不同的设计人员负责,可能出现各种分析的输入条件不相同,输出成果更难以对应。若为了使最终成果保持一致性和真实性,分析模型又不得不重建,故再次核对的工作量将变得非常巨大。

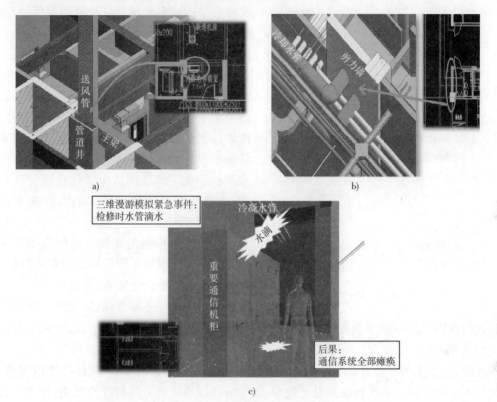

图 3-1　常见设计问题

(二)设计标准问题

设计标准包括了与设计相关的国际、国家及地区标准和规范以及企业自身的标准。常见的标准有《建筑制图标准》(GB/T 50104—2010)、《总图制图标准》(GB/T 50103—2010)、《建筑模数协调标准》(GB/T 50002—2013)、《民用建筑设计通则》(GB 50352—2005)、《无障碍设计规范》(GB 50763—2012)、《建筑设计防火规范》(GB 50016—2014)等。

通常情况下,为了确保工程设计图纸顺利通过相关部门的审批,建筑设计企业会十分注重国家或地区的标准与规范,但对设计品质有提升作用的企业设计标准却往往不够重视,或者难以执行、监督。建筑设计企业的企业设计标准,可以是行业的 CAD 标准,也可以是在行业标准基础上根据企业自身要求或风格优化的企业 CAD 标准。CAD 标准通常应包括 CAD 规范、图纸及参照文件规范、文件夹结构标准、文件命名标准、CAD 图层标准、文字样式及字体等内容,其意义在于为建筑工程设计项目提供详尽而有序的规则。

以文件夹结构标准为例,基于网络服务器的合理的文件夹结构是协同设计的基础。图 3-2中,"项目 A"结构较为简单,缺乏细化,此类结构通常只适用于规模较小或者参与专业

图 3-2　常见文件夹结构样本

较少的建筑工程设计项目如单纯的建筑方案设计，而不适用于规模较大且对各专业配合有较高要求的项目。"项目 B"对文件夹结构进行了细化，各专业的文件夹相互独立，并根据具体的绘图人员细化专业文件夹。虽然此种文件夹结构能明确每个设计师的责任，但此种结构依然不利于设计的协同。因为各个专业的具体工作被划分给了多个设计师，他们有各自的工作文件夹，这就难免出现设计重复或者设计疏漏的现象。而且专业文件夹被细分为多个设计人，当需要多专业图纸参照时，检索图纸的效率会相当低。例如当结构工程师需要参照建筑专业的某张图纸时，结构工程师必须先了解该图纸由哪位建筑设计师负责，才能在该设计师所负责的文件夹下找到该图纸。

这也进一步引出文件命名标准中存在的问题。在传统建筑工程设计的过程中，由于设计的协同并不十分受重视，设计师对工程设计图纸的命名往往不够严谨，即便能准确说明图纸包含的内容（如"一层平面图""剖面图"等），但由于缺乏一定的逻辑层次，非常不利于提高检索效率。

此外，电子文档的兼容性不佳也是常见的问题。由于缺乏对 CAD 软件的使用规范，一些设计师喜欢利用一些插件提高设计效率，此类插件容易生成一些特殊的图块，导致没有安装相同插件的其他设计师或其他项目参与方不能获取完整的图纸信息，从而影响设计的交付质量。

（三）设计协同问题

BIM 的产生，在很大程度上，是为了更好地开展协同设计工作，可以说是设计的协同能力将传统建筑工程设计模式与 BIM 设计模式区分开来。上述的传统建筑工程设计管理中的设计及分析手段问题，可以理解为相关软件的协同能力不足、设计人员的协同意识不强。而设计标准中存在的问题，无论是文件夹结构不合理还是文件命名不严谨，其结果都将不利于设计的协同。

此外，在完善的设计标准中还应包括图纸及参照文件规范，此规范可以说是基于二维设计手段以 CAD 为主的协同核心内容，但却也是我国大多数建筑设计企业非常不重视的内容。很多建筑设计企业并不注重外部参照的应用，也不注重 CAD 模型空间与图纸空间的区分，有时候一个文档包含了多张图纸，所谓的"参照"是通过复制粘贴的方法实现的。这样的做法不仅使二维协同设计难以开展，而且无法保障各专业之间的参照保持最新状态。

综上所述,传统建筑工程设计模式暴露出的各种问题,绝大部分是由设计协同意识的缺乏和设计协同能力的不足造成的。

(四)设计流程问题

如果说设计协同问题是传统建筑工程设计管理中最严重的问题,传统设计流程则与之相互影响。不重视协同设计以及缺乏协同能力造就了现阶段常见的设计流程,而这种设计流程又进一步阻碍了设计协同的发展。

目前,我国常见的设计流程如图 3-3 所示。在传统设计流程下,各个专业都有自己的工作主线,不同专业的设计内容分布在不同专业的图纸上,各个设计阶段的信息交流主要依靠关键节点的提资来完成。在这种流程下,信息交流难度大,协同工作难以开展,信息共享也难以保证实时性。一旦某一专业的设计发生改变,若设计人员之间缺乏及时的沟通,其问题很有可能在下一次的关键节点的提资中才能被发现,而这将有可能导致大量的设计返工,严重时甚至影响设计的整体进度和整体质量。

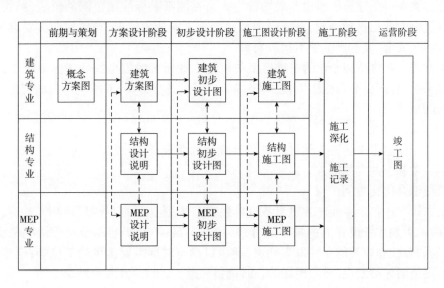

图 3-3　传统设计流程

三、BIM 方式与传统规划方法的比较

传统的规划方法采用二维图纸和 Excel 报表等方式,总的说来,在设计工作中存在设计数据不直观、数据管理困难、规划质量低、多管理方的协同管理困难、进度显示不够直观、材料用量计划的制订耗时大、施工场地布置不够方便等问题。下面列举了不同问题下传统方式与 BIM 方式的不同应对方法。

(一)设计数据不直观

设计数据不直观,给各个专业的交流带来了不便。一方面,土建规划内部包括建筑、结构、通风、动力管道、电力、消防等各个专业,这些专业独立设计,并且汇总形成总体方案;另一方面,二维图纸抽象的线条表示造成了不同专业之间交流的障碍。

以图纸问题梳理为例:

传统方式——对从业人员的专业知识和施工经验要求较高,通过对照蓝图或 CAD 电子图,查看图纸中未标注或有矛盾之处,发现问题后向他人表述时需要耗费较多的时间,沟通效率不高,耗时耗力。以工厂规划设计为例,工厂规划方案需要和工艺规划方案集成和检查,这需要工艺规划人员也能看懂工厂规划的设计结果。

BIM 方式——通过 CAD 转化及云功能检查,可以快速地查找到图纸中的相关问题,以三维展示的形式描述问题所在,方便他人查找原因,而且对所有的问题做出统计,实现了高效规范的沟通。

(二)数据管理困难

传统的规划数据分散在规划人员各自的计算机中,不同专业的规划数据也缺少集成管理,这给规划过程中需要进行的数据交流、信息汇总等工作带来困难;不同专业的规划人员可能工作在不同的文件版本下,造成规划方案的错误。

以预留洞的统计为例:

传统方式——土建施工班组及现场管理人员在图纸上标注预留洞的位置,结构蓝图无法与所有机电专业相拼到一起,可能出现预留套管未安装的情况,导致后期需要剔凿,对工程进度、质量、安全、成本产生了不利影响。

BIM 方式——将结构专业的三维模型与机电专业所有的模型放到碰撞系统中,所有碰撞点一目了然,且可以准确标注位置,向现场施工班组进行交底,方便进行现场管理,克服了传统方法的缺陷。

(三)规划质量低

前面两个问题带来的一个结果就是项目规划的质量低,表现为不同专业的规划结果可能会有不一致甚至冲突的地方。

以管线综合优化为例:

传统方式——各个专业施工班组各自单独施工,到施工后期发现管道相互冲突,导致返工;或到施工后期才发现管道的排布不合理、净高不足,不利于后期维修等情况常会发生。例如,现场的管线和建筑的立柱发生冲突,通风口没有对准需要排风的工位等;这些问题往往在安装设施时才被发现,导致现场的临时调整和返工,增加费用,也延误工期。

BIM 方式——在各专业施工前,与项目总工商定排布规则,将所有的管道先在计算机上虚拟排布,提前处理管道相互打架的现象,排布好以后与现场的施工班组进行交底,避免了后期返工。而且可出具相关的剖面图及立面图,方便工人施工。

(四)多管理方的协同管理困难

传统方式——现场管理人员带着相机到项目现场,对项目上发现的情况进行拍照,在召开管理会议时将这些情况进行展示。

BIM 方式——运用智能手机将现场发生的情况随手一拍,即可上传到服务器中,服务器会把照片放到对应的三维位置,任何人看到照片都明白是在什么位置发生了何种问题。另外,还可对拍摄的照片进行归类,并可对照片进行描述及录音,资料不易丢失。还有统计功能,可以对某固定时间发生的情况进行统计,便于施工现场有针对性的管理。

(五)进度显示不够直观

传统方式——采用传统的表格形式表现,标注出计划的施工时间及实际的施工时间,不够直观。

BIM 方式——任务与进度关联,可直观显示工程进度。当显示为红色时表示进度滞后,显示为绿色则表示进度超前,可灵活地对现场进行安排。

(六)材料用量计划的制订耗时大

传统方式——预算员建立好模型后,材料用量存储在个人办公计算机中。当资料员、材料员需要数据时要找预算员,预算员则需自己再重新汇总一遍,浪费很多时间。现实环境中,同一分部工程一般先有设计方算量计价给甲方招标做参考,乙方在施工过程中索要进度款需要重新算一遍工程量,甲方的预算部分会算第三遍进行审核乙方所算工程量是否合理。通常情况下,甲方和乙方在计算工程量时采用的施工工艺不一样则会导致工程量的差异,进而要求预算员进行第四次、第五次的核算,极大地增加了算量工作。

BIM 方式——预算员建好模型后,将所有数据上传到系统中,资料员、材料员需要数据时,只需登录账号和密码便可随时查看相关数据,从而将预算员从繁杂的算量中解放出来,有更多的时间去研究合同中的相关条款,为项目获取更大收益。

(七)施工场地布置不够方便

传统方式——在 CAD 电子图中,画出临设的布置如塔吊、施工电梯、钢筋、木工加工棚等需要自己量取,施工道路的安排等往往靠想象和经验。

BIM 方式——运用三维场地布置软件,可将塔吊的施工半径、施工道路的安排、材料的堆放场地更加合理地进行安排,而且非常直观。

四、工程设计 BIM 管理的适宜性

通过以上 BIM 管理模式与传统规划方法比较可以了解,传统的规划方法给规划方案的跨部门讨论和验证、建造和维护阶段的数据查询带来困难,不能适应现代企业发展规划的要求。结构、建筑、管道、设备等作为一个完整的系统,在规划设计阶段,就需要对这些设计方案进行多次的集成、检验,以确保设计方案的可行,需要对规划的整个流程实现信息化和规范化。而 BIM 设计管理确保各个部门的数据放在一个统一的平台上,相关人员可以对数据共同操作,所有的人员都能得到最新的数据,便于方案的验证工作。

(一)增加协调性

建筑业项目管理的特殊性和复杂性,使得相关参与方彼此之间信息传递量大,传统的管理模式易造成信息失真和流失,信息传递的不及时和不准确会对工程的实施产生不良影响。比如各专业在设计图纸时,如果缺少沟通会使图纸在施工过程中发生冲突。在传统的管理模式中,为了降低各个建筑构件之间矛盾发生率,施工单位会采用多次重复二维图纸来协调实际空间与 MEP(Mechanical Electrical Plumbing)之间的安装。但 BIM 协调了建筑构件之间的组成部分,让施工人员能够从不同的角度进行构建安装,明确了施工过程中对于建筑构件的需求,增加了建筑构件之间的协调性。

(二)降低项目成本

工程造价的全过程管理一直受到工程量变更的影响而难以实现。其原因是设计图纸不够深化,导致在后期施工阶段产生设计变更,从而造成工程量变化,致使工程造价无法得到

控制。运用 BIM 技术对图纸深化,对于工程造价全过程的管理贡献极大。

设计方运用 BIM 技术,能够有效地控制建筑在设计阶段出现的问题与错误,减少后期施工中的更正时间。BIM 能有效地规范建筑中的各个构件,财务部门能够根据 BIM 所提供的数据进行较为准确的成本核算,以此避免项目建设中不必要的浪费。

此外,依据 BIM 技术可在设计阶段模拟施工程序,改善施工程序,有效地控制施工成本,避免不必要的浪费。同时,基于 BIM 的参数化模型,能够有效地计算出施工工期与成本,保证工程项目在规定的时间进行竣工验收。

(三)提升管理的有效性

BIM 能够有效支持项目建筑工程档案管理的整个过程,从工程档案的创建,到工程档案的管理应用,BIM 能够很好地保留工程建筑信息,并以 DWF 的格式进行发布与管理。DWF 是一种开放并且安全的文件格式,能够安全快速地传递给任何需要这些数据的人。DWF 文件可以高度压缩,对外部链接的依赖性更小。BIM 支持用户批注与签名,提高了工程档案管理的有效性,而其支持三维图形格式的功能更加方便了档案的阅读与沟通。

(四)有利于建筑业可持续发展

建筑业的可持续发展对绿色施工和环境保护提出了更高的要求。设计方运用 BIM 技术可以对建筑生命周期的管理以及节能情况作出预判,有利于推进建筑业的可持续发展。

(五)将设计师从繁杂的绘图工作中解脱出来

在传统的工作环境下,所有的图纸都是独立存在的,设计师们需要一个环节一个环节的单独拼接、展现,先是平面,再立面,后剖面等。同时,在项目开展的过程中,还要根据实际情况对所有的图纸做出相应的修改。这样,仅图纸修改工作就占用了设计师大量的时间,造成人力资源的巨大浪费。

BIM 改变了传统计算机辅助建筑技能,简化了建筑设计的过程,优化了设计程序,让设计师能够更专注于建筑的设计而不是建筑的基本数据收集与内部构建的修改。在虚拟模型的基础上做设计,其重点不再是图纸,而是模型。只要模型制作好,所有的图纸都可以自动生成。

(六)有利于设计知识的共享学习

建筑工程设计所需的各种知识可以在 BIM 这一平台上有效地汇集、交叉和分流。BIM 能使设计师冲破专业的局限性,在自身工作范围内极大限度地了解其他设计专业和其他项目参与方的需求,更为直观地学习他人的知识。而且 BIM 所倡导的协同设计方式更利于设计师吸取促使项目成功的经验,而且这种设计经验会比在传统建筑工程设计模式下所获得的设计经验更经得起项目建造阶段或运营阶段的考验。

五、建筑对象模型和库

(一)构件布置的解释/介绍

BIM 技术创建的建筑信息模型综合了多个学科的知识,可以满足建筑过程任何阶段的信息需求。针对特殊的需求,还可以把这些资料以 3D 模型,或者 2D 施工图的形式展现出来。有时候还会把这些资料以二进制信息的形式输入到能量结构的分析之中。BIM 软件摆脱了简单的几何应用格局,使用的范围不再局限于点、线、圆这种平面图形,而是向墙体、门窗等立体构件展开。计算机计算和修改的不再是单纯的点、线之间的联系,而是由一个个平面构成的立体建筑物整体。如图 3-4 所示。

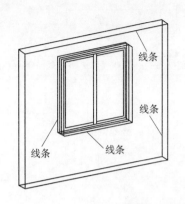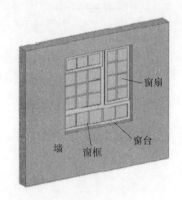

图 3-4　绘图软件与 BIM 软件进行建筑设计的比较

(二)建筑对象模型的协同构建

BIM 技术的核心是建立建筑工程信息库。借助信息模型载体,为建筑工程项目的相关利益方提供一个工程信息交换和共享的平台。工程信息库是复杂的,涉及领域众多。BIM 要发挥最大价值,BIM 技术就一定是多专业、多协作的,并且“协作”始终贯穿其整个过程。

BIM 设计阶段的“协作”主要是 BIM 实施标准化和设计人员的协同交流。

在各个软件之间的文件转换过程中,会产生信息丢失的现象,目前还没有一个通用格式能够以最优化的压缩方式携带足够的建筑信息且保证完整正确。因此,针对项目,应该制定 BIM 实施标准,用于规范建筑、结构、给排水、暖通、电气协作行为标准和各专业软件之间文件交付与传递标准,使之没有连接阻碍,更好地实现了 BIM 价值。

设计人员之间的协同交流,主要体现在信息的及时共享和传达。信息模型的实时更新传递并不是要求每一次变动都需要各专业跟进,调整原有各专业资料互提形式,借助网络电子通信工具,让“正确”的模型信息调整能适时准确地通知到每位设计人员。此外,BIM 模型的建立并不是一次性买卖,BIM 模型是在协作中不断变化的,例如通过各专业的空间碰撞检测得出修改变更意见。

模型是在协作中不断变化的。BIM 是在建筑生命周期对相关数据和信息进行制作和管理的流程,BIM 可称为对象化开发,或 CAD 的深层次开发,又或者参数化的 CAD 设计,即对二维 CAD 时代产生的信息孤岛进行在组织基础上的应用。随着信息的不断扩展,BIM 模型也随之成长成熟。在不同阶段,参与者对 BIM 的需求关注度也不一样,而且数据库中的信息字段也是可以不断扩展的。因此,BIM 模型并非一成不变,从最开始的概念模型、设计模型到施工模型再到设施运维模型,一直在不断成长。

在设计阶段,各项 BIM 应用并不是孤立的,它们之间存在信息交换和共享。为清楚地表达项目中各方的关系,以重庆市渝北区某商业广场为例,在各设计阶段的 BIM 应用流程图见图 3-5。

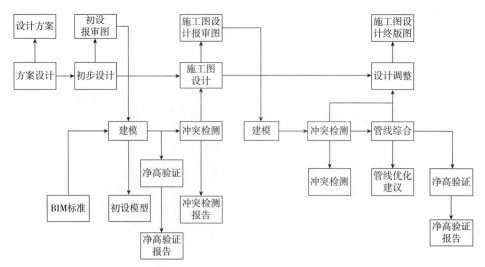

图 3-5　某商业广场 BIM 应用流程图

在流程的各个节点,每项 BIM 的应用不是一次性的,而是循环往复的过程,与传统设计密切联系。各 BIM 应用点的实施一般遵循图 3-6 所示迭代流程。

(三)模型库积累与技术储备

在参数化构件充足的情况下,可直接完成 BIM 3D 信息模型的构建或大量减少模型构建的工作量。由于三维协同设计的应用需要进行大量的三维模型库积累及技术储备,因此可采用循序渐进、以点带面的方式予以推进。先抽调部分专职人员组建三维设计中心,将三维协同设计应用于重点项目,取得经验后推广到所有项目。为提高整个设计行业的信息化应用水平,建议在知识产权保护框架下,相关设计单位应在行业主管部门的协调下加强协作,必要时联合开发,减少重复投入,实现共享共赢。另外要注意与国内先进行业的学习交流,尽量少走弯路。

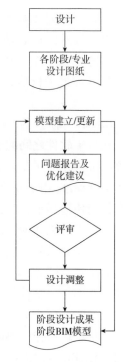

图 3-6　各 BIM 应用点的
实施迭代流程

六、BIM 在设计质量管理中的作用

当前,BIM 主要用于项目的规划设计阶段。从项目的初步设计到施工图设计,再到施工图深化设计,如果 BIM 全程介入则会达到减少错误碰缺、辅助优化设计和提高设计质量的目标。将各阶段采取 BIM 应用以及产生的价值简化为表 3-1。

BIM 具有能自动协调内部建筑信息运用的作用,其原因是 BIM 的核心是参数化模型,参数化模型能够将几何形状数据与变更管理联合成一个整体,以此建立成数据库。因此 BIM 可以自动地对所收集的建筑信息进行一致运算与协调,自动校对模型的参数与尺寸。而不用像传统计算机辅助技术一样进行逐个标注,从而增加了设计图的实际操作性。

BIM 应用及价值　　　　　　　　　　　　　　　　　　　　　　表 3-1

阶　　段	应　　用	价　　值
初步设计	净高验证	初设阶段净高论证
	碰撞检测	发现设计各专业碰撞问题
	幕墙优化	优化幕墙分格
	工程算量	评估 BIM 算量准确性
施工图设计	净高验证	施工图阶段净高论证
	碰撞检测	发现设计各专业碰撞问题
	管线综合	提出管线综合优化设计建议
施工图深化设计	碰撞检测	发现施工图深化设计问题
	管线综合	提出管线综合优化建议

（一）模型搭建

三维模型是 BIM 各项应用的基础。国内一般采用 Autodesk Revit 系列软件，以 Autodesk CAD 作为辅助工具。对于一个工程项目而言，在其设计阶段可通过三维建模软件，构建建筑模型（整体模型）、建筑模型（凸显立面高差）、结构模型、暖通模型、喷淋系统模型、消防系统模型等。

（二）模型优化

国内一般采用 Navisworks 对模型进行碰撞检测，根据碰撞检测结果，提前进行设计变更。基于施工图，检查机电设备与建筑结构模型的碰撞，同时出具碰撞检查报告。通过解决碰撞问题，最终优化施工图纸，节约施工过程中的周期和成本，具体流程见图 3-7。

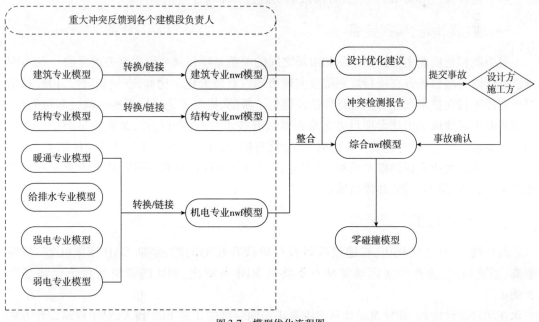

图 3-7　模型优化流程图

设计团队采用 BIM 全专业、全过程设计,建筑、结构、机电专业分别利用各自的模型进行设计,确保"信息唯一传递"时完全对应的 3D 模型和 2D 图纸成果。这种方式区别于只有建筑设计团队使用 BIM 设计,BIM 建模团队跟着建的方式,这些方式无法验证模型信息是否完全准确。只有全专业、全过程的方式才能时时得到完全对应的模型与图纸。

(三)工程算量及可视化

BIM 应用中,模型承载着建筑物的几何信息及非几何信息,基于模型上承载的数据,可以进行可视化、算量等应用研究。BIM 在工程算量中的应用主要表现在可使算量快速化和精确化,具体可见本章第四节。

设计方在提供给业主 BIM 模型与图纸的同时,配合业主对项目进行可视化展示,协助业主提前发现潜在的需求或问题。在 BIM 模型基础上进行空间管理,并向业主展示空间管理方案和优化报告。

第二节 BIM 在规划设计阶段的实践

美国 BSA(Building Smart Alliance)联盟指出,BIM 在建筑工程项目全寿命周期各阶段的主要应用为:规划阶段主要用于现状建模、成本预算、阶段规划、场地分析、空间规划等;设计阶段主要用于对规划阶段设计方案进行论证,包括方案设计、工程分析、可持续性评估、规范验证等;施工阶段则主要起到与设计阶段三维协调的作用,包括场地使用规划、雇工系统设计、数字化加工、材料场地跟踪、三维控制和计划等;在运营阶段主要用于对施工阶段进行记录建模,具体包括制订维护计划、进行建筑系统分析、资产管理、空间管理/跟踪、灾害计划等。本节主要探讨 BIM 在规划、设计阶段的实践过程中应注意的事项。

一、规划阶段的实践要点

是否能够帮助业主把握好产品和市场之间的关系是项目规划阶段至关重要的一点,BIM 则恰好能够为项目各方在项目规划阶段实现市场收益最大化。比如,在规划阶段,BIM 技术对于建设项目在技术和经济上可行性论证提供了帮助,提高了论证结果的准确性和可靠性。特别是业主需要确定出建设项目方案是否既具有技术与经济可行性,又能满足类型、质量、功能等要求。但是,只有花费大量的时间、金钱与精力,才能得到可靠性高的论证结果。BIM 技术可以为广大业主提供概要模型,针对建设项目方案进行分析、模拟,从而为整个项目的建设降低成本、缩短工期,并提高质量。

二、设计阶段的实践要点

与传统 CAD 时代相比,在建设项目设计阶段存在的问题,诸如 CAD 图纸冗繁、错误率高、变更频繁、协作沟通困难等缺点都将被 BIM 所解决,BIM 所带来的价值优势是巨大的。

在项目设计阶段,让建筑设计从二维真正走向三维的正是 BIM 技术,对于建筑设计方法而言这不得不说是一次重大变革。通过 BIM 技术的使用,建筑师们不再困惑于如何用传统的二维图纸表达复杂的三维形态这一难题,可以有效地对复杂三维形态的可实施性进行拓展。而 BIM 的重要特性之一——可视化,使得设计师对于自己的设计思想既能够做到"所见即所得",也能够让业主捅破技术壁垒的"窗户纸",随时了解到自己的投资可以收获什么样的成果。

三、BIM 技术在规划设计阶段的问题分析

当前,BIM 在建筑工程设计中的实践,已间接反映出我国传统建筑工程设计管理中存在的一些主要问题,BIM 在我国的应用还处于起步阶段,因此我国 BIM 项目中也存在着诸多建筑工程设计管理问题。

（一）工作范围问题

目前,许多项目参与方对 BIM 的认识都还只是一知半解,所以无论是业主提出使用 BIM 的要求,还是设计师提议使用 BIM,其具体工作范围的界定都是比较模糊的。

首先是 BIM 的业务范围问题。在 BIM 合同谈判上,首先应该明确的就是业主需要的到底是 BIM 咨询服务还是 BIM 设计服务。BIM 设计服务的成果主要体现在准确的建模和高质量的图纸输出上;而 BIM 咨询服务的成果还包括更多基于 BIM 设计模型的有价值的信息,这些信息能更好地配合造价、施工、运营维护等。在 BIM 实践的早期,一些业主向建筑设计企业提出了使用 BIM 的要求,由于缺乏经验,合同中只能以设计团队的人员配备、软硬件的配备作为约束条件,而要提供怎样的服务、得到一个怎样的结果,双方其实都不清楚。其结果往往是业主没能获得所期望的 BIM 成果,而建筑设计企业也不能为自己应该提供更多的咨询服务。这样的结果也使双方很难再进行持续性的合作。

其次是 BIM 设计具体应用的范围问题。BIM 设计不代表所有的设计内容都要使用三维设计,不代表所有构建都要表现完整的细节,也不代表所有的设备都要具备完整的信息。很多时候,由于缺乏对 BIM 设计范围和深度的指导,设计师一味地追求设计的"精确",而业主需要的又只是"准确"的施工图纸,则会造成设计成本和时间上不必要的浪费。

所以,业主不清楚 BIM 的设计范围,则有可能得不到理想的结果;建筑设计企业不明确 BIM 的设计范围,则会带来不必要的工作量。

（二）设计标准问题

BIM 设计作为更加注重协同的设计方式,在建筑设计企业实施标准的基础还是 CAD 标准时,还应进一步添加项目各阶段模型范围及深度规则、BIM 目标与职责、单专业建模流程、多专业模型协调流程、模型输出规则等内容。

由于缺乏适用于我国国情的 BIM 指导标准,现阶段我国 BIM 设计业务开展形式仍以翻模型和设计辅助型 BIM 业务为主,大多数的使用者是以 BIM 设计工具去完成传统设计工具需要完成的工作。在缺乏标准约束的情况下,BIM 设计过程中虽然创建了大量的数据,但数据缺乏有效的归类,数据之间缺乏组织与联系。从设计层面看,这样的应用很难实现由 BIM 协同给设计工作带来的效率的提升;从项目层面看,也很难从设计的模型中提取更多对其他项目参与方有价值的信息。

（三）数据安全问题

利用 BIM 进行复杂项目设计,通常需要多个软件（包括设计软件和分析软件）配合完

成,而为了更好地整合这些软件的成果,达到便于协同的目的,又需要一个共同的平台(常见的如 Autodesk Revit 平台),以保障各种数据信息能实时更新。

但在实践的过程中,由于一个平台承载了非常多的信息,协作中的权限设置不当、病毒感染、设计团队成员或其他外来人员的误操作、软件稳定性等因素都有可能影响整个设计团队的工作。也就是说,某一专业文档的数据不安全,不再只单纯地影响本专业的设计成果,而有可能造成其他专业设计成果的损坏或文档的丢失。所以更先进、更安全的数据保存、备份方法应受到建筑设计企业的重视。

(四)设计协同问题

与传统建筑工程设计管理中存在设计协同问题不同,BIM 首先极大地提高了设计工具的协同能力,同时 BIM 理念也增强了设计师的协同意识,但却引发了一些由协同工作增多后带来的新问题。

从建筑设计企业内部来看,首要问题是谁来领导协同。如果单纯由某一专业的技术人员来领导,一方面会造成该专业的工作量大大增加,另一方面则可能协同领导者为了维护本专业的利益,通常表现为减少本专业的工程图纸修改量,推卸一些本属于自身专业的问题,从而影响了设计的整体质量。如果由各专业选派代表组建协同设计团队,或者外聘专业的BIM 咨询团队,由于该团队的主要任务就是设计检查,每天都会有大量的设计问题被发现,有些细枝末节问题其实并不影响设计质量,但解决问题的协同会议因此频繁地召开将严重影响到设计进度,也会使设计师对协同设计产生抵触情绪。

从设计方与其他项目参与方的协同来看,尽管各方都普遍赞成在设计阶段加强施工方、设备供应商、运营方的参与,以尽可能地在设计阶段规避建造、运营过程中潜在的问题。但通过实践,设计师会发现,设计难度因为更多项目参与方的介入而大大增加,设计进度也因为各种协调会议被打乱。如果此类 BIM 项目的设计周期没有被适当放宽,设计费用没有相应的提高,设计师同样会对设计的协同产生抵触情绪。

(五)设计流程问题

在 BIM 应用的初级阶段,设计流程并没有发生太大改变,方案设计阶段、初步设计阶段、施工图设计阶段的划分还是十分明确,但是为了更好地发挥 BIM 的协同作用,一些企业开始注重在各设计阶段内的专业协同。图 3-8 所示的就是一种 BIM 初级阶段常见的设计流程。

采用这种流程的一个重要原因是目前 BIM 的应用还受制于相关软硬件的水平。简单地说,目前多数 BIM 软件对计算机配置的要求非常高,而且所谓的"顶级配置"计算机也很难承载一个规模过大的项目。在这种条件下,设计师首先会确定一个设计原则(如控制项目原点坐标),然后不同专业各自建模,有些规模巨大的项目甚至在同一专业内也需要分区建模。在复杂设计节点或关键时间点上,采用"链接 Link"模式对设计成果进行整合或者将设计成果导出到一个专门的软件(如 Autodesk Navisworks)中进行协同工作。当一个阶段的协同作业都顺利完成之后,再进入下一阶段的设计工作。

这种方法的优点是可以有效地避免各专业在同一文件下共同作业对硬件造成的负担,但缺点表现在以下两个方面:

(1)该流程下的设计协同是定期进行的而不是时时存在的,尽管 BIM 协同手段已强于传统建筑工程设计模式下的协同手段,但依旧容易出现因设计失误太晚才被发现而带来返工的问题。

（2）该流程的阶段划分十分明确,设计师为了确保设计质量,在各个阶段已花费了大量的时间进行协同。但由于各阶段的目标并不相同,设计初期考虑的问题有时也不够周全,随着项目的深入,一些新的问题,特别是与可施工性相关的问题会暴露出来,而此时要再做修改,也将造成大量的返工。

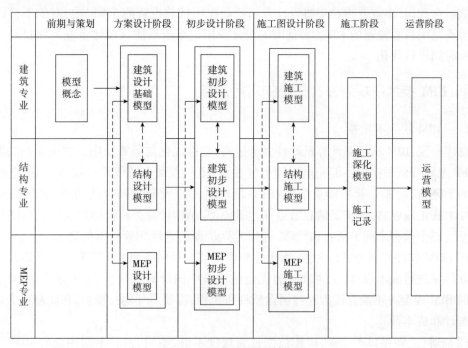

图 3-8　BIM 初级阶段设计流程

（六）设计进度问题

在传统建筑工程设计管理中,如何加快设计进度就已经是一个非常突出的问题了。在设计进度被制定后,建筑设计企业往往缺乏控制进度、优化进度的手段,进度落后时,也只能依靠增加人力或大量的加班来弥补。

而在使用 BIM 后,更多的协同工作、更高的设计要求以及对新软件和新的工作方式的适应,都使建筑设计企业更加难以准确预估 BIM 项目的设计周期,也更加难以对设计进度进行控制。

（七）设计成本问题

设计成本问题可以从设计活动和整个建设工程项目两方面来探讨。

从设计活动的生产成本来看,建筑设计企业作为知识型企业,其主要成本来自于人工费用、人才培养和技术研发投入。但很多企业并不愿意为人才培养和技术研发投入大量资金。目前,许多国内建筑设计企业在创建 BIM 团队的初期,通常还是会请到软件公司或相关的专业技术人员为员工进行一些短期的培训。但在短期培训之后,BIM 团队的员工就只能依靠团队内部的自学和交流来提高相应的业务能力。而像一些有实力的外国建筑设计企业为员工提供长期的技能培训并成立专门的技术研发中心的做法,在国内是比较少见的。从短期看,减少人才培养和技术研发投入的做法节省了企业的开销,并且不会对企业争取项目的能力造成太大的影响。但从长远看,这势必会影响企业的创新能力,企业的市场地位也会逐渐被一些更注重人才培养和技术研发的企业所取代。

从整个建设工程项目的成本角度看,BIM 在建筑设计中的应用有优化设计、减少变更、提高建筑性能、降低项目成本的潜能。但要发挥这一潜能,业主就必须要认同建筑工程设计的价值。在我国,多数业主希望将设计费用控制在项目总投资的 5% 以内,有的项目设计费用甚至不足项目总投资的 1% 。而低廉的设计费很难激励建筑设计企业为项目投入更多人力和时间进行优化。

四、BIM 技术在规划设计阶段的应用难点

(一)BIM 软件不完善

总体来说,BIM 软件对计算机硬件要求过高,软件优化与运算反应速度也存在问题;Revit MEP 现阶段依靠插件不能完全识别电气参数、电气接线点及线路连接等信息,造成信息传递的不完整,给多专业协同造成困扰;系统出图一直没有找到合适的方法解决;结构的 BIM 技术真正的成熟,应该是信息数据在建筑模型、结构计算分析模型以及建造后的信息分析模型这三个模型之间灵活自由传输,这样才算是真正达到 BIM 技术的要求。

(1)BIM 软件以国外软件为主,本土化程度不够。目前各企业一般采用广联达或者鲁班算量软件来进行成本预算,这些软件的优点是适应中国计算规则,但由于现在版本的 Revit 建立的 BIM 模型并不能直接为这些国内软件所识别,需要另外建立模型,在此基础上进行工程量统计和成本预算。

(2)软件之间接口不完善,BIM 数据打通程度不够,不同公司、不同用途的 BIM 软件之间暂时不能实现数据信息的完美传递。基于 Revit 直接提取工程量,其计算规则不太符合中国规范,而且国内各地定额不同,成本估算难以准确实现。因此,国内外软件开发商应考虑如何使自己的软件数据接口更开放、适用范围更广泛。

(3)软件的应用对人员素质和硬件设备的要求较高。

(4)涉及国家安全、保密信息的企业或项目,需要有中国自主知识产权的 BIM 软件作为基础平台。

(二)BIM 技术文件建设档案馆存档问题

现阶段各地城市建设档案馆的文件存储使用的是蓝图微缩技术,部分省采用电子报批、电子存档。目前缺少 BIM 技术文件存档的标准,同时现有建设档案馆数据库的硬件及软件条件不足以满足 BIM 存档的要求。

(三)BIM 各种成本过大问题

虽然推动 BIM 技术的发展与应用将会带来行业的进步与发展,但同时在设备更新、软件更新、基础数据库文件、人员培训、人力资源等方面的投入,比传统的二维设计有所增加,尤其对于设计院来说,成本投入较大。

第三节　BIM 与变更管理

变更管理是建设项目尤其是大型超高层项目的管理挑战。变更在每个项目上都会发生，而大型超高层项目的变更会更频繁。当变更方面的时效性过了索赔期，变更就会影响索赔，这是变更管理方面的一大困难。同时计量工作量巨大，尤其是钢筋部分，往往很难算清楚，会影响判断工程的变更对项目的影响。

长期以来，工程变更的管理手段单一，计算机网络和纸质文档结合得不够紧密。在实践中，工程变更管理存在很多问题，主要表现在：工程变更管理不重视设计阶段的预先控制，导致后期的工程变更增多；工程变更发生之后的信息管理手段落后，缺乏系统的软件支持；项目参与方之间沟通协调困难。BIM 技术的应用正好可以有效地解决这些问题，达到缩短工期、节约成本、减少变更的作用。

工程变更管理主要从两方面考虑：一方面预测可能发生的变更及其产生的后果，尽量减少可以避免的变更；另一方面是对不可避免的变更尽最大努力进行管理和动态控制。

一、工程变更内容与影响因素

（一）工程变更管理的内容

工程变更管理既要对未知的变更进行预测、分析，也要对已经发生的变更进行及时处理。从项目角度讲，不同阶段变更管理的内容也不同：

（1）在建设项目前期的决策阶段，不合理的建设规模和工程方案导致资源配置不能充分利用、单位成本过高，这些不利因素都将导致工程变更的可能性，所以应该合理确定项目建设规模和重视工程方案的选择；

（2）在建设项目前期的设计阶段，变更管理工作要注意的内容是建设功能是否满足近期及远期的使用功能，设计概算的编制能否满足整体投资，周边环境因素是否考虑周全等情况。

（二）影响工程变更管理的因素

由于建设工程建设周期长，项目参与方众多，决定了工程变更管理受到诸多因素的影响。研究诱发工程变更的因素，有助于建设项目过程中的权利责任问题，从项目参与者角度出发，将诱发工程变更因素归结为四个方面，即业主方原因、设计方原因、承包商原因和客观因素。

1. 业主方原因

（1）业主本身对项目的需求发生改变、项目的工程规模改变、增加或减少项目的内容、加大或减小工作范围、提高或降低质量标准、改变项目的使用功能以及工期要求提前等。

（2）业主前期的可行性研究工作不充分，提供给设计单位的数据和资料存在误差。

（3）合同对工作内容界定不清晰，在标段划分时出现遗漏内容。

（4）业主方内部组织管理制度混乱，对工程变更的组织分工不明确，管理程序混乱，引发不必要的工程变更等。

2. 设计方原因

（1）设计方案不合理。

（2）各设计专业之间配合不当。

（3）设计错误和遗漏。

（4）协调沟通不到位。

（5）图纸会审不到位等。

3. 承包方原因

（1）施工图纸复杂，对图纸不能深入了解。

（2）施工工艺或方案的改变。

（3）技术管理上的失误。

（4）施工组织顺序不合理。

（5）不良的沟通协调。

（6）施工单位提出合理化建议等。

4. 客观因素

其他客观因素包括：

（1）新的法规、政策的出台。

（2）材料的规格、尺寸、价格等因素与预期不一致。

（3）自然环境的影响。

（4）合同因素等。

由此可见，影响工程变更管理的因素有很多方面，要想有效地控制工程变更，需要对影响变更的因素进行全面的分析和预测，应用先进的信息技术管理以及相关工具，事先采取控制，事中采取有效措施，事后采取妥善补救，缩小工程变更对项目目标的影响，实现对工程变更的主动控制和动态管理。

二、工程变更管理现存的主要问题

目前我国在对待工程变更上仍然存在着诸多的问题，主要体现在以下几个方面。

（一）不重视设计阶段的预先控制

变更一般发生的时间是在施工阶段。目前在工程变更的管理过程中都是把变更管理的重点放在施工阶段，不重视设计阶段的预先控制。然而产生变更的最大部分原因来源于设计阶段。一些国外学者分析了工程变更产生的原因，认为设计方是导致工程变更的主要原因，并指出有 65% 以上的变更是由于设计错误和设计遗漏导致的，设计修改占 30%，不可预见占 5%。因此设计阶段是处理技术和经济关系的关键环节，是变更控制的源头，设计质量的好坏关系到项目一次性投资的大小，对工程质量、工期、人力、物力的投资起着决定的作用，变更应尽量提前，变更发生得越早，损失得越小，如图 3-9 所

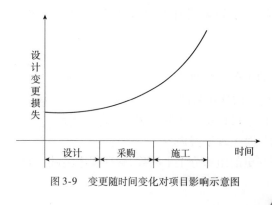

图 3-9　变更随时间变化对项目影响示意图

示为变更随时间变化对项目影响示意图。如果在设计阶段发生变更,只需修改图纸,其他费用还未发生,损失有限;如果在后期发生变更,则会导致新的费用发生,因此设计阶段是控制变更的一个重要环节,应尽量把变更控制在设计阶段。

然而在设计阶段影响工程变更发生的因素有很多,比如人为因素、客观因素、技术因素等。例如虽然项目在设计时各专业工程技术人员尽量做到协同,但是各专业之间的信息还是存在壁垒,各设计专业之间配合不当,不能达到最优的设计方案,会存在一些设计偏差。二维图纸不能完整地解决管线综合协调问题,管线之间到底是否存在碰撞交叉点,在施工时才知道,为后期的施工阶段带来不必要的变更。

(二)信息化手段落后

工程变更信息的管理基本以人工传输和纸质文件形式进行,在工程变更管理流程上,对计算机和网络的开发明显不足,缺乏成熟的项目管理软件,大量的工程变更信息主要靠纸质文件进行,工作效率低,信息传递时间长,且易发生信息丢失的现象,造成工程变更管理的混乱。此外,由于没有形成闭合式的管理流程,使得在项目变更过程中,项目管理部门和决策者无法及时准确变更信息,对建设项目工程变更的管理容易出现"管理黑洞"。工程变更对工程进度、质量、造价都有一定程度的影响。信息手段落后具体表现在:

(1)变更工程量统计费时。变更方案不仅是设计师一个人的工作,也导致了施工人员和造价师的劳动成果将变成无效劳动。由于变更信息的滞后,收到变更方案通知时可能正好是施工完成之时,刚刚计算好的工程量又变成设计变更,只能重新计算,并且需要对比哪些是变更工程量。在变更工程中统计工程量花费的时间很长,同时还需要编制人员有足够的耐心,努力把误差控制在最小范围内,以免影响变更工程量的准确性。

(2)变更价款不易确定。工程现场往往会出现大量设计变更,材料价格也会经常波动,这要求对工程的量和价做出相应的调整,传统方法靠手工在图纸上找出变更的确切位置,然后计算工程量变更的增减情况,还要调整与之相对应的构件,这样的计算过程耗费大量时间,速度缓慢,信息的可靠性也难保证;材料费用占的比重比较大,材料管理方法落后,材料采购、存储量计算不科学,不能掌握市场时机等都不利于材料费的控制。由于变更的内容没有历史数据和位置信息,今后查询对比也比较麻烦。

(3)不利于工程变更方案的多算对比。后续的变更出现频繁,变更费用不能超过一定的控制价,通过计算变更方案前后的造价对比,可以控制变更费用,传统的变更方案靠纸质记录,历史数据积累和共享不方便,变更方案要参考这些数据很难做到。

(三)组织协调困难

工程项目需要多方参与共同完成,各单位除了完成自身内部的协调之外,还要与其他参与方进行协调。协调不力,会导致工程变更的发生,当前的工程管理模式,没有一个很好的平台提供给各项目参与者,并不能充分协作,不利于建设项目目标的实现。具体体现在以下几个方面:

(1)设计方与建设方沟通协调不利,设计方不明白建设方的意图,设计出来的效果不能满足业主的要求,业主要求更改设计方案,导致设计方案要重新修改,都不利于工程变更的管理。

（2）设计方与承包方沟通不及时，导致设计方不熟悉施工条件，无法预测施工阶段的情况，某些方面的设计无法满足现场的施工要求。

（3）施工时不同专业管理人员沟通不及时，承包商与分包单位之间的工作衔接不畅，或是对分包单位的管理不到位都有可能产生变更。

（4）供应商不能按期、保质、保量地供应材料设备；机械设备使用时间段的争抢与纠纷；施工段划分不合理，流水组织不力；业主单位工程款无法按期支付等，承包商若未能及时解决，都会产生变更。

（5）其他原因。各参建方内部组织协调不畅也会不利于项目目标的实现。

三、工程变更中 BIM 技术的引用

传统变更管理方法有一定的局限性，在一定程度上导致变更管理诸多问题的出现，限制了工程变更管理效率的提高。结合 BIM 技术的应用价值、现状，将其引入工程变更管理中，可以实现对工程变更有效管理的动态控制。

在建筑项目设计中实施 BIM 的最终目的是提高项目设计质量和效率，减少后期的洽商、变更、返工，保障施工工期顺畅，节约项目成本。3D 参数化设计是 BIM 在建筑设计阶段的应用，3D 参数化设计有别于传统 AutoCAD 等二维设计方法，3D 参数化设计的重点在于建筑设计，这个设计的三维建筑模型包含了数据参数，同时具备了可视化功能，而传统的三维效果图与动画只是 BIM 其中的一个的附属部分。BIM 在设计阶段的价值主要体现在以下 3 个方面。

（1）可视化（Visualization）：BIM 将抽象的二维建筑描述得具体化、形象化，使得非专业人员对项目各部分的需求得到不同程度的满足，让专业设计师判断的更明确、更高效，让业主决策更为准确。

（2）协作（Coordination）：一个建筑项目的设计需要各专业设计师来完成，现在的做法是通过 CAD 来把各专业设计师的设计成果整合起来，中间有一个传递过程，信息在传递的过程中会失真、失效，而 BIM 是将各专业设计师的独立设计成果（包括中间结果和过程）置于同一个设计平台上，避免因误解或沟通不及时造成不必要的设计错误，提高设计质量和效率。

（3）仿真（Simulation）：一般项目的建造过程与结果需要在真实场景中才能实现，应用 BIM 技术可以事先进行数字虚拟，可以最大限度地预演未来真实的项目。

四、自动变更管理

BIM 技术的优势之一就是它的自动变更管理。

（一）设计阶段的变更管理

使用 2D CAD 技术，在设计过程中一旦设计出现变更，设计师就要花费巨大的人力和时间去进行整体更改和协调，这是对人力资源的巨大浪费。但是 BIM 技术不同，在它的基础上制作的模型，可以直接生成建筑相关的图纸。即使是建筑出现变更，对应的图纸也会自动做出调整。正是因为所有的数据都来自于同一个数据库，所以任何视图的变动都

会引起整个数据库相应的更新,进而反映在其他的视图中,视图会根据这些数据的变更进行相应的更新。这就把建筑师从繁杂的图纸修改中解放出来,使得他们的工作效率得到极大的提升。BIM 的作用是最终让设计师有更多的时间专心完成设计,从而提高了建筑设计的质量。

（二）施工阶段引起的设计变更

在施工过程中,工程变更的发生是在所难免的,在传统的计算机辅助设计过程中同样需要设计师花费大量的人力和实践来完成工程变更和整理协调。工程变更经常会引起项目工程量的变动及项目进度的变动等问题,这些问题都可能造成实际施工成本与计划成本发生较大出入(主要是实际施工成本的增加),所以,必须高度重视和重点控制变更对项目成本产生的影响。在发生工程变更时,使用 BIM-5D 技术进行变更管理,因 BIM 模型信息具有关联性,工作人员只需将变更构件在 BIM 模型中进行修改调整,整个模型中与之关联的部位都会自动更新,而且由于 BIM 模型的共享协同能力,各参与方之间传输交换信息的时间大为减少,从而可快速计算变更工程量,准确确定变更费用,减少成本浪费,有序管理变更造价。

（三）保证自动变更管理的 BIM 技术的功能

参数化变更管理,是运用 BIM 技术保证自动变更管理主要的功能。

以前用 3D 建模软件来进行建筑设计,创建的是建筑物的几何模型,无论是墙体、柱、管道、设备,只是一些简单的几何体的组合,没有包含构件的特定参数,例如细部构造、材质要求、构件特征等,不利于该模型进行建筑物性能方面的分析,也不利于施工方对于工程量进行统计和进度安排,同时还不利于造价管理。BIM 中建筑基本单元是参数化构件,构件参数化可以为设计提供开放式的图形式系统,可以逐步细化设计用途,参数化之间的相互关系可以用于支持 BIM 所提供的协调和变更管理功能,BIM 的一个基本特性是能够协调变更,并始终保持一致,所有 BIM 模型信息都存储在一个位置,比如建筑专业添加了一堵墙,那么 MEP 专业无须再添加任何墙,会自动更新到 MEP 专业中,因为这堵墙在整个 BIM 模型中是唯一的。任何一处变更都可以同时有效地更新到整个模型,所有相关内容随之自动变更,无需用户干预,即可实现关联内容的更新,信息更新快,比较容易对设计进行修改。

五、减少设计变更

传统计算机辅助设计二维图纸过程中,由于画图量的巨大与专业的独立性,很容易出现专业图纸之间无法衔接,往往在施工过程中才发现问题。施工方发现问题报备监理,监理再联系设计方,由设计方更改,修改后的图纸再逐层传达至施工方,费时且费力。

与传统的建筑设计相比,运用 BIM 进行的设计为三维图形,可以提升参数化、可视化和性能化的设计能力。促进设计过程中的多专业协作,解决复杂建筑平、立、剖面协调问题及土建与安装之间的协调问题。设计过程中可以随时点击查看效果图,有利于施工图的优化,有助于施工图的设计和出图,还有助于设计中的"错漏碰缺"检查,调整和优化设计方案,减少设计变更,提高施工图质量。

（一）增强建筑设计贴合度

BIM 技术运用协同设计的功能增强了建筑设计的贴合度,传统建筑设计主要是通过图纸来完成的,设计图纸通常是十几张到几百张,而其中的细节设计是相互独立的。比如,审图人员必须从大量的设计图中整理出管径的信息。由于细节设计工作是由不同的人员完成,若没有进行合理有效的沟通,设计图中势必会造成一些相互矛盾的地方。而建筑所在环境、气候及其他一些不可控因素都在不断的变化,若是数据收集不齐全,也会造成建筑设计的不合理及对后期的建筑施工影响。

以前在建筑、结构完成之后,水暖电各专业都是在建筑和结构的基础上为建筑物添加管道和设备,虽然水暖电各专业都是基于同样的建筑设计来确定管线设备位置,但不容易确定水暖电各专业之间的碰撞交叉点在哪,各个专业的设计师沟通不及时,提出的修改要经过书面报告,信息传递速度慢。BIM 技术可以通过中心文件来实现项目共享,在中心文件上时时可以看到其他专业的模型更新或修改信息,通过计算机的操作来实现协同共享,无需通过中间过程的传递。BIM 的协同设计可以解决各专业之间配合不当的问题。

此外,在建筑施工前,运用 BIM 技术可以进行现场模拟施工、安装,优化施工、安装方案。减少施工变更次数,方便变更管理。

(二)可视化程度高

传统的计算机辅助建筑设计是采用二维视图来实现建筑的设计,这与人们习惯的观看方式不一样,并且随着人们对建筑外观审美的要求越来越高,传统的计算机辅助建筑设计技能已经不具备充分的可视性,满足不了现代建筑的需求。准确地说,CAD 是计算机绘图软件工具,绘制出来的二维图纸对于各专业的设计师空间想象力和创造力要求高,当需要修改时,设计修改工作量大。

BIM 的可视性不仅能直观地展现建筑设计中的质量问题,还能够直观地呈现建筑的外观设计,加强了建筑的外形美观,避免变更。BIM 软件在布管时,可以任意调到各种视图,如平面、立面、剖面,平面有利于布置水平管线,立面有利于垂直管线的布置,剖面有利于建筑物内部管线的布置。可以任意调到各种角度查看构件位置,解决各专业靠空间想象力来描绘建筑物的全貌。实现水暖电系统图表达精准化、各专业大样图表达形象化,专业冲突一览无余,提高设计深度。实现三维校审,减少设计“错、碰、漏、缺”现象。

(三)实现高度集成

BIM 计算机辅助技术主要是采用三维视图的方式来展现建筑设计,对建筑内部的构件也能进行生动的模拟。加大了建筑构件的模拟与实践数据的相似度,让设计者能够从不同的角度来分析设计的效果,确认构件所展现的属性及其需要被调整的方向。比如设计一个门开启的方向开关,可以通过传统的计算机辅助技术来确认开关的控制图表及门的开启方向,运用 BIM 中的三维技术进行详细的调整,以此更加贴近实际施工后的效果。

(四)碰撞检测

不同专业之间、不同系统之间的设计是由相应专业独立完成,由于项目的复杂性,不可避免存在一些碰撞交叉点,BIM 核心建模软件可以初步提高设计精度和效率,能够初步对BIM 模型进行分析碰撞检测,发现设计中的问题。设计中结合其他的碰撞检测软件,可以对建筑与水暖电专业、水暖电之间进行预判碰撞,将碰撞点尽快交给设计人员,对管线进行调整,确保设计师在创建、查看与审阅三维模型时使用一致的参数化模型,提高设计方案精确性,尽量减少现场的管线碰撞和返工现象,在满足施工规范的同时符合业主的要求、维护检修空间的要求,让最后的 3D 模型实现零碰撞,减少后期可能出现的设计变更。碰撞检测模拟流程图如图 3-10 所示。

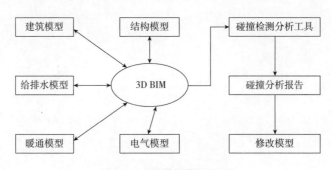

图 3-10　碰撞检测模拟流程图

章后习题

1. BIM 技术应用于施工设计与传统设计相比,对变更管理有何影响?

2. BIM 设计流程与传统设计的区别有哪些?

本章参考文献与延伸阅读

[1] Chuck Eastman, Paul Teicholz, Rafael Sacks, etc. BIM Handbook[M]. John Wiley & Sons, Inc. 2011.

[2] 尹航. 基于 BIM 的建筑工程设计管理初步研究[D]. 重庆:重庆大学,2013.

[3] 姬丽苗,张德海,管梽瑜. 建筑产业化与 BIM 的 3D 协同设计[J]. 土木建筑工程信息技术,2012(04):41-42,63.

[4] 周建亮,吴跃星,鄢晓非. 美国 BIM 技术发展及其对我国建筑业转型升级的启示[J]. 科技进步与对策,2014(11):30-33.

[5] 于洁,石磊,薛兆明. BIM 技术在工程设计中的运用——以中国移动国际信息港项目为例[J]. 中国勘察设计,2012(11):34-37.

[6] 宋麟. BIM 在建设项目生命周期中的应用研究[D]. 天津:天津大学,2013.

[7] 陆剑峰,李文赫,蔡春明. 基于 BIM 的工厂规划信息管理系统的设计和开发[J]. 工程管理学报,2015(06):11-16.

[8] 王勇,张建平,王鹏翊,等. 建筑结构设计中的模型自动转化方法[J]. 建筑科学与工程学报,2012(04):53-58.

[9] 张春影,高平,汪茵,等. 施工图设计阶段 BIM 模型的工程算量问题研究[J]. 建筑经济,2015(08):52-56.

[10] 周佳悦. BIM 技术应用模式分析与适应性设计探索[D]. 大连:大连理工大学,2014.

[11] 邵光华. BIM 技术在建筑设计中的应用研究[D]. 青岛:青岛理工大学,2014.

[12] 卢琬玫. BIM 技术及其在建筑设计中的应用研究[D]. 天津:天津大学,2014.

[13] 于巧稚. BIM + PM,施工阶段信息化集成之道[J]. 中国建设信息,2013(18):26-29.

[14] 寿文池. BIM 环境下的工程项目管理协同机制研究[D]. 重庆:重庆大学,2014.

[15] 刘素琴. BIM 技术在工程变更管理中设计阶段的应用研究[D]. 南昌:南昌大学,2014.

[16] 郑浩凯. 基于 BIM 的建设项目施工成本控制研究[D]. 长沙:中南林业科技大学,2014.

第四章 施工阶段BIM管理

本章主要介绍施工阶段所涉及的工程建设主要参与方如何基于BIM技术进行项目管理,要求学生了解在施工阶段各项目参与方如何利用BIM技术更好地进行项目管理,从而实现项目目标。

第一节 施工方BIM管理

一、施工管理中的BIM应用特点

施工方作为工程建设阶段的实施者,其主要任务是将设计化为实体,在建造过程中,质量、进度、成本被称为工程项目建设的三大目标,是工程项目施工阶段项目管理的主要工作内容,对于施工方而言,这三大目标也是衡量其工作得失成败的重要依据。BIM作为一个数据平台,具有可视化、协调性、模拟性、优化性和可出图性五个特点,可用于施工阶段的数字化管理。目前BIM模型施工管理平台的应用主要包括:现场整合、方案优化、进度安排、工程量统计、安全管理、质量管理、成本管理、数字化建造等,这些应用主要围绕质量、进度、成本三个方面进行。施工方基于BIM技术进行项目管理时,主要靠BIM技术建立相应的管理平台与管理体系,从而更好地控制和管理工程项目的三大目标。施工方应用BIM进行项目管理时,应用流程图如图4-1所示。

结合图4-1可知,当前施工阶段BIM应用主要有以下特点。

(一)基于BIM的设计可视化展示

按照2D设计图纸,利用Revit等系列软件创建项目的建筑、结构、机电BIM模型,对设计结果进行动态地可视化展示,使业主和施工方能直观地理解设计方案,检验设计的可施工性,在施工前能预先发现存在的问题,与设计方共同解决。目前,普遍应用的BIM建模软件有Autodesk Revit Architecture、Structure、MEP,Bentley Architecture以及Graphisoft ArchiCAD等。

（二）基于 BIM 的碰撞检测与施工模拟

将所创建的建筑、结构、机电等 BIM 模型，通过 IFC 或 .rvt 文件导入专业的碰撞检测与施工模拟软件中，进行结构构件及管线综合的碰撞检测和分析，并对项目整个建造过程或重要环节及工艺进行模拟，以便提前发现设计中存在的问题，减少施工中的设计变更，优化施工方案和资源配置。

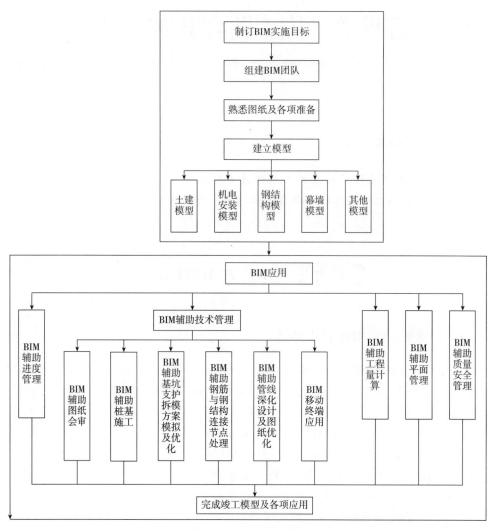

图 4-1　BIM 应用流程图

1. 碰撞检测

项目的实施过程是一个复杂的动态过程，存在很多立体交叉作业，而在施工过程中常常会出现由于设计得不合理或施工现场时间安排和空间布局的冲突而引起的构件、设备、机械碰撞等不安全状态，因此，基于 BIM 的施工碰撞检测可提前避免一系列施工冲突的发生。具体碰撞检测流程如图 4-2 所示，其中 MEP 为 Mechanical & Electrical & Plumbing 的缩写，即机械、电气、管道三个专业；Navisworks 为 Autodesk 公司开发的可将相关方可靠地整合、分享和审阅详细的三维设计模型软件。

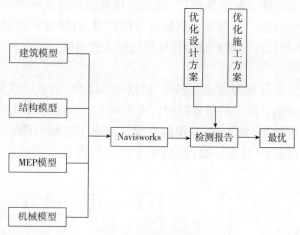

图 4-2　碰撞检测流程

1）设备管线冲突和碰撞检测

大型建筑工程项目的设备管线繁多,布置复杂,管线之间、管线与设备、管线与结构构件之间出现空间冲突和碰撞的情况并不罕见,给施工带来了很多不必要的麻烦和安全隐患。采用 BIM 技术进行三维管线综合设计,可以有效地改变这一状况。BIM 模型可以对整个建筑工程进行一次"预演",建模的过程中可以对建筑工程进行一次全面的"三维校审",能发现许多设备管线和构件之间的碰撞冲突等设计问题。利用 BIM 技术可以对整个项目进行一体化的信息管理,进行设备管线冲突碰撞检测。先进行冲突检测,然后把检测结果反馈给各专业设计人员进行调整,随后再次进行检测,如此反复完成碰撞冲突检测,最终得出合理的管线设备布置方案,为后期安全施工和设备安装提供指导。如图 4-3 所示为管线和结构构件冲突示意图。

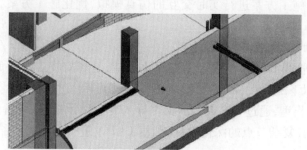

图 4-3　管线和结构构件冲突示意图

2）机械冲突和碰撞检测

大型建筑工程项目在施工过程中通常会用到很多大型机械,而机械在运行时必须有足够的运行空间,作业人员也必须有足够的操作空间。即在运行时避免机械之间、机械和建筑物之间的碰撞,以免造成重大的安全事故或严重的经济损失。因此,在项目施工之前采用 BIM 技术对机械进行动态模拟,优化机械行进路线和操作人员的活动范围,可避免安全事故的出现。基于 BIM 技术建立机械模型,一般根据机械的几何特征和运行特性,建立动态的模型,模拟机械工作时所有可能运行的轨迹。比如通过对塔吊的运行特性模拟,即考虑其工作时可旋转部分的回转半径建立的整体模型,动态模拟其前进和旋转的工作状态。检测其与周边构件的碰撞和冲突隐患。多台施工机械进行模拟时,机械的活动范围要随着机械一起活动,查找活动过程中与其他机械和结构构件可能发生的碰撞。

2.4D 施工模拟

建筑施工是一个大型且复杂的动态系统,包括很多工序,关系非常复杂,而这些错综复杂的工序又会直接影响项目施工的整体进程。虚拟施工过程则是利用仿真技术,将 3D 模型与项目进度计划结合进行 4D 施工模拟,提前发现实际施工过程中可能会发生的问题,优化施工方案,进行危险区域识别和分级,避免安全事故的出现。虚拟施工安全管理流程如图 4-4 所示。

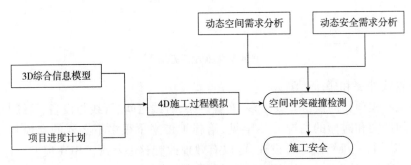

图 4-4   4D 虚拟施工安全管理流程

进行虚拟施工模拟之前,要编制详细的施工组织设计和精确的施工进度计划。施工组织设计对整个项目起着规划和组织作用,是项目实施的重要技术依据和经济指标,直接指导施工的全过程。施工进度计划是根据项目的工期要求和现有的人力、机械、材料等各种资源对施工过程进行合理的时间和顺序安排;然后再利用 BIM 建模技术建立虚拟施工模型和几何模型,对施工方案进行实时交互的仿真模拟,优化施工方案,具体流程如图 4-5 所示。

(三)基于 BIM 的工程深化设计

利用结构、设备管线 BIM 模型进行工程深化设计,是当前施工阶段 BIM 应用的重要体现。其应用方法有以下两种:

(1)将所创建的模型,通过 IFC 或 . rvt 文件导入专业设计软件中进行深化设计,如利用 Tekla 进行钢结构及其复杂节点的深化设计,利用 CATIA 进行复杂异形结构、幕墙的深化设计等。

(2)根据碰撞检测的分析结果,直接在 BIM 建模软件中对结构、水暖电管网及设备等专业设计进行调整、细化和完善。如利用 Revit Architecture/Structure/MEP 建模和深化设计,用 Naviswork 进行碰撞检测。

(四)BIM 应用在分包商施工管理中的优势

将 BIM 技术用于分包商施工管理(此处强调装配式建筑分包商),可以在几个方面优化工序。首先,与烦琐的传统图纸文件管理工作相比,BIM 技术的集成系统可有效提升 2D CAD 中的大多数现存步骤的效率。在精细化建造过程中,BIM 技术可持续缩短主导工期,使建造过程更灵活、更节约时间。

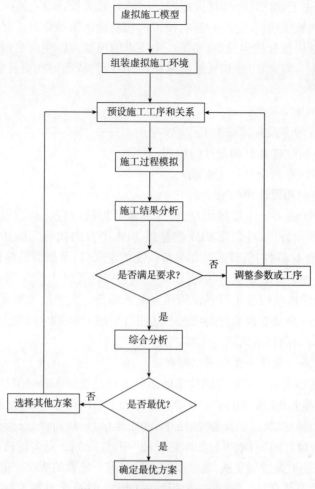

图 4-5　4D 虚拟施工方案优化流程

1. 缩短建造周期

BIM 的应用,显著节约了在生成施工图以及采购材料上所需的时间,具体如下:

(1)传统的施工过程中,为了能够为业主提供更高级的服务,后期更改常常是必不可少的。影响构件装配实施进度的设计变更在现实中很难按标准实施。每一个变更会改变整个装配过程,并引起受影响构件的施工图纸变更,还要配合图纸改变相邻或连接的部件。这里的变化会影响多个由不同的制造商或分包商提供的建筑系统,协调会变得更加复杂和耗时。然而,在 BIM 平台,这些变化是在模型中输入的,并且建造模型的更新和制造图纸的生成几乎是自动进行的,可快速实现设计变更,节约时间。

(2)确保"拉式生产系统"的实施,在这个系统中,由于施工图纸的准备由生产顺序驱动,缩短了制造周期,减少了系统中设计信息的"库存",使其不容易首先受到变更影响。一旦大多数的变更发生,图纸就随之快速生成。这就最大限度地减少了额外变化的可能性。在这个"精益"系统中,图纸是在最后时刻生成的。

(3)在合同签订日期到现场施工开工日期之间使预制方案可行的项目,通常会被禁止使用。在传统情况下,由于使用 2D CAD 进行设计所需时间很长,而将传统建筑系统转化为预制建筑系统所需时间长于所要求交易时间,使得承包商通常很难在开工日顺利进行。例如,一种用现浇混凝土结构设计的建筑物,在第一个要求的项目可以生产之前平均需要 2 ~ 3 个月转换为预制混凝土。与此相反,BIM 系统缩短设计时间,从而可在更长的交付日期里提前预制更多的组件。

2. 更低的工程和细节成本

BIM 通过以下三种方式直接减少工程成本:

(1)通过增加分析软件和自动设计的应用;

(2)图纸和材料信息的全自动化生成;

(3)加强质量控制和设计协调减少返工。

BIM 和 CAD 之间的一个主要区别是,BIM 对象可以被编程。这意味着,从热到通风动力结构分析的数据的预处理,可以在 BIM 数据或 BIM 平台内执行。例如,大多数用于结构系统的 BIM 平台包含对荷载、负载情况和材料性能的定义,以及所需的结构分析的所有其他数据,如有限元分析的定义。这也意味着,BIM 系统可以让设计人员采用自顶向下的设计开发方法,这样可使高层次的设计决策直接传递至组成部分。大多数 BIM 系统产生的报告,包括图纸和材料,处于一个高度自动化的状态。这使得所需的制图时间大大减少,这对于需要在制图上花费大量时间的制造商而言尤其重要。

3. 质量控制,供应链管理和生命周期维护

在施工过程中施加尖端跟踪和监测技术的多种途径已经在各种研究项目中提出并探讨,它们包括:在物流标签上利用射频标识(RFID);对比竣工结构设计与激光扫描(LADAR)模型;利用图像处理监控质量;以及读取设备"黑匣子"的监控信息,从而评估材料消耗。在由 FIAT-ECH(FIATECH2010)设计的"资本项目技术路线图"中,还提到了更多的技术途径。ETO 组件的 RFID 跟踪已经从研究发展到实践,在众多的项目取得了显著的成功。由 Skanska 公司在新泽西州建造的梅多兰兹体育场工程,是一个很好的例子。3200 个预制混凝土构件是现场工作人员通过平板电脑读取 RFID 标签跟踪制造、运输、安装、使用进行质量控制的。标签 ID 对应建筑模型中的虚拟对象,这可以做到清晰的可视化以及报告所有预制件的状态。

二、基于 BIM 的工程质量管理

(一)BIM 技术在工程质量管理中的优势

建设项目质量管理的核心理念体现在 PDCA 循环方面(P——plan,计划:计划阶段,找出质量需求并制定目标;D——do,执行:执行阶段,并收集质量信息;C——check,检查:检查阶段,注重实际结果与原定目标存在的偏差;A——act,处理:处理阶段,进行持续改进),如图4-6所示。

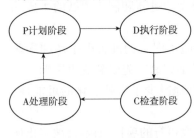

图4-6　PDCA 循环图

施工阶段的质量控制不是孤立的,而是与设计阶段和运维阶段的质量控制紧密联系的。BIM 技术提供的模型建立为施工方提早发现问题并及时与设计方沟通,以减少施工过程质量问题提供了有效途径。由于设计方的目的与施工方的目的不同,在建模时考虑的因素也就不同,所

以设计模型不一定能直接用于施工阶段。因此,施工阶段要重新在考虑施工特点的基础上建立相应的 BIM 模型。施工阶段 BIM 模型的形成,通常有两种形式:一种是直接修改设计模型,在设计模型上添加施工信息,这种办法虽然可以避免重复建模,但更改模型非常烦琐;另一种是依照设计成果出的平、立、剖面图重新建模。

施工过程是由一系列相互联系与制约的工序构成的,施工过程的质量控制必须以工序质量控制为基础和核心。工序质量控制包括工序施工条件质量控制和工序施工效果质量控制。而传统的施工模式一般只注重施工工序效果质量控制,通常的实施办法是:实测实量获得质量信息数据,对获得的数据进行统计分析,根据设计验收规范或业主要求进行质量评定,然后对不合格部分采取措施纠偏,这种常用的控制属于事后控制。

基于 BIM 的质量控制不仅要把握工序施工效果质量控制,更重要的要关注工序施工条件控制,特别是目前 BIM 的质量控制还达不到工序精度。工序施工条件控制主要包括对投入的各要素质量和施工的环境条件质量进行控制。施工企业基于 BIM 的施工过程质量控制的最大特点是可视化、信息共享、动态控制及把质量控制放在事发前或事中。其中,过程质量信息是指工序施工条件质量信息,成果质量信息是指工序施工效果质量信息。基于 BIM 的工序质量控制的主要优势如下:

1. 信息传递方面

传统施工质量信息的传递一般是事后检查收集质量信息时发现问题,一线工人再进行整改,而一线工人基本没有质量意识,只能靠质量员检测。

基于 BIM 的质量控制信息传递过程是全员参与的过程,并且质量问题被可视化。全员基于 BIM 模型进行信息交流,通过手持的移动设备进行沟通,使得信息快速传递。图 4-7 是传统信息传递与 BIM 信息传递的对比,从图中可明显看出,传统信息传递方式流程比较长,沟通过程烦琐复杂,而基于 BIM 的信息传递则更加方便快捷。

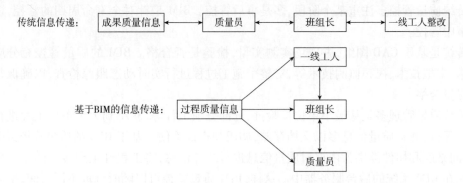

图 4-7　传统与基于 BIM 的质量信息传递方式比较

2. 过程控制方面

在质量管理过程中,首先要进行详细合理的工作分级,使项目在各种约束目标(如成本、工期等)的前提下实现建设项目的质量目标,将最先进的管理理论与技术方法相结合,达到项目质量管理的最优化。以混凝土工程为例,柱墙的截面尺寸、表面平整度和垂直度等检验指标,必须查看设计图,在模板工程支模时就仔细核对。图 4-8 表示传统方式与基于 BIM 的过程控制方式的对比。

3. 碰撞方面

传统方式在实际碰撞时才发现问题,BIM 在施工阶段的一个最重要的应用就是碰撞检测,从而使建筑、结构、机电等专业在实际发生之前就发现构件在时间和空间上的冲突,大大减少施工阶段的设计变更,减少返工,在一定程度上提高了施工阶段的质量管理水平。

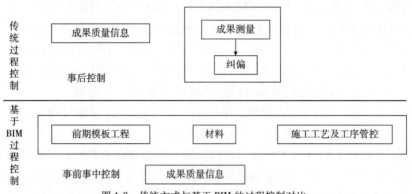

图 4-8　传统方式与基于 BIM 的过程控制对比

4. 资料整理和知识管理方面

传统项目管理的信息存储一般以纸质文件为主,从项目开工到竣工的质量信息资料巨多,很难进行整理为今后借鉴使用。基于 BIM 的项目信息存储在模型中,通过输入 ID 码,可以快速查询构件质量信息,为后续工程利用和学习以前项目积累的经验提供可能。

传统建设项目参与单位较多,很多质量信息只停留在本部门,信息流通不畅,易形成信息孤岛影响决策。施工 BIM 模型承载了各种信息,且这些信息是相互关联的,基于 BIM 和互联网的管理平台避免了信息孤岛,信息传递快速方便。

5. 管理方式方面

传统质量管控多注重某个阶段,多是事后管控。BIM 是针对全寿命周期的管控,多是事前和事中管控。

传统是基于 CAD 图纸,去现场实测实量,检验是否合格。BIM 的质量管控充分应用网络技术、虚拟技术、视频监测技术等,对整个施工过程进行实时动态跟踪检查,以确保每个步骤都尽量合格。

传统质量管理多是从最小单位检验批、分部分项工程等,从小到大至单位工程进行质量检测和评价,并且质量信息多以文档存储,调用和查询不便。基于 BIM 的质量管控以时间维度、空间维度和构件类别为依据对质量信息进行统计汇总,将工程开工到竣工的全部质量信息存储在 BIM 系统的后台服务器中。这样,BIM 质量管控可以随时调取不同时间、空间或构件的质量数据资料,保证工程基础数据及时准确的提供,为决策者提供最真实、准确的支撑体系。表 4-1 总结了传统方式与 BIM 方式质量管控的比较分析。

(二)基于 BIM 的质量管理控制体系

基于 BIM 的施工质量管理控制的总体思路和步骤如下:首先,选择适合的 BIM 试点项目,明确需求、制定质量标准,进行组织及人员职责设计,规划工作流程;其次,进行人员培训,标杆项目实施形成 BIM 团队及在以往 BIM 项目经验的基础上摸索出类似并适合企业的工作流程。总体步骤如图 4-9 所示。

传统方式与 BIM 方式质量管控对比　　　　　　　　　　表 4-1

项　　目	传　统　管　控	基于 BIM 的管控
质量依据	经验和纸质图纸	建筑信息模型构建质量信息
人员的质量意识	行业门槛较低,质量意识淡薄	行业门槛较高,质量意识提高
变更的应对能力	过程比较复杂,易出错	过程简单易懂
文件的查阅及存储	要查看多张图纸,纸质存储	建筑信息模型
质量密度	粗略	精确控制每道工序
事前事中事后控制	事后控制	事前事中控制
信息流通	烦琐复杂	通畅
管理效率	普遍较慢	迅速及时
决策支持	有时会误导决策	可靠性高

基于 BIM 技术的施工质量管理的两大关键因素为人员及管理方法,核心仍在于质量控制管理组织设计。在 BIM 技术的使用过程中,管理一直被看作最关键因素,组织是 BIM 的实施者,组织结构的合理与否、人员素质的高低直接决定了 BIM 项目的成败。管理组织结构仍然是质量管理的关键,基于 BIM 的组织管理结构(图 4-10)对于质量控制组织设计有诸多优点:先从信息沟通方面来讲,各参与方和参与单位内部人员的沟通均是针对建立的 BIM 模型,信息连续且唯一,解决了信息沟通障碍及流失问题;其次,项目一切活动的根据是 BIM 模型,进度和成本等相关其他部门都是相互沟通协调的;再次,BIM 的质量控制均是根据相关规范和设计要求,管理方面具有标准化;最后,容易参照过去的教训和经验,应用到新项目,增强项目管理能力。

基于 BIM 的施工质量控制工作流程分析如下。

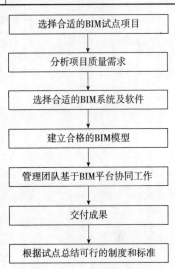

图 4-9　施工企业项目基于 BIM 质量控制的总体步骤

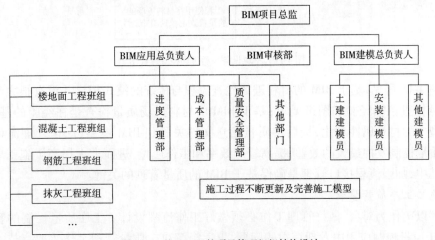

图 4-10　基于 BIM 的项目管理组织结构设计

BIM 技术的成功应用,就是在各个流程中尽早引入 BIM 技术,越早越好。BIM 技术带给现代项目管理崭新的管理工具和技术方式,其有助于项目信息管理、图纸理解、技术交底、工程变更管理、材料管理等,为施工标准化提供了技术平台。甚至施工细节都可以在 BIM 模型中很好地对比及纠偏,这为施工质量管理提供了最大程度的保障。BIM 质量管控的核心在于将一切质量信息关联到 BIM 模型的建筑构件上,使得一切质量决策依据来源于 BIM 模型构件的质量信息。材料设备的质量控制和工序质量控制是施工质量控制的重点,基于 BIM 的施工质量管理着重点亦在这两方面。

1. 材料设备质量控制管理

施工过程质量要从根源上进行控制,所选用材料质量好坏直接影响建筑产品的质量。从材料采购供应商选择开始到材料进场检验,结合传统的材料采购质量控制流程,基于 BIM 的材料质量控制管理流程图如图 4-11 所示。

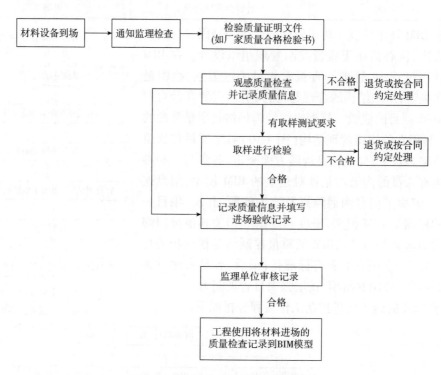

图 4-11 材料设备采购进场检查流程图

由图 4-11 可见,基于 BIM 的材料进场检查流程与传统的模式相比并没有很大改变。传统的质量检查依据经验和图纸要求;基于 BIM 的材料进场质量检查是在经验的基础上,与 BIM 模型中的材料属性对比,最后将质量信息文件关联到 BIM 模型,优化管理流程使基于 BIM 的质量控制发挥最大的效益,提高管理效率和工作质量,进而大大提高了施工质量控制水平。其中,加强流程接口管理是确保基于 BIM 的质量管理的关键。

2. 施工工序质量管理

管理以工作为对象,做好管理工作必须做好工作流程设计。工序质量控制的管理流程是在 BIM 质量控制应用中发现存在的问题,再逐个解决。质量管理工作主要指技术方面基于 4D 模拟施工的管理、资源信息库比对、施工现场质量检查对比及一切质量信息的存储。质量管理工作流程如图 4-12 所示。

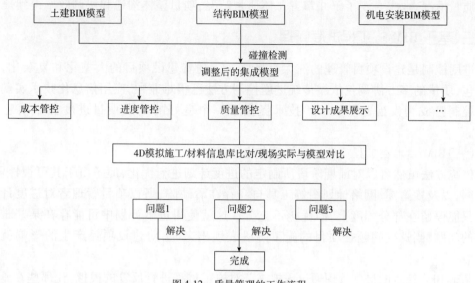

图 4-12 质量管理的工作流程

BIM 质量管理工作的另一个重点是对关键质量控制点的把握,图 4-13 显示了关键质量控制点的管理流程。

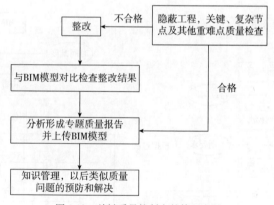

图 4-13 关键质量控制点的管理流程

(三)基于 BIM 技术的建筑项目质量控制实施要点

运用 BIM 技术进行建筑项目质量控制,主要的实施要点为发现质量问题,记录质量问题,分析质量问题,处理质量问题。施工阶段具体表现如下:

(1)在施工现场监理工程师用手机、相机、Ipad 等工具拍摄图片和视频来记录质量信息,导入施工建筑信息模型,面向对象进行质量计划与实际对比分析,发现质量问题。

(2)进行原因分析并衡量质量问题严重性,再针对质量问题采取有效的措施进行处理,并且将质量问题处理结果导入建筑信息模型,对整改不到位的,禁止下道工序的施工。

质量记录的重点是:质量问题必须准确及时地确定时间、部位、质量信息,这样监理、施工、业主等各参建方才能准确了解和沟通。通过文字、图片、模型进行施工现场质量信息记录,BIM 技术使施工方真实记录质量工作情况和具体信息,监理方准确地指出和分析具体质量情况,业主直观了解并掌握总体质量情况,项目整体沟通和协调效率得到提升。

三、基于 BIM 的工程进度管理

进度控制是建设项目管理的三大目标之一。随着建设项目的大型化和复杂化,进度与承包、质量的多方协调仅依靠传统进度控制方法已很难兼顾,应用信息化技术实现对进度的控制已成为发展趋势。BIM 技术提供了一个良好的建设项目进度控制信息交互平台。

(一)BIM 技术在工程项目进度管理中的优势

传统方法虽然可以对前期阶段所制定的进度计划进行优化,但是由于其可视性弱,不易协同,以及横道图、网络计划图等工具自身存在着缺陷,所以项目管理者对进度计划的优化只能停留在部分程度上,即优化不充分。这就使得进度计划中可能存在某些难以被发现的问题,当这些问题在项目的施工阶段表现出来时,对建设项目产生的影响就会很严重。

基于 BIM 技术的进度管理通过虚拟施工对施工过程进行反复的模拟,让那些在施工阶段可能出现的问题在模拟的环境中提前发生,逐一修改,并提前制订应对措施,使进度计划和施工方案最优,再用来指导实际的项目施工,从而保证项目施工的顺利完成,传统方法与基于 BIM 技术的进度管理对比,见图4-14。

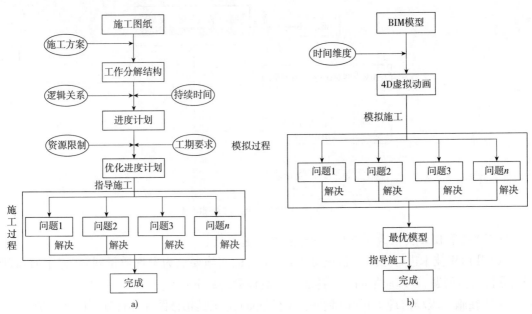

图 4-14　传统方法与基于 BIM 技术的进度管理实施过程对比
a)传统方法;b)BIM 技术

通过以上 BIM 技术和传统方法在工程项目进度管理中的应用比较,发现 BIM 技术在进度管理中有其自身的优越性,具体表现如下:

（1）BIM 包含了完整的建筑数据信息。

BIM 模型与其他建筑模型不同，它不是一个单一的图形化模型，BIM 模型包含着完整的建筑信息，从构件材质到尺寸数量，以及项目位置和周围环境等。因此，通过将建筑模型附加进度计划的虚拟建造，可以间接地生成材料和资金的供应计划，并且与施工进度计划相关联，根据施工进度的变化进行同步自动更新，将这些计划在施工阶段开始之前与业主和供货商进行沟通，让其了解项目的相关计划，从而保证施工过程中资金和材料的充分供应，避免因为资金和材料的不到位对施工进度产生影响。

三维模型的各个构件附加时间参数就形成了 4D 模拟动画，计算机可以根据所附加的时间参数模拟实际的施工建造过程。通过虚拟建造，可以检查进度计划的时间参数是否合理，即各工作的持续时间是否合理，工作之间的逻辑关系是否准确等，从而对项目的进度计划进行检查和优化。将修改后的三维建筑模型和优化过的四维虚拟建造动画展示给项目的施工人员，可以让他们直观地了解项目的具体情况和整个施工过程。这样可以帮助施工人员更深层次地理解设计意图和施工方案要求，减少因信息传达错误而给施工过程带来的不必要的麻烦，加快施工进度和提高项目建造质量，保证项目决策尽快执行。

（2）BIM 技术基于立体模型，具有很强的可视性和操作性。

BIM 的设计成果是高仿真的三维模型，设计师可以以第一人称或者第三人称的视角进入到建筑物内部，对建筑进行细部的检查；可以细化到对某个建筑构件的空间位置、三维尺寸和材质颜色等特征进行精细化地修改，从而提高设计产品的质量，降低因为设计错误对施工进度造成的影响；还可以将三维模型放置在虚拟的周围环境之中，环视整个建筑所在区域，评估环境可能对项目施工进度产生的影响，从而制订应对措施，优化施工方案。

（二）基于 BIM 进度管理体系

基于 BIM 的进度管理应建立在传统进度管理体系之上，以 BIM 信息平台为核心，建立 BIM、WBS、网络计划之间的关联，从而综合利用各种方法和工具，改善进度管理流程，增加项目效益。基于 BIM 的进度管理体系取代了传统的项目各参与方单独进行信息处理的模式，加快了信息共享，使进度信息更及时、准确、易获取。该进度管理体系可直观显示引入 BIM 技术后，进度管理方法工具的提升和完善。由于 BIM 技术模型能够承载项目全寿命周期管理中所有的信息，因此，BIM 技术产生的 BIM 信息平台及功能有利于项目进度管理的全过程，其效益渗透到进度计划与控制的各环节。基于 BIM 的进度管理应用框架体系，见图 4-15。

1. BIM 信息平台构成

基于 BIM 的进度管理体系的核心是 BIM 信息平台。BIM 信息平台可分为信息采集系统、信息组织系统和信息处理系统三大子系统。三大子系统是递进关系，只有前序系统工作完成，后续系统的工作才能继续。工程项目信息主要来自于业主、设计方、施工方、材料和设备供应商等项目参与方，包括项目全寿命周期中与进度管理相关的全部信息。信息采集系统在完成项目信息的采集之后，信息处理系统按照行业标准、特定规则和相关需求进行信息的编码、归类、存储和建模等工作。信息处理系统可利用系统结构化的信息支持工程项目进度管理，提供施工过程模拟、施工方案分析、动态资源管理和场地管理等功能。

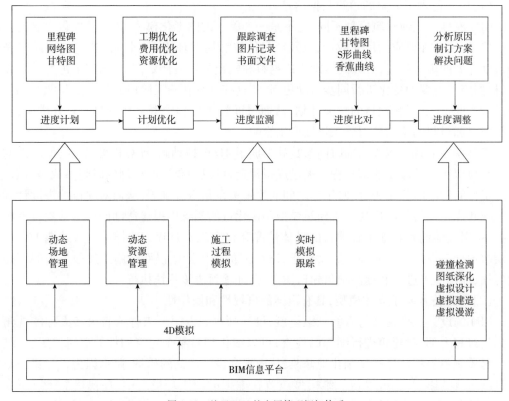

图 4-15　基于 BIM 的应用管理框架体系

2. BIM 进度管理流程

项目进度管理大多按照总进度计划、二级进度计划、周进度计划和日常工作四个层面的流程进行。基于 BIM 的进度管理流程设计和分析按照以上四个层次展开。传统的项目管理方法是由首位计划员来制订项目实施计划的,经常发生任务没有按时开始和按时完成的情况。BIM 应用体系支持末位计划员(Last Planner System,简称 LPS)概念,让施工一线的基层团队负责人(最后一层做计划并保证计划实施的人)充分参与项目计划的制订,通过保障末位计划员负责的每个任务按要求完成来保障整个项目计划的按时、按价、按质和安全完成。在项目施工前,首先由项目经理或相关计划编制负责人完成总进度计划编制。二级进度计划由项目经理与各分包项目经理共同编制。各施工班组长在参照总进度计划和二级进度计划的基础上,编制周进度计划草案。然后各计划编制方通过 BIM 信息平台进行充分的协作和沟通,对进度计划进行协调,形成最终的工作计划。底层计划完成后,根据具体情况,选择使用 BIM 模型可视化、4D 模拟施工等功能,分析计划执行中的潜在问题,并及时加以调整和完善,确保计划的可实施性。整个计划要得到各方认同,并承诺按时完成。计划执行中,可利用 4D 功能动态跟踪施工过程,便于与实际情况比对,提高相关方交流效率,及时解决施工中存在的问题。另外,为保证项目计划的持续改进,应做好工作经验的积累。各施工班组长按照工作计划要求做好及时汇报。不管工作任务是否按计划完成,均应对计划执行中的问题和困难进行总结上报。即使任务按时完成,也会存在检查不合格的现象,相关部分的处理仍需重新进行计划安排。BIM 进度管理体系应用总流程,见图 4-16。

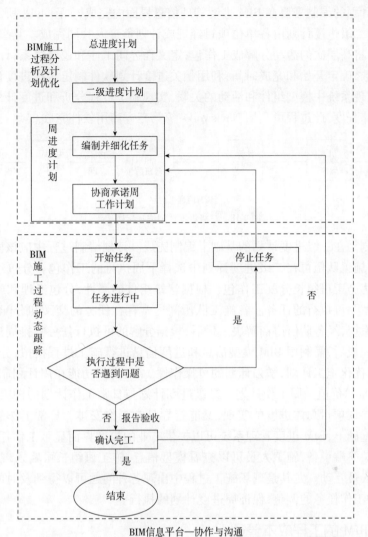

图 4-16　BIM 进度管理体系应用总流程

针对进度管理总流程,工程项目按照参建对象的职能划分为四个层次进行管理,各级计划相互依存,一、二、三级计划工序间与工作分解结构编码对应。项目进度计划编制流程的第一步是总进度计划编制,如图 4-17 所示。总进度计划的编制不局限于系统的应用,可综合应用进度计划的相关技术和方法。计划编制负责人首先从 BIM 建筑信息模型数据库中查看相关资料,确定工程量。根据合同确定各单位工程的施工期限以及搭接时间。然后应用 Project、P6 等现有进度计划工具完成总进度计划的编制,并将施工进度信息与 BIM 模型联动进行施工过程分析和总进度计划调整优化。

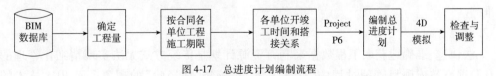

图 4-17　总进度计划编制流程

二级进度计划的编制需要在 BIM 进度管理信息界面内完成,如图 4-18 所示。在总进度计划的基础上,二级进度计划由各单位项目经理或计划负责人共同完成。其编制过程如下:利用 WBS 技术将高层次的活动分解成工作包;定义任务间工序和逻辑关系,计算工程量、人工和机械台班数,确定开始和完成时间;利用相关进度计划软件制定二级进度计划。计划编制完成后,要实现系统中模型组件和活动的关联,实现施工过程分析和进度计划优化。目前根据计划的详略程度,此过程可利用 Navisworks 等第三方商用软件完成。

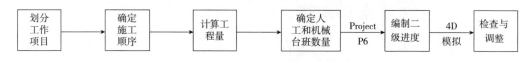

BIM信息平台

图 4-18　二级进度计划编制流程

周进度计划是在二级进度计划的基础上编制完成。计划编制过程中应该坚持末位计划员思想。首先,施工队伍可在二级进度计划中选择下周执行的工作包。分包经理也可以通过系统的设置为施工班组长分配工作包。根据建筑组件的属性,分包经理和施工班组长将工作包继续分解为可执行的任务。各施工队伍间通常存在任务的交叉和分配,工作界面的划分可以通过系统,经各队伍协商解决。最后,根据分解的可执行任务安排周进度计划。周进度计划初步完成后,需利用 BIM 模型信息和进度信息进行施工过程模拟,分析潜在问题,调整施工方案,优化施工计划,增强计划的可操作性。4D 模拟功能在周计划制订中的应用,更能凸显 BIM 技术价值。周工作计划是二级进度计划与日常工作计划的桥梁,周工作计划的准确性既能保证项目总体进度的实现,又能指导日常工作安排。日常工作的制定建立在周进度计划的基础上,BIM 进度管理系统可以提供专业的模型界面显示工作任务,模拟施工过程。通过相关终端设备,施工人员可以查看模型信息,施工班组长可输入现场进度信息,并与计划编制人员互动。尤其是现场施工过程中出现各种问题可以得到及时的上报并得到解决,做出新的工作任务的调整,保证周进度计划的执行。

四、基于 BIM 的工程成本管理

(一)BIM 技术在工程成本控制中的优势

1. 自动化算量

利用传统方法计算工程量时,需要找到二维图纸中每个线条所对应的工程属性,这个匹配的过程占用了整个过程的大部分时间。而由 BIM 平台设计的三维模型,设计人员在设计过程中,就已经将各种与构件相关的属性进行了匹配,如梁、板、柱等,这样就实现了三维的全自动化算量,大大提高了工程量计算的效率。传统的方法采用手工计算时,由于不同构件的计算规则不同,并且计算过程也比较烦琐,容易导致计算结果的不准确,而基于 BIM 的算量方法,它将计算规则融入软件中,根据实际立体模型进行计算,得出的工程量数据更加客观、准确。

2. 精确计划

无法快速、准确地获取工程数据来制订资源计划是传统方式无法实现精细化管理的根本原因,这就造成项目管理过程中,存在大量"拍脑袋、凭经验"的现象。而 BIM 技术的出现，让管理人员能够快速、准确地获取所需的基础数据，为制订精确的资源计划提供支持，减少施工过程中资源的浪费，减轻物流和仓储的压力，从而实现限额领料，控制资源消耗。

3. 优化方案

三维可视化是 BIM 最直观的特点，利用此特点在施工前期，可以对设计方案进行碰撞检查并优化，从而减少在施工过程中由于设计错误而造成的返工和损失。同时优化施工方案和管线排布方案，并以此直接进行技术交底。针对施工方案，依据施工组织计划，BIM 可视化特点可以形象地展示机械设备和施工场地的布置情况以及复杂问题的解决方案，合理安排施工顺序，同时可以通过动态施工模拟，直观展示不同施工方案的优缺点，对其进行对比分析，从而达到评选和优化的目的。

4. 虚拟施工

BIM 模型可以进行维度上的扩展，在三维的基础上加上时间维度，就可以实现虚拟施工。这样一来，在任何时候都可以快速、直观地比较施工的计划进度和实际进度，同时进行协同工作，使施工方、监理方甚至非建筑行业出身的业主都能清晰完整地了解项目实施过程中的情况。同时结合施工方案、施工模拟和现场视频监测，可以在很大程度上减少工程质量问题和施工安全问题，从而减少由此产生的成本。

5. 加快结算

BIM 可以提高设计方案质量，从而减少实施过程中的工程变更，同时 BIM 模型能够包含项目全过程的数据信息，减少由于结算数据造成的争议。加快工程实施过程中进度款的支付以及竣工结算的速度，进而降低时间成本。

（二）基于 BIM 的成本管理控制体系

成本控制是在经济合理的范围内，减少对成本的投入。对于承包单位而言，成本控制是指对工程项目本身的建筑成本采取一定的方法进行控制。在一系列施工过程中所产生的所有费用包括：施工过程中材料的成本消耗，周转摊销费，机械费，工资，奖金，津贴以及施工组织和管理费用。在施工阶段，施工方成本管理的核心是成本控制、成本核算、成本分析和成本考核，贯穿于施工前期阶段、施工阶段和竣工结算阶段。

对于施工方而言，施工成本管理控制体系，是指在项目经理的领导下，各个阶段的项目管理层、施工队伍以及施工班组共同参与其中的一个成本管理网络系统，系统中的每一个环节和每一个人分工明确，各自肩负着一定的成本管理和成本控制内容。这就需要从上到下落实每个部门、每个人的成本管理责任，明确其职责，让他们都清楚各自管理、控制的内容是什么，需要达到的成本目标是什么以及采取何种控制措施才能达到这个目标。BIM 技术可以有效解决施工成本控制现存的一些问题。施工方在基于 BIM 技术进行施工过程成本控制时，着重明确 BIM 技术在施工前期阶段、施工阶段和竣工结算阶段三个阶段的具体应用，使其成本控制行为能够更好地与项目总成本目标和成本计划协调一致，如图 4-19 所示。

1. 施工前期阶段成本控制

投标阶段的关键工作主要为标书的制作，标书制作中核心部分为商务标与技术标的编制，基于 BIM 技术的标书制作，可大大提高工作效率，提高中标率。

在商务标编制过程中，工程量复核是最重要的一项工作，利用 BIM 技术可快速便捷完成工程量复核工作。若招标方提供的是基于 BIM 三维模型时，可直接在其基础上进行工程量计算,方便快捷,提高工作效率。若招标方提供的设计方案是二维 CAD 图纸时,需要根据其建立相应的 3D 算量模型,模型细化到构件级即可,完成工程量计算工作后,将计算所得工程量与招标方提供数据进行对比,按照差额百分率进行排序,并依据排序结果实现不平衡报价,这样预留利润,成本控制的可操作空间都有详细的数据支撑,不再靠经验和"拍脑袋"来决定。

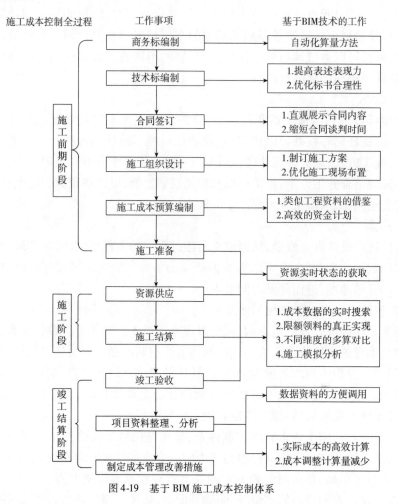

图 4-19　基于 BIM 施工成本控制体系

通过 BIM 模型,造价人员可以及早且尽快地提取出工程量数据,将其与施工项目的实际特点相结合,编制出较为精确的工程量信息清单,极大地减少漏项、重复及错算情况的出现,在项目开始前将可能因工程量数据问题而引起纠纷的情况降到最低。

技术标编制过程中,利用 BIM 技术可实现施工组织计划可视化,可以很便捷地对整个施工方案进行模拟,轻松直观地展示特殊、重点部位的施工方法和工艺;其次,利用 BIM 碰撞检查的功能可以对招标方提供设计方案中的管线布置方案进行优化,以此可大大提高业主对技术标书的认可度。

综上所述,在投标阶段,有效利用 BIM 技术的 3D 可视化和 BIM 技术相关软件,可大大节约时间,提高标书质量和中标率。

2. 施工阶段成本控制

1) 多维度的多算对比

利用 BIM 模型可以轻松实现时间维和工序维的多算对比。将 BIM 模型与时间维度相结合,赋予各个构件时间信息,将任意时间段内实际发生的成本和预算计划成本进行对比、分析,直观显示项目某个阶段是盈利还是亏损,以便及时采取控制措施;将 BIM 模型与工序维度相结合,就可以根据某个工序进行成本对比,便于及时发现成本超支的地方并处理问题,实现精细化成本管理。同时,还可以将具有代表性工序的成本数据保留下来,并将其作为企业定额(成本定额)使用,为未来项目的成本控制提供依据。

2) 施工现场优化

在施工过程中,随时利用 BIM 自动化算量的特性,快速、准确地统计出所需的阶段性工程量,从而快速准确地配置施工资源,制订合理的人、材、机使用计划,避免大进大出,均衡组织施工资源;同时,BIM 参数化的特点,可以在施工中发生设计变更时,及时调整 WBS 任务划分和进度计划,并优化资源使用计划,避免资源的浪费和闲置;另外,利用已经建立的 BIM 施工模型,可以准确快速地统计出每个构件、每个工序及每个区域内的资源消耗量,并通过现场监控获取资源实时状态,建立点对点的材料和设备供应,使材料和设备一次性到位,减少材料和大型设备的二次搬运,有效提高各个工序之间的配合程度,从而减少措施费。

3) 施工方案优化

施工方案是在施工准备阶段制订的,但是随着工程的开展,需要对施工方案进行阶段性优化。利用 BIM 技术对项目进行虚拟施工(先试后建),发现施工中可能存在的问题,提前做好预防和应对措施,采取一切手段,最大可能地实现"零碰撞、零冲突、零返工",从而大幅度减少返工成本;施工现场的安全直接影响施工人员的工作情绪,进而影响施工进度和施工成本。

4) 施工过程中多种模拟分析

在施工开始之后,需要不断地对施工过程进行各种模拟分析。对施工预算进行分析,结合"零库存"的生产管理模式,采用限额领料施工,以达到最大限度发挥业主资金效益的目的;通过对施工工序的分析,将 BIM 模型数据和成本计划软件的数据相集成,实现实时监控成本;通过模拟资金使用情况,制订合理的资金使用计划,有助于合理确定投资控制目标值,使成本控制有所依据,为资金的筹集与协调打下基础,从而有效预测未来项目的资金使用进度,消除不必要的资金浪费,避免投资失控,还能避免在今后工程项目中因缺乏依据而轻率判断所造成的损失,减少盲目性,增加自觉性,使资金充分发挥作用,严格执行合理的资金使用计划,从而最大限度地节约投资,提高投资效益。

3. 竣工结算成本管理

竣工结算阶段的成本控制是施工成本控制体系的重要组成部分,是确定项目总成本的重要环节。在竣工阶段,对工程进行结算时,牵涉着大量核对工程量的工作,在传统模式下,基于二维图纸核对工程量相当麻烦,要针对每个构件一一地进行对比计算,还会由于设计的改动造成图纸信息的缺损而带来很多不必要的纠纷,BIM 技术的引入,将彻底改变工程竣工阶段的被动状况。BIM 模型的参数化设计特点,使得建筑物各个构件不仅仅具有几何属性,而且还被赋予了空间关系、建筑元素信息、地理方位信息、工程量数据信息、材料详细清单信息、项目进度信息以及成本信息等物理属性。随着设计和施工等阶段的进展,BIM 模型也在不断地完善,设计变更、现场签证等信息不断地录入与更新,到竣工移交阶段,BIM 模型已经包含项目形成过程中所有的信息,业主方可以根据需要快速检索出所需信息,大大提升了竣工结算能力,节约结算成本。

五、基于 BIM 技术的施工安全管理

(一)BIM 技术在安全管理中的作用

在施工过程中,由于生产工艺过程、作业场地、施工人员的变化,安全问题成为施工方需要重点考虑的关键问题。利用 BIM 的建模、虚拟施工、碰撞检测等技术来指导施工,并基于可视化管理平台制订安全应急预案,将会大大提高施工安全管理水平,避免建筑工程安全事故的发生。

基于 BIM 的施工安全管理:实时比期间重要,可视化的信息沟通和传达比文字重要,了解项目施工安全状况比审批重要。3D、4D 模型提供可视化项目信息,实时掌握项目的动态发展状况,通过模型和施工模拟可以将危险源暴露出来,有利于安全风险控制。

BIM 技术在施工阶段安全管理中的作用主要有:根据模拟的施工场地结合进度合理规划布局施工现场;虚拟施工过程,检测施工过程中的坠落、碰撞等安全隐患,优化施工方案;结合模型进行可视化的施工动态安全管理。建筑工程施工过程中,在有限的施工场地和空间里会存在很多立体交叉作业。如果规划不合理,在施工过程中将会存在很多安全隐患。而且施工现场环境会随着施工的进度而不断变化,所以要对施工场地和空间进行动态的安全管理。利用 BIM 技术不仅可以建立可视化三维模型,还可以进行 4D 施工模拟,可以直观地进行施工场地的布置,包括安全设施的布置;人流、物流以及消防通道的设置;利用施工准备阶段的施工机械配备、人力资源安排信息,对人、物、车通过进行模拟,检查通道设置的位置、宽度是否合理,如发生突发事件,是否可以在规定的时间内将人员疏散;施工设备的配置是否合理,如群塔作业下,合理规划塔机的重叠工作区域。在此基础上对施工不同阶段进行施工安全管理,可以在实际施工之前发现安全隐患,然后通过优化施工方案或者制订安全应急措施来控制安全风险。

此外,利用 BIM 对施工人员进行安全培训,可以帮助他们更快、更好、更直观地了解现场的工作环境,通过专职安全员的讲解与指导使得他们能够认识和鉴别工作环境中的危险源,并制订相应的安全策略,这对于一些复杂现场的施工进程,效果尤为明显。在施工过程中,根据预先制订的安全策略,或者通过比对实际施工过程与计划施工过程,对现场工人、机械设备的不安全行为,及时提出预警并提前规避。

(二)基于 BIM 的建筑工程施工安全管理模型

为了把基于 BIM 技术的施工安全管理系统化,为建筑工程项目利用 BIM 技术进行施工安全管理提供依据。基于 BIM 的施工安全管理通常要结合建筑工程安全管理原理、安全风险管理理论和 BIM 技术建立基于 BIM 的建筑工程施工安全管理模型,如图 4-20 所示。

(1)数据源主要来自 Revit 系列软件创建的 BIM 模型,3DMax 等软件创建的 3D 模型,以及项目进度管理软件建立的进度信息等。

(2)模型层是在 BIM 综合信息数据库平台的基础上,根据施工阶段的具体使用需要生

成的信息模型,如施工场地管理信息模型、施工安全管理信息模型等,可以为应用层的施工管理提供模型和数据支持。进行施工管理的软件如 Navisworks,可以对复杂的 3D 模型和项目信息进行实时漫游、审阅,提供动态连续的可视化。

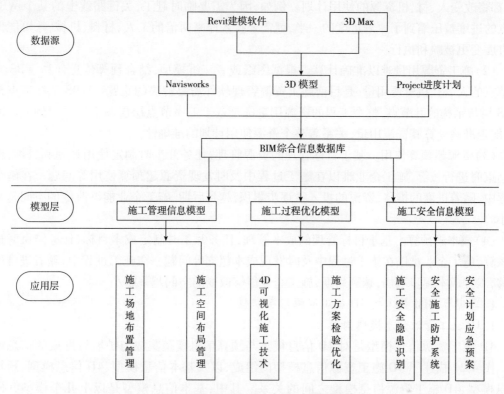

图 4-20　基于 BIM 的建筑工程施工安全管理模型

(3)应用层主要包括基于 BIM 的施工场地管理、施工方案优化和过程模拟、施工安全管理等。可以利用 Navisworks 的 4D 施工模拟和碰撞检测功能来进行施工阶段场地的规划、碰撞检测、安全分析、方案优化来控制项目施工过程中的安全风险,避免了手动检测和人工现场巡视的低效。不同工程项目可以根据施工过程的复杂性和管理的难度来对施工全过程、某一阶段进行或存在重大安全风险的施工工序进行基于 BIM 的可视化施工安全管理。基于 BIM 的建筑工程施工安全管理。在 3D、4D 可视化条件下,从项目整体,全过程的角度综合考虑施工过程的安全管理,通过 4D 施工模拟和碰撞检测,识别施工过程中的危险源,通过优化施工方案或者制订安全应急预案来排除安全隐患,动态控制施工不同阶段的安全风险,保证生产过程的安全。且其虚拟施工和可视化特性更加有利于风险的识别和管理,以及安全计划的理解和沟通。

六、基于 BIM 的施工资源管理

(一)施工资源管理存在的问题

在施工阶段,分部分项工程将进行 WBS 结构分解,随着工程进展,各 WBS 节点任务逐渐完成,最终完成整个工程建造。由于施工过程的复杂性,当前的施工资源管理存在以下几

方面的问题:

(1)施工资源计划难以随工程变化而变化。工程的施工过程并不是按照开工时的计划一成不变地进行,而是一个动态的不断变化的过程。进度变更、设计变更、施工方案的变更等,都将改变人、材、机资源的使用计划。例如,因为需要临时赶工,关键路线上的某个 WBS 节点的进度被压缩到了原来进度的一半,就需要投入原来两倍的工人、材料、机械,才可能保障进度变更被顺利执行。

(2)施工资源用量难以准确计算。根据图纸或者三维模型,结合预算信息计算 WBS 工序节点的人、材、机资源用量,是目前施工资源管理软件需要解决的难题。WBS 工序节点是 WBS 树状结构的叶节点,整个工程的资源用量都是基于工序节点层层向上汇总得到的。因此,能否准确计算其资源用量,关系着整个资源使用计划的准确性。

(3)资源超预算使用。基于目标管理的资源管理,任务开工时制定使用计划和目标,任务结束时进行核算,施工企业难以在施工过程中及时发现资源超预算使用等问题。在施工过程中,随着进度的推移,资源的投入量逐步累积,越到后期,施工企业能够改变的空间越来越小。

(4)成本超预算。基于目标管理的成本管理,任务开工时制定成本目标,任务结束时进行核算,施工企业难以在施工过程中及时发现成本超支等问题。在施工过程中,随着进度的推移,工程成本逐步增加,越到后期,施工企业能够改变的空间越来越小。

(二)基于 BIM 技术的 4D 施工资源信息模型

1.4D 施工资源信息模型构成

4D 施工资源信息模型是对 4D 信息模型与预算信息模型集成与扩展后形成的信息模型。图 4-21 描述了 4D 施工资源信息模型的组成,以及基本信息模型、4D 信息模型、预算信息模型、4D 施工资源信息模型之间的关系。其中,基本信息模型是以上几个模型共同拥有的部分,也是所有 BIM 模型的基础;4D 信息模型是在基本信息模型的基础上附加时间信息,形成以工程构件为基础、WBS 为核心、进度信息为扩展的信息模型,通过建立 4D 信息模型,可以实现工程进度的计划与管理、施工的可视化模拟等功能;预算信息模型是在基本信息模型的基础上附加预算信息,形成以 WBS 为核心、预算信息为扩展的信息模型,通过建立 4D 信息模型,可以实现工程构件的预算信息的关联、资源用量与造价成本计算。

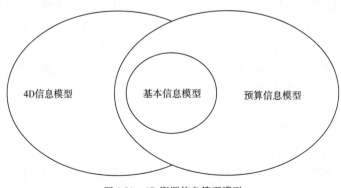

图 4-21　4D 资源信息管理模型

2. 4D 信息模型特点

4D 信息模型是在基本信息模型附加时间信息,形成以三维建筑构件为基础、WBS 为核心、进度信息为扩展的信息模型。4D 信息模型是面向施工阶段的信息模型。如图 4-22 所示,4D 信息模型以三维建筑构件为基础、WBS 为核心,附有 WBS 与建筑构件之间的关联关系,以及 WBS 与施工进度信息的关联关系,最终建立进度、WBS、建筑构件三者之间的相互关联关系。在施工过程中,WBS 不仅是对建筑构件的组织与划分,也是进行施工管理的核心,因此,以 WBS 为核心是 4D 信息模型最大的特点。

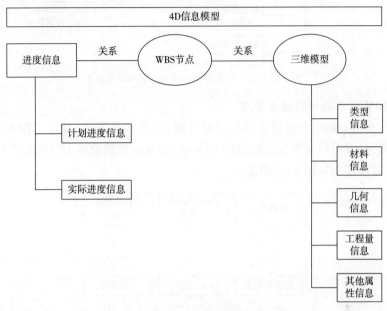

图 4-22 4D 信息模型

运用 BIM 和 4D 技术,引入工程量清单计价方法,在建筑构件三维模型基础上关联 WBS、施工预算信息、进度信息,建立 4D 施工资源信息模型,实现资源信息和预算信息的共享。将资源管理细化到 WBS 工序节点,对 4D 施工资源信息模型进行补充和改进,从而实现 4D 施工资源信息模型对 WBS 工序节点的资源管理。

(三)基于 BIM 技术的 4D 施工资源动态管理

1. 基于 BIM 施工资源动态管理

基于 BIM 施工资源动态管理可分为资源使用计划管理和资源用量动态查询与分析两大功能:

(1)施工资源使用计划管理系统可以自动计算任意 WBS 节点的日、周、月各项施工资源计划用量,以合理安排施工人员的调配、工程材料的采购、大型机械的进场等工作,该功能的特点之一是可以根据施工过程中其他信息的改变,如进度计划调整、WBS 任务划分调整、设计变更等动态调整资源使用计划。

(2)施工资源动态查询与分析系统可以动态计算任意 WBS 节点任意时间段内的人力、材料、机械资源对于计划进度的预算用量、对于实际进度的预算用量以及实际消耗量,并对 3 项用量进行对比和分析。如图 4-23 所示为基于 BIM 技术的 4D 施工资源动态管理。

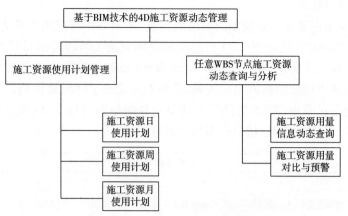

图 4-23　基于 BIM 技术的 4D 施工资源动态管理

2. 基于 BIM 技术的材料设备管理

施工单位最关心的就是进度管理与材料管理,利用 BIM 技术,建立三维模型、管理材料信息及时间信息,就可以获取施工阶段的 BIM 应用,从而对整个施工过程的建筑材料进行有效管理,具体管理架构如图 4-24 所示。

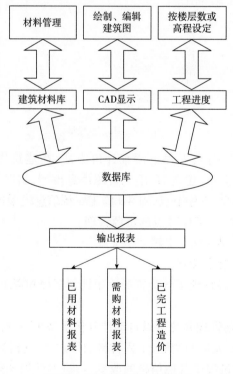

图 4-24　基于 BIM 平台材料管理

1)建筑模型创建

利用数据库存储建筑中各类构件信息:墙、梁、板、柱等,包括材料信息、高程、尺寸等;输入工程进度信息:按时间进度设置工程施工进度(建筑楼层或建筑标高);开发

CAD 显示软件工具,用以显示三维建筑:在软件界面对各类建筑构件信息进行交互修改。

　　模型采用 SQLite 数据库,用于对所有数据进行管理,输入输出所有模型信息,图形显示用 Autodesk 公司的 AutoCAD 为平台。用 Autodesk 公司提供的开发包 Object ARX 及编程语言 Visual C++进行 BIM 材料数据库、构件数据信息化及三维构件显示模型开发。在 AutoCAD 平台上编制相关功能函数及操作界面,以数据库信息为基础,交互获取数据显示构件到 CAD 平台上。通过使用开发的工具,进行人机交互操作,对材料库进行管理;绘制建筑中各个楼层的构件,并设定构件属性信息(尺寸、材料类别等)。操作界面如图 4-25 所示。

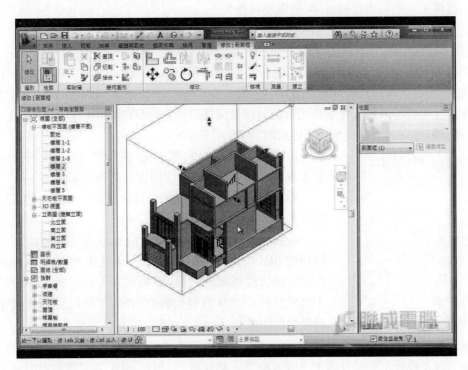

图 4-25　交互界面

　　2)材料数据库

　　通过材料管理库界面对当前工程的所有建筑材料进行管理,包括材料编号、材料分类、材料名、材料进出库数量和时间、下一施工阶段所需材料量等,能够随时查看材料情况,及时了解材料消耗量及建材采购资金需求等。

　　3)楼层信息

　　设定楼层标高、标准层数、楼层名称等信息,便于绘制每层的墙、梁、板、柱等建筑构件。施工进度按楼层号进行时间设置时,将按施工楼层所需建材工程量进行材料供应准备。

　　4)构件信息

　　建筑的基本构件包括基础、墙、梁、板、柱、门窗、屋面等。对构件设置尺寸、标高、材料等属性,绘制到图中,并把其所有信息保存到数据库中,CAD 作为显示工具及人机交互的界面。

5)进度表

按时间进度设定施工进度情况,按时间点输入计划完成的建筑标高或建筑楼层数,设定各个施工阶段,便于查看、控制建筑材料的消耗情况。

6)报表输出

根据工程施工进展,获取相应的材料统计表。包括已完工程材料汇总表、未完工程所需材料汇总表、下阶段所需材料汇总表、计划与实际材料消耗量对比表等,便于施工企业随时了解工程进展,如工程进度提前或是滞后,超支还是节约,能够对工程进度进行调整,避免资金投入或施工工期偏离计划过多,造成公司损失。

七、我国施工行业 BIM 应用方向

2015 年 7 月,住房城乡建设部信息中心组织编写的权威报告——《中国建筑施工行业信息化发展报告(2015):BIM 深度应用与发展》正式发布,报告指出:BIM 技术在我国建筑施工行业的应用已逐渐步入注重应用价值的深度应用阶段,并呈现出 BIM 技术与项目管理、云计算、大数据等先进信息技术集成应用的"BIM +"特点。

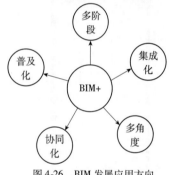

图 4-26 BIM 发展应用方向

BIM 正在向多阶段、集成化、多角度、协同化、普及化应用五大方向发展。BIM 发展应用方向如图 4-26 所示。

(1)多阶段应用,从聚焦设计阶段应用向施工阶段深化应用延伸。

一直以来,BIM 技术在设计阶段的应用成熟度高于施工阶段的 BIM 应用,应用时间较长。近几年,BIM 技术在施工阶段的应用价值越来越凸显,发展也非常快。从设计阶段向施工阶段延伸是 BIM 发展的特点,而施工阶段是 BIM 技术应用最具价值阶段。

由于施工阶段对工作高效协同和信息准确传递要求更高,对信息共享和信息管理、项目管理能力以及操作工艺的技术能力等方面要求都比较高,因此 BIM 应用有逐步向施工阶段深化应用延伸的趋势。

(2)集成化应用,从单业务应用向多业务集成应用转变。

目前,很多项目通过使用单独的 BIM 软件来解决单点业务问题,以局部应用为主。而集成应用模式可根据业务需要通过软件接口或数据标准集成不同模型,综合使用不同软件和硬件,以发挥更大的价值。例如,基于 BIM 的工程量计算软件形成的算量模型与钢筋翻样软件集成应用,可支持后续的钢筋下料工作。

BIM 发展将从基于单一 BIM 软件的独立业务应用向多业务集成应用发展。基于 BIM 的多业务集成应用主要包括:不同业务或不同专业模型的集成、支持不同业务工作的 BIM 软件的集成应用、与其他业务或新技术的集成应用。

例如,随着建筑工业化的发展,很多建筑构件的生产需要在工厂完成,如果采用 BIM 技术进行设计,可以将设计阶段的 BIM 数据直接传送到工厂,通过数控机床对构件进行数字化

加工,对于具有复杂几何造型的建筑构件,可以大大提高生产效率。

(3)多角度应用,从单纯技术应用向与项目管理集成应用转化。

BIM 技术可有效解决项目管理中生产协同、数据协同的难题,目前正在深入应用于项目管理的各个方面,包括成本管理、进度管理、质量管理等方面,与项目管理集成将成为 BIM 应用的一个趋势。

BIM 技术可为项目管理过程提供数据有效集成的手段以及更为及时准确的业务数据,可提高管理单元之间的数据协同和共享效率。BIM 技术可为项目管理提供一致的模型,模型集成了不同业务的数据,采用可视化方式动态获取各方所需的数据,确保数据能够及时、准确地在参建各方之间得到共享和协同应用。

此外,BIM 技术与项目管理集成需要信息化平台系统的支持。需要建立统一的项目管理集成信息平台,与 BIM 平台通过标准接口和数据标准进行数据传递,及时获取 BIM 技术提供的业务数据;支持各参建方之间的信息传递与数据共享;支持对海量数据的获取、归纳与分析,协助项目管理决策;支持各参建方沟通、决策、审批、项目跟踪、通信等。

(4)协同化应用,从单机应用向基于网络的多方协同应用转变。

物联网、移动应用等新的客户端技术迅速发展普及,依托于云计算、大数据等服务端技术实现了真正的协同,满足了工程现场数据和信息的实时采集、高效分析、及时发布和随时获取,形成了"云＋端"的应用模式。

这种基于网络的多方协同应用方式可与 BIM 技术集成应用,形成优势互补。一方面,BIM 技术提供了协同的介质,基于统一的模型工作,降低了各方沟通协同的成本;另一方面,"云＋端"的应用模式可更好地支持基于 BIM 模型的现场数据信息采集、模型高效存储分析、信息及时获取沟通传递等,为工程现场基于 BIM 技术的协同提供新的技术手段。

因此,从单机应用向"云＋端"的协同应用转变将是 BIM 应用的一个趋势。云计算可为 BIM 技术应用提供高效率、低成本的信息化基础架构,两者的集成应用可支持施工现场不同参与者之间的协同和共享,对施工现场管理过程实施监控,将为施工现场管理和协同带来革命。

(5)普及化应用,从标志性项目应用向一般项目应用延伸。

随着企业对 BIM 技术认识的不断深入,很多 BIM 技术的相关软件逐渐成熟,应用范围不断扩大,从最初应用于一些大规模、标志性的项目,发展到近两年已开始应用到一些中小型项目,基础设施领域也开始积极推广 BIM 应用。

一方面,各级地方政府积极推广 BIM 技术应用,要求政府投资项目必须使用 BIM 技术,这无疑促进了 BIM 技术在基础设施领域的应用推广;另一方面,基础设施项目往往工程量庞大、施工内容多、施工技术难度大,施工过程周围环境复杂,施工安全风险较高,传统的管理方法已不能满足实际施工需要,BIM 技术可通过施工模拟、管线综合等技术解决这些问题,使施工准确率和效率大大提高。

例如,城市地下空间开发工程项目,应用 BIM 技术在施工前可以充分模拟、论证项目与周围的城市整体规划的协调程度,以及施工过程对周围环境的影响,从而制订更好的施工方案。

第二节　BIM 与装配式建筑施工

一、BIM 技术与信息主导的装配式建筑

（一）信息主导下的装配式建筑

装配式建筑的发展是生产方式的变革，凭借其工业化的生产以及现场装配施工方式，打破了当前房地产业发展瓶颈，有利于提高劳动生产率，保证住宅产业的高质量；但是建筑工业化发展至今，就房屋设计标准、构配件生产、施工作业等方面缺乏有效的整合，未形成完整的建筑体系信息模型，与此同时，建筑设计与生产模式信息隔离下的标准化、统一化，使生产技术模式和多方面因素未能实现全面协调，只有解决各个相关功能块在设计、生产、施工等各个环节的问题，才能完成不同的建筑体系和构造体系。

1. 信息主导下的房屋设计

房屋设计的标准化是建筑工业化的前提，有利于降低建筑产品的损坏率，增加构配件的通用性，提高生产利润率，加快建筑产品的生产速率。但是只注重标准化，不注重个性化、多样化就会影响人们在户型选择、外观效果、舒适程度等各方面的需求，影响装配式建筑的推进。而在信息主导下可以为房屋设计提供设计信息平台。

2. 信息主导下的构配件生产

构配件生产工厂化是装配式建筑的必要条件，墙板、楼板、楼梯等构配件全部工厂预制有利于实现标准化中制定的标准和规则，有利于加快生产进度、节约人工、提高效率，减少原料的浪费，为保护环境实现绿色建筑做保障。但是由于各个建筑构配件生产企业没有统一的生产技术体系，而为了满足企业的盈利性需求，企业会强调单一的、标准的构配件生产模式以便于销售，这就进一步导致了房屋设计需要单一化、标准化的设计，而在信息主导下的构配件生产可以为构配件的生产提供详细的生产技术体系，便于构配件企业生产个性化、功能化的产品，更好地满足市场需求。

3. 信息主导下的施工作业

施工机械化是装配式建筑的核心，现场施工仅需少量人员进行装配，湿作业大量减少。施工机械化可以使建筑更安全、耐用、节能，大大加快施工进度，从而达到减轻工人劳动强度，保证合理工期的目的。而不同工法的安装特点，决定了建筑的质量和外观，如何结合房屋设计的要求，在个性化、多样化的构配件中选用正确的施工作业工序与配备相关的施工机器具。在信息主导下的施工作业可以为施工作业提供详细的技术指导信息，包括如何选用机械器具以及施工作业的工序等，保障施工作业的安全与质量，避免现场不必要的材料与机械浪费。

4. 信息主导下的导向管理

管理科学化是装配式建筑发展的重要保证。在设计、制造、安装、运营过程中会有大量信息的产生，建筑中的每个构件都要经历设计、制造、安装、维护，其中全建筑信息的统筹运营、全寿命周期的管理、全专业的协同设计都要依托科学的管理。而信息就是科学化管理模

式的载体,在信息主导下的导向性管理为管理提供技术平台,使管理做到共享化、实时化,避免滞后管理措施的出现。

（二）BIM 技术助力装配式建筑发展

BIM 技术信息化为产业链贯通、工业化建造提供技术保障,促进工程项目的集约化和精益化管理,推动建筑行业的转型升级。装配式建筑是设计、生产、施工、管理集成在一起的标准化、体系化建筑。BIM 技术则是将其集成在一起的方法和工具,它串联起了装配式建筑的全建筑信息、全寿命周期、全专业协同等。设计方以预制构件模型的方式进行全过程的设计,有效避免设计与装配的前后脱节。建设方可及时发现问题,对整体工程进行宏观调控。预制构件方可提前介入工程,不再采用"依照施工图进行构件拆分"的方法,在施工阶段前期即可按照预期目标,设计预制构件的生产方案以及在方案设计指导下的构配件生产。BIM 技术在建筑工业化的应用体系研究分为三大模块,即装配式建筑发展要求模块、BIM 技术理念模块和信息化管理模块,其应用框架如图 4-27 所示。

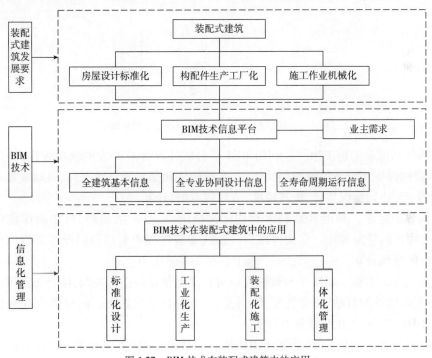

图 4-27　BIM 技术在装配式建筑中的应用

具体而言,BIM 可以在以下几个方面助力装配式建筑的发展。

（1）设计方面。装配式建筑设计具有标准化、模块化、重复化的特点,形成的数据量大而且重复,在传统技术下需要大量的人力、物力来记录、整合,并且容易出现错误。而利用 BIM 平台软件的 3D 建模优势和结构计算、碰撞检测、工程量统计等专业软件强大的分析能力,可以与各种设计软件结合,实现精细化设计和标准化设计。

2016 年最新的《建筑工程信息模型统一标准》中指出,预制装配式混凝土结构深化设计中的预制构件平面布置、拆分、设计以及节点设计等工作宜应用 BIM 技术。可基于施工图设计模型或施工图,以及预制方案、施工工艺方案等创建深化设计模型,完成预制构件拆分、预制构件设计、节点设计等设计工作,输出工程量清单、平立面布置图、节点深化图、构件深化图等,具体 BIM 应用如图 4-28 所示。

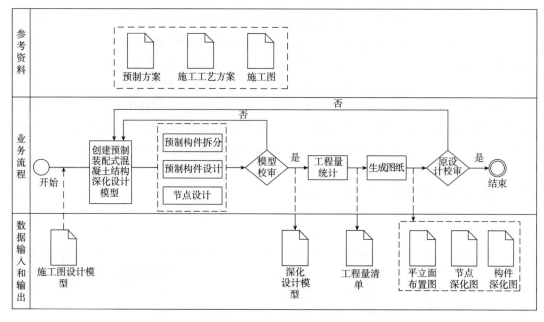

图 4-28 预制装配式混凝土结构深化设计 BIM 应用

(2)构件和部品的加工生产。利用 BIM 平台软件及专业开发的接口程序,把设计图纸输出为预制构件生产设备能够识别的代码,实现构件和部品的自动下料、自动成型直至构件的集成化生产,达到确保质量、提高精度、节约成本的目的。

(3)构件的运输。利用 BIM 技术对构件进行统一、唯一的编码,打印制作成二维码标签,粘贴在构件的特定部位。在构件出厂、运输、安装过程中利用扫码设备进行构件身份信息的获取、传递和分享。

(4)施工安装方面。BIM 平台软件可以与自动测量设备进行关联,结合先进可靠的大型吊装设备实现构件的自动、精确就位、快速安装,实现自动化施工。同时结合 BIM 软件施工进度模拟(4D)功能,优化调整施工方案。

(5)管理方面。利用 ERP 系统与 BIM 软件的数据交换,实现材料、构件的统一采购,实现生产经营信息化和管理精细化,有利于实现建筑项目生产集成化管理。从目前的建筑业产业组织流程来看,从建筑设计到施工安装,再到运营管理都是相互分离的,这种不连续的过程,使得建筑产业上下游之间的信息得不到有效的传递,阻碍了装配式建筑的发展。将每个阶段进行集成化管理,必将大大促进建筑工业化的发展。BIM 技术作为集成了工程建设项目所有相关信息的工程数据模型,可以同步提供关于新型建筑工业化建设项目技术、质量、进度、成本、工程量等施工过程中所需的各种信息,并能使设计、制造、施工三个阶段进行模数和技术标准整合。而且基于 BIM 技术的信息共享功可避免信息的丢失和误解。通过图 4-29、图 4-30 可以看出 BIM 技术使信息流畅通更加有序,且保证建设项目信息的正确和完整。

（6）运维方面。在物业的运营管理阶段，BIM 运营维护模型可提供详细的、全方位的项目信息，帮助物业提高管理水平。通过集成物联网和 GIS 技术，可以建立精细化和可视化的运维管理系统，对设备设施的运行进行监控，对各类突发情况采取预防措施。

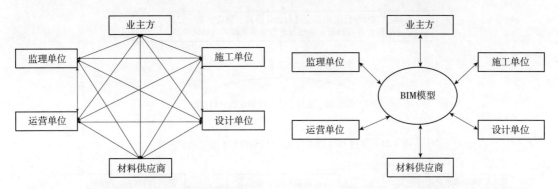

图 4-29 　基于传统技术项目参与方之间的信息交流 　　图 4-30 　基于 BIM 技术项目参与方之间的信息交流

（三）基于 BIM 技术的装配式建筑协同设计

基于 BIM 技术的 3D 协同设计是以信息主导方式来有效解决建筑产业化面临的技术和管理问题。借助 BIM 技术，构件在工厂实际开始制造以前，统筹考虑设计、制造和安装过程的各种要求，设计方利用 BIM 建模软件（如 Revit）将参数化设计的构件进行建立 3D 可视化模型，在同一数字化模型信息平台（图 4-31）上使建筑、结构、设备协同工作，并对此设计进行构件制造模拟和施工安装模拟，有效进行碰撞检测，再次对参数化构件协调设计以满足工厂生产制造和现场施工的需求，使施工方案得到优化与调整并确定最佳施工方案。最后施工方根据最优设计方案施工，完成工程项目要求（图 4-32）。基于 BIM 的 3D 信息模型一旦出现设计方案与工厂制造、现场施工与建筑、结构、设备碰撞检测不一致，即可在同一参数化信息模型上进行优化设计，参数化协同设计可做到处处参数修改，处处模型同步更新。如此便将构件在工厂制造现场安装前出现的所有问题都在计算机里进行修改，达到构件设计、工厂生产制造和现场安装的高效协调，保障项目按计划的工期、造价、质量顺利完成（图 4-33）。

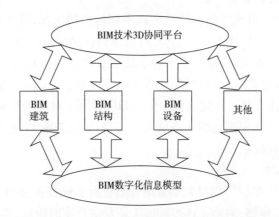

图 4-31 　各专业在同一平台共享数字化信息实现协调

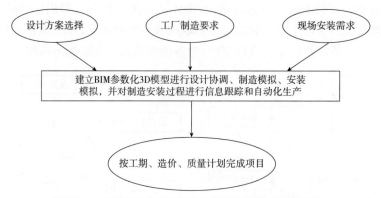

图 4-32　通过 BIM 技术协调设计、制造和安装之间的问题

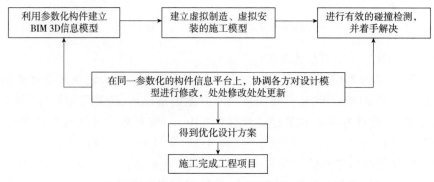

图 4-33　基于 BIM 的 3D 协同设计过程

二、装配式建筑施工阶段的 BIM 管理

(一)装配式建筑施工阶段 BIM 应用

在装配式建筑施工阶段,BIM 技术发挥较大作用的几个方面为:预制构件入场、存储管理、工程质量进度控制、5D 动态成本控制和可视化技术交底。

1.预制构件入场、存储管理

在实际施工现场往往出现找错构件或者找不到构件的情况,这很影响施工的进展。在此阶段,将 BIM 技术与 RFID 技术有效结合,可以对构件进行实时追踪控制。无线射频识别(RFID,Radio Frequeney Identification)是一种非接触式的自动识别技术,它通过射频信号自动识别目标对象并获取相关数据,识别工作无须人工干预,可工作于各种恶劣环境,可同时识别多个标签,操作快捷方便。在建筑施工中,RFID 可用于对进场车辆、人员的控制及材料运输的跟踪。BIM 与 RFID 相结合的优点就在于信息读取准确,传递速度快,减少传统人工录入信息可能造成的错误。

2.工程质量进度控制

运用 BIM 技术,施工单位可以对施工方案计划进行实际模拟分析,将施工 3D 模型与时间相联系,建立 4D 施工模型,对施工进度和施工质量进行实时跟踪,将实际统计数据与原计划相比较,得出偏差。这样有利于资源与空间的优化配置,消除冲突,进而得到最优的施工方案与施工组织设计。最后进入调整系统,采取措施对施工进度和质量进行调整,确保质量与进度不受影响。

3.5D 施工模拟优化施工、成本计划

利用 BIM 技术,在装配式建筑的 BIM 模型中引入时间和资源维度,将"3D-BIM"模型转化为"5D-BIM"模型,施工单位可以通过"5D-BIM"模型来模拟装配式建筑整个施工过程和各种资源投入情况,建立装配式建筑的"动态施工规划",直观地了解装配式建筑的施工工艺、进度计划安排和分阶段资金、资源投入情况;还可以在模拟的过程中发现原有施工规划中存在的问题并进行优化,避免由于考虑不周引起的施工成本增加和进度拖延。利用"5D-BIM"进行施工模拟使施工单位的管理和技术人员对整个项目的施工流程安排、成本资源的投入有了更加直观的了解,管理人员可在模拟过程中优化施工方案和顺序、合理安排资源供应、优化现金流,实现施工进度计划及成本的动态管理,如图 4-34 所示。

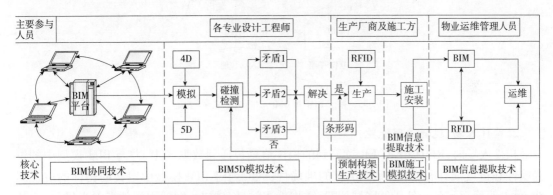

图 4-34　运用 BIM 技术的装配式建筑生产流程管理

4.可视化技术交底

可视化交底即在各工序施工前,利用 BIM 技术虚拟展示各施工工艺,尤其对新技术、新工艺以及复杂节点进行全尺寸三维展示,有效减少因人的主观因素造成的错误理解,使交底更直观、更容易理解,使各部门之间的沟通更加高效。

(二)基于 BIM 的装配式建筑施工管理

装配式建筑施工不同于传统的建筑施工,其所需的材料及构件都直接由工厂加工后,直接运往工地使用,湿作业少,因此构件管理是其中的一项很关键的工作。装配式建筑的构件管理工作是个很复杂的过程,很多已实施的装配式建筑的工程项目中,无论是预制混凝土装配式建筑还是轻钢装配式建筑,在其工程实践中,建筑构件的运输存储、施工现场的材料保护、施工工序的控制与施工技术流程的安排上极易出现问题。

现代信息管理系统中,BIM 属于施工控制系统,将 BIM 技术应用于装配式建筑施工管理中,可快速对方案的可施工性和施工进度进行模拟,解决施工碰撞等问题。然而为了更好地进行构件管理,通常需要引进 RFID 技术,常见的装配式建筑施工管理中,一般将 BIM 和 RFID 技术相结合,建立一个现代信息技术平台(基于 BIM 和 RFID 的建筑工程项目施工过程管理系统架构见图 4-35)。即在 BIM 模型的数据库中添加两个属性——位置属性和进度属性,使我们在软件应用中得到构件在模型中的位置信息和进度信息,具体应用如下。

1. 构件制作、运输阶段

以 BIM 模型建立的数据库作为数据基础，RFID 收集到的信息及时传递到基础数据库中，并通过定义好的位置属性和进度属性与模型相匹配。此外，通过 RFID 反馈的信息，精准预测构件是否能按计划进场，做出实际进度与计划进度对比分析，如有偏差，适时调整进度计划或施工工序，避免出现窝工或构配件的堆积，以及场地和资金占用等情况。

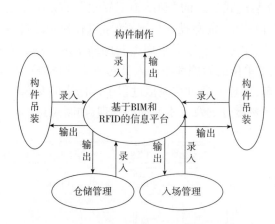

图 4-35　基于 BIM 和 RFID 的施工管理系统构架

2. 构件入场、现场管理阶段

构件入场时，RFID READER 读取到的构件信息传递到数据库中，并与 BIM 模型中的位置属性和进度属性相匹配，保证信息的准确性；同时通过 BIM 模型中定义的构件的位置属性，可以明确显示各构件所处区域位置，在构件或材料存放时，做到构配件点对点堆放，避免二次搬运。

3. 构件吊装阶段

若只有 BIM 模型，单纯地靠人工输入吊装信息，不仅容易出错而且不利于信息的及时传递；若只有 RFID，只能在数据库中查看构件信息，通过二维图纸进行抽象的想象，通过个人的主观判断，其结果可能不尽相同。BIM-RFID 可使信息及时快速地传递，从具体的三维视图中呈现及时的进度对比和两算对比。

三、BIM 技术应用于装配式建筑的标准问题

BIM 技术的应用对建筑产业化的推动作用显而易见，但两者的结合需要协调统一的标准做保障。目前，无论是装配式建筑标准还是 BIM 相关标准，都还需要进一步发展和相互融合，存在需要解决的诸多问题：

（1）制定 BIM 在装配式建筑中的应用标准，明确 BIM 标准应用的阶段、方面及应用深度；

（2）应制定 BIM 数据与装配式建筑各专业领域数据交换共享的基础性标准，确保两者之间进行数据交换过程中不会出现数据的丢失；

（3）在标准层面上，应确保 BIM 坐标系统与实体构件空间位置标识的自动关联，实现自动测量、全自动装配施工；

（4）标准制定中，要求 BIM 中各构件编码与现有设计中构件编码以及施工中实体构件编码统一，以便 BIM 构件信息与实体构件信息的无缝关联。

第三节　监理方 BIM 管理

一、BIM 技术在建设监理中的内容及优势

（一）监理控制 BIM 应用的内容

2016 年最新的《建筑工程信息模型应用统一标准》中指出，在工程准备阶段及施工阶段的监理控制、监理合同与信息管理等工作可应用 BIM 技术，基于施工图设计模型、深化设计模型、施工过程模型等协助建设单位进行模型会审和设计交底，并将模型会审记录和设计交底记录附加或关联到相关模型。

施工监理控制中的质量控制、进度控制、成本控制、安全生产管理、工程变更控制以及竣工验收等工作均可用 BIM 技术，并将监理控制的过程记录附加或关联到施工过程模型中的相应的进度管理、成本管理、质量管理、安全管理等模型，将竣工验收监理记录附加或关联到竣工验收模型（图 4-36）。

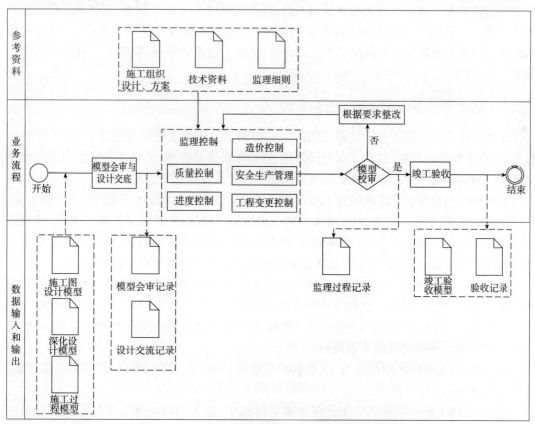

图 4-36　监理控制 BIM 典型应用示意

（二）BIM 模型中的信息完备

BIM 技术中涵盖了建筑设计中的所有信息，和传统的信息模型相比，BIM 信息模型中的信息更加完备。BIM 技术不仅可以对工程建设进行 3D 几何信息描述，还可以以其他形式对建筑信息进行描述，例如建筑建设使用的材料、建筑施工工序、建筑施工成本等。

（三）BIM 模型提供的信息具有共享的特性

BIM 技术实现了建筑建设中所有信息的共享，可以对建筑信息进行统计和分析，形成文档。当建筑建设过程中，某一个工序发生变化时，和这个工程相关的所有数据都会发生变化，进行数据的更新，并保证 BIM 模型的完整性。

（四）BIM 技术保证建筑工程建设中各个阶段信息的一致

BIM 技术可以保证建筑设计中各个阶段信息的一致，所以相同的数据就可以不用再次输入。相关数据会根据建筑信息模型的变化而发生变化，所以不同阶段的模型对象，只需要进行微小的改变，而不需要重新组建新的模型，即减少了模型组建中出现的信息错误。

BIM 技术在建设监理工作中发挥着重要的作用。可以帮助监理人员对建筑工程建设中的质量进行控制和管理，对工程建设的质量、工程的施工进度、工程建设中的所有信息进行有效的管理，对建筑工程之间的协调起到很大的帮助。通过 BIM 技术，可以及时地将建筑工程建设中出现的问题解决。利用完整的建筑信息，对工程建设提供决策依据。BIM 模型中的所有信息都是新鲜的、动态的，可以通过 BIM 模型中的数据，让监理人员对工程建设有一个全面的认识和了解。参与工程建设的人员，也可以通过 BIM 信息模型，对建筑工程的进展有所了解。一旦建筑工程建设中需要做出修改，不需要再进行数据模型的建立，只需要将BIM 模型中相关的数据信息做出适当修改即可，减少了信息的错误，提升了工程建设的工作效率。

二、基于 BIM 协作平台的监理模式

监理工作业务主要涉及三控制、三管理、一协调，即：建设工程质量控制、建设工程投资控制、建设工程进度控制、建设工程合同管理、建设工程信息管理、建设工程安全管理及建设工程组织与协调关系。此处着重介绍质量控制中施工阶段监理工作模式。

BIM 协作平台封装了传统的施工阶段建设工程质量控制过程。检验批、分项分部工程、单位工程在施工之前，首先在 BIM 协作平台上模拟施工建造，寻找合适的施工方案，然后再按照模拟的施工方案具体实施（图 4-37）。增加一个模拟建造环节，如同机械设备批量生产之前预先制造样机，目的是为了在具体实施之前把可能发生的问题减为最少。

基于 BIM 协作平台的施工阶段监理工作模式包含 BIM 协作平台、建设工程项目参与方和建设项目（工地）三部分。监理工作分为以下五步：

第一步，开工或者工序施工之前，施工单位通过 BIM 协作平台交互式提交资料，监理单位通过 BIM 协作平台交互式审查资料；

第二步，施工单位在项目参与方（包括监理单位）协助下，基于 BIM 协作平台模拟建造，优化施工方案；

第三步，施工单位按照第二步优化方案具体施工，施工期间监理需要进行施工现场巡查、旁站、见证等工作；

第四步,施工完成后,施工单位通过 BIM 协作平台交互式申请报验,监理单位现场检验,如有必要将邀请业主、设计、质检站等部门一起,检验合格后通过 BIM 协作平台交互式同意验收;

第五步,建设项目参与方包括监理单位通过 BIM 协作平台交互式提交相关资料,进入下一个施工过程。

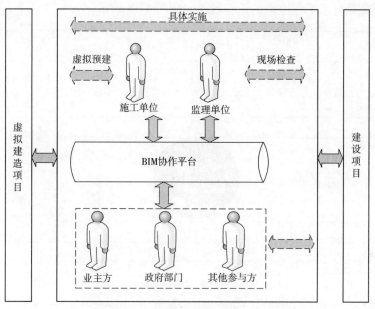

图 4-37　基于 BIM 协作平台的监理工作模式

五个步骤根据具体的项目不同可以顺序调整,但项目参与方必须严格基于 BIM 协作平台工作。

以上具体分析了基于 BIM 协作平台施工阶段建设工程质量控制的监理工作模式。将建设工程投资控制、建设工程进度控制、建设工程合同管理、建设工程信息管理、建设工程安全管理的监理工作模式进行类比。

三、工程监理在 BIM 技术上的应用案例

(一)工程概况

兰州西客站位于甘肃省兰州市七里河区,处在兰州市中心地带。车站北侧为城市公路主干道西津路,南侧为在建城市主干道南山路;交通便利,有兰渝铁路、包兰客运专线、兰新第二双线、兰成铁路、陇海客运专线等 6 条 10 个方向的客运专线交汇于此;规模将等同北京西客站,是西部地区最大的路网型客运枢纽,也是国内一流的现代化大型综合交通枢纽。兰州西客站是一座能同时开行动车、城际列车和普通列车的车站。兰州西客站工程属特大型交通枢纽项目,设有南北站房、高架候车厅、南北城市通廊、高架车道、落客平台、站台雨棚和物流通道。站场规模 13 台 26 线,由北向南依次为:普速场 6 台 13 线,其中正线 2 条;高速场 7 台 13 线,其中正线 2 条。

兰州西客站采用南北地上进站、高架候车、地下出站格局。地铁 2 号线从南北向穿过兰

州西客站,车站设在北侧地下站前广场内。站房共 3 层,其中地上两层分别为站台层和高架层,地下 1 层为出站层。平面尺寸为 380m×260m,最大柱跨度 66m,最大高度 39.55m,主站房总面积 99 963m²,雨篷覆盖面积为 102 000m²。

(二)BIM 协作平台的建立

本项目中使用了 BIM 协作平台,对站房工程信息进行管理,与传统的监理方式相比,应用 BIM 技术明显提高了工程监理的工作效率。如图 4-38 所示。

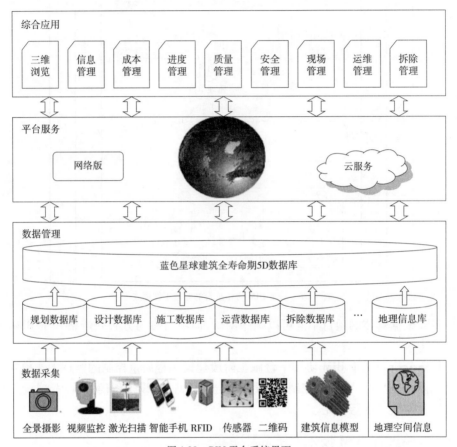

图 4-38　BIM 平台系统界面

1. 本项目中 BIM 协作平台所应满足的基本条件

1)三维模型建模与展示

协作平台插入建模软件模块,通过登录平台即实现模型建立、展示、修改等功能,通过 3D 模型直观、形象、多角度地描述建设项目的各种数据信息。监理登录平台后,根据自己的需求和使用权限对图纸进行审核,并提取和使用模型的其他信息,有异议或不符合要求之处,直接从平台将信息反馈至相应参与方,进行信息修改。

2)支持协同工作

BIM 技术涉及整个团队,各参与方的工程师很难长时间集中于一处进行办公,协作平台通过网络,将生成的文件传送给对方。因此 BIM 协作平台需具备协同能力,采用 C/S、B/S 甚至是云模式,在服务器终端搭建一个模型数据库。监理方通过客户端从服务器获取相关参数,并在本地快速建模,然后将各方的结果及时反馈至服务器。

3)数据采集、加工

在应用 BIM 过程中,模型是一个展示实体各参数、属性的窗口。所有模型的数据都要与实际施工同步、相符,通过不断采集现场施工数据,并加工转换成驱动模型的数据源,才能使模型真正地"活"起来,充分发挥 BIM 的各种优势。根据国家标准和行业规范规定,监理主要在开工阶段、施工阶段、竣工阶段录入监理用表及其他相关信息,实现信息共享,有效避免信息重复录入时产生的错误,给监理信息管理带来极大的便利。

在本项目中,通过应用 BIM 协作平台,监理方充分了解了建设和设计意图,明确了工程的最终目标,开展了以下工作:系统化收集信息,确保信息流通顺畅;规范项目报告,便于进行统一化管理;建立信息管理流程,控制信息流;维护信息系统,保证信息系统有效运行。BIM 协作平台为监理提供了数字化监理模式平台。监理在这种模式下的资料、档案,通过一致性建筑信息进行智能化检索,效率高、速度快、范围广。监理单位内部用户(包括领导决策时)可以在任何时间和任何地点,通过网络共享模型文件及时调阅有关信息,当机立断完成各项决策。外部用户则可以随时查阅监理单位的相关信息(包括企业概况、工程监理业绩、人员专业配备及获奖情况等),为合理、快捷地选择工程监理队伍提供参考。

2. 本项目 BIM 主要功能体现

1)可视化

可视化的本意是形象化地看一样东西,好看、容易看,简单一点说就是"所见即所得"。进入 BIM 时代,可视化是其固有特性。BIM 的工作过程和结果就是建筑物的实际形状(三维几何信息),加上构件的属性信息(例如门的宽度和高度)和规则信息(例如墙上的门窗移走了,墙就应该自然封闭)。在 BIM 的工作环境里,由于整个过程是可视化的,可视化的结果不仅可以用来汇报和展示,更重要的是,项目设计、建造、运营过程中的沟通、讨论、决策都在可视化的状态下进行。

西客站 BIM 可视化实施范围,涵盖站房(主要公共空间部分装修模块)、落客平台、城市通廊及出站厅、站台及雨篷、站场咽喉区以内铁路股道及信号机、南北广场。BIM 模型的搭建以站房建设为主,并要将站场咽喉区以内、南北广场的范围一并纳入模型建设中(仅限物理模型)。站房部分的主要内容为建筑和结构建模、钢结构及装饰(样板间)专业深化设计、施工预埋件。通过设计阶段搭建的 BIM 模型,辅助设计。施工阶段施工方根据设计模型完成施工模型,最终提交竣工模型。

工程监理可视化应用主要通过设置在建筑施工现场较重点、关键点位上的摄像头,把现场施工情况传送到监理部的计算机屏幕上,用于监视工地的施工进度以及安全情况;并与三维模型进行对比,监督施工质量,结合现场巡视,进行影像记录,录入咨询平台。在第一时间共享监理函件、工程照片、音像、规范标准,及时发现工程中的问题并提出解决办法,减少了由于隐蔽工程出现施工质量问题造成的返工情况,提高了施工效率。三维模型较强的直观性,也为监理审核图纸,全面理解建设意图节省了大量宝贵时间,在一定程度上缩短了工期。

2)虚拟施工技术

传统建筑领域中,建筑项目的品质在设计阶段已经确立,但由于设计方专业复杂,在后续的施工阶段将会出现约 70% 的碰撞错误。如果到了施工阶段才被发现再进行修改,则会给工程造成大量的浪费和损失。虚拟施工技术则可以通过 Auto Naviswork 软件对模型进行碰撞检测,在施工开始前发现设计图纸中的错、漏、碰、缺之处,提高施工效率和建筑的使用性能。

本工程中的碰撞检测结果主要包含以下三个方面:

(1)土建布局不合理产生的碰撞。如站房站台层 Z4 轴和 S5 轴处自动扶梯与梁碰撞。

(2)土建与管线间的碰撞。如站台层夹层 Z14 轴处梁与管线的碰撞。

(3)机电、水暖管线间的碰撞。如出站层 N1-N5 轴管线交叉,需综合调整;车道底板 4.65m,风管 1m,平行有 5 根水管,2 根桥架。经设计阶段进行碰撞检测后,形成书面报告,减少了设计变更,同时更加有效地避免了在施工时出现碰撞再采取滞后措施的现象。监理在施工阶段根据设计形成的碰撞检测报告书,重点对出现碰撞的工程环节进行监督检查,合理配备工作人员和工作时间,提高了工作效率。

同时,虚拟施工技术还可以对施工过程进行 4D 模拟演示,分解施工步骤,并且对内力进行分析和仿真计算。通俗来讲,就是现实进行的施工过程在计算机虚拟世界的高仿真再现。在本工程中,监理工程师在工程未进行之前,通过观看 4D 施工模拟演示,针对工程中会出现的施工难点,要求施工单位提供专项方案;针对施工中将会出现的问题,提前要求施工单位优化和更改施工方案,并进一步模拟方案的可行性,从而指导施工,提前合理地分配工作人员、材料设备用量,减少施工成本、降低施工风险,保证在施工安全的前提下缩短施工周期,为施工决策的有效性提供了保障,增强了对施工整体运营方式的控制力,提高了建筑建造的整体效率。

第四节 BIM 在施工管理阶段的推广障碍

BIM 在我国建筑业的应用主要集中在设计和施工阶段。建设施工阶段持续时间较长,人力、物力等各种资源繁多复杂,工序和各方交接冗杂,这些特点给施工阶段带来各种问题,影响建设工程项目的成本、工期和质量。在建设施工阶段有效地应用 BIM 可以很大程度上提高建设工程项目价值。经过这些年的发展应用,根据我国一些企业的总结,在建设项目中应用 BIM 可以加快进度 10% 左右,提高利润 10% 左右。现在很多施工单位都认识到了 BIM 的价值,积极开展应用,但在这中间存在一些问题,不同程度上影响 BIM 的价值体现和发展。

BIM 技术在我国施工行业中的应用尚存在如下问题:

(1)建筑施工企业对 BIM 技术的认识有限。

因为 BIM 技术涉及面很广,建筑施工企业(以下简称"施工企业")的相关人员难以准确把握,再加上一些软件厂商的误导,很多施工企业对 BIM 技术的认识还不够正确。有的施工企业认为,只要建立了三维模型就是应用了 BIM 技术;还有的施工企业认为,只要应用了某个主流 BIM 应用软件就是应用了 BIM 技术。实际上,这些都只是应用 BIM 技术的必要条件,而不是充分条件。显而易见,如果不能正确认识 BIM 技术,就很难获得应用 BIM 技术的好处。

(2)施工企业不能利用上游的模型信息。

施工企业在工程建设的中期开展工作,本应可以获得设计单位提供的 BIM 设计模型,并在此基础上展开施工阶段的应用,但目前这一点很难实现。施工企业往往需要首先按照设计图纸建立模型,然后才能开展应用,而设计图纸实际上是由设计单位从 BIM 设计模型生成的。也就是说,施工单位需要做相当多的重复工作,这和 BIM 技术的核心理念是相悖的。其关键原因是,缺乏行业规范。相应的规范应主要包括 4 个部分:标准合同,用于规范 BIM 的工作协议;数据交换标准,用于使数据交换便于信息共享;数据提交标准,用于规定数据的质量以及提价方法;分类与编码标准,用于规范数据内容的表达。

(3)施工企业应用 BIM 技术的广度和深度有限。

从 BIM 技术应用现状可以看出,目前,施工行业 BIM 技术的应用主要还是追随国外。究其原因,一方面,国内对 BIM 技术在施工中的应用研究不够,不能出现新的应用情形;另一方面,缺乏适应我国规范的 BIM 应用软件。国外的 BIM 应用软件种类已经很多,但由于不能满足我国规范要求等原因而令其在国内的使用受到限制。同时,国产的真正的 BIM 应用软件还十分有限。以成本预算软件为例,国外已经有数十种软件,而国外的相关标准与我国现行的标准相去甚远,因此都无法拿来使用。

(4)施工企业应用 BIM 技术的效益不明显。

目前,很少有项目定量地评价 BIM 技术应用带来的效益。这一点和国外的应用情况形成鲜明的对比。究其原因,我国施工企业对 BIM 技术的应用尚处于初级阶段,出于需求驱动的很少,更多的是在尝试应用,或者是"被应用",所以无法拿出定量的评价结果。靠技术驱动,而不是靠需求驱动的应用是很难持续下去的。

(5)BIM 人员的不足。

BIM 人员的不足有两个层面:建模人员的不足与 BIM 技术深化的缺乏。即使是中建三局、八局这种技术强的单位,施工企业的 BIM 人员占整个项目人员的比例其实并不高,如果自己建模人数过少,则会使工作强度过大,而且往往难以按时完成任务。如果建模分包,那么施工单位的 BIM 就应该做得更深化,将模型与现场情况结合起来,如具体的施工过程或者精确到钢筋,但由于施工单位现在的 BIM 培训体制往往针对的是软件的操作学习,且参加培训的大多是缺少工作经验的年轻员工,所以也很难做到如此细化,软件的开发更是难以实现。

(6)缺少可操作的模拟方法。

现在施工单位无法进行施工工序和操作的模拟,也就往往无法在动工前进行模拟来找出最佳操作方法,对于复杂工序是通过"事前专家论证 + 事后动画展示"的方式来进行,但论证的过程中并没有"建立模型 + 模拟操作"的方式。而有些技术不复杂但是现场条件受限的工序,施工单位也不能对其很好模拟,如两台吊车同时吊装设备如何不互相影响的问题,其实这些问题都是 BIM 可以解决的问题。

(7)缺少可视化的技术和设备。

以 AR 技术和 Holograph 技术为例,当图纸过于复杂时,即使是施工企业的人看了模型调出来的样子,也不一定能准确向工人描述出来。如果现场配有移动设备,再运用 AR 或者

Holograph 技术,那么施工效率便可大大提高。当然可视化技术不仅包含 AR 和 Holograph 技术,但不管怎么应用,目的都应该是提高施工现场的沟通效率。

章后习题

1. BIM 在施工方 BIM 管理中的优势有哪些?

2. 施工阶段 BIM 管理的要点有哪些?

本章参考文献与延伸阅读

[1] 王友群. BIM 技术在工程项目三大目标管理中的应用[D]. 重庆:重庆大学,2012.

[2] 李海涛. 基于 BIM 的建筑工程施工安全管理研究[D]. 郑州:郑州大学,2014.

[3] 王彦. 基于 BIM 的施工过程质量控制研究[D]. 赣州:江西理工大学,2015.

[4] 李亚东,郎灏川,吴天华. 基于 BIM 实施的工程质量管理[J]. 施工技术,2013,15:20-22 +112.

[5] 牛博生. BIM 技术在工程项目进度管理中的应用研究[D]. 重庆:重庆大学,2012.

[6] 郑浩凯. 基于 BIM 的建设项目施工成本控制研究[D]. 长沙:中南林业科技大学,2014.

[7] 李海涛. 基于 BIM 的建筑工程施工安全管理研究[D]. 郑州:郑州大学,2014.

[8] 范喆. 基于 BIM 技术的施工阶段 4D 资源动态管理[D]. 北京:清华大学,2010.

[9] 张建平,范喆,王阳利,等. 基于 4D-BIM 的施工资源动态管理与成本实时监控[J]. 施工技术,2011,40(4):225-225.

[10] 蒲红克. BIM 技术在施工企业材料信息化管理中的应用[J]. 施工技术,2014,43(3):77-79.

[11] 白庶,张艳坤,韩凤,等. BIM 技术在装配式建筑中的应用价值分析[J]. 建筑经济,2015,11:106-109.

[12] 常春光,吴飞飞. 基于 BIM 和 RFID 技术的装配式建筑施工过程管理[J]. 沈阳建筑大学学报(社会科学版),2015,02:170-174.

第五章 运营阶段项目的BIM管理

📊 **学习目的与要求**

本章主要介绍业主单位BIM应用,着重介绍建设项目运营阶段中BIM工具的运用。通过本章的学习,要求熟悉BIM在建设项目运营阶段中的应用范围,明确BIM技术在该阶段的应用价值,了解当前阻碍BIM技术在该阶段推广的主要因素以及实践应用中的常见误区。

第一节 BIM 与资产设施运营维护管理

一、传统模式下的资产设施管理

20世纪80年代末,西方出现了一种全新的产业管理增值概念——设施管理(Facility Management,简称FM),将传统的物业管理领域延伸拓展,并赋予其更为显著的资产管理创新理念。通常资产设施管理也被称作设施管理,本书统一称为资产设施管理。从物业管理到资产设施管理的转变,是将低层次的"看家护院"向资产管理领域发展的关键步骤。

由物业管理向资产设施管理的转变是必然的。一方面,近年来随着越来越多智能建筑的大量投用,业主对于物业管理的要求越来越高。智能建筑内配有更多更先进的设备,一旦这些设备发生故障,不仅维修成本高、维修技术难,还会给整个项目的运营带来很大的不便。当前的物业管理只能在设备发生故障后进行维修,无法做到事前预警,这已无法满足业主的需求。另一方面,建设项目在投产使用后,其运营阶段少则数十年,多则上百年。建设项目运营期的长期性要求设施管理者以预见性的视角,以科学的态度对项目及其设施的生命周期成本(LCC)进行有效的管理。在此背景下,资产设施管理应运而生。

资产设施管理是在物业管理的基础上演化而来,但是其与物业管理仍存在着显著的差异,主要体现在下列三个方面:

(1)发展背景不同。物业管理的主要管理对象为住宅,适用范围较小并且包含的内容较少;而资产设施管理则是在大型智能建筑不断涌现的背景下产生的概念,它可以应用于大量的商业地产和其他类型的建设项目中,能够实现业主的组织目标。

（2）管理定位不同。《物业管理条例》中将物业管理的定义限定在"维修、养护、维护"这个范围，并且在实践中往往只能在发生故障得到通报后才能采取措施，始终处于被动地位；而资产设施管理将物业设施设备的维修、维护作为其基本职能的同时，强调了设施应满足业主的运营需求，并能够主动做出相应调整。

（3）管理视角不同。物业管理主要由专门的物业管理公司提供服务，与业主之间只是服务与被服务的关系；而资产设施管理则是企业的一个内部职能部门，是服务于业主的总体战略目标的组织机构。

资产设施管理涉及的范围很广，总体上包括城市公用设施、工业设施及商业设施三大类，其具体类型构成按表 5-1 确定。

资产设施类型分布   表 5-1

设 施 类 型	内 容
城市公用设施	医院、学校、体育场馆、博物馆、会展中心、机场、火车站、公园等
工业设施	工厂、工业园区、科技园区、保税区、物流港等
商业设施	写字楼、商场、超市、酒店等

传统资产设施管理是建立在物业管理的基础之上，不满足于物业的"四保"——保安、保洁、保绿、保修，从而提出了以"人"、"空间"、"技术"、"流程"为核心的设施管理。国际上设施管理协会对设施管理有着不同的定义，整理归纳按表 5-2 确定。

资产设施管理定义   表 5-2

序号	协会名称	定 义
1	国际设施管理协会（IFMA）	以保持业务空间业主高质量的生活和提高投资效益为目标，以最新的技术对人类有效的生活环境进行规划、整备和维护管理的工作
2	澳大利亚设施管理协会（FMA）	设施管理是一种通过优化人资产及工作环境来实现企业商业目标的商业实践
3	香港设施管理学会（HKIFM）	设施管理是一个机构将其人力、运作及资产整合以达到预期战略性目标，从而提升企业的竞争能力的过程

香港设施管理学会（HKIFM）认为资产设施管理包括硬件管理和软件管理两大部分。与此同时，在资产设施管理实践中还可以根据业主的个性化需求提供其他类型的设施管理服务。资产设施管理的具体分类按表 5-3 确定。

资产设施管理范围   表 5-3

资产管理分类	工 作 内 容	资产管理分类	工 作 内 容
硬件服务	装修和更新；电扶梯维护；电气设备维护；防火系统维护；管道维护；建筑维护；空调维护	其他	会议室服务；信息系统；车辆管理；文档管理；空间管理；邮政服务
软件服务	安保工作；污染防治；后勤服务；卫生维护；废物处理；循环利用		

QuahL. K 在此基础上进一步给出了更为详细的资产设施管理包含的内容,如图 5-1 所示。

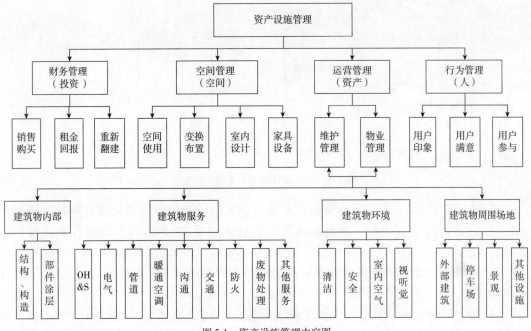

图 5-1 资产设施管理内容图

从图 5-1 中可以看出,传统模式下资产设施包含的内容范围很广,这就为资产设施管理团队开展工作带来了巨大的挑战。

2004 年美国六大设施管理组织(IFMA、FMLink、AFE、APP、ABOMA and Building Operating Management Magazine)联合起来对美国近 3000 家资产设施管理机构进行了一起设施管理行业发展现状的调查。调查结果显示,当前设施管理机构对于设施管理包含的具体内容尚无统一的认识,但普遍认为资产设施日常管理和维护以及能源管理是其首要的工作任务。基于该调查结果的设施管理机构对于设施管理的构成内容具体认识构成如图 5-2 所示。

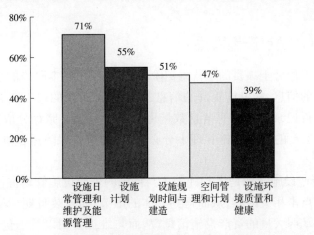

图 5-2 基于调查结果的资产设施管理主要内容

为了更好地说明 BIM 工具对于项目运营阶段中资产设施管理的重要性,首先分析建设项目全寿命周期的信息增长模式,如图 5-3 所示。

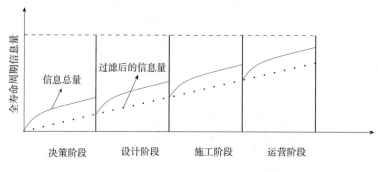

图 5-3　全寿命周期项目信息增长示意图

根据图 5-3 可以看出,项目内部的信息量由决策阶段到运营阶段随着时间推移逐渐增大,并在运营阶段达到顶峰。因此必须采取信息化的手段,为运营阶段的有效管理提供保障。

如今传统模式的资产设施管理越发不适应当前的发展需求。具体而言,面临着下列几个问题:

(1)资产设施管理成本高。传统设施管理是以人的管理为基础,以设备为主要内容。由于传统模式下资产设施管理技术落后,需要维持一只较为庞大的设施管理团队对设施进行维护,导致管理成本较高。

(2)信息集成度低下。传统项目运营阶段中的信息沟通大都采用点对点的形式,也就是项目参与方之间两两进行信息沟通,不能保证多个参与方同时进行沟通和协调。在实践中便会导致信息不能有效共享以及信息反馈不及时等现象,从而导致设施管理效率较低。

(3)缺乏可预见性。传统模式下的设施管理主要依赖于设施管理团队的维护,这需要建立在及时发现设施问题的基础上。然而在资产设施维护的实践工作中,给排水、暖通等系统构成复杂,仅仅依赖设施管理团队的人工巡视很难预先发现问题,容易造成难以估量的经济损失。

二、基于 BIM 的资产设施管理

资产设施管理工作处于项目的运营维护阶段,它不仅需要本阶段的信息,还包括全寿命周期中其他各阶段的信息,如设施管理的信息,包括竣工阶段的竣工图纸和竣工验收资料;设备初始信息和运行记录等。针对信息数量庞大、类型复杂、储存分散以及动态变化等特点,采用基于 BIM 工具的资产设施管理十分必要,从而有效保障运营阶段的资产设施管理工作。

基于 BIM 的资产设施管理是将 BIM 技术与传统的资产设施管理进行整合,它使得业主能够在系统上通过点击相关内容,从而得到具体的细节,如安装日期、安转人员、维护计划、授权信息等。业主掌握大量的资产设施信息,从而与维护公司以及承包商进行沟通变得更为方便,大大降低了成本。

基于 BIM 的资产设施管理的主要特征不再固守于物业管理的固化模式而是采用多元化模式,将各种资源整合起来,以便使各种资源达到最优化,进而使业主的利益最大化。基于 BIM 的资产设施管理主要包括下列三项工作内容:

(一)设备管理

设施管理大部分的工作是对设备的管理,通过将 BIM 技术运用到设备管理系统中,使系统包含设备所有的基本信息,也可以实现三维动态地观察设备的实时状态,从而使设施管理人员了解设备的使用状况,也可以根据设备的状态提前预测设备将要发生的故障,从而在设备发生故障前就对设备进行维护,降低维护费用。

将 BIM 运用到设备管理中,可以查询设备信息,自助进行设备报修,也可以进行设备的计划性维护等,如图5-4所示。

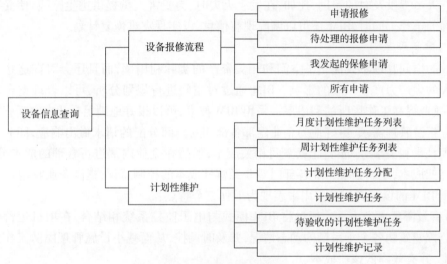

图 5-4　设备运维管理功能

1. 设备信息查询

在该系统中,用户既可以通过设备信息的列表方式来查询信息,也可以通过 3D 可视化功能来浏览设备的 BIM 模型。

2. 设备报修流程

在建筑的设施管理中,设备的维修是最基本的,该系统的设备报修管理功能如图5-5所示。所有的报修流程都是在线申请和完成的,用户填写设备报修单,经过工程经理审批,然后进行维修;修理结束后,维修人员及时地将信息反馈到 BIM 模型中,随后会有相关人员进行检查,确保维修已完成,等相关人员确认该维修信息后,将该信息录入、保存到 BIM 模型数据库中。日后,用户和维修人员可以在 BIM 模型中查看各构件的维修记录,也可以查看本人发起的维修记录。

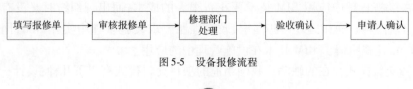

图 5-5　设备报修流程

3. 计划性能维护

计划性能维护的功能是设施管理方通过对设备进行研究来确定设备的维护计划,这种计划性能维护做到事前进行,避免在设备发生故障时才事后维修,可提高管理效率。

(二)灾害应急管理

在人流聚集的区域,灾害事件的应急管理是非常重要的。传统的灾害应急管理往往只关注灾害发生后的响应和救援,而 BIM 技术对应急事件的管理还包括预防和警报。BIM 技术在应急管理中的显著用途主要体现在 BIM 在消防事件中的应用。灾害发生后,BIM 系统可以三维地显示着火的位置;BIM 系统还可以使相关人员及时查询设备情况,为及时控制灾情提供实时信息。BIM 模型还可以为救援人员提供发生灾情完整的信息,使救援人员可以根据情况立刻做出正确的救援措施。BIM 不仅可以为救援人员提供帮助,还可以为处在灾害的受害人员提供及时的帮助,比如,在发生火灾时,为受害人员提供逃生路线,使受害人员做出正确的选择。同时,BIM 还可以调配现有信息,以实现灾难恢复计划。

(三)空间管理

有效的空间管理不仅优化了空间和相关资产的实际利用率,而且还会对在这些空间中工作的人的生产力产生积极的影响。BIM 通过对空间进行规划分析,可以合理整合现有的空间,有效地提高工作场所的利用率。采用 BIM 技术,可以很好地满足企业在空间管理方面的各种分析及管理需求,更好地为企业内部各部门对空间分配的请求做出响应,同时可以高效地处理日常相关事务,准确计算空间相关成本,然后在企业内部进行合理的成本分摊,可有效地降低成本,还增强了企业各部门对非经营性成本的控制意识,提高企业收益。

基于 BIM 的设施管理在应用中表现为下列三个特点:

(1)有效降低人力成本。通过将 BIM 模式与电子监控系统相结合,在项目运营阶段中可实时监控建筑物各个子系统的动态情况,并及时调控,从而减小设施管理团队工作人员的工作强度,并有效降低该项成本。

(2)降低设施损耗。设施管理团队可以根据 BIM 系统准确了解各个系统的情况。以空调系统为例,可以根据室内外温度差异自动调节室内温度,使之始终保持在较为舒适的范围,同时能够降低不必要的资产设施损耗。

(3)可预见性。在 BIM 模式下,设施管理团队可以根据对建筑物内部可能产生的安全隐患进行实时监控,对可能发生的隐患采取及时有效的措施,从而显著降低危险发生的概率,提升项目运营阶段的整体安全性。

三、BIM 在资产设施管理应用中的障碍因素

(1)法律法规尚不完善。当前国内已有的相关政策法规大多针对居民物业领域,工业设施以及社会公共设施等领域仍然处于空白区域。法律法规保障的缺失制约了 BIM 技术在该领域中的应用。由于缺乏相关的法律保障,设施管理公司并不愿投入过多成本来推广 BIM 技术,因为在设施管理中应用 BIM 技术要花费很大的成本,而出现纠纷时又没有法律做保障,很容易出现问题。而在国外一些国家,政府强制要求设施管理中实施 BIM,国内没有这样的法规政策,这就阻碍了 BIM 技术在设施管理中的应用。

(2)项目交付模式存在的缺陷。我国当前的项目交付模式有以下几种:设计—施工—运

营(DBO),设计—施工—运营—维护(DBOM),建造—拥有—运营(BOT)以及其他类型。这些项目交付模式是将设计、施工阶段与设施管理阶段分离开,造成了设计、施工阶段与设施管理阶段之间存在断层,例如项目设计是设计方的工作,跟施工方无关,因此很多设计图纸中的问题直到施工现场才发现,从而导致影响项目工期、造价甚至质量的各类变更。

现有的交付模式下,设计单位、施工企业和设施管理公司往往不是一家企业,而设计单位和施工单位可能没有使用 BIM 技术,这也就使设施管理实施 BIM 有一定的难度,因为设施管理中的 BIM 模型是在设计阶段和施工阶段后的 BIM 竣工模型的基础上开发的,如果设计阶段和施工阶段没有使用 BIM 技术,就会阻碍 BIM 技术在设施管理中的应用。

(3)BIM 的操作环境不尽完善。当前国内 BIM 的操作环境尚不完善,基于 BIM 的工作流程也尚未完全建立。与此同时,由单独工作模式到协作工作模式的巨大转变在短时间内很难完成。

(4)从业人员素质有待提高。在运营维护阶段,设施管理团队面临着一系列挑战。然而如今 BIM 技术尚未在该领域得到广泛应用,有关技术及管理人才较为匮乏,并且普遍缺少专业训练,往往对于其重要性认识不足,这也是阻碍 BIM 在资产设施管理中应用的重要因素。

第二节　BIM 与节能管理

一、传统模式下的节能管理

传统模式下的节能管理主要集中在设计阶段,绿色建筑是当今国内最为常见的项目节能管理手段之一。绿色建筑适应国民经济可持续发展的要求,既可以有效节约资源,又能保护和改善生态环境。以绿色建筑为例,在对建筑进行设计时,通过采用科学的建筑结构以及节能的建筑材料来降低单位能耗,例如常见墙面的保温层、中空的窗户等,保证夏季室外热气不入侵、冬季室内热气不外散。除此之外,合理地利用绿化也能够对建筑的节能起到较大的作用。采取节能监测、能耗公示、用能定额管理等也是常用的管理手段。如果既有建筑存在能耗过高的问题,就需要进行节能改造,需要物业部门和业主共同完成。

然而,在这些大规模推广的绿色建筑项目中,有不少项目凭借出色的设计获得了高星级评价,而到运营阶段,由于缺乏有效的运营能力和真实的运行数据,往往达不到预期的节能目标。这是当今国内传统项目节能管理的缩影。

绿色建筑运营阶段面临的困难主要有两点,一是高昂的运行成本让物业管理团队望而却步,二是目前国家缺少监管的措施和手段。建筑物全寿命周期的成本分配如图 5-6 所示,由图可知,项目运营阶段的成本约占总成本的 85%,因此运营阶段的节能管理是项目节能工作的关键环节。

绿色建筑技术分为两大类:被动技术和主动技术。所

图 5-6　建筑物全寿命周期成本分配

谓被动绿色技术,就是不使用机械电气设备干预建筑物运行的技术,如围护结构的保温隔热、固定遮阳、隔声降噪、朝向和窗墙比的选择,使用透水地面材料等。而主动绿色技术则使用机械电气设备来改变建筑物的运行状态与条件,如暖通空调、雨污水的处理与回用、智能化系统应用、垃圾处理、绿化无公害养护、可再生能源应用等。

被动绿色技术所使用的材料与设施,在建筑物的运行中一般养护的工作量很少,但也存在一些日常的加固与修补工作。而主动绿色技术所使用的材料与设施,则需要在日常运行中使用能源、人力、材料资源等,以维持有效功能,并且在一定的使用期后,必须进行更换或升级。

与此同时,受长期以来的"重建轻管"风气的影响,在出现问题时,因为建设者不承担运营的责任,而管理者则是被动地去运行管理绿色建筑,直接导致了绿色建筑无法真正地实现当初设计的节能目标。

二、基于 BIM 的节能管理

BIM 技术的应用使得在运营阶段进行节能管理成为可能。在实践中,首先应用有关软件对目标工程项目的 BIM 模型进行分类和分项能耗模拟分析,并将分析结果记入 BIM 模型数据库;与此同时通过目标建筑安装的分类和分项能耗计量装置实时收集能耗数据,实现目标建筑能耗的在线监测,并将监测数据记入数据库。最后,通过对实际监测数据与模拟数据的比对分析处理,得出目标建筑的能耗情况和节能控制方案,并反馈给相关的用能执行机构,用能执行机构响应后实现节能控制。

基于 BIM 的运营阶段的节能管理程序主要由一个中心和三个模块组成。具体构成如下:

一个中心:数据处理中心。对实际监测数据与模拟数据的分类、比对分析处理,得出目标建筑的能耗情况和节能控制方案。

三个模块:能耗模拟模块;实时监测数据采集模块;处理反馈模块。

(1)能耗模拟模块:补充和完善目标建筑的 BIM 模型,然后通过相关软件的分类和分项能耗模拟分析,并将分析结果存入数据库。

(2)实时监测数据采集模块:通过目标建筑安装的分类和分项能耗计量装置及时采集能耗数据,实现目标建筑能耗的在线监测,并将监测数据存入数据库。

(3)处理反馈模块:将节能控制方案反馈给相关的用能执行机构,用能执行机构响应后实现节能。

此外,还提供基础的能耗情况查询功能。该功能可按建筑的照明插座用电、空调用电、动力用电及特殊用电这四项分项进行查询,并直接在 BIM 模型上高亮显示分项线路情况,方便使用者,尤其是不熟悉建筑情况的使用者,更直观地检查分析各分项线路能耗情况。

基于 BIM 模式的节能管理可以通过控制建筑内部环境参数进行实时监控温度、湿度、通风量以及采光。在炎热的夏季可以通过将温度控制在适宜的温度,在寒冷的冬季则将门窗适当增加透光度以提升室内温度,从而达到既舒适又节能的目标。

以上海申都大厦为例,该项目是国内首次把 BIM 工具与项目运营管理理念相结合的案例。申通大厦项目中应用 BIM 技术进行日常能耗监控,在能源闸口处设置了传感器,以便实时收集能耗信息并自动进行能耗分析,对房间内的热量和温度进行的分析与月度能耗的统计如图 5-7 所示。

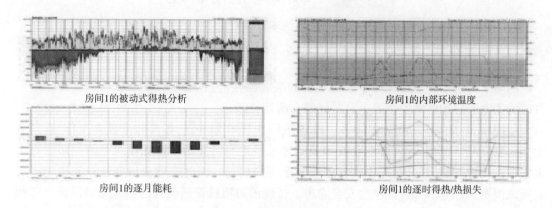

图 5-7 内部能耗分析图

BIM 在节能管理中的应用表现为下列三个特点:

(1)BIM 技术的运用使得实时监控复杂的系统成为可能,大大减轻了运营维护工作人员的工作量。传统模式下,对建筑基本情况数据采集主要是通过二维设计图纸或手工测量方式,这种采集方式多为一次性采集,移植性较差,还有可能因人为因素导致采集的数据出现偏差,从而使通过 BIM 收集的数据更加准确。

(2)通过与 BIM 的模拟数据比对,可增加建筑能耗数据的针对性和精细化,从而更有利于得出有效的节能控制方案。在为项目带来经济盈利的同时,也为节能减排做出贡献,从而实现经济和社会的双重效益。

(3)可以将检测到的数据存入数据库,随着能耗数据的积累,可以为今后的数据挖掘应用提供帮助。

三、BIM 在节能管理应用中的障碍因素

在项目的运营阶段中,与传统的节能管理模式相比,基于 BIM 的节能管理降低成本的同时也提升了工作效率。然而在实际应用中,却面临着以下障碍因素:

(1)数据难以收集。以 BIM 系统调节建筑物内部光线以及温度为例,该功能需要建立在大量精确的数据基础上,这对于技术层面提出了很高的要求,对于计算机软件的模拟与计算则具有较高的硬性要求。

(2)缺乏单位面积能耗的合理指标。对于建设项目而言,运营阶段中单位面积能耗多少是合理的尚无定论,这一问题直接影响到在节能管理工作中应用 BIM 的节能效果,也影响了一些业主应用 BIM 进行建筑节能的积极性。

(3)用户缺乏足够的节能积极性。大部分业主对于工程项目在运营阶段的节能管理没有科学的认识,从而造成了很大的能源浪费。另外,部分业主对于建筑的节能潜力认识不足,也没能获得专业的节能咨询机构的帮助,在实践中应用 BIM 开展节能管理积极性较低。

第三节 BIM 与消防管理

一、传统模式下的消防管理

消防工程是工程建设领域中极为重要的组成部分,它关乎项目以及群众的安全。切实有效的消防管理能够将安全隐患及时扼杀在萌芽状态。

传统模式下的消防管理由 CAD 二维图纸操作技术为主导,各参与方独立工作,管理者大多为消防部队退役人员,其专业技术及管理水平均有所欠缺。传统模式下的消防管理大多集中在设计与施工阶段,并未贯穿于项目全寿命周期。因此在项目后期往往导致不必要的资源浪费,效率低下,甚至产生安全隐患。传统消防项目管理模式已经无法满足现今工程领域的发展需求,面临着以下问题:

(1)消防设备信息缺失。传统的图纸交付方式导致消防设施的信息难以有效传递,信息脱节问题严重,制约了消防设施的运行及维护,同时增加了管理人员的工作难度。

(2)消防救援弊端明显。二维模式下的消防疏散是平面图,其中的空间信息、设备信息、人员信息之间的相互关系得不到有效的展示。这就导致在紧急情况下救援人员很难快速熟悉环境,从而影响救援效率,同时也给被困人员的逃生自救带来了不利的影响。

二、基于 BIM 的消防管理

由于消防管理涉及人员的人身安全,因此在项目运营阶段,消防安全至关重要。建设信息数据全面集成的三维 BIM 模型是业主后期运行维护的法宝,也是消防公司承接后续维保工程的有力保障。

三维可视化的消防管理平台是将先进的虚拟现实技术与建筑信息模型有机关联,并在模型中加入准确的消防设备信息,实现了消防设备信息在建筑环境中的可视化管理。在三维引擎中建立以建筑信息模型为基础制作消防设备管理平台,通过友好的图形用户界面实现积极的人机交流,以支持消防管理者在该系统中查看到消防设备的全部信息,其具体构成如图 5-8 所示。

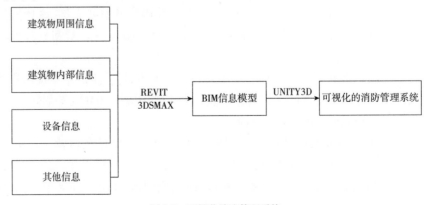

图 5-8 可视化消防管理系统

基于 BIM 的可视化消防系统可提供建筑寿命周期内的全部信息,且 BIM 模型是建筑物三维真实显示。基于 BIM 技术建立建筑模型,可清晰明了地显示消防设施的位置和疏散通道的状态等,为消防应急救援提供准确信息,大大提高救援效率,在制定预案时也可扩充预案包含的信息量和准确度。基于 BIM 技术建立的建筑模型不再是由点、线、圆等简单元素组合的几何图形,而是包含墙体、门、窗、梁、柱等构件图元的实体信息化模型。同时 BIM 还提供了丰富的族库,可实时载入灭火器、消火栓和喷淋头等消防设备,每个设备都有自身的信息库,可提供构件的型号、位置、状态等详尽可靠的原始信息和必要深度的建筑模型细节,如建筑的材料、防火分区、疏散通道和消防设施等,而这都为消防应急救援提供了指导依据,是消防救援中最具指导意义的信息。模拟状态下通过可视化平台对建筑物内部信息进行查看的结果如图 5-9 所示。

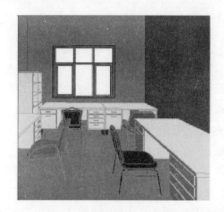

图 5-9 建筑物内部信息查看

提供与建筑实体一致的三维可视化的模型,模型支持旋转、缩放、分层、剖面、立体以及漫游等,直观清楚。在紧急情况下,通过 BIM 的可视化技术可以在信息交互平台上清楚地看到建筑内任何一层的所有图像,包括建筑物各层火灾蔓延情况和人员疏散情况,如图 5-10、图 5-11 所示。

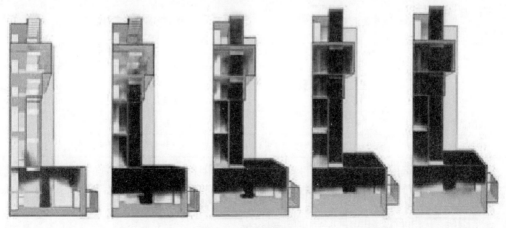

图 5-10 火灾蔓延情况

图 5-11　人员疏散模拟

基于 BIM 的消防管理具备下列几项特点：

（1）便于维护消防设施。消防工程中包含的设备众多，采用 BIM 系统可将各类设备的型号、产商以及说明书等信息批量导入信息系统中，便于今后维护。与此同时还可以借助该系统定时查看消防设施运行状况，从而有效保障相关设施的可靠性。

（2）具备紧急情况时的疏散能力。在发生火灾等紧急情况时，系统可以自动计算逃生时间，并为不同位置的被困人员确定最佳逃生路线，从而将生命财产损失降到最低。

（3）降低消防系统运营成本。由于其保留了完整生命周期资讯，包括建筑物外部结构、周边地形以及消防设备的详细信息，便可节省传统设施管理系统中资料必须重制的人力成本与时间，并减少人为错误。与此同时，BIM 系统的应用能够大大提升消防管理工作的效率，降低管理团队的工作量，节省人力成本，并及时发现设备异常，节约运营成本。

为了更加清晰地表现两种模式下消防管理工程的差异，将传统模式下的消防管理与基于 BIM 的消防管理模式进行对比，按表 5-4 确定。

传统消防管理模式与基于 BIM 的消防管理模式对比　　　　　　　　　　表 5-4

管理模式 项目	传统消防管理模式	基于 BIM 的消防管理模式
管理者	消防部队退役人员	专业消防管理团队
技术手段	二维图纸模式	三维数字信息系统
技术平台	CAD 软件	集设计、施工和运营为一体的三维数字化信息平台
实施范围	设计阶段	项目全寿命周期阶段
管理效率	经验式的粗放式管理	基于海量数据的精细化管理

通过上述对比可以发现，与传统的消防管理模式相比，基于 BIM 工具的消防管理模式具有管理者更加专业、技术手段更加先进、实施范围广以及管理效率更具有优势的特点。

三、BIM 在消防管理应用中的障碍因素

出于现实原因，消防日常监督检查、消防训练以及火灾救援工作中对于建筑数字化信息

的信任度和使用习惯还需要逐步地培养,即使实现了数字化消防管理平台,其中模型的维护、更新和有效使用还需要从制度上、训练培训上、观念上等多方面继续努力,才能使其真正发挥作用。

虽然 BIM 技术在建筑消防领域有很大的应用前景,但是厂商目前还不能为设计人员提供相应的消防设备信息模型,在很大程度上制约其发展,这也是我们将来亟须解决的一个问题。

第四节　业主 BIM 应用

一、业主应用 BIM 范围

与建设成本相比,项目全寿命周期的运营成本显得更为突出,这都促使业主逐渐重视 BIM 技术的运用。在本小节中,我们将概括性地对驱使不同类型的业主采用 BIM 技术的因素进行整理,并对 BIM 的不同应用范围进行描述,如表5-5所示。这些驱动因素包括早期及经常性的设计评估、设施的复杂性、可靠性及成本管理、项目质量、项目可持续性以及资产管理。

业主应用 BIM 范围及益处　　　　　　　　　　　　表 5-5

服　务　对　象	BIM 应用的具体领域	市场驱动因素	效　　　益
业主	形式分析 项目模拟运营 调试以及资产管理	成本管理 可持续发展 资产管理	提高成本可靠性 建筑项目性能及可维护性 设施及资产管理

二、业主应用工具

(一)BIM 评估工具

业主运用 BIM 评估工具对项目的成本及财务执行情况进行预测。通常情况下,这种评估在设计团队建立起完整的建筑信息模型时就已进行。评估多采用单位成本的估算方法,由业主代表或者咨询顾问进行评估。

美国针对业主开发的软件是 Autodesk Revit,该软件可以导入建筑信息模型并且允许业主自动或者手动操作。

(二)资产设施管理工具

大多数现存的设施管理工具依赖于采用电子数据表格中的 2D 信息来表示空格或者数值。从最初设施管理机构的视角来看,空间管理以及相关的设备和资产设施并不需要 3D 信息,但是基于 3D 信息的模型组件可以为设施管理工作增添价值。

建筑信息模型可以为初始阶段的设施信息输入及信息交互提供极大的便利。通过 BIM 工具,业主可以有效利用其空间组件来定义项目的 3D 边界,从而大大减少创建数据库所耗费的时间,因为传统的方法需要等到项目完工时才能手动创建。根据美国海岸警卫队的某个设施规划案例,业主在通过建筑信息模型来创建及更新设施管理数据库时大约可节省98%的时间和精力。

业主在利用建筑模型工具时应考虑以下问题:

(1)空间对象的支持。

(2)合并功能。来自多个数据源的数据能够更新及合并吗？例如,不同源的某系统及空间能够有效合并吗？

(3)更新。如果对设备进行改造或重新配置,系统可以轻松地更新设备模型吗？可以改变对其的追踪吗？

(4)传感器和控制监测。传感器和控制系统是设施管理系统的一部分吗？该系统能够对其进行有效监控和管理吗？

业主在利用设施管理的建筑信息模型时可能需要某些特定的 BIM 设施工具或第三方 BIM 附加工具,业主的维护团队以及施工团队在进行建筑模型交接时需要用其来调试和整合 BIM 工具。在由 BIM 系统向 CMMS 系统交接时面临的一个挑战是 CMMS 可能难以接受 BIM 工具中常见的标准及文件格式。

利用 BIM 来进行设施管理仍然处于起步阶段,直到最近,市场上也仅有少数可用的工具。业主应当与设施管理机构合作以确认当前的设施管理工具能否支持 BIM 数据,与此同时制订相应的过渡计划也是业主的必要工作。

(三)项目运营模拟工具

对于运用建筑信息数据的业主来说,项目模拟运营工具是另一种新兴的门类或者说软件工具,包括紧急情况疏散模拟、响应模拟等。这些工具通常由公司提供并服务于执行运营模拟以及必要的信息添加工作。在所有的情况下,这些工具均需要额外的信息输入以执行模拟程序。而在特定情况下,也可以仅从建筑信息模型中提取建设项目的地理信息。

关于运营模拟工具还有更加典型的例子,有时并不涉及专业的仿真模拟,而是利用实时的可视化或渲染工具。通过专门的工具及服务,同样的模型也可以被用来模拟紧急情况,例如游乐园中过山车可能发生故障的紧急情况(Schwegler 等人,2000 年)。类似的,莱特曼卢卡斯数字艺术中心团队也曾使用他们的模型来评估疏散和应急场景(Boryslawski,2006 年；Sullivan,2007 年)。

三、业主应用 BIM 的关键

这里用"业主"泛指行使建设项目甲方权利的实体,包括政府、企业、开发商、代建方等,区别于建设项目的设计、施工、咨询、供货商等,也就是英语文献中使用"Owner"来表示的这部分群体。

首先,业主团队的知识和技能构成要随着 BIM 的应用而改变,显然业主团队要具备 BIM 应用有关的知识和技能才有可能把 BIM 用好。

其次,业主团队完成岗位职责使用的软件工具也需要改变(增加),从应用 BIM 前的 CAD 软件到应用 BIM 后的 BIM 软件。

再次,由于应用了 BIM 这样一种新的技术、方法、工具,业主完成工作任务实现工作目标的工作方法和工作流程也可能需要随之而改变,使之更有效地发挥 BIM 的价值,实现工作效率和质量的提高。

最后,由于 BIM 的应用,使得同样岗位职责可以交付的成果形式、内容、质量也会跟着改变,例如没用 BIM 以前的主要交付内容是图纸(电子或纸介质),用 BIM 以后除了交付图纸以外,还可以交付 BIM 模型了。

根据相关学者的研究,由于现阶段拥有完整 BIM 团队的应用方仍在少数,所以大多数的 BIM 应用方尚需要专业的 BIM 咨询单位提供服务,以支撑其 BIM 实施。因此,业主驱动的 BIM 应用模式可进一步分为咨询辅助型和业主自主型这两种模式。

（一）咨询辅助型

咨询辅助型模式是业主聘请独立的 BIM 咨询单位为建设项目的 BIM 应用提供专业化的咨询服务,咨询方在 BIM 实施过程中扮演"代理业主"的角色。采用该模式,业主应该在全面分析项目内容和特点的基础上,制订合理的 BIM 应用总体目标,然后咨询方依据应用总体目标进一步 WBS(工作分解结构),设定阶段性的具体目标,编制详实的 BIM 实施规划,确定组织流程、规范标准、平台和协作机制等。严格按照合同的约定,完成对业主驱动的 BIM 应用的技术咨询服务。对于那些不具备相关能力的业主方来说,BIM 应用的关键则是聘请咨询单位为其提供专业化的咨询服务,并适时代替业主对 BIM 工具在项目运营阶段的应用发挥管理作用。

（二）业主自主型

业主自主型模式是以业主方为主导,协调每个阶段的参建方,组建专门的 BIM 团队,负责各阶段(某阶段)的 BIM 实施与应用。此模式下,业主不但要根据项目特点制订 BIM 应用总体目标,还要确立基于 BIM 的项目阶段性目标、组织流程、规范标准、平台和协作机制,并针对项目进展情况随时调整 BIM 规划和信息内容。对于具备自主能力的业主方来说,在项目运营阶段,应用 BIM 工具的关键是结合项目具体特征制订 BIM 应用总体目标,同时还要协调各团队之间的信息交流沟通,从而管控整体目标的实现。因此,业主必须以合同的形式对各参建方的 BIM 技术应用能力进行规定,以便于项目各参建方都能站在业主的立场全面推动 BIM 的应用。该情况对业主的 BIM 团队综合要求较高,同时也面临着前期成本高等困难,对业主方的经济及技术实力是一个挑战。

除此之外,业主在项目运营阶段中利用 BIM 工具的另一个关键点是 BIM 模型的校对能力。由于项目运营阶段处于项目全寿命周期的最后一个阶段,因此前期 BIM 模型积累了大量的数据和信息。面对海量的数据,业主应当注意模型的校对,仔细审核有关信息,这是业主成功应用 BIM 的关键。

第五节　妨碍 BIM 实施的风险因素

一、实施过程中的风险

在实践中,与设计施工阶段相比,BIM 在运营维护阶段中的应用仍然处于较低水平,其在国内的进一步推广受制于下列若干障碍因素:

（一）技术风险

（1）缺乏适用于具体项目的 BIM 运营维护平台。如今的 BIM 运营维护系统大多只能够满足模型以及信息的查看，其拓展功能大多不属于运营维护管理中的必备需求，因此在实际中的应用十分有限。

（2）BIM 运营维护基础技术架构欠缺。项目的运营维护阶段往往长达数十年，在这期间将会产生海量的数据信息。处理这些数据需要具备高效可靠的平台，与此同时对相应技术有着很高的要求。这些技术架构涉及已有的成熟自动监控系统（如建筑自动化系统 BAS 等）、新兴的云计算平台、物联网技术、数据挖掘和大数据技术等，目前还没有完备的经过验证的整体架构，需要进一步研究和探索。

（3）数据标准不尽完善。在运营维护阶段收集数据时，由于数据监测方面尚无与其对应的有关技术标准，并且在进行信息交换时，遵循的开放标准对于实体存储模式并不直观，这就导致难以理解这些数据所代表的含义，从而无法达到相应的要求。除此之外，技术标准的不完善还容易导致实施过程中产生较大的信息冲突，一些模型无法传递，下一模型利用者只能重新建立模型，造成浪费。

（二）管理风险

（1）业主管理能力不足。业主理想的 BIM 能力包括五个方面：选择具有 BIM 实力的项目合作方、提出 BIM 参与要求、校核提交的 BIM 模型、充分利用 BIM 模型开展相关业务工作、研发需求的 BIM 应用。如果项目管理方管理能力缺乏，势必会导致模型版本混乱、模型利用效率降低、返工数量提升、建设效率下降等问题。因此，面对 BIM 技术的复杂性，项目管理方比设计单位、施工单位更需要精于 BIM 技术的人才，这样才能建立 BIM 规则、标准和协同平台，引导各参与方共同采用 BIM 技术建设项目，并解决应用过程中的 BIM 技术难题。

（2）BIM 人才匮乏。BIM 人才的匮乏是影响 BIM 技术推广的重要阻碍因素。当前设置 BIM 相关专业的高校数量很少，该领域的人员主要采取企业内部培养方式，来源渠道较少。在绝大多数企业的 BIM 应用中，需要采取聘请 BIM 咨询顾问的方式。香港即主要依赖 BIM 第三方，但内地实践中少有此类成功案例。

（3）成本高昂。根据现有资料统计，采用 BIM 技术的项目比常规多花 3% 以上的费用，其中项目管理或 BIM 咨询需多花 10～25 元/平方米。业主关心的是，多产生的费用是否能够得到回报；项目管理方考虑的则是，BIM 项目管理中哪些应由业主承担，如协同平台的建立（服务器购置、软件开发）。因此，项目管理方需对 BIM 成本做进一步分析，并对项目产生的回报率做初步测算，以合理价格及有效的成果赢取业主信任。

（三）政策风险

我国住房和城乡建设部印发《关于推进建筑信息模型应用的指导意见》中明确了 BIM 应用的基本原则，即"企业主导，需求牵引；行业服务，创新驱动；政策引导，示范推动"。该指导意见提出了 BIM 应用的发展目标：到 2020 年年底，建筑行业甲级勘察、设计单位以及特级、一级房屋建筑工程施工企业应掌握并实现 BIM 与企业管理系统和其他信息技术的一体化集成应用。以国有资金投资为主的大中型建筑以及申报绿色建筑的公共建筑和绿色生态示范小区新立项项目勘察设计、施工、运营维护中，集成应用 BIM 的项目比率达到 90%。除此之外,国内还没有关于 BIM 技术的规范标准,这也导致 BIM 的应用无法大规模推广。

二、BIM 应用的常见误区

当前 BIM 应用的过程中仍存在着许多误区,最常见的四种情况如下:

(1)"BIM 型 BIM 团队"——工程任务和 BIM 应用两张皮。成立与现有企业项目执行方式无关的独立的"BIM 型 BIM 团队"是目前比较典型的企业 BIM 应用组织形式之一。BIM 型 BIM 团队作为项目团队的辅助力量,其主要职责是"做 BIM"而不是"做项目"。这种形式容易带来这样的问题:项目团队用传统方式完成各自的工程任务,"BIM 型 BIM 团队"做的 BIM 应用工作与工程任务没有有机结合在一起。BIM 应用的价值取决于项目团队成员如何在其负责的工程任务中使用 BIM 成果,也就是所谓的专业和 BIM 形成"两张皮"的问题。这也就出现了"BIM 型 BIM 团队"成员其职业发展的问题,如果我们同意行业从业人员掌握 BIM 技术完成相应工程任务的最终 BIM 应用目标的话,一开始就应该要考虑专业和 BIM 融合的问题。

(2)非资深员工牵头企业 BIM 应用。有不少企业的 BIM 应用由企业内某一个或几个掌握若干 BIM 软件操作但缺乏工作经验、工程经验、企业运营经验的基层员工牵头,企业资深管理和技术人员因为工作忙、不会 BIM 软件操作等原因对 BIM 保持距离,让年轻人先去试验,总体来看这种做法的效果也不是很好。会不会操作软件和会不会应用 BIM 不完全是一回事,就像企业从来不会认为谁画图快谁的设计水平就高,谁力气大谁的施工水平就高一样,BIM 也是一个道理。企业应用 BIM 的目的是提高质量、效率、核心竞争力和盈利能力,当然最终需要依靠软件来实现,但是这个任务不是只靠缺乏实际工作经验、工程经验和企业管理经验的新从业人员可以完成的。

(3)"拒绝二维,全员 BIM"。这种做法的企业 BIM 应用有顶层设计,但风险比较大,英语中把这种方法叫作"boiling the ocean",即"煮沸海洋"。事实上,BIM 技术的应用的确对项目的运营有着巨大的积极作用。但是在可以预见的将来,鉴于技术以及相关政策的缺失,基于二维的图纸仍然无可替代,全员 BIM 所导致的高昂成本更是难以承受,所以企业应根据自己的实力,结合自身特点找寻合适的 BIM 推广路线。

(4)忽视全寿命周期视角。业主应用 BIM 技术尝到的第一个利好源于碰撞检测,不管是从成本还是工期上都能获益,却局限于此,忽视全寿命周期的概念。实际上,BIM 技术的运用应从整个项目的全寿命周期出发,虽然项目不同阶段中运用 BIM 技术的阶段目标不尽相同,但是全是服务于实现整个项目正常运行这个总体目标,因此仅仅局限于某个阶段的想法是片面的。

章后习题

1. 概括 BIM 在项目运营阶段中的应用范围。
2. 简述 BIM 在项目运营阶段中面临的主要风险。
3. 谈谈你对项目运营阶段中应用 BIM 工具价值的理解。

本章参考文献与延伸阅读

［1］戴维·G·科茨.设施管理手册［M］.北京：中信出版社，2001.

［2］International facility management association. What is FM［EB/OL］.［2007-10-1］. http://www. ifma. org/what_is_fm/index. cfm.

［3］Facility Management Austrilia［EB/OL］.［2014-3-1］. http://www. f-m-a. com. au/

［4］JohnD. Gilleard. Facility Management in China：An Emerging Market［J/OL］.［2014-3-1］. http://www. ifma. org. hk/essentials.

［5］QuahL. K. Proceedings of CIB W70 Symposium on Management Maintenance and Modernisation of Building Facilities-The Way Ahead into the Millennium［C］. Singapore McGraw Hill，1998.

［6］杨子玉. BIM 技术在设施管理中的应用研究［D］.重庆：重庆大学，2014.

［7］林天扬，王佳，周小平.基于 BIM 的可视化消防管理平台研究［J］.建筑科学，2015，06：152-155.

［8］刘梅，王佳.基于建筑信息模型的可视化消防管理［J］.消防技术与产品信息，2015，06：60-65.

［9］王佳，黄俊杰. BIM 技术在建筑消防全生命周期的应用探索［J］.建设科技，2015，23：52-53.

［10］赵彬，袁斯煌.基于业主驱动的 BIM 应用模式及效益评价研究［J］.建筑经济，2015，04：15-19.

［11］胡振中，彭阳，田佩龙.基于 BIM 的运维管理研究与应用综述［J］.图学学报，2015，05：802-810.

［12］郭力.工程建设项目 BIM 应用风险分析与应对［J］.建筑经济，2015，03：30-34.

［13］何关培. BIM 三大应用现象藏隐忧［N］.建筑时报，2013-12-16007.

第六章　BIM在工程项目决策中的作用与政府应用管理

本章从政府机构 BIM 管理角度、BIM 在项目决策及可持续发展中的作用三个方面阐述 BIM 在项目决策中的作用和 BIM 在政府管理中的应用。要求学生了解当前政府在 BIM 推广及应用中的作用,理解 BIM 在项目决策和可持续发展中的作用。

第一节　政府机构 BIM 应用管理

一、政府机构作为项目参与方应用 BIM

政府机构作为项目参与方,主要有两种角色,一种是投资者及业主,另一种是监管方。政府机构 BIM 应用管理按表 6-1 确定。

政府机构 BIM 应用管理　　　　　　　　　　　　　　　表 6-1

政府机构角色	BIM 应用管理
政府采购主体	帮助建设项目决策;建立 BIM 协同平台;进行项目管理
行业监控者	通过协同平台监控建设项目进展情况;审计
行业管理者	建立平台、制定标准政策,推动 BIM 应用发展

（一）作为业主的 BIM 应用

政府项目应当引领新技术,率先试用 BIM 技术,充分发挥其导向作用。

政府作为业主投资项目时应用 BIM,能够在建设工程全寿命周期对项目提供全程高效可控的管理,比较于传统方式,在成本、进度、质量等方面有很大的优势。

当前国内的政府机构处于职能型政府向服务型政府转变的阶段,传统的粗放式管理已不能满足高速发展的城市建设的需要,BIM 技术在建设工程全寿命周期的应用,能够辅助政府机构实现城市精细化管理的目标。

（二）政府利用 BIM 进行行业监控

政府监管机构作为第三方,需要随时对建筑行业发展、对建设项目实施动态进行监控。

BIM 技术为政府的监管提供了协同高效的基础性平台,可以帮助政府在整个建设过程中,高效协同各个单元、各个单位、不同部门之间的工作,同时可以最终形成一个节能、绿色、环保、智能的建筑物,提升政府服务能力。

政府运用"互联网＋"现代科技手段,以 BIM 技术作为突破口和攻坚点,通过充分运用 BIM 强大的数据管理和造价分析功能,可实现跟踪审计资料的实时上传,审计效率大大提高;工程的进度管理和进度款结算审核变得更加快捷;能够提前发现问题,提醒建设方和施工方实施动态控制。同时,利用模型整合功能,形象、快速、精准地完成工程量拆分和汇总,形成进度造价文件,提高计算速度和精度,减少核对争议,实现进度款快速支付审核。

在 BIM 系统中,所有审计资料均保存在信息库中,只要赋予一定的权限,审计组组长、分管领导、复核审理人员等均可以通过系统的管理舱和浏览器,全面参与审计及查看相关数据,对审计进度和审计结果随时调看,随时提出要求和发布指令,从而使审计质量得到实时监控。通过这些手段,保证了审计资料及审计过程的透明化,减少廉政风险和质量风险。

通过 BIM 技术,审计人员可以用较快的时间建立好模型,得出精确的工程量,再将被复审的工程量导入模型中,通过系统中的"对账"功能,即可对比出工程量的误差,从而解决工程量核对问题。

二、作为行业管理部门推动 BIM 应用发展

一项技术的应用发展,必然有相应的政策标准支持。政府在 BIM 应用发展中,起着至关重要的奠基和引领作用。政府推动 BIM 应用发展,应当做到以下几点:

(1)大力宣传 BIM 理念、意义、价值,通过政府投资工程招投标、工程创优评优、绿色建筑和建筑产业现代化评价等工作推动建筑领域的 BIM 应用。

(2)梳理、修订、补充有关法律法规、合同范本的条款规定,研究并建立基于 BIM 应用的工程建设项目政府监管流程;颁布相应政策、法规,支持编制相关技术标准,引导行业应用 BIM 技术,并利用 BIM 技术提升行业精细化管理水平;研究基于 BIM 的产业(企业)价值分配机制,形成市场化的 BIM 费用标准。

(3)制定有关工程建设标准和应用指南,建立 BIM 应用标准体系;研究建立基于 BIM 的公共建筑构件资源数据中心及服务平台。

(4)研究解决提升 BIM 应用软件数据集成水平等一系列重大技术问题;鼓励 BIM 应用软件产业化、系统化、标准化,支持软件开发企业自主研发适合国情的 BIM 应用软件;推动开发基于 BIM 的工程项目管理与企业管理系统。

(5)加强工程质量安全监管、施工图审查、工程监理、造价咨询以及工程档案管理等工作中的 BIM 应用研究,逐步将 BIM 融入相关政府部门和企业的日常管理工作中。

(6)加强示范引领作用,广泛宣传。以示范工程引导、建立 BIM 技术应用示范经验交流平台和机制,交流先进经验和应用技术。组织开展项目之间、企业之间和国际 BIM 技术应用的交流和合作,分享 BIM 技术应用成果。通过各类媒体和社会组织,普及 BIM 技术知识,宣传 BIM 技术有关政策、标准和应用情况,不断提高社会认知度。

(7)加强对企业管理人员和技术人员关于 BIM 应用的相关培训,在注册执业资格人员的继续教育必修课中增加有关 BIM 的内容;鼓励相关地区建立企业和人员的 BIM 应用水平

考核评价机制。

政府的职能是监管市场,主导发展方向,解决短期和长期投入的问题,在技术创新与推广方面起决定性作用,为此需要达成更多共识,协调各方力量,付出更多努力,让 BIM 时代更早到来。

三、政府机构应用 BIM 构建智慧城市

世界各国政府为提高城市规划、建设和运营管理的水平,一直致力于发展和应用信息化技术和方法。随着 BIM 技术的不断成熟和各国政府的积极推进,以及配套技术的不断完善,BIM 已经成为和 CAD、GIS(地理信息系统)同等重要的技术支撑,共同为"智慧城市"带来更多的可能性和生命力。各级政府职能部门在 BIM 应用的基础之上,形成城市 BIM 数据库,构建智慧城市,为城市公共设施管理提供决策支持服务。

通过 BIM 技术,可以把存储在城市建设档案库中海量的工程蓝图、CAD 电子图纸,以及过去、现在、将来城市建设中新的海量工程数据进行加工,转换成为智慧城市平台软件可以识别的数据和信息,形成数据库。不管是城市的公共民用建筑、道路桥梁还是地下管网,BIM 技术都可以实现建筑全寿命周期内的数据信息共享,提供准确的数据参考。

(一)城市规划

将 BIM 引入城市规划三维平台中,可以更方便地对其进行性能分析,这可以解决传统城市规划编制和管理方法无法量化的问题,诸如舒适度、空气流动性、噪声云图等指标,这对于城市规划信息化是一件很有意义的事情。BIM 性能分析通过与传统规划方案的设计、评审结合起来,将会对城市规划多指标量化、编制科学化和城市规划可持续发展产生积极的影响。

(二)城市决策

政府作为城市的设计者、管理者,进行决策前,可以通过"智慧城市"强大的数据收集渠道,快速地收集相关数据,在这些数据的基础上,通过 BIM 技术进行专业分析,其分析结果通过模拟仿真技术,虚拟再现城市设计者、管理者的意图,经专家优化、评判,达到最合理、最节能和最智慧的决策。

(三)城市建设

城市建设涉及建筑物、交通、桥梁建设等,BIM 技术在建设期间能够通过技术手段,降低项目建设的成本,缩短工期并提高质量。

(四)城市管理

交通运行控制、环境气象监测、应急指挥等城市管理领域的信息化、智慧化,可通过应用BIM 技术,保障智慧城市健康运作。

第二节　BIM 在项目决策中的作用

一、项目决策阶段 BIM 应用

项目决策指通过选择合适的投资方案,从而实现对拟建投资项目各个方面的评估。评估过程主要是论证项目的可行性和必要性,可以通过对项目有关的工程、技术、经济等各方

面条件和情况进行调查、分析、研究,对各种可能的建设技术方案进行比较论证和对项目建成后的经济效益进行预测和评价,来考察项目技术上的先进性和适用性、经济上的营利性和合理性、建设的可能性和可行性。项目决策是项目行动的主要依据,只有选择了正确的方案决策,项目行动才会走向成功。

在项目生命周期的初始阶段,即决策阶段,提早介入 BIM 技术和理念,可以把项目信息从一开始就整合在同一平台的信息系统中,设计方、施工方等随后均可使用该数据,并可随时修改更新,并能够进行其他建筑性能分析。随后建立模型,把信息按照不同人的需要转换成容易理解的信息(如图像、图形、施工仿真、表格)并实时传送,让决策者可以用科学化手段和全面的数据支持来解决问题;有助于决策者提升对整个项目的掌控能力和科学管理水平,提高效率,降低投资风险。

BIM 能够从多个方面帮助业主在项目策划阶段做出市场收益最大化的工作,例如及时了解项目的朝向、景观、面积等敏感因素。同时,其还能协助业主直观地了解建筑的造型以及真实环境下的视线可见性等关键信息,并且通过使用 BIM 对项目不同的设计方案进行绿色分析,可以在保证建筑物功能和性能的同时,协助业主从建筑物的全寿命周期来考虑其建造和能耗成本。决策阶段各项目活动的 BIM 应用如表 6-2 所示。

决策阶段各项目活动的 BIM 应用 表 6-2

决策阶段项目活动	BIM 应 用
可行性研究	更精确的商业地产收益分析,投资管控
建筑性能分析	参数化模拟,完善创意
构件协同平台	方便项目参与者交流沟通协调,专业协同
项目管理	节省成本,加快进度,提高质量

二、主要作用

1. 提供互动环境,整合信息平台

现阶段项目设计与项目财务数据是各自独立的,因此图纸和财务数据之间没有内在关联,设计方案缺少科学数据和合理工具,无法使投资收益最大化。

BIM 工具可以为项目策划者提供一个互动环境,为规划参与各方提供沟通与协作的平台。在项目立项规划前期,BIM 能够帮助企业建立一整套项目管理的信息平台,BIM 平台可以整合全面的科学化信息,各方可充分探讨、展示和认知项目的实际需求,如咨询方可尽快掌握业主的需求,而业主则可检视规划方案是否满足其需求,进而提高规划阶段的决策效率,并实现集成管理和全寿命周期管理。

2. BIM 提供模拟场景,协调规划设计

BIM 通过互动模拟,提供设计变化与投资收益分析实时集成。通过模拟场景,BIM 能够协助设计者及决策者审视人流规划及实时检查,进行景观模拟,整合布局、朝向、成本数据等,并把正确的信息交给设计者及决策者,使得一切协调有序,这有利于企业控制整个工程项目的进度、成本、风险、质量等。

BIM 还能帮助业主了解建筑的造型以及真实环境下的可见性等关键信息,并且利用 BIM 进行整个建筑物的能耗仿真模拟,在保证建筑物功能和性能的同时,帮助业主从建筑物的全寿命周期来考虑建造成本和能耗成本。

3. 通过 BIM 技术进行山地等复杂场地分析

随着城市建筑用地的日益紧张,城市周边山体用地将日益成为今后建筑项目、旅游项目等开发的主要资源,而山体地形的复杂性,又会给开发商们带来选址难、规划难、设计难、施工难等问题。但如能通过 BIM 技术,直观地再现及分析地形的三维数据,则将节省大量时间和费用。

借助 BIM 技术,通过原始地形等高线数据,建立起三维地形模型,并加以高程分析、坡度分析、放坡填挖方处理,可为后续规划设计工作奠定基础。比如,通过软件分析得到地形的坡度数据,以不同跨度分析地形每一处的坡度,并以不同颜色区分,则可直观地看出哪些地方比较平坦、哪些地方陡峭,进而为开发选址提供有力依据,并可避免过度填挖土方,造成无端浪费。

4. 利用 BIM 技术进行可视化节能分析

随着自然资源的日益减少以及人类对于自身行为的深刻反思,绿色建筑正逐步成为现代工程项目的一个关键选项。BIM 在建筑节能分析中可发挥越来越多的重要作用,同时绿色建筑的大量需求,也反过来促进着 BIM 软件的广泛应用。目前,全球接近 50% 的绿色建筑从业人员,已在 50% 以上的项目中使用着 BIM 技术。

从 BIM 技术层面而言,BIM 可进行日照模拟、二氧化碳排放计算、自然通风和混合系统情境仿真、环境流体力学情景模拟等多项测试比对,也可将规划建设的建筑物置于现有建筑环境当中,进行分析论证,讨论在新建筑增加情况下各项环境指标的变化,使建筑设计方案的能耗符合标准,从而帮助决策者更加准确地来评估方案对环境的影响程度,优化设计方案,将建筑物对环境的影响降到最低。

另外,通过 BIM 的可视化特点,可有力展示各规划方案的设想,并对规划方案进行相关功能测试,进而为规划方案的比较与选择提供支持。这就避免了传统上因为采用二维图纸描述规划方案带来的信息表达不完全的问题,同时有助于减少后期由前期规划引起的设计与施工问题,有助于节能。

5. 加快进度,节省费用

在前期策划中,BIM 技术能够加快决策进度,提高决策质量,很大程度上减少建设工程中的变更,也使得前期投资估算更加精确,同时还可惠及建筑物的运营、维护和设施管理,进而可持续地节省费用。

6. 利用 BIM 技术进行前期规划方案比选、优化

通过 BIM 三维可视化分析,可对于运营、交通、消防等其他各方面规划方案,进行比选、论证,从中选择最佳结果。利用直观的 BIM 三维参数模型,为业主方提供项目整体的设计理念,让业主、设计方(甚至施工方)尽早地参与项目讨论与决策,这将大大提高沟通效率,减少不同人因对图纸理解不同而造成的信息损失及沟通成本。另外,通过建立 BIM5D(成本)模型,让业主方对项目各个阶段的专业性及需求点进行全面了解,并且通过成本模型的建立,为业主方在项目各阶段所需的投资提前进行预算。

第三节　**BIM** 在可持续发展中的作用

一、BIM 与建筑可持续发展

可持续建筑的理念就是追求与环境相结合,降低环境负荷,有利于居住者健康。其目的在于减少能耗、节约用水、减少污染、保护环境、保护生态、保护健康、提高生产力、有利于子孙后代。BIM 技术在可持续建筑中发挥着重要作用。

（一）建筑可持续设计

建筑可持续设计是近年来建筑业结合可持续发展理念而提出的,它要求建筑设计应考虑到资源和能源的利用率、设计过程的合理性、建筑物与建成环境的优化管理等,最终设计出适合生活和居住的室内外环境,实现绿色、生态与可持续。它是建筑设计发展的一个新阶段,具有重要的现实意义和长远的应用前景。通过 BIM 技术,综合考虑众多因素的影响,并通过计算机模拟分析与预测,可实现建筑可持续设计。

应用 BIM 不仅要求设计工具实现从二维到三维的转变,更需要在设计阶段贯彻协同设计、绿色设计和可持续设计理念。其最终目的是使得整个工程项目在设计、施工和使用等各个阶段都能够有效地实现节省能源、节约成本、降低污染和提高效率。

1. BIM 技术在建筑可持续场地设计中的应用

BIM 技术整合了分析模型的设计过程,提高了各种各样的现场数据分析能力,能够准确测量建筑用地以及周边生态环境的各种信息,并且建筑设计师还能利用 BIM 技术将生态因素等整合到建筑可持续设计中;通过利用 BIM 技术的信息化模型,在相关性能化模拟分析软件中对建筑场地全年的太阳辐射及阴影变化等进行分析,便于建筑设计师确定建筑场地内植物的分布状况。

2. BIM 技术促进建筑与环境和谐

考虑到人口膨胀、经济爆炸和能源消耗等因素,可持续发展的设计不可能再停留在单纯的居住载体,它需要设计师具有通盘考虑自然环境和人工环境的和谐共生和预见未来的能力,设计出能够实现能源自给且具有持久生命力的建筑。这在以绘图为主的传统设计中无异于天方夜谭,但 BIM 就赋予了设计师这样的能力——在这个平台上,任何设想都可以清晰地呈现出来,以便对它进行分析、评估以及模拟,将不利因素消灭在设计之初,以避免建成后的负面影响。

3. BIM 技术促进能源节约

BIM 方法可用于分析包括采光、能源效率和可持续性材料等建筑性能的方方面面;可分析、实现最低的能耗,并借助通风、采光、气流组织以及视觉对人心理感受的控制等,实现节能环保;采用 BIM 理念,还可在项目方案完成的同时计算日照、模拟风环境,为建筑设计的"绿色探索"注入高科技力量。在建筑单体设计时,设计师可以针对每一个特定部分建筑的维护结构的热量得失进行全面的分析,并通过 BIM 模拟建筑物的朝向及开窗设置,进而分析房间的采光、通风等真实效果,能够最大限度地节约能源。

4. BIM 技术有利于设计方案比选

通过相应的 BIM 应用软件,创建简单的建筑信息模型,建筑师在设计的任意阶段、任意时间,都可以方便地对设计方案进行性能化的评估。特别是,得到的分析结果可以帮助建筑师及时对方案做出合理的调整,并从环境角度比较不同方案的优劣,从而做出更加有利于建筑可持续设计的选择。在方案设计的初期阶段就能够方便快捷地得到直观、准确的建筑能耗能反馈信息,是应用 BIM 技术支撑建筑可持续性设计的最大优势。

总之,基于 BIM 技术的建筑可持续设计,还可以更准确地整合多种不同形式的空间、材料及各种系统,使其更好地去满足使用者生理及心理的健康需求。通过 BIM 技术可以最大限度地达到真正意义上的可持续性建筑的标准。

（二）BIM 助力新型装配式建筑

新型装配式建筑是设计、生产、施工、装修和管理"五位一体"的体系化和集成化的建筑,它具备新型建筑工业化的五大特点:标准化设计、工厂化生产、装配化施工、一体化装修及信息化管理。新型装配式建筑能最大限度地节能以及减少垃圾和碳排放等,更多地体现出环保效益、社会效益;对开发商和建设方而言,能大幅缩短工期,节约时间成本,带来更大的市场机会和效益。

2016 年 9 月 30 日,国务院办公厅印发《关于大力发展装配式建筑的指导意见》,指出"以京津冀、长三角、珠三角三大城市群为重点推进地区,常住人口超过 300 万的其他城市为积极推进地区,其余城市为鼓励推进地区,因地制宜发展装配式混凝土结构、钢结构和现代木结构等装配式建筑。力争用 10 年左右的时间,使装配式建筑占新建建筑面积的比例达到 30%"。

装配式建筑符合可持续建筑的要求如下:

BIM 技术服务于装配式建筑设计、施工、运维等全寿命周期,可以数字化虚拟,信息化描述各种系统要素,实现信息化协同设计、可视化装配、工程量信息的交互和节点连接模拟及检验等全新运用,整合建筑全产业链,实现全过程、全方位的信息化集成。

装配式建筑整个项目流程以 BIM 信息化技术为平台,基于 BIM 的三维设计数据可以直接传到工厂进行加工;通过模型数据的无缝传递,链接设计与制造环节,提高质量和效率。同时结合环境性能分析软件,对建筑物周围环境进行综合考虑,为用户提供舒适的居住环境。通过信息化技术真正实现建筑物全寿命周期的设计和控制,包括方案及施工图设计、构件深化设计图纸、工厂制作和运输、现场的装配模拟、后期运营维护和可变改造。BIM 在装配式建筑各阶段的应用按表 6-3 确定。

BIM 在装配式建筑各阶段的应用　　　　　　　　　　　　　　　　表 6-3

装配式建筑各阶段	BIM 应用
预制构件 BIM 模型设计	用 BIM 技术,以构件生产、施工工艺为主对构件进行全面优化;调整构件内部埋件碰撞问题;预制构件拆分及深化设计
BIM 技术指导工厂管理	设计管理功能将深化设计、BIM 模型数据导入系统;系统根据设计信息自动生成构件、模具、原材料等信息,并采用 RFID 以及二维码对构件进行全寿命周期管理
采购产品	根据施工合同,按构件施工顺序进行排序,根据构件产品与原材料库存信息自动生成物料需求明细表,下达采购任务
施工模拟	通过施工模拟,优化施工方案

从技术角度看,装配式建筑必须要实施 BIM 技术,因为预制构件如果不在信息模型中进行虚拟的设计或者施工,那么将来到现场碰到问题装不上去,返工量会很大。BIM 技术与工

厂化预制结合,利用三维模型计算出精确的材料用量,计划并进行精确的放样下料,控制材料损耗,避免材料浪费。首先可大量减少材料在施工现场的损耗,其次构件集中加工"量体取材",避免了长管乱截、大材小用等现象。这样可做到合理使用和管理材料,降低成本,符合可持续建筑理念。

例如,某装配式建筑项目全过程应用 BIM 技术。在深化设计阶段,设计人员就有效应用 BIM 技术,对预制构件尺寸、钢筋及埋件位置进行碰撞检查。构件生产阶段,通过 BIM 绘制预制构件三维模型,即使是看不懂平面图纸的施工人员,也能清楚地明白设计图纸,避免产生错误。而在构件吊装阶段,BIM 技术对安装过程进行动画模拟,校正安装方案的可行性,保证工程安装顺利进行。美国装配式建筑 BIM 应用如图 6-1 ~ 图 6-4 所示。

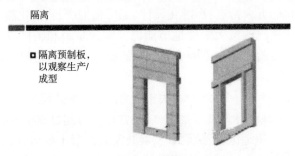

图 6-1　每块预制构件的设计和生产一目了然

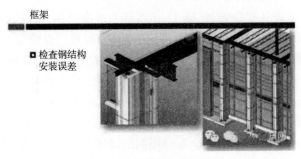

图 6-2　检查钢结构安装误差

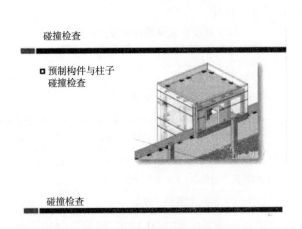

图 6-3　预制构件与柱子碰撞检查

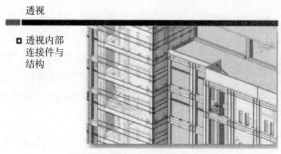

透视

□ 透视内部
连接件与
结构

图 6-4　透视内部连接件与结构

（三）BIM 支持 3D 打印绿色建筑

3D 打印学名为"快速成型技术"或"增材制造技术"，是一种通过材料逐层添加制造三维物体的变革性、数字化增材制造技术。3D 打印建筑可以实现模板、保温、装饰一体化施工，使之更加坚固耐用、保护环境、高效、节能，不仅解放人力，还能大大降低建造成本，实现绿色建筑。

BIM 与 3D 打印的集成应用，主要是在设计阶段利用 3D 打印机将 BIM 模型微缩打印出来，供方案展示、审查和进行模拟分析；在建造阶段采用 3D 打印机直接将 BIM 模型打印成实体构件和整体建筑，部分替代传统施工工艺来建造建筑物。BIM 与 3D 打印的集成应用，可谓两种革命性技术的结合，为建筑从设计方案到实物的过程开辟了一条"高速公路"，也为复杂构件的加工制作提供了更高效的方案。目前，BIM 与 3D 打印技术集成应用有三种模式：基于 BIM 的整体建筑 3D 打印、基于 BIM 和 3D 打印制作复杂构件、基于 BIM 和 3D 打印的施工方案实物模型展示。

1. 基于 BIM 的整体建筑 3D 打印

应用 BIM 进行建筑设计，将设计模型交付专用 3D 打印机，打印出整体建筑物。利用 3D 打印技术建造房屋，可有效降低人力成本，作业过程中基本不产生扬尘和建筑垃圾，是一种绿色环保的工艺，在节能降耗和环境保护方面较传统工艺有非常明显的优势。如图 6-5 所示。

2. 基于 BIM 和 3D 打印制作复杂构件

传统工艺制作复杂构件，受人为因素影响较大，精度和美观度不可避免地会产生偏差。而 3D 打印机由计算机操控，只要有数据支撑，便可将任何复杂的异型构件快速、精确地制造出来。BIM 与 3D 打印技术集成进行复杂构件制作，不再需要复杂的工艺、措施和模具，只需将构件的 BIM 模型发送到 3D 打印机，短时间内即可将复杂构件打印出来，缩短了加工周期，降低了成本，且精度非常高，可以保障复杂异型构件几何尺寸的准确性和实体质量，如图 6-6 所示。

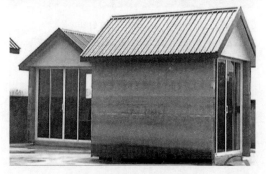

图 6-5　整体打印的房屋

图 6-6　3D 打印的冷冻机模型

图6-7 3D打印的建筑工地施工模型

3.基于BIM和3D打印的施工方案实物模型展示

用3D打印制作的施工方案微缩模型,可以辅助施工人员更为直观地理解方案内容,携带、展示不需要依赖计算机或其他硬件设备,还可以360度全视角观察,克服了打印3D图片和三维视频角度单一的缺点。如图6-7所示。

随着各项技术的发展,现阶段BIM与3D打印技术集成存在的许多技术问题将会得到解决,3D打印机和打印材料价格也会趋于合理,应用成本下降也会扩大3D打印技术的应用范围,提高施工行业的自动化水平。虽然在普通民用建筑大批量生产的效率和经济性方面,3D打印建筑较工业化预制生产没有优势,但在个性化、小数量的建筑上,3D打印的优势非常明显。随着个性化定制建筑市场的兴起,3D打印建筑在这一领域的市场前景非常广阔。

案例如下:

2016年1月起,荷兰成为新一任欧盟轮值主席国,为期半年。在此期间,欧盟的一些会议会在荷兰举行,阿姆斯特丹新建起了一栋临时建筑来举办这些会议。这是一栋漂亮的建筑,既融入了荷兰当地历史,又有明显的欧盟标识。

该建筑物选择了高弹力、高强度的织物和3D打印的生物塑料作为主要材料,外立面的许多构件是用3D打印完成的。DUS Architects研发了一种特殊的生物塑料,由亚麻籽油制成,这种材料可以很容易地粉碎处理,并循环利用于未来的3D打印项目中。假如未来技术达到一定水准,这种做法会很实际,适用于为某项特定活动而建的临时建筑中。如图6-8、图6-9所示。

图6-8 造型漂亮的帆船建筑

图6-9 建筑长凳3D打印

[樊则森. 装配式建筑设计的BIM方法. 建筑技艺,2014(06):68-76]

二、BIM与城市可持续发展

可持续城市是指经济增长、社会公平、具有更高的生活质量和更好的环境的城市。现代城市建设秉持科学发展观,可持续发展城市的概念应运而生。所谓可持续城市,就是在城市建设过程中,科学处理好资源、生态、环境与城市发展之间的关系,选择以更环保的方式去开展城市建设活动。

BIM 的工作流程使得城市规划人员更好地理解、评估、模拟和解决与可持续交通、公用设施和建筑项目有关的复杂问题。BIM 正在改变和改进政府的政策和合同,转变我们规划、设计、建造和运作城市的方式,同时让人造基础设施与自然基础设施进入和谐状态,实现城市可持续发展。

同时,BIM 有助于更快、更经济地交付项目,最大限度地减少对环境的影响,为居民提供更好的工作和生活条件。BIM 方法用更准确、更全面和更逼真的三维模型来表现地上和地下设施的现状和变更提议。无论利益相关方是否懂技术,BIM 都能帮助他们更清楚地查看和理解问题,这对增进了解和获得认可来说是至关重要的。就城市而言,BIM 过程可以提供一个能够用以设计和改进任何基础设计项目的基本信息模型,该三维信息模型将大大提高理解速度和沟通质量,当其在多个项目中推行后,各方的理解、效率、准确性和责任感都将达到前所未有的水平。BIM 能让参与项目的人员测试和分享各自的概念和设想,查看结果并及时纠正问题,从而促进更好的协调和决策。采用参数化三维模型方法的 BIM 过程,并且熟练使用 BIM 相关软件,将从根本上改变城市发展规划,为城市可持续发展提供更好的方法。

已经有一些城市采用设计软件与 BIM 相结合的方法来创建和管理房建项目整个寿命周期内的统一空间和属性信息。利用数字技术创建、设计和构建准确的城市三维模型,其中包含对象、资产、数量、成本、进度、能源、制造、运营、维修等数据。这些模型可用于分析能源绩效,模拟热岛效应、碳足迹、用水量以及洪泛区和径流分析——这些都是更优环境管理的关键所在。具体来讲,主要包括与周边环境协调相处,实现对生态的保护;城市建设过程中不得出现环境污染的情况,应选择采光好、通风好、太阳能利用的方式,实现建筑设计方案的优化调整;以科学技术实现城市资源的优化配置,达到循环利用的效果。为促进可持续发展城市建设的进步,BIM 技术可以在以下几个方面做出突出贡献:

(1)利用 BIM 技术,获取更全面的城市建筑信息,结合可持续发展标准和规范,对建筑周边环境进行考核和评价,由此展现可持续城市建设方案的生态效益。

(2)在施工过程中,依靠 BIM 技术对城市建设过程中的施工工序进行优化,以更理想的施工方式推动施工过程的发展。

(3)借助 BIM 技术在建筑工程中的运用,树立绿色发展、循环经济利用意识,实现现代城市建设资源节约性的展现,推动实际技术的运用效益。

BIM 技术不仅能促进城市建设模式和理念的转变,而且能在提升城市建设生态效益和经济效益方面发挥积极作用。

章后习题

1.根据你的理解,谈一谈 BIM 对于构建智慧城市的作用和优势。

2.行业部门应如何推动 BIM 的发展?

本章参考文献与延伸阅读

[1] 葛文兰.BIM 第二维度——项目不同参与的 BIM 应用[M].北京:中国建筑工业出版社,2011.

[2] 何关培.BIM 总论[M].北京:中国建筑工业出版社,2011.

［3］黄华.基于 BIM 的建设项目前期价值管理［J］.内江科技,2012(01):11.

［4］王广斌.建设工程项目前期策划新视角——BIM［J］.建筑科学,2010(05):102-104.

［5］樊则森.装配式建筑设计的 BIM 方法［J］.建筑技艺,2014(06):68-76.

［6］计凌峰.BIM 技术在可持续发展城市建设中的应用与研究［J］.江西建材,2015(19):
121-123.

［7］张诚.建筑可持续设计中 BIM 的作用［J］.江西建材,2014(13):22.

［8］王鹤.基于 BIM 技术探析建筑可持续设计的应用［J］.江西建材,2014(15):13.

［9］筑龙媒体.透视 BIM 与九大技术集成应用［J］.中国建设报,2015,11.

第七章　BIM 与合同管理

　　本章主要从 BIM 招投标、BIM 与合同交付方式、BIM 与工程造价、合同风险管理以及合同纠纷管理等多个方面讨论 BIM 的应用价值及其所带来的巨大效益,要求学生能够理解 BIM 的应用原理以及 BIM 在应用过程中创造的价值。

第一节　BIM 与招投标管理

一、BIM 招投标的必要性

　　传统招投标管理存在着许多问题,如规避招标及违法招标定标;串通招标、弄虚作假、通过挂靠资质、租借证书等以他人名义投标或中标后非法转包;专家评标行为不规范,管理不统一;招标代理机构借用资质或超越资质范围从事代理活动;为单位或企业办理虚假土地出让手续或土地证明,置换不良资产,骗取国家财政资金以及交易市场违规设立前置审批手续,增加交易环节等。

　　针对业主方而言,要想有效地控制施工过程中的变更多、索赔多、结算超预算等问题,关键是要确保招标清单的完整性、清单工程量的准确性以及与合同清单价格的合理性。

　　针对承包商而言,由于投标时间比较紧张,要求投标方高效、灵巧、精确地完成工程量计算,把更多时间用在投标报价技巧上。同时,随着现代建筑造型趋向于复杂化、艺术化,人工计算工程量的难度越来越大,快速、准确地形成工程量清单成为招投标阶段工作的难点和瓶颈。这些关键工作的完成也迫切需要信息化手段来支撑,进一步提高效率,提升准确度。BIM 技术可帮助承包商提升中标概率,准确计算项目潜在利润。

二、BIM 招投标与项目管理模式

　　国内现有的项目管理模式按发展历程和集成化程度,可分为传统模式、承包管理型模式及集成创新型模式三大类。根据 BIM 在各种项目管理模式中应用的方式有所不同,工程项

目电子招投标系统建设中应用 BIM 技术可以分为两个层次:第一个层次是在传统模式下将现有电子招投标系统引入 BIM 进行系统升级,第二个层次是在承包管理型模式和集成创新型模式中采用完全基于 BIM 的工程项目电子招投标系统。

(一)BIM 与 DBB 模式

传统模式即设计—招标—建造模式(DBB),是我国目前普遍采用的工程项目管理模式。从 BIM 的角度考虑,建筑全寿命周期内的每一项工作都是在对 BIM 数据库进行完善和扩充。以采用 DBB 管理模式的工程项目为例,设计阶段是 BIM 的搭建阶段,决定了 BIM 数据库的基础与框架;招投标阶段是在初步搭建的 BIM 数据库中扩充造价数据以及选择建造数据的阶段;建造阶段则是用建造过程数据和建筑实体数据对 BIM 数据库进一步扩充,最终同时完成建筑实体与建筑信息模型,并将实体成果与信息成果交付给业主使用。

因此,在 DBB 模式下,应用 BIM 技术的电子招投标系统的工作模式是:招标人提供设计阶段完成的 BIM 数据库并提出数据填报要求作为招标文件,投标人将扩充数据后的模型方案作为投标文件,最后由招标人对各投标人提交的模型方案进行综合评价,选择最优方案的提供人作为中标人来完成 BIM 数据库中建造信息的扩充。这里提到的招标文件和投标文件是一种数字模式的文件形式,已经不同于对传统纸质招标文件的电子化。

由于 DBB 模式中各阶段生产过程相对分离,建设项目决策、设计、施工、运营各个阶段信息分离管理,集成程度不高,BIM 技术难以充分发挥自身优势。但即便如此,BIM 单就某一个阶段或功能的应用依然可以降低传统的 DBB 模式的成本和风险,带来经济效益和生产效率的提高。例如,基于 BIM 的工程量计算可以显著提升工程量清单及招标控制价的编制质量并缩短工作时间。

传统模式下形成的责任和义务关系严重阻碍了项目各参与方运用 BIM 技术进行协同工作和信息交换,所以如果没有业主积极推动采用 BIM 技术,招投标阶段将难以享受 BIM 技术的优势。因此,应用 BIM 技术升级之后的电子招投标系统只能是现有电子招投标系统的一个可选项,是在 BIM 技术浪潮下被动做出的改变。随着承包管理型模式和集成创新型模式的普及,建设完全基于 BIM 的工程项目电子招投标系统将是建筑业发展的内生需求。

(二)BIM 与承包管理模式

承包管理型模式包括 DB 模式、EPC 模式、BOT 模式、CM 模式和 PMC 模式等。集成创新型模式包括合作伙伴关系(Partnering)、集成交付模式(IPD)等。相比于传统模式,承包管理型模式和集成创新型模式的集成程度相对较高,可实现建设活动多个阶段的集成管理。BIM 可以在承包管理型模式中得到更好的应用,而在集成创新型模式中,BIM 的优势将得到淋漓尽致的发挥。

在承包管理型模式和集成创新型模式中,招投标作为项目采购的一种方式,将从 DBB 模式中的业主强制选择转变为承包商主动采用。在这种模式下,电子招投标系统可以直接在 BIM 中搭建,成为 BIM 数据库的一个子系统。以 IPD 模式为例,所有项目文档(包括与招投标有关的文档)都转向以 BIM 为中心的从设计、施工到设施管理过程中生成的数字模型。基于 BIM 的电子招投标系统将改变现有的招投标工作模式,使招投标双方之间的协作大于博弈。传统招投标过程中存在的不利于建筑全寿命周期内各参建方协同工作的过程将不再适用。

三、BIM 招投标的具体应用

BIM 技术的推广与应用,极大地提高了招投标管理的精细化程度和管理水平。在招投标过程中,招标方根据 BIM 模型可以编制出准确的工程量清单,达到清单完整、快速并精确算量的效果,有效避免漏项和错算等情况,最大限度地减少施工阶段因工程量问题而引起的纠纷。投标方根据 BIM 模型可快速获取正确的工程量信息,通过与招标文件的工程量清单比较,可以制订更好的投标策略。

(一)BIM 在招标控制中的应用

1. 设计阶段的 BIM 模型

在招投标阶段,各专业的 BIM 模型建立是 BIM 应用的重要基础工作。BIM 模型建立的质量和效率会直接影响后续应用的成效。模型的建立主要有三种途径:

(1)直接按照施工图纸重新建立 BIM 模型,这是最基础、最常用的方式。

(2)得到二维施工图的 AutoCAD 格式的电子文件,利用软件提供的识图转图功能,将.dwg二维图转成 BIM 模型。

(3)复用和导入设计软件提供的 BIM 模型,生成 BIM 算量模型。这是从整个 BIM 流程来看最合理的方式,可以避免重新建模所带来的大量手工工作及可能产生的错误。

2. 基于 BIM 的快速精确算量

基于 BIM 算量可以大大提高工程量计算的效率,将从业者从繁琐的手工劳动中解放出来,节省出更多时间和精力来进行更有价值的工作,如询价、评估风险等。

基于 BIM 算量提高了工程量计算的准确性。BIM 模型是一个存储项目构件信息的数据库,可以为造价人员提供造价编制所需的项目构件信息,从而大大减少根据图纸人工识别构件信息的工作量以及由此引起的潜在错误。因此,BIM 的自动化算量功能可以使工程量计算工作摆脱人为因素影响,得到更加客观的数据。

(二)BIM 在投标过程中的应用

1. 基于 BIM 的施工方案模拟

借助 BIM 手段可以直观地进行项目虚拟场景漫游,在虚拟现实中身临其境般地进行方案体验和论证。基于 BIM 模型,对施工组织设计方案进行论证,就施工中的重要环节进行可视化模拟分析,按时间进度进行施工安装方案的模拟和优化。对于一些重要的施工环节或采用新施工工艺的关键部位、施工现场平面布置等施工指导措施进行模拟和分析,以提高计划的可行性。在投标过程中,通过对施工方案的 BIM 模拟,可直观、形象地展示给业主方。

2. 基于 BIM 的 4D 进度模拟

建筑施工是个高度动态和复杂的过程,当前建筑工程项目管理中经常用于表示进度计划的网络计划,由于专业性强、可视化程度低,无法清晰描述施工进度以及各种复杂关系,难以形象地表达工程施工的动态变化过程。通过将 BIM 与施工进度计划相链接,将空间信息与时间信息整合在一个可视的 4D(3D + Time)模型中,可以直观、精确地反映整个建筑的施工过程和虚拟形象进度。借助 4D 模型,施工企业在工程项目投标中将获得竞标优势,BIM 可以让业主直观地了解投标单位对投标项目主要施工的控制方法、施工安排是否均衡、总体计划是否基本合理等,从而对投标单位的施工经验和实力做出有效评估。

3. 基于 BIM 的资源优化与资金计划

利用 BIM 可以方便、快捷地进行施工进度模拟、资源优化,预计产值和编制资金计划。通过进度计划与模型的关联,以及造价数据与进度关联,可以实现不同维度(空间、时间、流水段)的造价管理与分析。通过对 BIM 模型的流水段划分,可以按照流水段自动关联,快速计算出人工、材料、机械设备和资金等的资源需用量计划。

BIM 对建设项目寿命周期内的管理水平提升和生产效率提高具有不可比拟的优势。利用 BIM 技术可以提高招标投标的质量和效率,有力地保障工程量清单的全面性和精确性,加强招投标管理的精细化水平,进一步促进招标投标市场的规范化、市场化、标准化的发展。

四、BIM 招投标的未来前景

BIM 的应用使电子招投标系统打破了传统招投标的固有模式,在现有电子招投标系统的基础上,进一步加深对网络与信息技术的利用。文本化的招标文件和投标文件可以部分或全部被数字化模型取代。

使用基于 BIM 的电子招投标系统,可以最大限度地避免项目设计信息在传递到投标人的过程中发生流失。由于在设计阶段通过搭建 BIM 模型能够很容易地检测到设计缺陷,对图纸中的错、漏、碰以及招标过程中可能发生的歧义点、不明节点等,都可以在招投标前做出修改并优化到位,因此可以极大地提高工程量计算的准确性,最大限度地减少施工阶段因工程量问题而引起的纠纷。

基于 BIM 的电子招投标系统更为突出的特点在于赋予了招标文件和投标文件可视化和可模拟化功能,更好地发挥电子招投标系统的人机融合互动机制。借助 BIM 可以直观地进行项目虚拟场景漫游,在虚拟现实中身临其境般地进行方案体验和论证。通过对施工方案的模拟,可以将投标文件直观、形象地展示给招标人和评标专家。招标人及评标专家通过可视化和模拟化的方法直观了解投标人对投标项目采用的主要施工方法,判断施工安排是否均衡、总体计划是否合理等,并能够查询与进度计划对应的资金和资源曲线,从而对投标单位的施工经验和实力做出十分深入和个性化的评估。举例来说,如果招标人认为项目施工过程中遭受恶劣天气的可能性比较大,则可以在各投标人提交的施工方案数字模型中插入一个模拟的不可抗力事件,利用 BIM 的 4D 进度模拟技术,观察该事件对各投标方案造成的进度影响以及成本影响,从而比较出哪个投标方案能够更好地应对风险。

第二节 BIM 与合同交付方式

一、BIM 合同交付方式的挑战

BIM 作为建筑信息化的代表已经逐渐在国内外得到广泛的推广和应用,给建筑行业带来了新的挑战和发展机遇。BIM 使得建设项目信息在规划、设计、建造和运营维护阶段能够无障碍地传递和共享,改变了传统的工作方式和信息传递方式,使得协同工作成为可能。美

国斯坦福大学整合设施工程中心(CIFE)根据 32 个项目总结了使用 BIM 技术的如下效果:

(1)消除 40% 预算外变更。

(2)造价估算耗费时间缩短 80%。

(3)通过发现和解决冲突,合同价格降低 10%。

(4)项目工期缩短 7%,及早实现投资回报。

现代建筑逐渐向着体量大、包含信息量广、施工难度大的方向发展,以及各类新技术、新材料的使用,使得工程建设项目越来越复杂,风险控制难度也越来越大。基于这种现状,各个参与方之间的联系变得越来越密切,工程采购模式也变得越来越多样化,从设计施工一体化(DB 模式)到工程总承包(EPC 模式)等,都是希望通过项目部分参与方联合的方式来避免在以往 DBB(设计—招标—建造)模式中因过度分散而产生的工作衔接和信息传递问题。在此背景下,综合项目交付模式(Integrated Project Delivery,IPD)被提出,该模式希望以多方协议的形式将项目各阶段的关键参与方联合起来,使得各参与方在设计初期就能接触到项目,共同努力提升项目的价值和分担相应的风险。

二、IPD 采购模式分析

根据美国建筑师协会(AIA)2007 给出的 IPD(Integrated Project Deliver),即综合项目交付模式定义:IPD 是一种把人员、系统、商业结构和实践结合到一个过程中的交付方式,通过这种方式可以促使项目的所有参与者相互协作,充分发挥各自的才华和表达自己的见解,从而优化项目的成果、增加项目对于业主的价值、减少浪费和最大化提高包括设计、装配和建造在内所有阶段的工作效率。简单来说,综合项目交付模式(IPD)是一种工程采购模式,强调在项目的设计初期就将各关键参与方整合起来,使得对项目有重要影响的相关人员能及早接触项目,通过风险和利益共享的方式来促进彼此的合作,从而达到减少浪费、削减成本和提升项目价值的目的。

与传统的采购模式相比,综合项目交付模式(IPD)的特征按表7-1确定。

综合项目交付模式(IPD)与传统采购模式比较表　表7-1

传统采购模式	比 较 项 目	综合项目交付模式(IPD)
离散型的组织结构,各司其职,按阶段划分,便于控制	组织结构	由各个主要参与方组成的整合团队,信息开放,互相合作
线性流程,每个阶段都有各自参与完成相应的工作内容	工作流程	多方协作,共同完成每个阶段的工作,彼此信任,信息共享
风险由各参与方自己承担,风险分散,相互转移	风险分担	风险由团队成员共同分担,共同管理
利益目标各不相同,追逐各自利益最大化,尽可能少付出	利益目标	利益目标与项目成功一致,共同享有
双方合同,各主要参与者分别与业主订立相关合同,各自承担各自的风险	合同形式	多方协议或多方合同,风险共担

(一)IPD 采购模式的适用性分析

虽然综合项目交付模式(IPD)是一种新兴的工程采购模式,顺应了时代的发展和科技的进步,也体现了人们对建设项目工作模式的反思,相较于其他传统的采购模式有很大的优越性,但其本身也是存在着局限性的,并非在所有的工程项目中使用 IPD 模式都能带来效益。

一般地,根据工程项目的复杂程度和各参与方对项目的贡献能力,IPD 采购模式的适用性大致分为以下几类,具体如下:

(1)项目复杂程度高,部分参与方对项目贡献比较大:项目规模大、结构复杂且在实施过程中存在很大的不确定性,该项目往往属于功能定义清晰、专业性很强的项目,如发电厂、自来水厂等,其中施工和设计单位往往有很大的发挥空间,且对项目的影响也很大,因此该类工程常常采用 DB 模式,将设计和建造整合。

(2)项目复杂程度高,各参与方对项目贡献比较大:项目定义模糊,业主无法清楚地描述项目的功能,如艺术馆、标志性建筑等,这样设计方对项目有很大的操纵性,若采用传统的 DBB 或 DB 模式,设计方很可能过多地加入自己对项目的见解,从而使得项目脱离了原先建造的意图(预算超支,没有达到预先的效果等),无法满足业主的需求。因此,此类项目比较适合采用合作的采购模式。

(3)项目复杂程度低,各参与方对项目的贡献比较小:该类项目属于常规项目,诸如一般的住宅类项目,由于结构模式和施工工艺比较固定,采用工程量清单计价。定价比较清晰,业主也能清晰地定义项目所要具备的功能,各个参与方在此类项目中的发挥空间有限,因此该类项目大多采用 DBB 模式。

工程建设项目的采购模式没有固定的使用范围,之所以选择不同的采购模式,其目的也是为了提高项目的价值,即最大化项目成果的同时付出最小的代价。从交易成本理论角度来看,任何的采购模式都会产生不同的交易成本,而判断一个建设项目适合某种采购模式的根本标准就是:采用该种采购模式所带来的项目价值提升要大于该模式所产生的额外成本,如图 7-1 所示。

图 7-1　采购模式选择的标准

对于复杂程度低的项目,由于各个参与方在此类项目中的经验比较丰富,且对项目的认知程度比较类似,因此即使项目流程比较多,信息的传递障碍不大,理解上也不会存在太大的偏差,采用传统 DBB 模式可以提高工作效率。对于复杂程度比较高的项目,若采用传统的 DBB 模式,其在建设过程中流程过多,对其信息的传递会产生很大的障碍,会造成因理解上的差异而产生很大的交易成本,相比较而言,BIM 技术支持下的 IPD 模式的信息传递要方便得多,从某种程度上大大减少了复杂项目在信息传递过程中产生的交易成本。

一般来说,IPD 采购模式由于其前期要建立一致化目标团队,而且还要 BIM 技术的支持,因此该采购模式下项目的前期投入相较其他传统采购模式要大,这样要提升项目的价值就必须确定采用该模式所带来的收益要比其他采购模式高,而且要超过其投入的差值,否则采用 IPD 模式将没有任何意义。对于那些投资比较大、相对复杂的项目来说,前期各参与方的加入有助于完善设计方案,同时也可以为后续的工作提前做好准备,即使在前期耗费大量的人力、物力,如果能够减少整个项目的建设成本或提升其他方面的性能,也将带来巨大的收益。综上所述,IPD 模式比较适合体量大、复杂程度高、建设周期比较长和运营维护麻烦的项目。

（二）IPD 采购模式的应用障碍

对于每一种方法都有其适用环境和前提条件,IPD 采购模式提倡以一种全新的组织形式将项目的各个重要参与方聚集起来,相互合作,但在其实施的过程中存在着以下几个无法回避的障碍:

（1）文化障碍。所谓的文化障碍是组织文化的障碍,在传统采购模式下各参与方是相互独立的,每个参与方都有其固定的任务并承担相应的风险,彼此之间很少交流,对于项目而言,部分参与方（例如施工方、设备供应商、运营商）对于项目是没有发言权的,他们只关心自己需要做的那部分工作。而在 IPD 模式下,其主张就是给予每个关键参与方发言权,希望其对项目给予自己专业的意见,将其变为项目的主导者。这种转变是对传统工程项目组织文化的颠覆,很可能导致各参与方对这种组织文化的不适应,不愿意和别的参与方分享项目相关信息、相互合作,结果可能导致 IPD 模式失败。

（2）法律障碍。在工程项目中,新的组织结构必然带来新的合同关系,在新合同关系下,风险和法律纠纷是不可避免的问题,虽然 AIA 发布了 IPD 模式相关合同,但因为该模式还不够成熟,因此该合同的适用性还有待商榷。国内尚没有可参照的合同范本,因此推广 IPD 模式,合同问题是一个比较大的障碍。

（3）财务障碍。新的采购模式下,利益和风险分配也是一个问题,在传统模式下各参与方的利益和风险一般比较确定,因此参与方对各自所面临的风险和既得利益的了解比较清晰,而在 IPD 模式中的利益和风险都带有一定的不确定性,这样对于有些不愿承担风险的项目参与方来说,他们是不愿意通过和其他参与方合作来共同分担利益和风险的。

（4）技术障碍。技术层面上所面临的问题主要是通过何种技术手段能够加强项目各参与方之间的信息交流以及如何交流,虽然 BIM 技术在某种程度上能解决该层面问题,但由于 BIM 技术的普及程度在各个地区不一致,有些参与方不愿花钱升级自己的硬件设备和培养 BIM 人才,因此 IPD 模式下技术层面的问题仍然是不容忽视的。

三、BIM 与 IPD 模式的联系

1. BIM 在 IPD 模式下的价值体现

如果将 BIM 技术和 IPD 模式看作"生产力"和"生产关系"之间的联系,那么单纯从技术层面来说,BIM 模型在任何一种采购模式下都是可以使用的,采用 BIM 相关技术也会带来很多积极的改变,但由于传统采购模式的形成是建立在早期的技术和理念下的,面对 BIM 技术的不断成熟,传统采购模式将会成为"生产力"发展的障碍。"生产力决定生产关系,生产关系反作用于生产力",基于这个层面的考虑,BIM 和 IPD 之间是以相互促进的

关系存在的。

BIM 技术在 DBB（设计—招标—建造）、DB（设计—建造一体化）、CM（管理外包）和 IPD（综合项目交付）这几种采购模式中的应用按表 7-2 确定。

DBB\DB\CM\IPD 各采购模式中 BIM 应用分析　　　　　　表 7-2

采 购 模 式	BIM 的 应 用
设计—招标—建造模式（DBB）	由于承包商、供应商和运营商等项目参与方无法参与到设计阶段中去,设计阶段建立的 BIM 模型无法互相利用,各自利用各自建立的模型,造成人力资源浪费的同时也阻碍了信息的传递
设计—建造模式（DB）	相对于 DBB 模式,DB 模式将设计和建造阶段融合,这样就存在一个单独的个体从事设计和建造,便于 BIM 技术的使用和信息的传递
管理外包模式（CM）	工程管理公司以承包商的形式加入项目的各阶段中,优化项目各阶段的成果,BIM 技术的应用能够加强该模式对项目的控制,满足业主的需求
综合项目交付模式	一致化目标管理团队使得各个参与方都能在各个项目阶段相互协作,在同一个 BIM 模型中分享和获得数据信息,既节省了人力资源,又能使信息无障碍传递,得到最大化利用

通过表 7-2 的比较可以看出,相较其他采购模式,BIM 只有在 IPD 模式下,才能充分体现其价值,最大化地利用 BIM 模型中的数据信息,提高工作效率。其他采购模式只能从 BIM 的应用阶段提升工作效益,无法从整体上提升项目的价值,例如 DBB 模式,各参与方之间联系极少,利用 BIM 所能带来的效益也十分有限。

在 IPD 模式下,项目关键参与方可以在项目的早期设计阶段就加入项目中,通过 BIM 技术的应用,加强数据信息的传递,消除团队成员的交流障碍。IPD 团队的成员对于 BIM 模型以及其所包含的信息有着更深刻的认识,他们见证了 BIM 模型是如何被建立、完善和在各个阶段的有效利用,以及信息是如何在各参与者与模型间相互交换,有了这层认识,可以正确有效地使用模型和追求既定的利益。

2. BIM 在 IPD 中的应用

IPD 模式的应用和 BIM 技术的推广有着不可分割的联系,虽然 IPD 模式强调多方协作,然而在实际项目实施过程中,存在着诸多的技术难题,但 BIM 技术在各个项目参与方中的应用能解决很多问题,从而也使得更多的业主愿意尝试该模式。虽然 BIM 技术目前为止还没有像 CAD 那样普及,而且其相关软件和标准也存在着诸多问题,但其对于 IPD 模式的影响是很大的,现在普遍被接受的一种观点就是 BIM 对于 IPD 模式来说是一种提高其效率的工具。

1）BIM 技术为各参与方的信息交流提供技术保障

IPD 模式一般比较适合在复杂程度高、建设规模大的项目中使用,然而该类型项目的参与方往往比较多,所涉及的信息量也很大,而各个参与方的信息存储格式存在差异,这样各自的工作成果很难互相利用。在相互协作的过程中,数据的传输是十分必要的,而以往的技术条件下,每两个参与方之间的信息传递都要进行两次格式的转换,在造成浪费的同时也增加了信息丢失的风险,而且一旦项目的参与方变多,信息的传递就更加麻烦,浪费在信息转换上的工作量将呈几何级数增加。BIM 技术的普及解决了存储格式的难题,能为用户提供开放的数据存储交换格式,方便了信息的传递;另外,由于以三维模型的形式表达的建筑物更加直观、形象,相较二维图纸更能方便各个不同专业的参与方互相交流,避免了认知差异带来的麻烦。

2)BIM 技术能够帮助确定项目目标

关于如何清晰定义复杂的工程项目,一直是该类项目组织建设过程中的难题,如果项目的复杂程度高,导致项目难以定义,在合同报价时就没有明确的标准可以依照。在 DBB 模式下,可以先由设计师设计出来,然后依据施工图纸进行招投标,这虽然可以适当地解决招投标定价的难题,但无法发挥其他参与方在项目中的作用,在可能达不到项目价值目标的同时还可能带来过多的变更。相较而言,IPD 模式下能够整合各参与方的智慧对项目进行优化,然而在定义项目目标和里程碑的时候往往存在难处。在传统 CAD 技术下,是以二维图纸为主要的信息载体,对于结构复杂的项目难以描述清楚,而且由于各个参与方知识背景的不同,可能存在认知偏差,很容易产生争吵和纠纷。而 BIM 技术下的三维模型能更有效地描述项目的特征,其中包含的数据信息也可以准确地表达项目的属性,这样在建立 IPD 团队的时候能够清楚地描述达到什么样的项目目标,避免因为项目目标定义模糊,各参与方对是否达成目标产生分歧和纠纷,影响团队的合作。而且 BIM 模型可直接导入相关软件中进行能耗、日照、风环境等分析,这样在定义一些抽象的目标(例如舒适度、绿色建筑等)的时候,可以找到相应的数据依据。

3)BIM 技术能协助各参与方更有效地完成任务

BIM 技术的应用使得设计由传统的二维设计转变为三维设计,从单纯的几何图形和各种描述性文字转变为信息与模型的结合,除了数据信息融入三维图形中方便信息的传递,提升了信息传递过程中的工作效率,BIM 相关的技术软件也逐渐被广泛应用,例如碰撞检查可以利用软件自动地检查各专业在设计过程中是否存在空间上的冲突,减少错误的同时也提高了工作效率;4D(3D 模型 + 时间)虚拟建造技术更能够接近真实地展示项目未来在建造过程中发生的事情,加深 IPD 团队对项目的理解程度,将以后遇到的问题及时反映出来,帮助各参与方针对将要出现的问题进行及早预防或修改设计方案,同时也方便施工单位对工程进度的控制。另外,在项目交付以后,BIM 模型仍然可以被运营单位所使用,其中包含的信息对于运营商的运营维护工作有很大的帮助,从而减少项目的寿命周期成本。随着 BIM 相关技术的开发,未来将能够帮助更多的参与方提高工作效率。

四、基于 BIM 的 IPD 模式应用分析

(一)IPD 模式下的设计阶段

1. 项目前期人员配备

IPD 模式由于其独特的组织结构,其人员配备相较于传统采购模式具有很大的差别,在项目的前期(一般为初步设计阶段)IPD 相关的团队人员需要组建完毕,包括 BIM 团队和一致化目标团队。团队的组建决定了该项目采用 IPD 模式的成败,团队成员的合理与否往往决定了 IPD 模式的效率。

1) BIM 团队的建立

建筑信息模型(BIM)通过三维模型将其与项目相关的数据信息链接在一起,使得各个参与方能够很方便快捷地从中提取所需要的信息,BIM 技术也是支持 IPD 采购模式的重要工具,因此建立一个 BIM 团队在采用 IPD 模式中是至关重要的。

在传统模式下,由于各个参与方相对独立,追求的利益目标不同,因此各自建立自己的 BIM 模型,互不分享,BIM 团队也是服务于各自的雇主。而承包商、分包商和运营单位所需要建立的 BIM 模型是基于设计图纸的,设计图纸又是对设计阶段建立的 BIM 模型的表达,因此可以理解为各参与方所需要建立的模型是同一个,但在传统交付模式下应用 BIM,每个参与方都要建立一个模型,除去时间和资源的浪费,信息的丢失也是不得不考虑的问题。因此在 IPD 模式中 BIM 模型必须是通用的,建立的 BIM 团队是服务于整个项目的,各参与方充分利用上个阶段的成果,无需再建立 BIM 模型,因此选择一个开放的平台是至关重要的。再者,支持 BIM 技术的软件目前为止大概有上百种,而对于一个项目从策划到交付运营所涉及的 BIM 软件可能有十几种,因此数据在软件之间的交换就是不可回避的问题,确定一个统一的软件平台可以有效地减少交换过程中数据的丢失,诸如 Autodesk 平台、Bentley 平台等。而选择什么样的软件平台,就要结合该平台软件在该区域的普及程度以及各个参与方对其接受的程度。BIM 平台上从事 BIM 相关工作的人员可以大致分为三类(图 7-2):BIM 研究人员、BIM 管理人员及 BIM 技术人员。

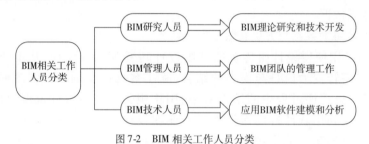

图 7-2　BIM 相关工作人员分类

对于一个具体项目的 BIM 团队,BIM 研究人员一般是不需要的,BIM 技术人员和 BIM 管理人员则是必须具备的,而这其中 BIM 管理人员是关键所在。BIM 技术人员主要工作是建模和数据分析,将设计方案和工程相关信息以模型的形式表现出来,而 BIM 管理人员则充当着 BIM 团队和一致化目标团队间的桥梁,负责 BIM 模型的管理和将一致化目标管理团队的工作成果注入 BIM 模型当中去。

2) 一致化目标团队(IPD 团队)的建立

相对于其他采购模式,IPD 模式特点就是包含一个多专业团队,即"一致化目标团队"。一致化目标团队(IPD 团队)是 IPD 模式的核心所在,由项目的参与方组成一个整合的团队,团队的目标只有一个,就是创造一个成功的工程项目。

从合作和整合的角度来看,传统的采购模式中,各个参与方的利益与项目的成败没有必然的联系,而出于对各自利益的考虑,各参与方都会将精力放在自己的工作上,不愿承担过多的风险,可能会做出一些对项目成功有害的事。一致化目标团队的组建目标就是将各个参与方的利益统一化,将其融入整个项目当中,而维持这种关系往往要通过签订多方协议。多方协议中应针对该项目和各个参与方的特点,明确规定各种预期目标,制定相应的标准和方法来解决达到该目标时的利益分配和未达到时的风险分担问题,通过这些办法来达到激励团队成员的目的。项目的里程碑应尽量定义清晰,否则很难确定是否因为完成目标任务而带来争吵,破坏合作关系。

IPD 模式下的一致化目标团队中最核心的部分就是合作和交流,因此过多法律上的纠纷都会导致该模式的失败。所以,在组建一致化目标团队的时候,各参与方要通过多方协议的方式,放弃诉讼的权利,分享自己关于该项目的知识产权使用权,但仅限于项目的本身。而对于纠纷的解决,就需要在团队的内部成立一个项目决策小组,主要负责团队内部的决策。该小组主要由项目的主要参与方组成,项目主要参与方是对项目影响最大的成员,也是和项目关系最密切的参与方,项目的成败与否与其联系最大,因此在其决策的过程中也会更多地考虑该方面,而团队其他成员主要是给决策小组提出建议。

2.初步设计阶段项目的价值体系提炼

为了使得设计方案满足业主的需求,提升项目的价值,在设计之前需针对该工程项目的价值体系进行提炼,帮助业主分析建设项目的特征,为设计过程中的方案设计、评审和修改提供参考。工程项目的价值涉及多个方面,例如项目的成本、工期、美观、适用、建筑环境等,对于这些方面的问题,每个业主对于每个项目的理解都是不同的。项目价值体系的提炼就是根据以上所涉及的建设项目相关方面,帮助业主确定各自的权重,分析重要层次,例如有的项目业主看重成本,而另外有些项目业主更注重实用性和美观。对这些项目的特征进行过滤和排序,就是为了确保设计出的方案就是业主心里最想要的那个,使其能够最大限度地满足业主需求,同时也为一致化目标团队对项目设计方案进行修改提供了一个参考依据。

设计初期对项目价值体系的提炼是十分重要的,对于之后的方案设计和建设阶段也是有很大影响的,但由于业主专业知识的缺乏,或者对于某些方面过于执着,可能会对项目的理解存在一定的偏差,一致化目标团队应帮助其在设计初期提炼出项目的价值体系。

(二)IPD 模式下的建造阶段

建设工程的管理工作是各种管理的集成,由于建设项目所涉及的面特别广,因此信息的传递和分享在工程项目的管理工作当中就显得格外重要。施工阶段是在项目建设期耗时最长,同时也是耗费最大的阶段,是将前期所做的策划、设计等工作转化为现实的必要过程,在施工过程中,施工方根据之前的设计成果,通过一系列的人工、材料、信息等资源的投入,将其转化为业主所要求的标的物。施工阶段是对前期策划、设计阶段信息的整合和实践,因此信息的及时、准确传递对于加强施工过程中的管理工作是必不可少的因素。

IPD 模式在设计阶段综合考虑了施工阶段可能遇到的问题,因此在进入工程的建造阶段时,IPD 模式在前期所做的工作将收到效果。由于施工方在早期的设计阶段就介入项目中来,对项目的设计方案有更加透彻的理解,因此在设计阶段结束时相应的施工方案和前期准备工作也差不多完了,相较传统模式中设计结束后的招标和前期准备工作,IPD 模式在工作流程简化和工期缩短上带来明显的效率提升。由于没有了施工阶段开始前的招投标使得原本在设计阶段就要考虑的施工合同管理问题得到了简化,这样在施工段的合同管理工作就演变为工程质量管理和进度控制。如图 7-3 所示。

　　IPD 模式下,为了更好地控制施工阶段的进度、造价和及时发现问题,保证施工过程的稳定、高效,对施工现场信息的全方位把握是必不可少的,在此 BIM 技术就提供了一个强大的平台,供施工单位和 IPD 团队交互信息。在 BIM 技术支持下的 IPD 模式中,设计方案是以图纸加 BIM 模型的形式来交付给施工方的,对于施工单位而言,现成的 BIM 模型省去了自己建模所带来的麻烦,同时也能保证模型信息的准确性。

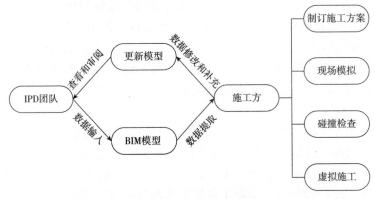

图 7-3　施工阶段 BIM 模型应用

　　通过 BIM 模型,IPD 团队可以将设计阶段的数据信息顺利地传递到施工单位的手中,根据所提取的数据信息,施工方可以做如下工作:

　　(1)基于 BIM 模型,探讨施工过程中的短期和中期方案,并根据实际情况作相应调整,对于变更后的模型修改也能及时得到更新,及时提供能快速预览的模型和图片,方便各方的查看和审阅。

　　(2)通过对施工现场的模拟,能够协助场地的布置、设备车辆进入的道路安排、加工和生活区域的规划等。

　　(3)由于项目结构的复杂,施工过程中各个专业的工作可能会穿插进行,因此各专业间构件挤碰的情况也将会经常发生,通过 BIM 模型的碰撞检查可以提前发现这些问题并及时调整,避免了加工出来的构件到现场无法安装的问题,减少了施工过程中因设计漏洞或返工而造成的浪费。

　　(4)将 BIM 模型结合预定的施工进度计划进行施工过程虚拟预演,借此来分析预定的施工进度计划中存在的漏洞并作及时修改,尽量减少实际施工过程中会发生的问题,加强对工程进度和施工成本的控制。

　　(三)IPD 模式下的运营阶段

　　随着建筑业和运营管理的整合程度越来越深入,人们对建筑的品质有了新的要求,建设期的项目信息对于运营维护阶段的管理工作的重要性也逐渐突显出来。一个工程项目自建成之后交付即代表着建设阶段的结束,也是一般意义上运营管理的开始,运营阶段占据着建筑寿命中最长的时间,同时也消耗了 70% 左右的建筑寿命周期总成本,其重要性可见一斑。

　　项目的运营和维护阶段是整个项目寿命周期当中时间最长的阶段,也是项目经历了策划、设计、施工阶段后,在项目竣工的时候积累的信息最多的时刻,而这些信息对今后的项目运营维护管理发挥着关键性作用。在 IPD 模式整合的项目流程过程中，促进了各参与方对于信息的共享，同时 BIM 技术的应用也保证了信息在项目各阶段、各参与方之间的无障碍传递。

IPD 模式比较适合运营维护难度比较大的项目，针对该类型项目，IPD 团队在项目交付之前所做的工作和部分信息在运营维护阶段仍然能发挥重大的作用。而且在该类型项目中运营维护方也是 IPD 团队的主要成员方之一，诸如寿命周期成本之类的项目标准也只有等到运营阶段才能准确肯定是否完成，因此该阶段是对 IPD 模式的延伸。

虽然当项目进入运营阶段，将由运营方接手，IPD 团队也不复存在，但项目的数据信息仍然很重要，而在 BIM 技术支持下的 IPD 模式中，项目的信息是存储在 BIM 模型当中的，因此项目交付以后 BIM 模型应转交给运营商。为了保护其他参与方的知识产权，可以通过协议的形式移交，例如规定模型中的所有数据信息只能用于该项目的相关工作，不得应用于其他商业活动。

第三节　基于 BIM 的工程造价管理

建设工程造价管理是对建设项目可行性研究阶段、投资决策阶段、设计阶段、招标投标阶段、施工阶段、竣工验收阶段以及后评估阶段等整个工程建设全过程的成本控制和造价管理，全过程、全方位、多层次地运用技术、经济、法律等手段，对项目工程造价进行预测、优化、控制、分析、监督等，以获得资源的最优配置和项目最大的投资效益。

1991 年，国际全面造价管理促进会（AACEH）会长理查德·威斯特尼第一次提出全面造价管理（Total Cost Management，简称 TCM）的概念，其根本目标就是有效地使用专业知识和技术去筹划和控制资源、造价、盈利、成本和风险。建设工程全面造价管理的理论和方法包括全寿命周期造价管理、全过程造价管理、全要素造价管理、全方位造价管理、全风险造价管理和全团队造价管理六个方面的内容，如图 7-4 所示。

一、基本原理

BIM 的核心是信息，BIM 模型的基本元素是单个构件或者物体，所有构件或物体的物理特性、几何信息、成本信息和施工要求等都通过参数方式来表达，再运用 3D 布尔运算和空间拓扑关系将这些信息进行整理，集中存放在数据库当中，最终形成一个数字化模型。其基本理念是将建筑构件与其属性相关联，如柱、梁、墙、板、门窗的尺寸、材料、型号等，然后用这些具有属性的构件将建筑物表达出来，使用 BIM 完成的设计图是三维的，不论项目多复杂，设计师都能够一次性完成设计，业主也可以很直观地了解自己投资的成果，使业主、设计单位及施工单位之间的交流更加方便流畅。各 BIM 软件均在开放的工业标准——IFC（Industry Foundation Class）标准下建立模型，不同应用程序之间可以完成数据的转换和共享，设计师们采用 BIM 技术并通过网络将各自的设计理念整合到一起，实现协同设计，得到最终的数字化建筑（即建筑模型）。建筑信息模型不仅可以完成对图形的描述，而且还可以容纳从设计、施工到运营维护和最终拆除的项目全寿命周期的信息，并使所有信息完全相互关联。因此,以 BIM 作为构建基础的项目系统,可以根据项目的变更随时调整相关信息。这不仅解决了信息冗余的问题,而且为各利益相关方进行信息交流提供了便利条件。

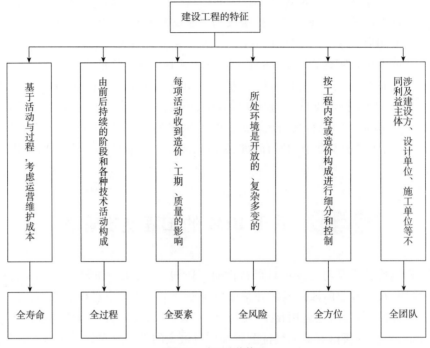

图 7-4 全面造价管理

随着 BIM 技术的深入发展,其纬度也在三维的基础上有了新的扩展,BIM 四维(4D)模型 =3D + 时间维度,在建筑业的 BIM 四维应用可以理解为施工进度的模拟,在实际施工前根据施工组织计划模拟施工过程,及时发现存在的问题并提前处理,降低项目风险;同时,施工进度模型能够使管理者明确每个时间段的施工任务,对施工进度的控制具有指导意义,为施工方提供了很大便利。

BIM5D 模型是在 4D 基础上附加成本纬度,将三维图形与时间、成本结合后,获取任意时间段内完成的工作量及其成本就变得轻而易举,可以将成本控制细化到任何一个时间段内,随时分析相关的成本费用,这样就不会出现在项目完工后才发现超出预算的情况。

为了更大程度地满足业主的需求,BIM 参数模型并没有止步于 5D,而是向着更广阔、更深入的方向发展,逐渐出现了多维性(nD)模型,能够对建筑物进行能耗分析、舒适度模拟及分析、灾害应急模拟等。

二、应用特点

1.方便实现造价数据的共享

现阶段的工程造价数据通常都是以纸质形式存档或以 Excel 表格、Word 文档的电子格式保存在硬盘中,无论采用哪种形式保存,它们都是孤立存在的,而一个项目在建设过程中产生的数据量是相当庞大的,要想迅速准确地找到需要的数据很困难,给后期查找带来很大的不便。有了 BIM 技术后,可以将所有的数据整合到同一个数据库中,形成可以共享的 BIM 数据库,不仅调取时方便快捷,而且项目任何一个参与方更新的数据都会被其他参与者共享,保证输出数据的最新性。

企业如果能建立自己的 BIM 数据库和造价指标库,把历史项目数据积累起来,企业内部员工在编制新项目的造价文件时就可以很方便地调取经验数据,借鉴相似工程的指标,从而更加准确地进行报价。另外,借助于造价软件的自动计算和自动扣减功能,预算员可以不用花大量时间记忆工程量计算规则,能够快速掌握其中的精髓,避免了因人员流动带来的损失。

2. 合理制定资源计划,实现造价精细化控制

在 BIM 出现之前,工程师只能按照以往的经验对工程量进行估算后,再对人员、设备及材料进行分配,具有明显的主观性。BIM5D 模型中融入了时间和成本元素,能够根据施工动态提供造价管理需要的数据,例如通过模型可以获取任何时间段内的工程量及该段时间内的造价,将造价控制定量化,提高造价精细化管理程度,使资源配置更加合理,实现实时监控,避免超出预算情况的发生。

3. 工程量计算

现代大型建设项目越来越趋向于复杂化,依靠人的力量很难适应建筑业发展的需要,于是三维算量软件应运而生。三维算量软件应用了 BIM 技术,通过软件可以快速建立符合要求的 BIM 模型,并将各个构件赋予物理及几何属性,由于软件支持几何运算,能够完成实体扣减,因而工程量统计工作变得轻而易举,并且工程量文件可以导入到造价软件当中,使工程量与成本数据库相关联,最终形成报表。这种造价方式不仅节省大量时间,减轻了造价人员的负担,而且提高了计算的准确性,工作效率大大提高。

三、应用价值

1. 微观层面

BIM 在造价管理信息化方面的优势主要体现在快速、准确地处理工程量信息,改变传统思维以及工作方式等方面。

1) 工程量计算准确度

引入 BIM 技术后,基于参数化模型,依据空间拓扑关系和 3D 布尔运算规则,造价人员只需依据当地工程量计算规则,在 BIM 软件中相应的调整扣减计算规则,系统将自动完成构件扣减运算,更加精确、快速地统计出工程量信息。

2) 资源计划

利用 BIM 三维模型,加入时间、成本维度组建 5D 建筑模型,实现动态实时监控可以更加合理地安排资金计划、人员计划、材料计划和机械计划等。在 5D 模型中,我们可以知道任意时间段各项工作量,进而核算该时间段的造价,可以更加准确地制订派工计划和资金计划。这是实施精细化造价管理的前提条件。

3) 设计变更、索赔管理

引入 BIM 技术,直接可以将设计变更内容关联到模型中。当发生变更时,只需把模型稍加调整,软件将自动汇总相关工程量的变化情况,快捷而且准确。在 5D 模型中,甚至可

以将变更引起的成本变化直接导出来,让设计人员清楚地知道设计方案的变化对成本的影响。

4)多算对比

传统只重视两头价格(合同价、结算价)的情况,将在 BIM 技术下彻底颠覆。在 BIM 模型中,每个构件都被赋予参数化信息,如进度、材料、位置、工时消耗、工序安排等,这样可以任意组合各构件信息,为工程项目的多算对比提供有力的技术支持。

基于 BIM 模型的 3 个维度 8 算对比,如表7-3 所示。

基于 BIM 模型的 3 个维度 8 算对比   表7-3

3 个维度	8 算(量、单价、合价)	WBS(投标)	WBS(实施)	计算依据	基础数据	ERP
时间、工序、区域	合同价	√		合同、标书	√	
	项目承包预算		√	企业定额	√	
	计划成本		√	施工方案	√	
	实际成本		√	实际工程		√
	业主确认		√	业主签证		√
	结算造价	√		结算审计	√	√
	收款	√		财务		√
	支付		√	财务		√

2.宏观层面

BIM 技术应用于全过程造价管理中,不仅是一个理念或者技术的简单应用,更重要的是,基于 BIM 技术的 BLM 将彻底打破建设工程造价管理的横向、纵向信息共享与协同的壁垒,促使工程造价管理进入实时、动态、准确分析时代。BIM 的应用,提高了工程项目各参与方对成本控制的能力,同时也为各方节约了成本。

BIM 技术与互联网的关联,有效地提高了建筑市场的透明度,有利于我国建筑行业行为的规范化,有效地规避了招投标及采购过程的贪污腐败。同时,加快了我国建筑业由粗放型向集约型转变,有利于提高建筑业生产效率,加快建筑产业集中度的提升;有利于精细化管理的实施,减少浪费,有利于低碳建造,符合我国经济发展趋势。

四、BIM/BLM 在全过程造价管理中的具体应用

(一)概述

1.决策阶段

在项目决策过程中,造价工程师利用建造师、设计师或者工程师建立的初步 BIM 模型,或者是以往类似项目的 BIM 模型,获取粗略的工程量数据,结合所掌握的指标型数据,如土建每平方米造价、安装每平方米造价等,就可以在不需要图纸或精确 BIM 模型的情况下,估算出拟建项目的造价信息。

2.设计阶段

设计阶段是项目工程造价控制的关键环节。经验数据统计显示,设计阶段的费用占整个工程费用的 1% ~3%,但其对工程造价的影响程度却超过70% ~80%。引入 BIM 技术理

念后,设计人员可以从 BIM 模型数据库的历史数据中提取相关设计指标,快速进行限额设计,保证设计的经济性和合理性。同时,造价工程师可以从 BIM 模型中获得项目参数和相应工程量数据,并对照指标数据库或者概算数据库,可以快速计算出准确的概算价,核对设计指标的合理性,并结合价值工程方法从项目全寿命周期角度控制建造成本和使用成本,从而对设计方案进行优化设计,便于控制投资总额。

当项目概算得到业主、建筑师以及有关行政部门确认和审批后,就开始进入施工图预算阶段。设计完成后,根据施工图设计成果,完善或者建立精确详细的 BIM 模型,造价工程师可以获得准确的工程量信息,以编制准确的施工图预算,为后续工作奠定基础。另外,在设计阶段就充分利用 BIM 模型的三维可视化效果进行碰撞检查和虚拟建造,及早地发现并更正设计错误和不合理之处,可以有效地降低施工过程的变更和返工发生概率,这本身就是一种前期造价控制的有效措施。

3. 招标投标阶段

当前,我国建设工程已基本实现了工程量清单招标投标模式。BIM 技术的推广与应用,将是对招标投标程序的一次革新。建设单位或者其聘请的造价咨询单位可以根据设计单位提供的富含丰富数据信息的 BIM 模型,快速地在短时间内抽调出工程量信息,结合项目具体特征编制准确的工程量清单,这将有效地避免漏项和错算等情况,最大限度地减少施工阶段因工程量问题而引起的纠纷。在招标过程中,建设单位可以将拟建项目 BIM 模型以招标文件的形式发放给投标单位,以方便施工单位核对工程量。

在我国招标投标法中明确规定:"自招标文件开始发出之日起至投标人提交投标文件截止之日止,最短不得少于二十日。"建设单位往往为了及早开工追赶进度,留给投标单位制作标书的时间也只是在不违反招标投标法情况下尽可能地缩短。利用 BIM 模型,投标人可以轻松获取正确的工程量信息,与招标文件的工程量清单比较,可以制定更好的投标策略。同时,BIM 技术的应用,也方便了招标投标管理部门实时动态把握招标投标进程,有利于电子政务(E-Government)快速发展。

4. 施工阶段

招标完成后确定施工单位,就开始图纸会审。传统模式下,基于二维平面图纸,建设单位、施工单位、设计单位、监理单位等分专业分阶段检测设计图纸,无法形成协同与共享,很难从项目整体上发现问题。BIM 技术最重要的意义在于重新整合了建造设计流程,实现单一数据平台上各个工种的协同设计和数据集中。利用 BIM 模型进行图纸会审时,方便各个专业数据整合,进行三维碰撞检测,更直观地发现问题,减少施工过程因设计问题而引起的施工方索赔,为造价控制提供技术支撑。

建设单位还可以利用 5D-BIM 模型合理安排资金计划,审核进度款的支付情况。如鲁班造价管理平台中,算量软件与造价软件无缝连接,图形的变化与造价变化同步,同时可以达到框图出价的效果,通过条件统计和区域选择即可生产阶段性工程造价文件,有利于建设单位关于进度款的支付统计。

对于施工单位而言,BIM 同样是一项革新的技术。基于参数化 BIM 模型,任意组合构件信息,可以按进度、工序、施工段以及构件类型算出工程造价或者统计工程量,便于过程造价控制,有利于精细化管理的实现。如根据时间信息筛选出当日需要完成的工作量,方便施工单位准确进行派工计划,合理安排人力计划。材料价格是影响工程造价的重要因素。利用BIM 模型中材料数据库信息,可以在施工阶段严格按照合同中的材料用量控制,合理确定材料价格,使限额领料真正发挥效果,从而动态地控制成本,有利于进行多算对比分析,实时把握工程成本信息。

BIM 技术使数据共享成为现实,相关各方可以在自己权限范围内调用工程数据,极大提升施工管理过程的信息化水平。

5. 竣工结算阶段

据有关统计资料显示,现代工程问题大多出现在从建设到运营的"最后一公里"内,即竣工移交。普遍发生的资料不全、信息丢失、图纸错误等问题,往往都是在这一阶段出现的。

BIM 模型在经过施工阶段的填充和完善后,其信息量已完全可以表达竣工工程实体,BIM 模型的准确性保证了结算的效率,减少双方的扯皮,加快结算速度,同时也是为双方节约成本的有效手段。

(二)具体应用

1. 工程算量模式

1)工程算量模式评价标准

评价工程算量模式的标准应包括建筑构件几何对象的计算能力、计算质量、计算效率以及附带几何对象属性能力等。由于现代工程设计存在很多不规则或复杂的几何形体,计算能力应体现为计算任意几何形体的能力。为了准确估算工程造价,还需要衡量工程算量的准确性和详细程度,在此将其定义为计算质量,例如在幕墙工程中,计算质量不仅体现在计算幕墙总体工程量上,还应同时统计出幕墙所用不同规格嵌板和框材数量,为准确估算幕墙价格提供基础。考虑到工程变更要求,工程量计算效率不但要考虑初次计算所消耗的时间,还应考虑工程变更调整工程量所耗费的时间,这两部分相加的总时间就是效率指标。附带几何对象的属性能力反映能载有几何维度信息以外更多信息的能力,可以为工程造价管理提供更多有价值的信息,例如通过设置阶段化(Phase)属性来定义项目建设进程,在后期发生变更时,造价人员可以此来确定变更后的调整工程量。而工程算量模式在相当程度上决定了上述算量指标的高低。

2)CAD 工程算量模式

目前,国内工程算量模式多是依据 CAD 平台开发的算量软件来实现。然而,不论是基于二维 CAD 或是基于三维 CAD 软件进行的工程算量,其共同前提都是必须要重新建立模型。虽然这些软件都具有对 CAD 设计文件的识别能力,可以提高计算效率,但是识别预设了很多苛刻条件,若要符合工程计量规范的规定,则需经过很多人工调整。由于设计文件与算量文件不能关联,任何设计上的变更都需要手工录入和调整,这显然会影响工程算量的质量和效率。另外,从目前基于 CAD 平台的算量软件应用情况来看,这些软件对不规则或复杂的几何形体计算能力比较弱,甚至无法计算(如对曲面形体只能采用近似计算方法)。

3)BIM 模型工程算量模式

若设计人员将 BIM 模型深化到施工图设计阶段,工程造价人员可以利用 BIM 模型提取工程量。相较于 CAD 算量软件,BIM 型软件在工程算量方面具有显著优势。BIM 通过建立 3D 关联数据库,可以准确、快速计算并提取工程量,提高工程算量的精度和效率。BIM 遵循面向对象的参数化建模方法,利用模型的参数化特点,在表单域(Field)设置所需条件对构件的工程信息进行筛选,并利用软件自带表单统计功能(Schedule)完成相关构件的工程量统计。而且,BIM 模型能实现即时算量,即设计完成或修改,算量随之完成或修改。随着工程推进、项目参与者信息量的增加,最初的要求会发生调整和改变,工程变更必然发生,BIM 模型算量的即时性将大幅度减少变更算量的响应时间,提高工程算量效率。

2. BIM 模型内的工程算量

在用 BIM 模型进行工程算量前要明白 BIM 分类与造价分类的对应关系,这是因为,BIM 的构件划分思路与国内现行施工图设计阶段的工程造价划分并不一致,前者是按建筑构造功能性单元划分,后者则以建筑施工工种或工作来划分,两种分类体系并非简单的一一对应关系,采用具有代表性的 BIM 软件 Autodesk Revit 2016 版(以下简称 Revit)与清单计价分类进行比较,如图 7-5 所示。

下面,以具体构建为例分析 BIM 模型工程算量的特点。

1)土石方工程

利用 BIM 模型可以直接进行土石方工程算量。对于平整场地的工程量,可以根据模型中建筑物首层面积计算。挖土方量和回填土量按结构基础的体积、所占面积以及所处的层高进行工程算量。造价人员在表单属性中设定计算公式可提取所需工程量信息。例如,利用 BIM 模型计算某一建筑物中条形基础的挖基槽土方量,已知挖土深度为 1.15m。按照国内工程计量规范中的计算方法,在 BIM 模型的表单属性中设置项目参数和计算公式,使用表单直接统计出建筑物挖基槽土方总量。

2)基础

BIM 自带表单功能既可以自动统计出基础的工程量,也可以通过属性窗口获取任意位置的基础工程量。大多类型的基础都可按特定的基础族模板建模,若某些特殊基础没有特定的建模方式,可利用软件的基本工具(如梁、板、柱等)变通建模,但需改变这些构件的类别属性,以便与其源建筑类型的元素相区分,利于工程量的数据统计。

3)混凝土构件

BIM 软件能够精确计算混凝土梁、板、柱和墙的工程量,且与国内工程计量规范基本一致。对单个混凝土构件,BIM 能直接根据表单得出相应工程量。但对混凝土板和墙进行算量时,其预留孔洞所占体积均被扣除。当梁、板、柱发生交接时,国内计量规范规定三者的扣减优先顺序为柱 > 梁 > 板(" > "表示优先于),即交接处工程量部分,优先计算柱工程量,其次为梁,最后为板工程量。使用 BIM 软件内修改工具中的连接(Join)命令,根据构件类型修正构件位置并通过连接优先序扣减实体交接处重复工程量,优先保留主构件的工程量,将次构件的统计参数修正为扣减后的精确数据,避免了构件工程量统计的虚增或减少。如图 7-6 所示,为一梁、板、柱交接处的节点图,使用连接命令设置后自动生成的梁、板、柱体积分别为:$0.192m^3$、$0.307m^3$、$0.320m^3$,即实现了柱 > 梁 > 板的扣减顺序。

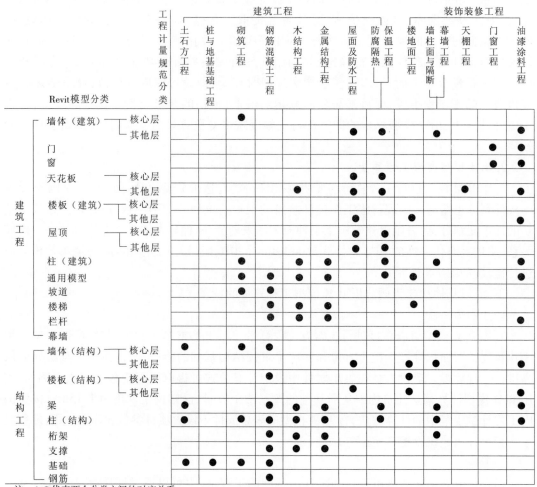

Revit模型分类	土石方工程	桩与地基基础工程	砌筑工程	钢筋混凝土工程	木结构工程	金属结构工程	屋面及防水工程	防腐隔热／保温隔热工程	楼地面工程	墙柱面与隔断	幕墙工程	天棚工程	门窗工程	油漆涂料工程
墙体（建筑）核心层			●											
墙体（建筑）其他层							●	●		●				●
门													●	●
窗													●	●
天花板 核心层							●	●						
天花板 其他层					●		●	●				●		●
楼板（建筑）核心层														
楼板（建筑）其他层							●		●					●
屋顶 核心层							●	●						
屋顶 其他层							●							
柱（建筑）			●		●	●				●				●
通用模型			●	●	●									●
坡道			●											
楼梯				●	●					●				
栏杆				●	●	●								●
幕墙										●				
墙体（结构）核心层	●		●	●										
墙体（结构）其他层							●		●	●				
楼板（结构）核心层				●					●					
楼板（结构）其他层							●		●					●
梁	●			●	●					●				●
柱（结构）	●		●	●						●				●
桁架				●	●					●				
支撑				●	●									
基础	●	●	●	●										
钢筋				●										

注：1.●代表两个分类之间的对应关系。
2.工程中的台阶、勒脚、散水、地沟、明沟、踢脚线等均归入Revit中的通用模型（Generic Model）。

图7-5　清单计价与 Revit 软件构件和项目分类对应关系

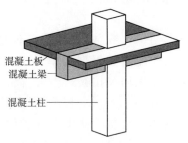

混凝土板
混凝土梁
混凝土柱

图7-6　某梁板柱交接处节点图

4）混凝土模板

混凝土模板虽然为非实体工程项目,但却是重要的计量项目。现行 BIM 并没有设置混凝土模板建模专用工具,采用一般建模工具虽然可建立模板模型,但需要耗费大量的时间,因此需要其他途径来提高模板建模效率。可以通过编程 BIM 软件插件解决快速建立模板模型问题,这样就可以在软件内自动提取模板工程量,达到像前述构件在 BIM 软件内一样的算量效果。

5)钢筋

BIM 结构设计软件提供了用于为混凝土柱、梁、墙、基础和结构楼板中的钢筋建模的工具,可以调入钢筋系统族或创建新的族来选择钢筋类型。计算钢筋质量所需要的长度都是考虑钢筋量度差值的精确长度,如表 7-4 所示。如图 7-7 所示,为部分构件内部钢筋布置图,这一部分的钢筋算量,不仅能计算出不同类型的钢筋总长度,还能通过设置分区(Partition)得出不同区域的钢筋工程量。

钢 筋 统 计　　　　　　　　　　　　　表 7-4

主体类型	分区	族与类别	样式	弯曲直径(mm)	钢筋直径(mm)	根数(根)	钢筋总长度(m)
结构基础	A 区	钢筋:HRB335	标准	56	14	38	52.21
结构基础	A 区	钢筋:HRB335	箍筋	56	14	5	13.87
结构柱	A 区	钢筋:HRB400	标准	100	25	4	58.16
结构柱	A 区	钢筋:HRB335	箍筋	100	25	20	50.53
总计	—	—	—	—	—	67	174.78

6)楼梯

在 BIM 模型内,能直接计算出楼梯的实际踏步高度、深度和踏面数量,还能得出混凝土楼梯的体积。对于楼梯栏杆的算量,可以按照设计图示尺寸对栏杆族进行编辑,进而通过表单统计出栏杆长度。经实践证明,采用 BIM 内部增强性插件(Buildingbook Extension)来提取楼梯工程量,得到的数据及信息更符合实际需求。

7)墙体

通过设置,BIM 可以精确计算墙体面积和体积。墙体有两种建模方式:一种是在已知结构构件位置和尺寸的情况下,以墙体实际设计尺寸进行建模,

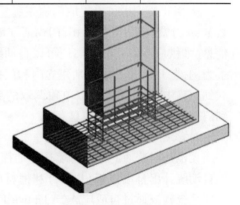

图 7-7　部分结构基础内部钢筋布置图及钢筋工程量统计表单

将墙体与结构构件边界线对齐,但这种方式有悖常规建筑设计顺序,并且建模效率很低,出现误差的概率较大。另一种方式是直接将墙体设置到楼层建筑或结构高程处,如同结构构件"嵌入"墙体内,这样可大幅度提升建模速度,如图 7-8a)所示。前者在实际建模中少见,后者需要通过设置才能计算墙体准确的工程量。可通过"连接"命令,实现墙体对这些构件工程量的扣减。如图 7-8b)所示,为墙体内部放置柱、梁构件的节点图,不做任何处理时,墙体的体积为 1.160m³,将梁、柱与墙体通过连接命令进行设置后,墙体的体积变为 0.653m³,为准确的墙体体积。

对于嵌入墙体的过梁,可通过共享的嵌入族(Nested Family)形式将其绑定在门、窗族上方,再将门、窗族载入项目并放置在相应墙体内,此时的墙体工程量就会自动扣除过梁体积,且过梁的体积也能单独计算出来。此外,若墙体在施工过程中发生改变,还可利用阶段(Phase)参数,得出工程变更后的墙体工程量,为施工阶段造价管理带来方便。将建立的模型设置不同阶段,若需删除某一部位的墙体,选中该墙体并在属性窗口中设置其拆除的阶段,如阶段3,因 BIM 自带表单功能与阶段化属性相关联,在表单中选择阶段3,此时统计的工程量不包含删除墙体的体积。

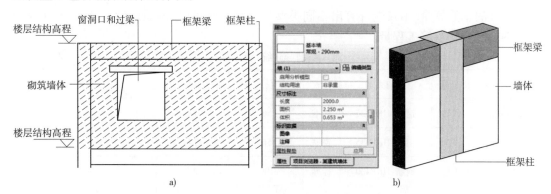

图7-8　结构构件"嵌入"墙体的建模示意图及梁、柱与墙体3D节点图

8)门窗工程

从 BIM 模型中可以提取门窗工程量和其他门窗构件的附带信息,包括各种型号的门窗数量、尺寸规格、板框材面积、门窗所在墙体的厚度、楼层位置以及其他造价管理和估价所需信息(如供应商等)。此外,还可以自动统计出门窗五金配件的数量等详细信息。以门上执手为例,在 BIM 模型中分别建立门和门执手两个族文件,将门执手以共享的嵌入族的方式加载到门族中,门执手即可以单独调取的族形式出现,利用软件自带的表单统计功能,就可得到门执手的相应数量及信息。

9)幕墙

无论是对普通的平面幕墙还是曲面幕墙的工程量计算,BIM 都达到了精确程度,并且还能自动统计出幕墙嵌板(Panel)和框材(Mullion)的数量。在 BIM 建模时,可以通过预置的幕墙系统族或通过自适应族(Adaptive Families)与概念体量(Conceptual Massing)结合,创建出任意形状的幕墙。在概念体量建模环境下,创建幕墙结构的整体形状,可根据幕墙的单元类型使用自适应族创建不同单元板块族文件,每个单元板块都能通过其内置的参数自动驱动尺寸变化,软件能自动计算出单元板块的变化数值并调整其形状及大小。也可将体量与幕墙系统族结合,创建幕墙嵌板和框材。模型建立后,再利用表单统计功能自动计算出其相应工程量。

10)装饰工程

同样,BIM 模型也能自动计算出装饰部分的工程量。BIM 有多种饰面构造和材料设置方法,可通过涂刷方式(Paint),或在楼板和墙体等系统族的核心层(Core Boundary)上直接添加饰面构造层,还可以单独建立饰面构造层。前两种方法计算的工程量不准确,如在楼板核心层上设置构造层,构造层的面积与结构楼板面积相同,显然没有扣除楼板上墙体所占的面积。为使装饰工程量计算接近实际施工,可用基于面(Face Based)的模板族单独建立饰面层,这种建模方法可以解决模型自身不能为梁、柱覆盖面层的问题,同时通过材料表单(Material Takeoff)提取准确的工程量。

对室内装饰工程量来说,将表单关键词(Schedule Key)与房间布置插件(Roombook Extension)配合使用,可以迅速准确地计算出装饰工程量。其计算结果可导入 Excel 中,便于造价人员使用。

3. BIM 模型算量的优点与问题

1)BIM 模型算量的优点

与独立建模的算量软件相比,BIM 在工程算量评价标准中显示出很多优势。以相同项目而言,Revit 与国内主流算量软件的对比如表 7-5 所示。

Revit 与国内算量软件比较　　　　　　　　　　　表 7-5

软件	评价指标	土石方	基础	混凝土构件	混凝土模板	钢筋	楼梯	墙体	门窗	幕墙	装饰	评价指标	软件
BIM 软件	计算能力	=	=	=	<	>	>	=	=	>	>	计算能力	算量软件
	计算质量	=	>	=	<	>	>	=	>	>	>	计算质量	
	计算效果	>	>	>	>	>	>	>	>	>	>	计算效率	
	属性能力	>	>	>	>	>	>	>	>	>	>	属性能力	

注: = 代表均等, > 代表优于, < 代表次于。

综合对比分析,在施工图设计阶段,利用 BIM 模型进行工程算量的优势主要体现在:

(1)提高工程量计算的准确性

计算质量好,可实现构件的精确算量,并能统计构件子项的相关数据,有助于准确估算工程造价。

BIM 附带几何对象的属性能力强,如通过设置阶段或分区等属性进行施工图设计进度管理,可确定不同时段或区域的已完工程量,有利于工程造价管理。

进度款结算,一般是由施工单位根据已审批下来的工程形象进度,计算出本阶段完成的工程量,套用相应的综合单价,算出工程款,向建设单位提出支付申请。由于 BIM 模型可将工程数据以建筑构件为载体进行存储、分析,所以利用 BIM 模型可快速完成工程量的拆分。

(2)快速结算进度工程量

计算能力强,BIM 模型提供了建筑物的实际存在信息,能够对复杂项目的设计进行优化,可以快速提取任意几何形体的相应数据。

计算效率高,设计者对 BIM 模型深化设计,造价人员直接进行计算,可实现设计与算量的同步,并且能自动更新并统计变更部分的工程量。

BIM 模型根据施工现场进度及时更新数据库,因此造价人员利用 BIM 技术可实时、精确地汇总某一阶段的工程量,快速编写该阶段的工程计量申报表。建设单位可以通过 BIM 共享平台迅速审核其数据的准确性,提高工程进度款的结算效率,减少时间成本。

2)BIM 工程算量的问题

BIM 模型在工程算量方面还存在需求、构建方法、算量规则不宜的问题。由于 BIM 软件面向众多有着不同需求的使用者,若要满足所有使用者需求,则会导致软件内存庞大、运行困难。BIM 软件商提供的一般是通用的平台软件,使用者可根据自身的需求通过编程插件解决专用需求问题。类似前述混凝土模板建模和工程量计算就是需求问题,而不是技术问题,已有专业人员通过编程解决了混凝土建模问题。构建模型方法问题则比较复杂,不能通过技术解决。典型问题,如建筑师可以使用贯通多层的墙体建立外墙,建模速度快,视觉效果和图纸都能满足要求。然而,这给统计墙体工程量和进行造价管理带来困难,造价人员无法直接利用模型分层统计不同强度等级的墙体或为合同管理需要楼层墙体工程量。这类问题是因建模者和模型使用者目标不一所致,可以通过项目管理制度安排解决。在掌握 BIM 技术的基础上,模型使用者向建模者提出建模要求,建模者按照要求建立模型。对于算量规则不一的问题,由于几何形体在 BIM 软件属性中显示的是其自然数量,与手工计算工程量制定的工程量计算规则肯定会有所不同,后者考虑到手工计算量的繁琐,简化了计算规则,遵循"细编粗算"原则,如对面积较小的洞口不扣除,对门窗洞口侧边的抹灰梁等亦不增加。但是,如果让 BIM 适应既有规则,会有"削足适履"的效果,使 BIM 的价值降低。而现在让规则完全适应 BIM,显然也不现实。解决问题的对策是改进现有规则,让规则具有适应不同要求的灵活性。

第四节　BIM 合同风险管理

一、BIM 合同风险管理简述

(一)主要内容

(1)BIM 合同风险识别,即确定项目风险。工程建设项目进行风险管理第一步是风险识别,对项目组成结构特点进行分析,综合项目内外环境等各要素间的关系,发现项目运行过程中存在的不确定性及其来源。

(2)BIM 合同风险分析评价,即评估发生风险事件的可能性和分析风险事件对项目的影响。风险评价是在风险识别基础上运用各种方法评价项目面临的风险严重程度,以及这些风险可能对项目造成的影响。风险分析是对风险事件可能产生的后果进行评价,并确定其严重程度。

(3)BIM 合同风险控制,即实施并修订风险计划。风险控制是在项目实施过程中对风险进行监测和实施控制措施的工作。风险控制工作有两方面内容:

①实施风险控制计划中预定规避措施,对项目风险进行有效的控制,妥善处理风险事件造成的不利后果。

②监测项目变数的变化,及时作出反馈与调整。当项目变数发生的变化超出原先预计或出现未预料的风险事件,必须重新进行风险识别和风险评估,并制订规避措施。

(4)BIM 合同风险监控,风险监控就是要跟踪已识别的风险,识别剩余风险和新出现的风险,修改风险管理计划,保证风险计划的实施,并评估消减风险的效果。在项目执行过程中,需要时刻监督风险的发展与变化情况,并确定随着某些风险的消失而带来的新的风险。风险监控通过对风险规划、识别、分析、评价、处置全过程的监视和控制,从而保证风险管理能达到预期的目标,它是项目实施过程中一项重要的工作。

(二)特征

基于全寿命周期视角,BIM 合同风险管理的特征主要表现在以下几个方面:

(1)BIM 合同风险的全局性管控。选择 BIM 合同风险管理的方法时,要根据建筑项目的不同特点,进行全寿命周期风险管理。这样可以从全局的角度进行项目的整体风险的管控。

(2)BIM 合同风险信息的有效传递和共享。只有在建设项目的全寿命周期内构建起高速有效的信息共享和信息沟通的平台,才可能实现全寿命周期 BIM 合同风险管理理念。

(3)注重知识和经验的系统化和信息化。尽管 BIM 合同风险管理行为正经历着从凭直觉和经验的管理方式转变为数据协助管理的理性管理过程,但无论如何,在全寿命周期风险管理行动中,人为因素还是或多或少地起到了一定的影响。所以,在执行建设项目全寿命周期 BIM 合同风险管理时还需重视知识经验的积累和借鉴过程,通过信息化手段加以推广,使风险管理过程更系统、更规范。

(4)BIM 合同风险管理与建设项目中的其他子系统紧密相关。建设项目全寿命周期 BIM 合同风险管理涉及项目管理的各个阶段和方面,与项目管理的其他各子系统紧密相关。

(三)存在问题

建筑业快速发展的同时也出现了很多负面效应。例如大厦、公路、桥梁等不同类型项目的施工事故频繁发生。美国国家安全局的报告提出:虽然建筑业所消耗的人力只占工业消耗人力总量的 5%,但是建筑事故引起的死亡人数和致残人数却分别占工业事故总量的 15% 和 9%。与此同时,在进度和成本等方面,由于工料价格上涨、工人短缺、材料供应延迟、合同理解偏差等原因造成的工程进度延期、成本增加的现象在施工领域频繁出现。以施工阶段为例,工程施工阶段的 BIM 合同风险管理存在如下问题:

(1)BIM 合同风险管理研究缺乏系统性。施工风险管理系统的研究只集中于施工过程,对于项目风险管理这一理念,大部分业内人士会觉得只有施工单位或者承包商才有所涉及。在此背景下,大多数开发商只关注如何做好自己的产品,设计单位仅考虑怎样得到更多的项目并按时完成,实现设计院的经济利益。实际上,对于施工阶段的事故状况分析、风险管理、应急方法选择等问题的研究不应仅局限于施工阶段,项目计划、设计阶段的完成质量均对施工阶段的合同风险产生很大影响。

(2)BIM 合同风险管理具有动态实时性。在实际工程中,合同风险管理者们进行合同风险管理时,需要消耗大量的人力和物力,而且要有相关领域专家的技术支持,研究出的结果往往只是一次性结构,没有可以更新的固定成果。但是,在面对复杂多变的项目环境和制约因素时,一次性固定结果不足以满足投资者的需求,所以现阶段合同风险管理的实际价值很低。

所以,合同在风险管理的实际操作中,以 BIM 技术为支撑,可以提高合同风险分析的准确率,增强合同风险管理的可信性。

二、BIM 合同风险管理流程

根据外部环境与内部条件的变化,企业对将来的合同风险因素进行预测和报警的过程叫作风险管理。企业可以通过合同风险管理提升自身的风险免疫力、应变能力,保障企业的竞争力,使企业防患风险于未然。由管理指标体系、管理上下界限、数据处理过程、管理信号表示、风险提示等部分组成的 BIM 合同风险管理系统可以对施工阶段的整个过程进行合同风险管理。在建设项目施工领域,施工管理者以识别主要合同风险要素和分析合同风险要素对于项目目标影响为基础,对未来的合同风险事件进行合同风险管理,做出合同风险评价和合同风险诊断,最终制订出 BIM 合同风险对策和合同风险反应处理方式。简单的 BIM 合同风险管理流程框架如图 7-9 所示。

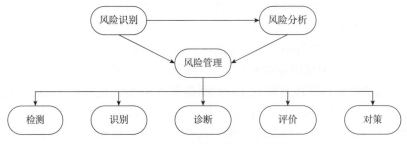

图 7-9　BIM 合同风险管理流程框架图

BIM 包含了建设项目全寿命周期中各个阶段全部技术、经济、管理类信息,将这些信息运用于施工合同风险管理中,可以使合同风险分析准确化、动态化。参与方众多、项目周期长、工程资料繁多等特点造成传统的项目管理团队之间缺乏交流,很难做到信息共享,由此造成项目信息流失、重复建立、信息错误、信息查找困难等问题,严重影响项目管理效率。管理者可以利用 BIM 包含的建设项目各种设计、管理和经济类数据,对项目进行全方位的把控,因此 BIM 可为建设项目合同风险分析提供数据支持。BIM 集成了项目的各参与方,使其在同一个维度下合作,BIM 的发展普及将从根本上解决规划、设计、施工、运营等阶段的信息断层问题,基本解决因沟通不畅造成的信息流失。各团队的协作有利于项目合同风险的及时发现与处理。

由应用软件体系支持的 BIM 工具已经提供了建筑物的实体建模和项目进度的计算功能,将进度数据表现于动态三维构件上进行 4D 模拟分析。因此基于该功能进行合同风险分析是非常方便、直观的,可以在很大程度上节省建模和分析的时间。模拟结果可以帮助项目管理团队对进度计划进行评估,使进度计划不断动态性地更新完善,避免因未及时发现问题造成的工期延长、成本增加等状况,使项目进度风险得到更好的控制。现如今,基于 BIM 的核心建模软件体系逐渐完善,软件开发商如 Autodesk、Bentley 和 Telka、Google 等公司的很多产品所创建的 BIM 模型很多都可以连接到 Navisworks 软件中进行动态分析。

由于施工过程中与进度有关的合同风险因素随时间呈波动性变化(如材料价格、天气状况、工人技术熟练度),因此传统的风险分析方法只能一次性地在固定时间点定时分析施工过程中的进度风险。如果应用 BIM 技术,在设计或施工工作进行的过程中,当基于 BIM 的建筑模型数据发生了改变的时候,则所有相关的 BIM 构建信息也将自动得到更新,这种自动更新的功能对合同风险分析和合同风险管理系统的设计也是非常有益的。这样一来,得出的合同风险分析结果将是动态性的,增加了信息的及时性,提升了项目管理效率和管理效果,确保了项目的建设进度。

通过工程信息的直接或间接互用,工程建模、施工进度、建筑视图、模拟过程等多维度的信息在 BIM 软件之间高效传递和更新,使各功能模块相互配合,得到风险管理的结果。

三、BIM 合同风险管理阶段

(一)规划决策阶段

项目的规划决策阶段是选择和决定投资行动方案的过程,是对拟建项目的必要性和可行性进行技术经济论证,对不同建设方案进行技术经济比较及寻求最优投资方案的过程。在项目建设各阶段中,项目的规划决策阶段对工程造价的影响程度最高可达到70% ~80%。决策阶段的失误,会导致投资风险失控,所以 BIM 合同风险管理应从项目的决策阶段开始。

通过 BIM 技术的使用,使得业主在进行项目的可行性研究论证过程变得更准确且论证结果更可靠,有效地避免了决策过程带来的风险。通过 BIM 提供给业主的建筑设计概要模型(Macro or Schematic Model),使得业主可以完全基于此模型来进行方案分析和模拟过程,为此在整个项目中给业主带来了工期缩短、成本降低及质量提升等各种优势,与此同时也使得实施期项目风险降低。

1. 使场地分析结果更科学

在进行场地分析过程中通过 BIM 与 GIS(地理信息系统)的有效结合,使得场地的分析结果更能让人信服,使得与场地分析有关的决策更科学、更合理,减少不科学的决策过程带来的不必要风险。

2. 协助业主迅速找出最优方案

在方案论证阶段,业主可以借助 BIM 对建筑设计方案及局部细节进行商讨,从而确保在方案论证阶段尽可能地找出潜在问题,排除风险隐患或者提前制定出风险应对策略。业主可以通过 BIM 的模拟分析功能,迅速找出最优方案。另一方面,BIM 技术可以帮助建筑设计师进行设计方案评估,并从使用者和建设单位处获得积极的反馈,从而达到较高的互动效应。在 BIM 技术平台,设计方案的实时修改往往基于最终用户的反馈,直观展现项目各方关注的焦点问题,确保各方迅速达成共识,从而减少决策的时间,降低决策风险。

(二)设计阶段

1. 帮助实现协同化设计

通过 BIM 协同设计的实现,可以避免各专业间的空间碰撞,避免设计风险的存在。BIM 信息模型为各个专业之间实现协同设计提供了良好的平台,使各三维模型进行融合,汇总成 BIM 信息模型,从而有效地解决专业设计之间产生的碰撞问题。

2. 促使设计结果更科学

BIM 技术除了可进行造型、体量和空间分析外,还可以进行能耗分析和建造成本分析等,使得初期方案数据更具有科学性;建筑、结构、机电等专业建立 BIM 模型,利用模型信息进行能耗、结构、声学、热工、日照等分析,进行各种干涉检查、范围检查以及进行工程量统计;此阶段使用 BIM,特别是对复杂造型设计项目将起到重要的设计优化、方案对比(例如曲面有理化设计)和方案可行性分析作用。同时,建筑性能分析、能耗分析、采光分析、日照分析、疏散分析等都将对建筑设计起到重要的设计优化作用,使得决策过程更具科学性。

3. 减少设计碰撞的产生

利用 BIM 的可视化功能,通过三维信息模型的建立,进行管线的碰撞检测,从而较好地解决传统二维设计下无法避免的错、漏、碰、撞等现象。将碰撞点尽早地反馈给设计人员,对管线进行调整,尽量减少施工现场的管线碰撞和返工现象,从而满足设计施工规范、体现设计意图、符合建设单位要求、维护检修空间的要求,使得最终模型显示为零碰撞,以最实际的方式降低后期实施风险。

4. 提高设计工作效率

BIM 技术改变了这种工作方式,在三维的设计中,直观地表达出了设计效果,提高了设计质量,有效地控制了施工阶段发生的设计变更。平面图、立面图、剖面图、3D 视图甚至大样图,以及材料统计、面积计算、造价计算等都从建筑模型中自动生成,减少了个体行为因素的设计错误和遗漏带来的风险。

BIM 技术具有数据关联特性。通过从建筑模型中自动生成的图纸,设计师所做的修改动作将关联到与之相关的整个项目中的其他文件中,极大地提高设计师的工作效率。

(三)施工阶段

1. 使信息共享更便捷

信息共享就是以建筑数据库信息模型为中心文件进行集体共享,设计、施工等各个专业在相同的工作平台下工作,不同专业人员使用各自的 BIM 核心建模软件建立与自己专业相关的 BIM 模型,与中心文件链接,并在与其同步后,将新创建或修改的信息自动添加到中心文件。而且在此模型中其他专业部件的布置及其他信息都可以浏览和使用,从而实现信息共享整体推进。BIM 技术使各方沟通更为便捷、协作更为紧密、管理决策更为有效快捷。

2. 帮助实现施工资源的动态跟踪

基于 BIM 的施工资源动态跟踪是在虚拟施工的基础上增加了对资源使用情况的跟踪,建立 4D 施工资源管理系统,实时监控建筑工程施工资源的动态管理和成本,对工程量、施工资源、成本进行动态查询与分析,进而有助于全面把握工程的实施和进展,对施工资源与成本控制出现的矛盾和冲突及时发现和解决,这样工程超预算可以大大减少,资源供给得到保障,施工项目管理水平和成本风险的控制能力得到提高。

在施工阶段,还可将 BIM 技术与数码设备相结合,通过扫描、GPS、通信、RFID(无线射频识别电子标签)和互联网等技术与项目的 BIM 模型进行整合,指导、记录、跟踪、分析作业现场的各类活动,且能实现数字化的监控模式,更有效地管理施工现场,更快捷地识别重大失误和变更问题,这不仅提高了工作效率,减少了管理人员数量,更重要的是避免了风险的发生。

3. 使施工进度计划安排更严谨

基于 BIM 的施工进度模拟,通过将 BIM 与施工进度计划相链接,将空间信息与时间信息整合在一个可视的 4D(3D + Time)模型中,可以直观、精确地反映整个建筑的施工过程。并且,BIM 技术可以对建设项目的重点或难点部分进行可建性模拟,对一些重要的施工环节或采用新技术、新工艺、新设备、新材料和主体结构、关键部位等质量控制重点环节进行模拟和分析,从而确保施工质量,减少施工阶段的质量风险。

（四）运营维护阶段

在建筑设计阶段,BIM 技术对设计风险的管控得到了广泛的认可,然而通过使用 BIM 技术来帮助降低运维过程风险的案例却并不多。对于项目周期只有几年而使用周期却有 50 年以上的项目来说,其运维阶段的综合风险因素管控越来越受到重视。通过对 BIM 技术的有效利用,准确地掌握建筑及设备的价值信息,可提高维护及维修效率,降低总的运维成本,降低运维阶段综合风险。

第五节　BIM 合同纠纷管理

一、BIM 合同管理存在的问题

1. 法律知识匮乏及合同意识薄弱

作为合同主体的承发包,法律知识匮乏,法律意识不强,以及建筑业买方市场的市场导向,导致许多行为依经验和习惯行事,而非依据合同、法律来执行项目。双方均未能对项目进行详细筹划与准备,草率签约,不能充分认识合同的重要性,待发生合同纠纷后,不愿也无法通过合同或法律途径来维护双方的合法权益。

2. 合同内容不全面及合同体系不健全

受制于合同双方地位不平等及法律知识储备不足,这些合同最大的问题是,权利义务不平等、合同条款描述不准确、合同内容不完善、合同条款间逻辑性不严谨等。国内很多施工企业将合同管理、招投标管理划分为两个职能部门分别管理,招标部门只管招标,对后续合同管理工作缺乏统筹考虑,导致招投标与合同管理脱节,甚至出现混乱。

3. 合同信息化程度低及管理手段落后

建设工程项目通常涉及设计、咨询、施工承包、劳务分包、采购等合同类型,合同数量小则几十个,多则数百个,如何有效地对这些合同进行管理,一直是困扰项目管理者的重要问题。

4. 合同管理人才稀缺及培训体制不完善

建设工程合同管理涉及工程技术、法律法规、工程造价、财务管理等诸多方面的专业知识,对合同管理者的知识结构及综合能力提出了较高的要求,但是,现实中很少遇到这样具有综合素质的专业人才,这也正是合同管理的瓶颈所在。

其次,对于合同管理者的培训与教育,通常都重点强调合同、法律方面的知识,少量涉及工程造价的内容,对工程技术、财务方面很少涉及,导致合同管理者往往对合同标无法透彻理解,这种情况下编制的合同必然不可能做到内容完善、条款完整、逻辑严密。

二、BIM 合同管理价值分析

BIM 模型工作的原理是利用规划、设计、施工、运营管理等各阶段的信息,通过模型来进行信息集成,然后根据项目管理需求进行功能设定,将模型与项目管理行为结合,从而实现管理目标的新型项目管理技术。在不同的阶段,合同管理的功能模块的应用价值按表7-6确定。

BIM 应用价值分析　　　　　　　　　　　　　　表 7-6

寿命周期过程	应 用 BIM	应 用 价 值
规划阶段	把握产品和市场关系	收益最大化
	提供概要模型,进行可行性论证	提高结果准确性
	三维可视化	表达更形象
	自动产生图纸等数据文件	提高效率,节约时间
设计阶段	信息整合与关联	利于修改、变更
	各专业间协同设计	降低冲突、节约成本
	提供施工信息	提高施工效率
施工阶段	4D 动态时间检测分析	节约施工工期
	5D 成本及变更分析	节约施工成本
	设备安装及碰撞检测	缩短工期、节约成本
运营维护阶段	掌握建筑使用信息	有利于建筑物的维修管理
	提供数据更新	改善规划,设施管理维护

具体来说,BIM 在建设项目合同管理中的应用价值如下:

1. 改善信息管理方式

BIM 模型的信息集成功能,以其庞大的数据库为支撑,可以实现海量项目信息的自动存储、汇总、分类、检索与提取。

2. 实现 BIM 合同管理的不同阶段信息共享

BIM 模型是一个动态完善的过程,前一阶段的模型会成为后一阶段模型构建的基础与原型,经过信息的补充与对模型的再开发,为自己所用,项目信息在此过程中的传递不间断,而且还需强调前一阶段的模型构建者在发现错误时及时反馈到当前的模型构建责任方,由其对模型进行调整、修改,防止错误积累或回避。

BIM 技术的信息流可以有效地防止项目合同执行冲突与合同内容重叠,实现合同信息的全面共享与实时沟通,基于 BIM 的合同管理信息的共享流程如图7-10 所示。

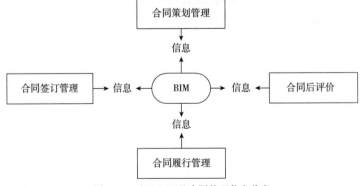

图 7-10　基于 BIM 的合同管理信息共享

3. BIM 合同管理模式从静态到动态的转变

目前,对 BIM 合同管理普遍存在一个错误认识,那就是认为合同是静态的,缺乏动态跟踪、动态管理的意识。BIM 合同是项目执行的依据,随着项目的动态进展,合同管理理应动态调整,但由于种种原因,至今仍未实现这一目标。基于 BIM 技术的合同管理,可以实现合同规定与项目进展同步,实时跟踪合同执行情况,分析原因,增强合同管理者对项目的掌控能力,更加有利于项目进展,主要体现为以下几点:

(1)将合同进度控制点与项目总体进度计划、实际完成工程量结合,设置进度控制点与风险管理值,当项目进度与实际完成的工程量小于合同要求时,模型自动生成进度对比分析,并进行原因剖析,形成解决方案。基于 BIM 技术的合同管理可以通过施工模拟过程,准确反映项目实际进展,并与相应的合同文件关联,有利于项目管理者了解施工进度,指导项目实施,保证工期目标。

(2)BIM 模型的工程量统计功能,可以实时按管理需求统计已完工程量和项目实际进度,并结合相应的定额信息和市场价格信息,迅速进行成本计算,实时监测成本控制状况。

(3)由于建设项目实施周期通常较长,不确定因素较多,项目执行过程中不可避免地会出现一些变更与索赔,为让变更或索赔在发生时及时得到解决,必须有足够的证明资料来详细描述上述情况。由于 BIM 模型集成了项目整个寿命周期内的全部信息,可以有效地辅助项目管理者实现这一目标,提高成功率。

三、BIM 合同管理阶段分析

在建筑业 BIM 广泛应用的大背景下,在合同管理中引入 BIM 技术的尝试逐步变成可能,在建设工程合同管理中引入 BIM 技术,从而精简、优化传统的合同管理方式与管理过程,提高合同管理效率。

(一)BIM 合同管理框架构建原则

为了使 BIM 技术能够有效地应用于建设工程合同管理,必须构建科学的、有效的、适用的合同管理框架体系,通过该框架体系的构建,使 BIM 技术与合同管理完美结合,为项目管理目标的实现奠定基础。

一般来讲,构建基于 BIM 技术的合同管理框架,应遵循以下原则:

1. 易理解性原则

BIM 合同管理框架的构建首先要保证所有参与主体能够理解框架的构成及其内容,这样才能保证各参与主体理解、掌握并运用。

2. 易操作性原则

BIM 合同管理框架要服务于全部参与主体,必须具有可操作性,方便各方主体使用,保证该框架的存在与完善。

3. 可扩充性原则

BIM 合同管理是一个动态过程。随着项目的进展、市场经济、技术环境的变化以及项目全体参与人员认知能力的提升,需要对原有的合同管理框架进行不断的修改、补充和完善,因此,BIM 合同管理框架必须遵循可扩充性原则,促进合同管理框架的不断发展与完善。

4. 易维护性原则

BIM 合同管理框架的使用者是项目各方参与主体,因此,框架的构建必须保证各主体对其进行维护的可能性与方便性。

（二）BIM 合同管理框架构建思路

项目的展开起源于合同,合同贯穿于项目整个实施过程,是项目管理的核心。为保证项目有条不紊地进行,必须妥善处理好各种合同关系,项目合同关系如图 7-11 所示(从承包商角度)。因此,建立 BIM 模型,并以其为载体集成全部相关项目信息,协同工作,实现信息化管理,确定构建基于 BIM 技术的合同管理框架总体思路:管理框架必须集成与合同谈判、签订、履行、调整、再履行等各个过程有关的全部信息,利用 BIM 模型的信息集成与信息共享功能,通过 BIM 模型储存并分析与合同相关的全部信息,实现动态跟踪,并及时反馈,实现全过程、动态的合同管理。

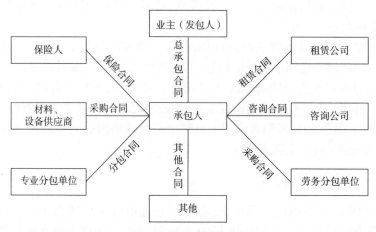

图 7-11　BIM 合同关系图

基于 BIM 技术的合同管理框架由数据库、模型层及合同管理功能层三部分组成,如图 7-12 所示。其中,BIM 数据库是一个集成型数据库,集成了项目的全部信息,通过该数据库,整个项目中签订的合同文件可以在不同阶段、不同参与方之间传递和共享,保证项目参建各方可以获得一致的信息,可以有效避免信息获取障碍,防止信息孤岛;模型层是该管理框架的核心部分,链接着数据库和合同管理功能层。合同管理功能层实现了 BIM 技术下合同管理技术的提高。

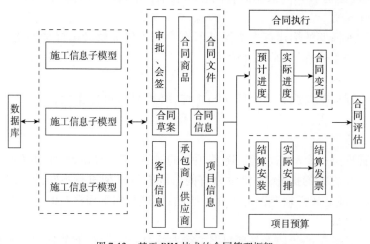

图 7-12　基于 BIM 技术的合同管理框架

（三）BIM 合同管理的数据库

BIM 数据库实际上是一个信息集成平台,包含与项目有关的全部信息,能保证可以根据需要随时从这个数据库中提取所需要的信息,从而真正地实现项目协同工作。同时,不同的参与主体还可以根据具体情况对所获取的信息进行扩展,并反馈到模型中,既丰富了项目信息资源,又可以避免重复劳动,防止信息冲突,提高信息利用率,节约工期和成本。BIM 模型的构建过程会形成海量的项目信息,在合同管理方面很多信息是不相关的甚至是毫无作用的,所以需要对 BIM 模型中的信息进行分类与管理,提取与合同管理相关的信息。为实现上述目标,BIM 模型数据库应具有数据存储、数据管理、模型编辑、数据共享、数据交换五大功能。

（四）BIM 合同管理的模型层

在基于 BIM 技术的建设工程合同管理模型框架中,模型层是核心,为实现功能层所设定的合同管理目标,从上述的集成数据库提取信息,构建模型。根据模型构建的三个阶段,将其分为以下三个模型:

1. 设计信息模型

设计过程是模型构建的起点,项目大量的基本信息创建于本阶段。与传统的按建筑、结构、水暖电、装修顺序设计的过程相比,在 BIM 技术的支持下,各专业工程师可以进行协同设计,并将设计成果实时共享,及时发现问题,如图 7-13 所示。

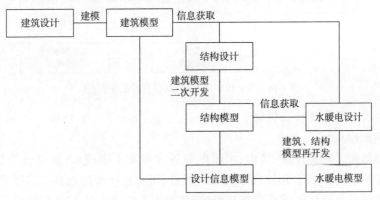

图 7-13　设计信息模型形成过程

2. 施工信息模型

BIM 技术的推广与运用,根据工程管理目标,在施工阶段,可以以设计信息模型为基础模型,对模型进行深化开发与补充,设计特定功能模型,满足项目进度管理、质量管理、成本管理、信息管理等各方面的需求,形成完整的施工信息模型。施工信息模型的数据信息由以下两部分组成:

（1）基本信息。基本信息是施工信息模型构建的基础,通常是由设计阶段从建筑、结构、水暖电各专业工程师构建的设计信息模型中获取,与模型本身直接相关,如高程、空间布局等。

（2）扩展信息。施工信息模型中的扩展信息是指施工管理团队在设计信息模型的基础上,为满足施工管理需要而对原有模型所进行的补充及再开发所形成的数据信息,这些数据无法直接由设计信息模型提供,如施工场地布置、进度规划、施工组织与施工工艺等。

3. 运营管理信息模型

运营管理信息模型是为了满足在项目建成后对建筑的维修与保养所构建的。基于设计信息模型和施工信息模型所创建的运营管理信息模型,不仅可以避免大量存储竣工图纸及文件、节约成本,还可以在运营管理过程中随时根据实际情况对模型进行修改、补充与调整,保证模型与实际情况保持一致。此外,项目运营管理团队还可以根据实际需求,对模型进行再开发,增加运营管理功能模块,更好地服务于项目的运行管理。

(五)BIM 合同管理的功能层

为满足项目在设计、施工、运营阶段的各类合同管理的需要,各阶段 BIM 信息模型具备不同的特点功能。基于 BIM 技术不同阶段的合同管理流程图如图 7-14 所示。在设计阶段,从设计信息模型中提取信息,进行勘察类合同管理工作;在施工阶段,从施工信息模型中提取信息进行施工类合同管理;在运营阶段,从运营管理信息模型中提取信息,进行运营管理类合同管理。具体从设计阶段、施工阶段、运营管理阶段分别阐述。

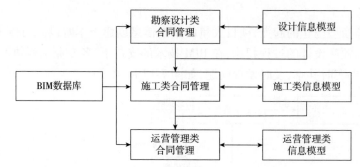

图 7-14　基于 BIM 技术不同阶段合同管理流程图

1. 设计阶段合同管理功能模块

1) 碰撞检测模块

碰撞检测是为了防止建筑、结构、水暖电等各专业发生碰撞、布置重叠等设计不合理现象而进行的专项活动。基于 BIM 技术的协同设计,可将这些碰撞点在三维图形中高亮显示,及时反馈给相关专业设计师进行调整与修改,从根本上解决上述不合理的现象,提高出图质量,而勘察设计类合同交付成果的质量直接取决于交付的图纸、文件的可实施性与经济性。基于 BIM 技术的碰撞检测流程如图 7-15 所示。

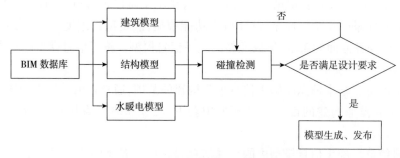

图 7-15　基于 BIM 技术的碰撞检测流程

2）工程量统计与投资估算模块

投资控制一直是勘察设计合同的一项重要内容，即在限额投资范围内寻求最优设计。BIM 设计信息模型可以直接生成相应的工程量和成本价格信息，与传统方式相比，更加快捷、高效。基于 BIM 技术的工程量统计与投资估算流程如图 7-16 所示。

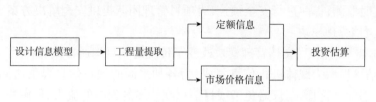

图 7-16　基于 BIM 技术的工程量统计与投资估算流程

3）支付与结算管理模块

任何一份合同中关于合同价格与结算支付的规定通常都是重要条款，勘察与设计类合同也不例外。支付与结算管理模块需将合同价款支付节点与设计工作进展关联，设置设计进度支付风险点，实现实时跟踪与管理，保证设计工作进展、价款支付与合同约定同步。另外，支付与结算管理模块还需提供支付记录查询、支付统计、变更管理及执行偏差分析等附属功能，及时推送相关责任主体，防止管理漏洞，避免合同纠纷与扯皮。

2. 施工阶段合同管理功能模块

1）进度计划与执行模块

进度作为施工类合同的一项重要内容，其目标实现与否直接关系到项目的投产与使用、合同价格支付等，至关重要。为满足进度计划、执行、跟踪、调整、再执行的要求，BIM 施工信息模型应利用施工过程模拟技术进行资源需求计划编制、进度模拟，并与合同有关进度条款进行关联，设置管理指标值，实时动态跟踪、动态反馈、动态调整。

2）质量控制模块

基于 BIM 技术的施工信息模型可以在施工前进行整个施工过程模拟，完成施工顺序模拟、施工工艺模拟，对施工难点、要点进行全面梳理，这些均应在实际施工过程中作为质量控制点进行严格把控。模型应根据既定规则将这些质量控制点进行分类、分级，生成质量控制表，在实际施工过程中由专业工程师根据实际情况填写，并反馈到模型中，模型根据质量反馈信息与相应的质量标准进行分析对比，形成质量评价报告，作为质量评定依据，与合同相关质量条款进行关联，分析合同履行情况。

3）成本控制模块

成本控制的原则是在投资限额内，以尽可能低的成本来完成项目的实施任务。成本数据的归集是确定项目能否盈利及盈利多少的关键。基于 BIM 技术的成本控制模块通过集成模型基本物理信息、工程量信息、项目资源信息等，随时生成项目实际成本数据，进行成本核算。

4）支付、签证及索赔管理模块

设置合同支付、签证及索赔管理模块，目的是为了了解合同费用控制情况，并进行汇总、对比、分类、记录及统计。一方面，在进行合同支付时，若涉及时间、金额限制及付款条件时，可以增加设置风险管理机制；另一方面，在进行项目月度、季度或年度总结时，可以根据具体时间跨度的需要,随时从中提取相关数据,提高工作效率。

5)安全监管模块

项目实施必须时刻强调安全,基于 BIM 技术的安全管理,可以通过施工过程模拟,对施工过程中的不安全因素、安全隐患及工人、管理人员的不安全行为进行模拟与分析,并借助摄像机进行实时监测,提前进行安全预控,为项目管理团队提供安全解决方案。

6)信息、文档管理模块

基于 BIM 技术的信息、文档管理模块改变了传统的项目沟通方式,避免了与项目过程的割裂,以项目信息模型为载体进行信息集成,为各种来源的项目信息提供协同工作平台,进行全过程的动态信息管理,不仅避免了项目信息在传递过程中的流失,还解决了信息传递的延误问题。

3. 运营阶段合同管理功能模块

1)设备、管线维护管理

运营阶段的信息模型集成了项目设计阶段、施工阶段的全部信息,既包含项目设备、管线位置、走向、系统分类等信息,也包含设备、管线的实际施工过程信息。在运营管理阶段,通过专业的建筑运营管理软件对设备、管线运行状态情况的实时监测,随时对其使用状态进行查询,待其发生故障或损坏时,根据基于 BIM 技术的运营管理信息模型制订维护方案,及时解决故障,保证建筑物的正常高效运行。

2)灾害预防与紧急救援

基于 BIM 技术的信息模型可以进行灾害模拟,根据不同灾害类型,分析建筑物发生破坏的部位及其严重程度,进而制订针对性的防护方案,在正常的运营管理过程中进行积极预防,消除灾害发生的条件,降低灾害发生的可能性。此外,在发生灾害时,BIM 信息模型的3D 表现形式及庞大的信息集成功能,可以帮助救援人员在第一时间了解建筑物的空间布局、设备、设施运行状态,制订救援方案及逃生路线,提高灾害应对能力。

四、BIM 合同管理模块分析

BIM 信息集成平台是一切 BIM 应用的基础。在 BIM 信息集成平台上,可以实现以下功能:BIM 模型的版本管理;工作空间定义,支撑基于工作面的现场管理。基于此,对 BIM 模型提出以下几点功能需求:建立一个 BIM-5D 模型平台、工程进度动态管理、图纸变更的动态管理、合同管理、成本管理、工程量的自动计算及商务管理、运维信息管理、劳务信息管理、碰撞检查。

在 BIM-5D 模型平台的界面设计时,需要解决在多专业、多工作面同时工作的状态下,时刻清晰地掌握每个工作面的工作状态,是所有管理工作的前提。将所有工作面在模型中定义为虚拟构件,虚拟构件需能与进度计划的某一层级关联,将工作条项作为该构件的选择项,在现场实际施工中,每项工作完成后,由实施单位进行勾选,对已进行的各工作面状态做出更新。同时需考虑可实现根据工作进度的管理,提醒各部门需即刻进行的工作。在进行管理时,需建立专项平台,这样所有图纸、合同、变更等均能与模型中构件进行关联,每个构件均需有与其关联的目录,并可与之关联,管理界面需要能反映所有的变化过程,以及与变更有关的详细交叉引用关系。BIM 平台需逐级导入各专业软件的图形信息和各种属性信息,多专业软件统一到平台后模型可自动统一,信息可自动关联对应;各专业软件之间图形信息需及时互通,并且不能丢失属性信息,最理想的状态是可以实现 BIM 平台的模型和信息与各软件之间能够实时同步,若技术难度比较大,需有详细的替代方案。

(一)BIM-5D 合同管理模块的功能需求

BIM-5D 平台中的合同管理模块要实现以下功能:实现工程量的自动计算及各维度(时间、部位、专业)的工程量汇总,利用 BIM-5D 模型实现按工程量、清单价格、合同价格、实现收入、预算、成本的三算对比。建设工程的施工总承包合同管理是自建筑施工开始至竣工完成的一个过程管理,因此,必须从初期的合约规划到后期竣工结算的全过程进行需求分析。

进行合约规划时,合同管理模块要提供系统录入新增合约的功能,以便用户录入合约基本信息;在新建合约的时候,可通过查看合同条款的功能查看承包合同条款,并且可以看到规划合约的签约情况;模块设置合约对应工作项,方便查看合约对应工作;设置合约费用明细查看项,使得施工项目新增费用项可以对应到总包清单项的人、材、机、包工包料上。在规划合约签订情况即合同登记时,合同管理模块提供从合约规划项选择的功能来提供合同中的费用明细,通过选出某规划合约中明细清单,将该登记合同与明细清单中所有合约项对应,来表示此类对应合约已签定。在查看承包合同清单签约状态时,可以看到承包合同对应清单下人、材、机、包工包料是否签相应合同,且可以看到签约合同的名称。

在收入合同条款、相关文件信息、合同清单信息时,合同管理模块提供收入合同和补充协议的录入界面,用户录入并编辑修改合同的基本信息;同时系统提供合同附件的挂接界面,用户可将合同文件、各种答疑说明以附件的形式放置在 BIM-5D 模型的合同管理模块中;合同页面提供查看合同清单的功能链接,通过专业进行过滤,可查看清单项的合同具体信息,并且随时查看合同清单信息。

收支合同变更、报量、结算、支付时,要提供相关明细及累计汇总信息。合同管理模块可提供图表显示的台账功能,图表从而直观体现收入合同截至目前的变更、报量、结算、支付情况,表格则显示图中体现的合同对应的数据。模块提供时间段设置,可查看任意时间段内收入合同的变更、报量、结算、支付情况;选择具体合同时,可查看合同中具体某期变更、报量、结算、支付的情况。

对于劳务分包、专业分包等结算、签证、报量、结算、付款的时候要提供时间、金额提醒。具体的结算、签证等信息可以支持手动录入,系统提供结算等的费用明细,并提供导入导出送审 Excel 费用,从对应合同选择、添加送审结算的费用明细,用户在系统外形成完整文件。对于此类结算报量的合同信息,可以由总包在系统外审核,将审定的结算书以附件形式挂接到当前合同结算,可点击查看结算书。

考虑到施工过程中涉及的合同管理工作种类繁多,需要在 BIM-5D 模型的合同管理模块中加入以下功能:业主报量包括总承包合同登记及结算、专业分包登记及结算、劳务分包登记及结算、合同变更及索赔明细、风险管理及风险项监控处理等,如图 7-17 所示。

(二)BIM-5D 合同管理模块的模型构建

BIM-5D 模型的合同管理模块实现了合同条款分类查询以及实时成本三算对比,大幅提升合同、成本管理方面的合同查询以及分析效率。合同管理模块的核心功能是对合同进行

实时管理,提供管理机制并能提供实时的成本分析,这就需要合同管理模块至少应包括:

（1）分解功能,即将主分包合同进行分解,使得合同管理模块能够自动关联预算软件和专业软件的工程量（BIM 平台需与各软件统一编码,不同构件的信息需能自动关联）。

（2）主合同条款分解与关联,通过设置各条款的风险控制指标限额,来进行结算与付款程序各项工作、配合分包完成各项工作、付款超限管理、物资计划管理与实时消耗管理、月度及实时结算管理。

（3）能够根据工作进度和所有实际单价自动实时汇总不同分包单位的已完产值。

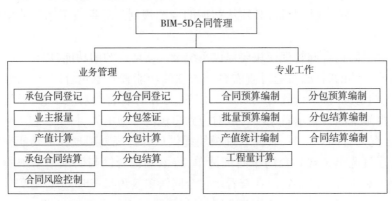

图 7-17　BIM-5D 合同管理结构图

其中,合同拆分（招投标、合同、预结算、结算）的初步要求有以下几点:首先,主合同按收支节点拆分与进度中某一层级关联（或多个层级）,主合同实体工程量的约定条款分通用和特殊两类,通用条款批量关联到每一个构件,特殊条款关联到部分构件;然后,主合同针对措施的条款按收款节点拆分,拆分后应有单价信息,可自动二次关联进度或工程量形成实时成本,分包合同按付款节点拆分并与进度中某一层级关联（或多个层级）,不好拆分的条款可按一定比例分摊到每个付款节点中去,并与进度某一层级关联,以此实现信息的自动关联对应和实时同步,并且能够自动汇总。

实现工程量的自动计算及各维度（时间、部位、专业）的工程量汇总:在 BIM-5D 模型中事先建立基于利比清单工程量的计算规则,建模时设置相关属性实现清单与模型对接,编制计划时指定相应属性,实现任务与模型对应,根据自动汇总计算已完计划任务下的利比清单工程量;将合同中的费用进行文字说明,结构化为费用项形式,事先建立合同明细与利比清单的对应关系,利用 BIM-5D 模型的算量功能定期自动计算分包合同明细工程量。

实现主、分包合同单价信息的关联:将总包及分包合同清单及单价构成导入系统中,在各类合同登记中,均可在合同的明细页签中录入造价相关内容,在支出类合同登记中,将合同文本中描述的费用相关文字结构化为单价、数量的形式,在合约规划、支出类合同登记中,均可进行合同明细对应总包合同清单构成,在成本核算时,指定核算期间,系统自动按照成本项目计算收入、预算成本、实际成本数据;对系统自动核算的结果,进行修改并补充未计算项目,在成本分析中,查看系统给出的成本盈亏、节超分析结果,根据分析结果,可追溯成本核算的明细内容做进一步分析。

实现预算、收入、支出的三算对比:在合同管理模块,根据工程量自动计算功能以及录入系统的清单、合同价格来实现收入、预算、成本的三算对比,可以很好地对工程的所有收入与支出进行实时了解。

五、BIM 合同管理实施保障

(一)BIM 合同管理过程

在 BIM 合同管理过程中,将 BIM 技术引入建设工程合同管理中可以实现合同的动态管理过程,提高管理效率,降低合同风险。通过 BIM 信息模型,可以时刻追踪项目的实际进度和费用,动态对比合同签订时的项目信息,这时的合同管理已不再仅是合同签订时的管理,而是在整个项目全寿命周期内的动态合同管理。

在实际项目进行中,首先,如果追踪合同信息发生与约定不符的情况时,要及时协商,如果是由于设计考虑不周或施工环境发生变化导致的,业主、业主代表或工程师可以随时提出变更。此外,承包商在项目施工过程中,若提出有利于项目实施的建议,该建议经业主认可后,承包商也可据此提出相应的工程变更。

首先,从合同管理角度来讲,工程变更就是合同变更与调整,合同双方需协商一致,签订补充协议,并明确相应作废的条款、协议;其次,对于变更后的相关合同信息要及时输入到模型中,以便对合同信息进行有效存储与动态跟踪。

(二)BIM 合同管理实施的制度保障

合同内容的完善与否直接关系到项目风险的预防、规避和分担,而行业合同管理体系是否完善则关系到合同纠纷能否得到有效处理和及时化解。尽管 BIM 技术的提出已有数十年的时间,但由于种种原因,我国的 BIM 研究水平还十分滞后,对于 BIM 在建设工程各领域的应用指导还十分欠缺,未能形成成熟可行的应用保障体制,无法满足实践应用需求,为使 BIM 技术真正能够在建设工程合同管理中发挥作用,必须构建完善的体制保障制度。从法律的层面来规定 BIM 技术在项目合同管理中的应用需要确立法律条款,这是短时间内无法完成的。而要在短期内促进并保障 BIM 技术的应用,则可以从建设工程合同示范文本层面考虑,即先尝试通过合同专有条款或合同附件来规定 BIM 技术的相关应用标准。基于 BIM 技术的合同文件至少应包含以下几方面的内容:

1. 确定信息管理者

目前,对项目资料文档的管理通常由发包人、承包人、监理人分别进行,各自为用,互相之间无法实现信息共享,不仅如此,由于上述部门分别完成自己的资料,其在资料信息的一致性方面还经常出现错误,导致信息失真。应用 BIM 技术,信息的存储和使用实现共享,集中在共同的平台上,相较于传统的信息存储管理方法,基于 BIM 技术的信息管理,信息量更为集中庞大,应由专人负责。

BIM 模型由设计信息模型、施工信息模型和运营管理模型构成,是一个不断补充与完善的过程,同时,由于各阶段模型所关注的重点不同,则对相应建模人员的能力需求也会有所差异,三阶段模型分别由设计单位、施工单位和运营管理单位作为责任主体来进行模型构建,但因为三者分别属于不同的单位,无法实现无缝交流与及时沟通。因此,为保证模型的完整性与一致性,三方都必须明确委派一名专业模型管理人员,负责信息传递、模型创建与完善,并落实责任追究制度,确保模型的准确性。另外,模型信息的传递并非单向不可逆的过程,三阶段的模型管理人员在任何时候发现模型中存在的问题都必须及时沟通,将信息及时反馈到该阶段的模型管理人员处,由其进行汇总并反映到 BIM 模型中去。

由此可见,由于 BIM 模型在设计、施工及运营管理三个阶段是不断深化与完善的过程,为确保模型的延续性与准确性,在各阶段各责任主体履行好本阶段模型构建职责的同时,还需与其他阶段密切沟通,确保信息的及时、准确沟通。因此,在明确各阶段模型管理人员的同时,还需要由业主来进行总体协调,促使各阶段的模型管理人员高效完整地履行本阶段的全部职责。

2. 风险分配

对于 BIM 应用来说,如何明确划分各阶段交付成果的界面是模型构建过程的一个难题,经常会引起彼此间的争议与责任分担不明的问题,为尽可能避免与分担风险,必须引入合理的风险预控与分担机制。

(1)依赖他人成果的风险。BIM 模型构建是分阶段进行的,后一阶段的模型是以前一阶段的模型为基础而进行的二次开发,若前一阶段模型有错误,则必然导致后一阶段模型的缺陷。为避免上述风险的发生或在争议发生时能够迅速找到解决方法,必须确保各阶段模型的准确性,责任主体需对其构建的模型负责。

(2)管理与他人的成果有关的损害风险。在项目的不同阶段,模型的使用者和参与者都不同,所以这一风险不可避免,这一风险的分配需要明确规定项目参与者应尽其最大的努力去减小索赔的风险。因此,任何时候任何阶段的模型管理员发现模型存在错误或缺陷时,必须在第一时间进行沟通、确认,防止错误积累。

(3)配套软件风险。一般来讲,业主作为 BIM 模型构建过程的总协调者,需要对 BIM 模型的构建承担最大的责任。当然,随着信息技术的发展,软件的稳定性与可靠性不断增强,风险发生的可能极小,除非人为造成,否则通常不会发生意外的损害事故。

3. 明确知识产权归属

BIM 模型是在多方主体共同参与下完成与完善的,而且 BIM 模型中信息的传递过程又较传统过程更加快捷与容易,各阶段的模型责任主体为保证自己完成成果的完整与可靠性,必然十分重视对其完成的阶段性成果的保护。因此,明确模型的知识产权归属十分必要,也是强调信息安全的重要体现。

BIM 建模需要依靠软件实现,因此 BIM 模型中知识产权的问题实质是软件著作权的保护问题。根据《中华人民共和国知识产权法》的规定,著作权由人身权和财产权两部分构成。鉴于软件作品的易复制性,强调软件著作权保护主要就是为了防止他人对其产品的非法复制与使用,但是保护必须适度,因为对 BIM 模型的著作权进行过度保护则会影响模型在项目下一阶段的利用与再开发,例如在项目维护、物业管理阶段,如果著作权的保护规定得过于严苛,那么模型不能在这个阶段利用,也就不能发挥模型的价值。所以,在合同文件中,应该明确规定模型的知识产权,并注重保护的限度。

由于软件及信息的易复制性的特点,因此,对 BIM 模型著作权侵害最主要的方式就是因抄袭复制所导致的侵权与损害行为。虽然软件的开发与研究过程十分费时、费力,但是其完成成果的传播速度却十分迅速,对软件作品的著作权保护就是对其独创性的保护,所以,在进行软件作品著作权申报时必须对其独创性进行详细描述,明确权利覆盖范围,这样既能有

效地保护自己利益,又不影响他人的创新进步。所以,合同中有关 BIM 模型知识产权归属保护的约定,应至少涵盖以下内容:

(1)模型创作者的所有权以及参与者的使用权。BIM 模型构建过程具有动态性,虽然多方主体参与,但首先应确保各阶段模型构建者对其所构建的模型享有著作权;其次,为保证模型的再开发、应用与完善,上一阶段模型的著作权人应确保下一阶段模型的构建者对其享有著作权的模型享有使用权与改编权,但是对使用权限、使用范围及改编内容都应做出明确约定。

(2)模型的最终所有权。一般来讲,模型所有权归业主(发包人)或设计人。BIM 模型的构建是由业主委托相关设计、施工和运营管理单位完成,双方可以通过约定来决定著作权的归属,既可以归业主所有,也可以约定归上述单位所有。但是,考虑实际操作过程中,设计、施工和运营管理单位并非一家单位,若约定分别规定对各自完成的阶段模型享有权利,不利于模型的利用及项目实施,因此,建议应在合同中明确约定 BIM 模型的著作权归业主所有,但保留他们各自的署名权。此外,当业主要将模型用于委托设计方设计的项目范围之外时,要获得设计方的许可并支付使用设计成果的费用,否则会丧失设计方对业主的许可。

(3)模型在不同阶段著作权使用许可。在项目的全寿命周期过程中,项目设计、施工到运营维护子模型的构建分别由不同单位完成,各阶段都需明确指定模型管理员,不同的责任人需要他人辅助共同完成项目时,就需要对其进行模型著作权的使用许可。因此,双方间需要对著作权许可使用进行明确约定,约定内容应包括如下部分:

①合同的形式。《著作权法实施条例》中第 23 条明确规定,对专有使用权应采用书面形式。尽管,对于 BIM 的著作权来说,BIM 模型在不同阶段的许可使用权是非专有的,不具有排他的效果,也不一定要采取书面形式,可以根据当事人的意愿决定。但考虑到知识产权的专业性、难理解性等特点,所有有关知识产权的约定都应采用书面形式进行。

②权利内容。权利内容是指对著作权许可使用的权利种类、期限、是否专有使用等方面的约定。由于法律对著作权的保护期限一般为权利人的有生之年及其死后 50 年,因此,许可他人使用的期限必须限定在此时间范围内,不可逾越这个区间。另外,对著作权的许可使用应在合同中明确该许可是否具有排他效力,即是否是专有使用,区分专有使用权和非专有使用权。同时,合同中还应明确约定被许可人是否可以就相关权利再许可他人使用,再许可是否需要经过权利人的同意等问题。

③使用范围。由于著作权具有地域性的特点,合同对著作权许可使用的约定只有在特点的地域范围内才具有法律效力,通常这个效力范围以国家为界限,但从公平、合理的角度出发,双方仍应对此做出明确的约定。

④使用费。许可使用一般是著作权里的财产权,具有经济价值属性,许可人通过向被许可人授权使用特定种类的权利是可以获得经济回报的,但是对这种经济回报的度量应以国家相关的取费标准为依据或根据市场行情确定。

(三)BIM 合同管理实施的技术保障

1.确保各参与方完成本职职责

基于 BIM 技术的建设工程合同管理,其应用的核心是借助 BIM 模型所提供的协同工作平台,在充分实现项目合同信息共享与交互引用的基础上,实现建设工程合同管理的既定目标。BIM 模型作为一个动态完善的过程信息模型,其可靠性与完整性取决于模型原始信息输入的准确程度与全面程度。通常,一个完整的项目信息模型需要经过设计、施工和运营管理三个阶段,各阶段的责任主体单位需要各司其职地完成其本职工作,确保本阶段所导入的信息的准确性,并能与前后阶段的相关人员保持密切沟通,随时调整,实现 BIM 模型的信息集成,从而达到精简合同管理过程、提高合同管理效率的目的。

(1)业主总协调。业主是项目的投资者、使用者,通常也是 BIM 模型的所有权人,统领项目各个参与方,由于设计、施工、运营管理单位都只是在项目的某一特定阶段参与到项目中来,对项目的全面认识均不及业主清晰明确,由业主作为 BIM 技术在项目全过程中的应用的主导方,可以充分发挥业主的地位优势和资源优势,来督促各方实现 BIM 的全过程应用,规范应用过程,确保合同管理目标的实现。

(2)阶段责任制。阶段责任制强调的是,虽然项目业主应该作为项目 BIM 应用的总协调者,但毕竟具体的工作分别由设计、施工和运营管理单位来完成,其对具体工作的了解与把握程度肯定不如具体实施者,仅是从整体上来进行主导与把控,业主没有条件,大部分情况下因缺少专业人员也没能力从细节上进行全过程控制,这就要求各阶段的模型构建者具备很高的职业素养,对自己构建的阶段信息模型的准确性、合理性承担责任。同时,前一阶段的模型构建主体,还需要为下一阶段的模型使用者提供帮助,确保模型在项目全寿命周期过程中的延续性,最终交付业主一个准确、完整的 BIM 模型,并以此为基础进行本阶段的合同管理。

(3)其他参与方的配合、协助义务。BIM 模型一般由设计方、施工单位和运营管理单位共同完成,它们构建了模型的整体框架,受制于资源的有限性,无法提供模型构建过程中需要的全部信息,这时就需要借助项目的其他参与方,如政府机构、材料、设备供应商等。这些非常规模型构建主体有责任、更有义务参与到模型的构建过程中来,提供模型创建所需要的资料、信息,同时,业主作为总协调者,应与其约定,明确其在创建模型过程中的配合、协助义务。

2. 重视人员培训

基于 BIM 技术的建设工程合同管理,要求管理人员必须同时具备 BIM 应用及合同管理方面的知识储备,涉及 BIM 理论与配套软件应用、信息技术、建设工程法律法规、合同管理等内容,合同管理人员作为具体工作的实践者必须掌握上述基本知识,由于 BIM 属于新技术、新方法,所以必须对其进行针对性的培训,建立完善的培训体制。

(1)BIM 软件等相关信息技术的培训。BIM 技术在建筑业的迅速推广与应用,引导着建筑业的发展方向,正在引发建筑业发展的技术革命。BIM 的应用不同于传统建筑业软件的推广与使用,更多的是一种管理理念、管理思维的转变,而且其配套软件种类十分丰富,需要掌握的内容多,因此,需要由专业的机构对合同管理人员进行系统的软件应用培训。

(2)组织文化与团队协作建设。BIM 模型的构建由多阶段、多方主体共同完成,信息的传递需要团队的密切协作,因此,为保证协同工作的效果与质量,为了团队目标的实现,必须培养大家的团队意识,进行组织文化建设,强调团队间的彼此信任。

3. 软件与硬件平台确定

BIM 技术的实施与应用离不开配套软件与硬件的支持与保障,软件、硬件的技术开发与研究是实现基于 BIM 技术的合同管理的基本条件,是技术层面应用保障的核心。总体来讲,设计方、施工单位、运营管理单位和作为 BIM 总协调的业主都应装备满足自身使用需求的软件、硬件,从技术上保障 BIM 模型的构建。

章后习题

1.谈谈你对 BIM 与综合项目交付方式的理解。

2.谈谈 BIM 与工程进度管理是如何结合的。

3.谈谈 BIM 在全过程造价管理中的具体应用。

本章参考文献与延伸阅读

[1] 李鹏.基于 BIM 的 IPD 采购模式研究[D].辽宁东北财经大学,2013.

[2] 项目经理部落. http//mp. weixin. qq. com/s? biz = MzA4NjM3ODgzMA = = &mid = 402000617&idx = 2&sn = b4ac60865fc29d8b789dd9eac07e5be7&scene = 23&srcid = 0204bvl6K9Pron1fylwiRVMX#rd.

[3] 胡琪.基于 BIM 技术的建筑项目进度总控方法研究[D].广州:广东工业大学,2015.

[4] 赵彬,王友群,牛博生.基于 BIM 的 4D 虚拟建造技术在工程项目进度管理中的应用[J].建筑经济,2011,09:93-95.

[5] 车谦.基于 BIM 的施工项目进度风险预警研究[D].哈尔滨:哈尔滨工业大学,2013.

[6] 魏亮华.基于 BIM 技术的全寿命周期风险管理实践研究[D].南昌:南昌大学,2013.

[7] 刘安申.基于 BIM-5D 技术的施工总承包合同管理研究[D].哈尔滨:哈尔滨工业大学,2014.

[8] 张姝.基于 BIM 的建设工程合同管理研究[D].北京:北京建筑大学,2015.

[9] 林庆.BIM 技术在工程造价咨询业的应用研究[D].广州:华南理工大学,2014.

[10] 李菲.BIM 技术在工程造价管理中的应用研究[D].青岛:青岛理工大学,2014.

[11] 方后春.基于 BIM 的全过程造价管理研究[D].大连:大连理工大学,2012.

第八章　BIM大数据策略与应用管理

本章主要介绍 BIM 大数据策略与应用管理,着重介绍 BIM 大数据的发展过程、特点、作用及大数据的管理与应用。要求学生了解 BIM 大数据策略的优势、作用及常用的应用模式。

第一节　BIM 大数据简介

一、BIM 大数据的发展过程

BIM 的智能开发和分析能力已经成为从业人员和研究人员关注的重要领域。在建筑工程领域中,BIM 的智能开发和分析能力的应用程度,体现了当前各个行业组织需要解决的问题,特别是与数据相关的问题的规模和影响。BIM 的智能开发和分析能力,与大数据分析领域紧密相关。BIM 作为一个建筑数据集成的方法,可以非常自然地和数据库管理系统相结合。其中,不同种类的数据库包括:

(1)属于建筑师和工程师团队的建筑设计数据库和工程设计数据库。

(2)属于建设单位的工期设计数据库、概预算数据库及各种建筑文件等。

(3)属于业主组织的业主方与工程相关的文件,设施建成后用户的意见反馈及物业管理数据库等。

(4)属于分包商团队的分包合同,分包工作范围,材料制作厂商的合同与工作范围及材料生产厂商的合同与工作范围。

(5)属于外部组织的社区管理规则,大型资产保险条例,大型资产贷款条例,以及政府机构的有关法规和制度。这些外部组织一般不算入建筑设计、工程设计或施工团队,但是它们会影响工程的审批和运行。

以上这些数据库的集成产生了大量的信息。BIM 功能的发挥在很大程度上依赖于各种数据的采集、提取和分析。BIM 模型涵盖的数据内容极其广泛。BIM 模型上的数据包括二维几何形状,物体的类型和属性,三维形状和关系,装配顺序,三维对象和组件等。图 8-1 以设计—建造(DB)类型的工程合同方式为例,显示了各种不同的BIM数据在设计—建造(DB)工程项目管理过程中的流动。设计—建造(DB)合同的应用是为了明确和巩固设计和构造中的责任,并形成一个单一的签约实体,从而简化业主的监管任务。设计—建造的合同队伍通常由具有设计能力的承包商,或者是承包商与建筑师共同构成。在如图8-1所示的BIM数据流模型中,业主直接与设计—建造的队伍签订合同,设计—建造的队伍根据业主的需要,制定准确的建设方案和原理设计图。然后,承包商估算出项目的总成本,以及设计和建造需要的时间。随后业主尽可能地提出所有要求修改的地方,并由合同队伍实施设计修改。所有的设计修改得到批准后,项目的最终预算也就此达成。需要注意的是,因为设计—建造的合同方式允许在设计过程的早期对项目进行修改,因此这些设计变更所需的时间和引起的成本变动也得以降低。DB承包商根据需要,可与专业的设计师和分包商建立相应的合同关系。这些合同关系通常是基于一个固定的合同价格,一般最低报价的分包公司将赢得合同。如果在预先定义的合同范围内,对于工程内容又有了任何进一步的更改设计,那么这种变更就成为DB承包商的责任。同样,如果工程建设中发现之前的设计有错误和遗漏,那么这也算是DB承包商的责任。使用设计—建造的工程合同时,基础部分和早期的建筑构件的图纸需要在施工开始前完成。团队可以一边进行详细设计,一边施工。由于这些简化工作的原因,建设过程通常完成得更快,产生的法律纠纷更少,并在一定程度上降低了总成本。

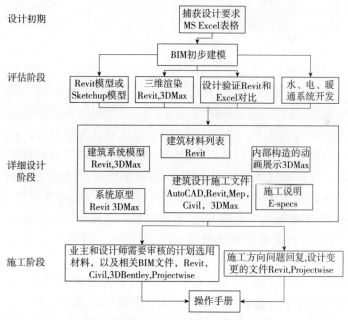

图8-1　不同的BIM数据在设计—建造(DB)工程项目管理过程中的流动

　　在瑞士的日内瓦举行国际标准化组织(ISO)年会时,发起了一个技术委员会,代号为TC184。专门负责制定一个叫作标准产品型号的交流数据(STEP)的标准,其编号为ISO-10303,以解决BIM的数据标准问题。他们开发出一种新的技术方法,目的是为了应对在进行数据交换的过程中产生的问题。在下面的章节中,会专门提到标准化对于数据交换和管理的重大意义。

二、BIM 大数据的三个发展阶段

BIM 大数据的发展过程大体上来说,经历了三个发展阶段。如图 8-2 所示 BIM 大数据三个发展阶段的详细情况。在第一个发展阶段,BIM 的智能开发和分析能力主要依靠传统的数据管理系统,而传统的数据管理系统大多要求数据要有一定的结构。通常由公司通过各种传统方法收集数据,并且将数据存储在商业用的关系型数据库管理系统(RDBMS)中。

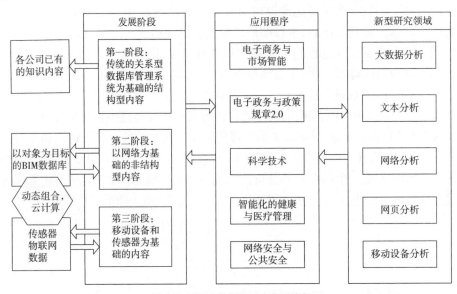

图 8-2　BIM 大数据的三个发展阶段

在 20 世纪 90 年代,这些关系型数据库管理系统十分普及,其中常用的分析技术主要植根于统计学方法和数据挖掘技术。数据管理和数据仓库被认为是早期商业 BIM 智能开发和分析能力的基础。数据集的设计,以及提取、转换和加载数据的工具是转换和整合企业特定数据时必不可少的。在传统的数据管理系统中,数据库查询、联机分析处理(OLAP)和报告等工具简洁直观。在信息系统(IS)和计算机科学(CS)的高等教育课程中,常常包括与这些基本功能相关的课程,例如数据库管理系统、数据挖掘和多元统计等。第一阶段的特征是智能管理,以传统的关系型数据库管理系统为基础,数据库主要是结构化的内容。在这个阶段,BIM 的概念还处于雏形时期,并没有出现成熟的 BIM 系统。

BIM 大数据的第二阶段开始于 21 世纪初,这一时期互联网和网络开始提供独特的、有关数据收集和分析的研究和开发的机会。BIM 大数据第二阶段的主要代表是基于 HTTP 的 Web 1.0 的系统,其特点是数据收集通过网络搜索引擎来进行,主要的网络搜索引擎的企业包括谷歌和雅虎。与此同时,电子商务企业,如亚马逊和易趣,开始越来越深入地影响着商务决策。Web 1.0 使企业能够在网上展示自己的业务,并与客户直接交互。此外,企业也可以把它们传统的、关系型数据库管理系统(RDBMS)内的产品信息和业务内容移植到网上,使这些信息成为在线内容。企业需要了解客户的需求,并确定新的商业机会。因此它们通过 cookies 和服务器日志来收集详细的用户信息。例如用户上网搜索的内容、用户特定的 IP 地址及用户在网络上的互动记录等。这些做法往往不会引起用户注意,它们是无缝的收集方式,并且已经为很多企业发掘出新的业务增长点,是价值巨大的金矿。网络 1.0 的数据收集往往不具备智能分析的能力。在网络 2.0(Web2.0)时代,网络智能化、网络分析和通过网络 2.0 为基础的社交媒体系统所收集到的、用户生成的内容是这个时代的标志之一。在这个阶段,数据管理的特征集中在文本和网页分析,以及非结构化的网页内容两个方面。

在 2000 ~ 2010 年,建筑信息模型(BIM)的开发和应用得到了迅猛发展。BIM 系统在这个时期的开发和应用主要集中在捕捉用户需求,观察用户的工作习惯,并与用户分享成功案例等。Web 2.0 的应用可以及时有效地收集大量的反馈,以及不同顾客群体的意见,从而帮助企业开发不同类型的业务。例如欧特克公司在更新 Revit 系统时,注意到用户在建筑、结构、水电暖通等建模时的不同需求,并为用户设计了不同的目标物体和参数变量。图 8-3 显示了 Revit 中一些有代表性的目标物体和参数变量。

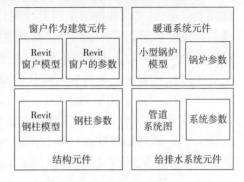

图 8-3　Revit 中一些有代表性的目标物体和参数变量

在 BIM 大数据的第二阶段,用户往往在需要了解有关系统功能或者功能的用法时,会使用基本的查询和搜索功能。有些 BIM 系统也提供了简单的针对建筑物体的查询和搜索。例如在 Tekla 系统中,用户可以对钢结构的元配件进行查询和搜索。目前在 BIM 系统中还没有实用和有效的相关功能,能够对 BIM 系统中的物体特性和限制关系进行查询和搜索。但是,人们正在逐步地把 BIM 系统与商业智能系统进行集成。这种集成的广泛前景已经吸引了来自学术界和工业界的积极参与,新的研究机会正在形成。另一个例子是在 Revit 系统中,它专门有一个 Autodesk Seek 功能,可以开启在线搜索引擎。当用户查询与关键词有关的 Revit 模型文件时,它可以将相应的搜索结果显示出来。

自 2010 年开始,BIM 大数据进入了第三阶段。在这个阶段,移动设备和传感器可以毫不间断地收集海量的数据。这种由传感器、读取器和路由器形成的物联网可以提供大数据分析所需的海量内容。BIM 模型把有关建筑的所有信息组织成一个完整的系统。它不仅是把那些看似不相干的部件收集起来,还可以进行冲突检测等多种工作。例如在给排水系统中,其设计会受到电力系统的影响,如果没有细致地安排这些系统的话,往往会在新建或改建工作中产生很多问题。要实现工程建设的效益,项目团队需要仔细安排施工建设的各个方面。从基础设施的地基开挖开始,然后进行分级和布局,到安装建筑系统、设备,以及建筑物饰面的装修等,事无巨细都要保证正确性。这种精确性需要每一位专业技术人员和各个行业的现场技术工人(从学徒开始一直到熟练的高级技术工人等)经过多年积累的经验才可实现的。建设行业需要有一个系统化的体系,将这些宝贵的经验和知识予以传承,来给入门级的新增人员展示如何使用"行业的工具"。建筑业知识管理的必要性也体现在从业人员的波动性上。建筑业发展有高峰期,也有低潮期,因而会造成建筑业就业的起伏。这会对招募、培训和维护那些有经验和技能的雇员的工作造成一定的困难。拥有良好的技术人员和技术工人团队,承包商才能保证好的工程质量。建筑业知识管理也可以帮助降低工程返工的可能性,并提高安全生产能力。物联网将对建筑业知识管理提供帮助,例如,物联网对于非结构型的知识管理具有明显的优势,建设人员所需的知识、技能,以及提高生产力和质量的一些功能等都可以通过物联网联系和组织起来。对建筑设计方面的知识管理来说,物联网有两个方面的优点:一是它可以直接用于建筑设计;二是它可以直接用于建筑的布局。未来的建筑物可能会有由物联网来连接所有设备的功能,而且不需要人为干预。那么关于物联网的设想,又如何影响未来的设计呢? 换句话说,"智能建筑"的设计与现有的"非智能"建筑的设计到底有哪些不同呢? 就当前的科技发展来说,提供一个明确的答案为时过早,要准确地预期将来的变化可能是什么,更是非常困难的。但是,可以确定的是,物联网的应用会更加普及和常见。在物联网时代的建筑将会有不同的设计理念,设计软件应用程序也将发生变化。关于 BIM 创作工具,一定会有更多的市场领军企业来利用由物联网创造的有关建筑元素的新特性,特别是那些新的"智能"特性。BIM 应用程序还必须考虑到这些智能元件之间是如何彼此相互作用的。BIM 应用程序要能够用数字的方式模拟这些相互作用,并将它们表现在建筑用户的实际生活中,实现建筑智能化。举例来说,当前的在建项目中,如果一个智能的结构梁和一个智能的构造柱彼此"知道"它们必须结合在一起,那么设计出的 BIM 模型就必须考虑到这一点。而且,该建筑的物联网要确保这个梁和构造柱以某种方式,正确地连接到了一起,这个连接还要完全符合这两个构件在 BIM 模型中所显现的方式。

另外一些物联网的应用,主要集中在智能恒温器、物联网与冰箱的交谈功能、物联网和动态感应灯光装置等,这些都是物联网应用在智能建筑物中所涉及的一些新设备。对于非智能建筑的智能化改造,可以从以下几个方面考虑:

(1)感应器网络和软件的专业化设置,能够监测居住者在建筑物内的运动位置。

(2)根据人群的集合密度,调整大楼里的取暖或冷空调温度。

(3)还可以根据太阳的位置变化,计算进入大楼的自然光,从而计算人工照明所需的光照量和能源消耗水平。这些物联网的功能为物业的管理和维护人员创造了很多的数据。物联网和 BIM 系统的结合是由专业人士开发的,适合建筑需求,是与时俱进的数据代表形式。设计人员、建设人员和物业经营管理人员都可以使用这些建筑模型,他们可以尝试建立效率最优的物联网,还可以在 BIM 物联网上添加不同的工艺和技术,促进建筑物的可持续性发展,这样将有助于大型资产的日常运营和管理。图 8-4 显示了一个办公室 BIM 模型中设立的物联网。

 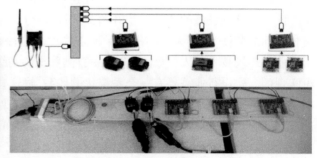

图 8-4　办公室 BIM 模型中设立的物联网(Autodesk Research,2015)

在 BIM 大数据的第三个阶段,移动设备和物联网完美地融合在一起。这个移动物联网的特征有以下几点:

(1)支持 BIM 大数据的高移动性。

(2)具有位置感知功能。

(3)以人为本。

(4)与应用环境相关的操作功能。

(5)与环境交互的功能。

这些将为建筑设计、工程计算和施工管理等行业提供独特的挑战和机遇。目前,与建筑业相关的行业中,移动界面、可视化和人机交互的应用也是被大家所看好的研究领域。在 BIM 大数据的第三个阶段,几乎可以肯定,这个时代的特征是移动设备和基于传感器的物联网。与此同时,以下几个方面是 BIM 大数据所面临的挑战:

(1)潜在移动设备的移动、分析和定位技术。

(2)环境感知技术。

(3)大规模和流动性强的传感器数据的收集、处理和分析。

(4)数据可视化。

如果没有数据集成,商业智能将无法实现。大多数针对移动类型的大数据以及商业智能中数据提取的相关学术研究目前尚处于萌芽阶段。

表 8-1 总结了 BIM 大数据三个阶段的主要特点。BIM 大数据在最近十年注定会是一个令人振奋和具有高影响力的热点,工业界和学术界已经做出了一些相关研究和开发尝试,也已经有一些具有创新精神的企业采用了 BIM 大数据作为知识管理和商业智能的尝试,这些企业力图在不断变化的市场竞争中,取得优势地位。从社会功能的角度来说,工程教育也面临着独特的挑战和机遇。从学科长期发展的角度出发,与 BIM 和大数据相关的科学技术和社会科学的一些学科也需要做出相应的调整。从事高等教育的人员,需要仔细评估未来学科的发展方向、课程设置及行动计划。

BIM 大数据三个阶段的主要特点　　　　　　　　　　　　　　表 8-1

	主 要 特 征	功 能	商 业 智 能
BIM 大数据的第一阶段	以数据库管理信息系统为基础,数据内容是结构化的 关系型数据库管理信息系统 数据仓库 数据的提取、转换和加载 联机分析处理 记分卡和仪表板 数据挖掘 统计分析	即席查询和基于搜索的商业智能 报告,仪表板和记分卡 联机分析处理 交互式可视化 预测建模和数据挖掘	基于数据列的数据库管理信息系统 内存式数据库管理信息系统 实时决策 数据挖掘工作指标

	主 要 特 征	功　　能	商 业 智 能
BIM 大数据 的第二阶段	基于网络的,非结构化内容 信息检索和提取 意见挖掘 答疑 网页内容分析和网页情报 社交媒体分析 社交网络分析 时空分析	—	信息语义服务 自然语言问题应答 内容和文本分析
BIM 大数据 的第三阶段	移动式的和基于传感器的内容 位置感知分析 个人为中心的分析 使用环境相关的分析 移动可视化与人机互动 移动型的商务智能	—	移动型的商务智能

三、BIM 大数据的特点

BIM 大数据的结构是不固定的,且取值范围时刻在发生变化。BIM 大数据的每一个元组可以有不一样的字段,每个元组可以根据需要增加一些自己的取值范围,这样就不会局限于固定的结构,可以减少一些时间和空间的消耗。使用这种方式,用户可以根据需要去添加自己需要的字段,这样,为了获取用户的不同信息,不需要像关系型数据库那样,要对多个表格进行关联查询。在非关系型数据库中,仅需要根据序号取出相应的值就可以完成查询。例如由传感器网络或移动式智能设备汇集的 BIM 大数据,一般就由非关系型数据库来管理。非关系型数据库由于约束很少,它也不能够提供像 SQL 所提供的那种对于字段属性值的情况进行的查询。

大数据与传统数据最本质的区别体现在数据的采集来源以及应用方向上。传统数据的整理方式更能够凸显群体水平,例如施工企业整体的技术水平,建筑市场发展状况,新材料和新技术的应用情况,房地产市场的社会性情绪,以及企业适应市场变化的情况,对政府服务的满意度等。这些数据不可能,也没有必要进行无休止、实时实地的连续采集。一般情况下,在对传统数据周期性或者阶段性的评估中,可以获得样本整体水平的概念。传统数据反映的是行业的因变量水平,即各个企业的经营状况如何,企业在技术、人力资源、设备、资产管理方面的发展状态如何,对市场的主观感受如何等问题。这些数据完全是在企业知情的情况下获得的,带有很强的刻意性和压迫性。例如在整理建筑企业资质情况汇总时,主要会通过量表调查等形式进行,因此也会给企业带来很大的压力。

对于 BIM 大数据来说,其特点主要体现在以下三个方面:BIM 大数据可能由网络生成,具有非结构化的特征;云计算与移动设备拓展了 BIM 大数据的应用空间;物联网与传感器为 BIM 大数据提供了源源不断的数据来源。以下内容会对这三个方面进行详细论述。

（一）网络化和非结构化

非结构化数据的每一个字段的长度可以是不相等的，并且每个字段的记录又可以由可重复或不可重复的子字段构成。非结构化数据包括文本、图像、声音、影视、超媒体等信息。BIM 的网络数据库主要是针对非结构化数据而产生的，与以往流行的关系数据库相比，BIM 网络数据库不需要受到关系数据库的结构定义和数据定长的限制。BIM 大数据中会存在重复字段、子字段以及变长字段，也会出现连续信息（包括全文信息）和非结构化信息（包括各种多媒体信息），收集 BIM 大数据，可以帮助管理人员去关注每一个用户个体的微观表现。例如在使用物联网的 BIM 大数据系统中，系统可以收集各种高度个性化的数据，包括用户在什么时候进入一栋建筑；在感受到什么样的室内温度和湿度时，面部表情和身体语言最为放松；在某一个商店逗留了多久；在不同的工作上休息的次数分别为多少，会向多少同事发起主动交流？这些数据对其他个体都没有意义，是高度个性化表现特征的体现。同时，这些数据的产生完全是过程性的，在工作过程、休息过程、购物过程或员工互动的过程之中，及每时每刻发生的动作与现象中产生。这些数据的整合能够帮助建筑设计人员、物业管理人员、物产开发人员、材料制造厂商等细微地观察用户的需求，从而帮助各行各业的从业人员找到问题的答案。例如：设计应该如何变革才符合用户的使用习惯，建筑设计是否是可持续发展的，怎样的物业管理方式和服务最受欢迎等等。这些数据完全是在用户最自然的状况下观察与收集的，它不会影响到用户的日常工作和生活。收集数据的时候，只需要具备一定的观测技术与辅助设备，就能够采集到非常真实的、自然的数据。

（二）云计算与移动设备拓展了 BIM 大数据的应用空间

在云计算出现之前，传统的计算机无法处理大量的非结构化数据。以 Revit 系统为例，如果没有云计算，Revit 系统就是一个驻内存系统。在使用 Revit 系统建模时，计算机的操作系统、Revit 系统、模型需要的族、所有相关的二维和三维的信息、物体的参数和参数规则等等，都需要载入计算机的内存。有时模型文件的内容过于庞大，使得建模操作变得极端缓慢。甚至仅仅是将模型转换一下视角的操作，用户都需要等待几分钟，更不用说利用模型生成渲染图。根据渲染图的精度要求，渲染的过程可能会持续几天，在这段时间里，渲染所用的计算机基本上被这一项操作锁死了。

BIM 云计算使得海量数据的存储、快速分析和操作成为可能。通过智能终端（例如手机、电脑、智能设备等）以及移动通信网络，BIM 团队可以收集和使用海量的数据。项目团队的每个成员，都可以在任何地方、在任何时间访问建筑信息模型或者使用建模技术。项目团队的每个成员通过鼠标的点击，几乎没有延迟、没有断点地挖掘无限的计算资源。即使是最复杂的建筑分析任务，也可以通过 BIM 云计算。例如对于建筑耗能的模拟分析，工程技术人员可以使用 iPad 作为移动终端，对云端服务器上的 BIM 模型进行调整，产生新的建筑耗能的分析和模拟。项目团队的工程合作是无阻碍的、无缝的集成。通过对于移动装置和物联网的管理，从业人员可以获得有关建筑、工程和施工的无限的专业知识。随着 BIM 云计算技术的不断成熟，工程团队的组建也变得非常容易，商业伙伴可以友好地融入项目团队中，不同的操作系统和应用软件可以快速集成。

BIM 已经显著地提高了项目团队的计划、建设和管理的建筑环境,与此相反,云计算提供计算作为服务,而不是提供物理产品。从本质上讲,它使设计、工程、施工公司通过互联网联系起来。在工程需要的基础上,各个公司租用相应的计算基础设施、软件和系统,这样一来,设计和建设团队的各个成员公司就不需要考虑信息系统的各种整合问题。云计算将这些公司从很多传统的成本和信息技术需要的基础设施的麻烦工作中解脱出来。

对于设计和建筑领域,云计算的设置和能力有以下几个独特的性质:

(1)无处不在的设备接入。使用云计算,人们可以访问任何设备上的项目信息和软件功能。这种信息或设备的访问,不受链接的位置或访问的时间限制。因此,对于无论是人流集中的地区,还是偏远地区的建设项目,工程团队的工作人员都可以通过无线设备接入云端服务器,来实现建模、模型或信息的更新、访问、交流、计算、模拟、分析等。

(2)无限计算的能力。云是无限可扩展的,至少在计算能力方面,可以定向在任何用户需要的处理角度。传统的计算方法,受限于单一的台式电脑创建的计算瓶颈。这是指用户的电脑有多少能力,用户就能够处理多少工作。云计算就不受这个限制,它释放出无限计算的能力,开启了超级计算的全新时代。例如,使用云计算,大型建设工程的信息可以加载到一个综合模型上,从而完成多个单元的碰撞检测等。

(3)不断增长的云服务市场。云是一个客观的环境,任何人都可以把知识打包,作为一种服务,成为知识服务的提供商,近期大规模出现的智能手机应用就是一个例子。云服务可以从整个设计、工程、施工行业的所有地方获取最新知识的能力,这为行业知识的管理和应用提出了新的思路。

BIM 云计算的前景是什么样的呢?首先,有些设计、工程、施工公司在实施 BIM 时遇到的传统挑战,可以在 BIM 云计算的帮助下迎刃而解。这些频繁发生的传统挑战,经常是与模型协作有关,或者与当地计算机的计算能力有关。例如,在处理大型模型数据时,受计算能力的限制,当地计算机的处理速度可能会非常迟缓,时间也非常长。有时,因为处理器和硬盘的限制,某些模型的文件大小超出了计算机能够处理的范围。但是,要在工程施工现场架设大型服务器的话,又需要专业的信息技术人员进行安装维护。对于许多中小型建设公司来说,这往往加重了项目负担。BIM 云计算突破了这些限制,建设公司不需要在施工现场安装计算机系统和服务器,通过移动设备、无线网络和云计算,现场施工人员可以随时随地地接入云服务器。更为显著的是,BIM 云计算有助于重塑整个设计、工程、施工行业的竞争格局,使任何企业在供应链中都可以提供基于 BIM 的服务。BIM 云服务的特点如下:

(1)信息协作。通过位于云服务器的 BIM 模型,BIM 云服务满足所有项目信息同时地、有序地访问和管理。由于信息协作,建设项目团队可以进行模型信息交换,团队可以管理并保证信息的完整性,这影响到整个项目的使用成本。通过 BIM 云服务,信息协作方面的附加成本可以完全消除,所有建设团队的成员都使用持有一个模型、一个版本,那么就不会因为文件版本的不一致而引起争端。

作为项目集成的专家,美国的 SHoP 建设公司正在实施基于云服务的 BIM 管理系统。该公司将 BIM 管理工具应用在位于纽约布鲁克林区大西洋码头的一个单元式住宅项目。该公司的代表说："我们设想 BIM 模型成为有关项目信息的数据库,在网络上可以搜索这个数据库,得到的结果是可视化的,这就像一个互联网的搜索引擎。但是如果在互联网上只有一个人的话,互联网的作用是有限的。如果有更多的利益相关者对于模型提出意见,那么它才会变得更有价值。"

(2)业务协作。通过 BIM 云服务的各种功能,项目团队可以访问有关项目的完整信息,同时能够更容易与新的商业伙伴合作。这无疑更加有效和显著地改善了建筑团队成员之间和企业之间的传统关系,为项目团队的发展提供了巨大潜力。

另一方面,通过一个或多个的 BIM 云服务,每一个成员都有可能成为 BIM 服务器的知识提供者。比如说,如果某个成员开发了能够确定整个建筑的能源使用情况的应用软件,或者某个成员开发了能够进行碳分析的应用软件,这些将对总成本形成正面的影响。该成员可以通过 BIM 云服务享有这个软件的专利权,并且将这个应用软件作为 BIM 服务提供给其他相应的团队成员。

例如,美国的 SHoP 建设公司,在布鲁克林的巴克莱中心球馆项目中,开发出一个基于网络的门户应用软件。使用这个应用软件,项目的利益相关者们可以追踪所有的、约 12 000 块的外壳钢板,这些钢板尺寸独特,并且安装在球场的建筑外壳上。这个应用软件能够追踪钢板的制作和安装进度。该公司的代表说："不断更新的 4D 模型演变为我们设计—建造团队的重要工具。4D 模型帮助大家理解我们在生产上的进度,以及工期调整变化会如何影响安装过程。这个工具最初是在内部使用,它后来发展成为一个全团队共同使用的服务,成为合作的基础。"

(3)迭代。随着 BIM 技术的发展,BIM 的能力超越了三维建模和碰撞检测的范围。除了这些三维空间和建设过程的物理协调之外,BIM 技术可以进行多个维度的、开放式的分析。例如,能源分析、碳排量分析、工程项目的全寿命周期成本分析、项目建成后的可维护性等。在使用 BIM 进行多维的分析时,用户需要不断进行大量的计算,就往往需要进行并行操作和详尽的模拟分析。海量的数据无法在单机的桌面环境中进行运算。但是,访问云服务可以提供无限的计算能力,使建筑团队能够突破所有的限制,从而优化设计。这种优化的过程是以迭代的方式进行的。

(4)可扩展性。设计、工程、施工项目的环境是不断变化的,因此造成了工作负载的波动,工作所要求配置的软硬件功能也在不断变化,这种不断变化的软硬件配置要求使得恰到好处的配置所谓的"IT 资产"成为一项棘手的工作。虽然配置"IT 资产"总是需要一定的最低水平的软硬件,但是云计算是按需租赁的。这个性质可以帮助用户更好地按照自己的需求租赁云计算的能力,以适应其工作量。用户的硬件、软件,甚至支持组件等各个"IT 资产"的显著部分,都可以与用户的工作负载进行合理布置,这就满足了"IT 资产"的可扩展性。

总而言之,BIM 云计算为设计、工程、施工等企业提供了新的机会。BIM 云计算可以为整个资产提供全寿命周期服务。同时,这些服务具有高效率,能够创造高的生产力。它会显著加快各个行业规划、建造及改变管理建筑环境的方式。BIM 云计算也将催生一系列新的机会,帮助设计、工程、施工等企业的转型升级,从生产型企业转型成为服务提供商。

四、BIM 物联网所收集的数据的特征

和传统的互联网相比,物联网有着鲜明的特征。首先,BIM 物联网是各种感知技术广泛应用的集合。BIM 物联网上连接并部署着海量的、类型繁多的传感器,每个传感器自己就是一个信息源。不同类别的传感器所捕获的信息内容和信息格式往往不同,当前的传感器数据的储存系统允许用户自定义一些数据的类型;传感器所获得的数据具有实时性,传感器按照一定的频率,周期性地采集环境信息,并且不间断地更新数据。

传感器根据其输入物理量的不同,可以分为位移传感器、压力传感器、速度传感器、温度传感器和气敏传感器等。

传感器根据其工作原理的不同,可分为电阻式、电感式、电容式及电势式等。

传感器根据其输出信号的性质,可分为模拟式传感器和数字式传感器。模拟式传感器输出模拟信号,数字式传感器输出数字信号。

传感器与人们的日常生活紧密相关。例如,在家庭自动化的设计中,安全监视与报警、空调与照明控制、家务劳动自动化、住户健康管理等方面的应用。如图 8-5 所示为物联网、传感器和大数据之间的关系。

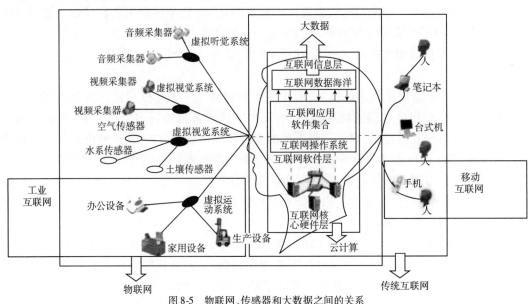

图 8-5　物联网、传感器和大数据之间的关系

注:本图摘自《互联网进化论》

由传感器构成的 BIM 物联网,其数据有三个特点:

(1)各种信息量呈现几何级增长。由于 BIM 物联网是不间断地收集数据的,因此信息量会急剧增长。

(2)数据有异构多样化结构。数据的来源广泛,表现方式也各不同,从而造成了数据结构形式的巨大差异。

(3)数据有噪声。BIM 物联网数据的多样性造成了它本身无法直接作用于具体的应用。针对数据噪声,需要在利用前进行数据的分类和清洗。

如图 8-6 所示为不同传感器的搭配使用。需要注意的是,在利用大数据时,不同数据的混搭,才更能对商业智能起到作用。

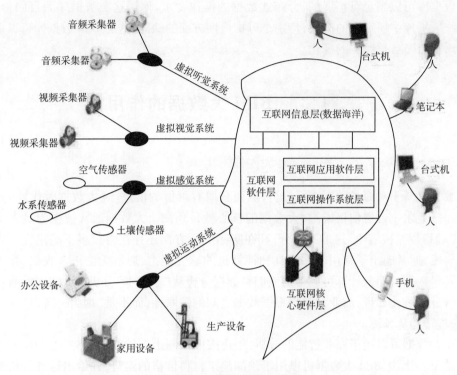

图 8-6　不同传感器的搭配使用

对于信息量的快速增长问题,当前的一种解决方案是使用大规模存储系统。大规模存储系统的应用越来越广泛,存储容量也从以前的 TB(Terabyte)级上升到 PB(Petabyte)级甚至 EB(Exabyte)级。随着存储系统规模不断增大,在大规模文件系统中,文件的数量高达几十亿个,在这种海量数据中查找和管理文件却变得异常困难。物联网中存在数据的大小和数值范围是极其巨大的,所以数据必须通过本地响应的方式进行管理,这也就是我们之前提到的第三点,本地数据管理者必须决定哪些数据和服务对全局网络运作有用,并对其进行分类。由此可见,物联网至少能够操纵两个层面的数据:公有数据和私有数据。使用者通过加入特定的权限组以访问某些特定的私有数据,同时也能够通过互联网访问公有数据。可扩展标记语言提供了一种相较于结构化数据更为松散结构的数据表现方式,同时还支持用户对数据进行自定义,自主进行数据的描述。在物联网领域中,数据处理过程的种类众多,云服务的开发商大多以服务方式开发或者提供数据的处理服务。在信息传输过程中,为了保障数据的正确性和及时性,必须适应各种异构网络和协议。BIM 物联网不仅提供了传感器的连接,其本身也具有智能处理的能力,能够对物体实施智能控制。例如,使用智能手机,通过 BIM 物联网,可以控制自己家里的空调温度。BIM 物联网将传感器和智能处理相结合,利用云计算、模式识别等各种智能技术,扩充其应用领域。从传感器获得的海量信息中分析、加工和处理出有意义的数据,以适应不同用户的不同需求,发现新的应用领域和应用模式。

一般来说,BIM 物联网数据库都具有极高的并发读写性能。有一些 BIM 数据库具有面向海量数据访问的功能。这类数据库的特点是,可以在海量的数据中快速的查询数据。还有一些数据库可以满足可扩展的、分布式数据的操作要求,使用这类数据库的目的,是为了解决传统数据库中所存在的问题,特别是可扩展性方面的缺陷,这类 BIM 数据库可以适应数据量的增加以及数据结构的变化。

第二节　**BIM 大数据的作用**

一、BIM 大数据对于商业智能的作用

大数据是基于对海量数据进行分析,从而获取有价值的信息。《大数据时代》一书的作者维克托·迈尔·舍恩伯格说过,大数据的核心就是预测。大数据通常被视为是人工智能(或者更确切说是机器学习)的一部分,其在实际应用方面还存在着很多不确定性。大数据的数据规模,通常超出了常用软件工具和计算机的承受能力,通常无法正常收集、管理和处理这些海量数据。而云计算可以帮助人们将数据分析从"小样本"分析转变成对所有可能的数据进行分析。比如说,商业预测将根据数据之间的关联性,而不是"因为—所以"这样的因果性,来进行趋势预测。

BIM 大数据可以用于商业智能的分析,用户按照预测出来的商业趋势,去响应和使用这些数据结果。比如,BIM 大数据可以用于预测建筑材料价格的走势,并给出这种价格变动的可信度,这样就可以帮助工程建设企业来决定在什么时间购买材料最划算。在进行大数据分析时,用户不用关心某一建筑材料价格的差异是什么原因产生的,大数据可以预测出当前的建筑材料在未来一段时间内是会上涨还是下降,如果材料价格有上涨的趋势,系统就通知用户立即购买材料,而有关材料的原始数据,可以从材料生产和销售趋势的数据库,或者行业网站上提取出来。这项预测技术可以用在类似的相关领域,比如施工机械预订、办公用品的购买等。一些建筑材料采购和建筑服务类的网站已经模仿亚马逊的推荐系统,来更加精准地向客户推介产品和进行服务。例如,某建筑材料采购网站,从每一个客户身上捕获了大量的数据,并且可以利用这些大数据进行分析预测。这些大数据有:客户在以往的购买历史中,都订购了什么材料;对于哪些材料,客户只是浏览却没有购买;客户在浏览材料时,每次停留的时间是多少;哪些材料是搭配购买的等。建筑材料采购网站要做的,是找到产品之间的关联性,特别是从数据中挖掘出关联性。

物联网中的数据更是潜力巨大,每天都有大量新数据,从移动终端或传感器上不断增加 BIM 云数据储量。如果把这些数据利用起来,不止可以对建筑产品进行购物推荐,同时还可以对建筑产品和材料的可能关联性做出预测。在建材销售行业,销售数据的统计分析,可以让建筑材料的供应商和分包商监控材料销售的速度、效率、数量以及存货等情况。通过数据分析,公司可以发掘出材料货物的相关性,找到用户急需的材料货物或发现用户潜在的需求。比如,中国南方地区的大部分省市,在冬季遇到寒冷气流时,对于室内温度调节设备的需求就会增加,同时,对于这些设备的检修和辅助材料的购买等需求,也会有大幅度的增加。

在公共设施领域使用大数据分析预测,可以不再只依靠随机的巡检,而是利用设施上安装的传感器所上报的数据、故障发生的历史数据以及当前的环境数据等进行分析和预测。这样公共设施的服务行业就可以集中人力和物力,优先检查和修理最有可能出现问题的那些设施,从而减少整体基础设施的平均故障发生率。比如,在夏季,很多大城市的居民回家之后,都会打开空调,由于人们的上下班时间相近,这种集中使用空调就会造成城市供电系统的不稳定,对变压器等基础设施造成很大压力。使用大数据分析方法,可以把人们使用空调的时间段、电压荷载等可以获取的信息收集起来,即将各个感应设备的位置信息收集起来,然后通过分析这些数据获取居民在不同阶段的用电需求。

所以,在建设、工程、施工等各个领域中,建筑信息模型(BIM)的大数据对于企业的管理和经营,特别是业务分析和预测,将起到巨大的作用。传统数据往往用来诠释宏观的和整体的企业运营状况,对于企业战略的决策起到支持作用。而大数据可以分析微观的和个体的项目,以及各个公司的经营状况,主要用于调整建设行为,实现个性化经营管理。传统数据的挖掘方式、采集方法、内容分类、采信标准等都已存在既有规则,方法论十分完整;而大数据挖掘是新鲜的事物。目前来说,大数据挖掘还没有形成清晰的方法、路径以及评判标准。传统数据来源于阶段性的、针对性的评估,其采样过程可能有系统误差;大数据来源于过程性的,即时性的行为和对于现象的记录。大数据的来源是根据第三方的技术型观察,采样的方式误差较小。传统数据分析所需要的人才、专业技能以及设施设备都较为普通,比较容易获得,而大数据挖掘所需要的人才、专业技能以及设施设备的要求较高。同时,大数据挖掘的专业人员需要有创新意识和数据挖掘的灵感,而不是按部就班地遵循已有的工作程序。

(一)建筑信息模型和管理(BIM-M)

在 2000~2010 年,BIM 引起了基于模型的管理模式的转变,推进了管理信息化的发展。使用 BIM,建筑团队能够共享建筑信息,按照建筑标准化的方式,从模型上得到有意义的数据。当前的全球市场,以 BIM 为基础的管理信息系统(BIM-M)正在成为焦点。在广泛的以分布式信息为特点的集成环境中,信息内容日新月异,数据格式包罗万象,BIM-M 展现了建筑施工行业的新愿景。各种技术手段,如云计算、传感器网络、物联网服务和语义网等,促成了这个新的模式转变。

随着社会经济的发展,信息和通信技术已经发展成为企业的战略资产,能够帮助企业提高生产率。此外,信息和通信技术的进步,数据可视化、通信、互联网、移动设备、智能/安卓设备、社交网络,以及虚拟化和云计算等,形成了这种演变的基本组成部分。那么这对于建筑业意味着什么? 建筑业作为一个产业,对于全球范围内的大多数国家来说,建筑业是经济与财富创造的主要产业之一,因而在经济发展中起着极其重要的作用。最近一个时期,建筑业的很多方面持续为人们所诟病,例如建筑的性能低下、施工效率低、最终产品未能给客户提供预期的价值等。建筑业与其他行业一样,在信息和通信技术方面投入了大量资金,随着时间的推移,这种投入还在实质性地增长,但是相对于其他行业,如教育、商业服务、金融、交通运输和公用事业等,建筑业在信息和通信技术方面的投资的定位,仍保持在相对接近底部的位置,很多时候,这被归因于建设行业的一些特征,例如建筑业的低进入壁垒和低利润率等。这些建设业独有的特征,造成了对于信息和通信技术的重要性的认识不足。

2007 年年底至 2008 年年初的世界经济危机,是自"大萧条"以来最严重的金融危机,造成建筑业总产值的急剧下降,使企业不得不采取一些紧急措施,审查其业务费用和营运开支的各个方面,削减用于信息和通信技术的投资比例。各个国家在解决自身经济债务的同时,基础通信设施现代化也势在必行。对于建筑业的公司组织来说,要对所面临的经济挑战做出必要的应对。在不影响经营业绩的条件下,建筑公司和组织需要进行一些必要的信息和通信技术的发展,这样才能在未来与信息和通信技术相关的运营活动中取得相应的成本效益。

在这方面,建筑业现在正在寻找快速成熟的技术,如建筑虚拟化和云计算。对于建筑业来说,信息和通信技术的发展目标是找到能够提供更便宜、更灵活并且容易商品化的信息和通信技术的基础设施服务,这样能够直接驱动建筑工程的业务效率。其他行业的统计表明,通过采取一系列的现代化措施,所实现的组合成本节约可以高达 35% 。这些现代化措施包括数据中心和利用虚拟化技术的全面的整合。此外,最近有关云计算的研究强调了在全球范围内,公共信息技术云服务的收入在 2009 年突破了 1.6 百亿美元,在 2014 年达到 5.55 百亿美元,这代表着 27.4% 的复合年均增长率。这种快速的增长速度,比传统的信息技术产品的预计增长(5%)超出了 5 倍。

除了在信息和通信技术方面的投入,建筑信息模型和管理(BIM-M)是另一个为建筑相关行业提供显著发展机会的关键领域。建筑信息模型和管理具有无缝融合管理过程的能力,支持设施全寿命周期的管理,建筑信息模型和管理能够在管理过程中嵌入基于模型的管理方法,充分实现信息的协调和管理,促进部门变革。在最近的十年中,BIM-M 在行业层面和政府层面,开始得到真正的重视,这种势头方兴未艾。目前,在世界各地的各种工程项目中,BIM-M 的使用水平可能各不相同,但是 BIM-M 已经成为一种广泛应用的管理技术,从总承包商到各类大型咨询组织,以及中小型建筑组织,大家都在学习如何使用这种 BIM-M 的方法。

现在的项目业主也越来越意识到,BIM-M 在项目开工前和项目完工后能够提供真正价值的潜力。最近,在世界各地,越来越多的政府业主,包括美国、丹麦、芬兰和英国等国家的政府机构,已开始执行 BIM-M 战略。作为政府建设意向,这些政府机构声明,通过对公共项目的政府采购,来建立和推动 BIM-M 在业界的广泛采用,这进一步促进了各个行业的现代化。BIM-M 背后的理念,是从建筑信息管理的四个维度而来的,在过去的二十年,这四个维度已经被建筑相关行业所广泛接受,这四个维度可以概括为:

(1)基于模型的管理。

(2)建立共享的信息。

(3)提供了关于建筑物/设施有意义的数据。

(4)标准化的方法。

第一维度是有关信息模型架构的信息,这将有助于以结构化的方式来定义信息。建筑信息模型所表达的建筑构件,都有空间层次的区分和明确的语义。第二维度与信息管理的共享方式相关,这不仅是文件的简单交换,因为文件的简单交换会导致文件版本存在不一致的问题。第三维度的实现,是基于相关的数据模型必须采用一致的分类,数据模型提供的最终尺寸与国际统一的标准一致,这样有助于那些多种类型的软件可以互相操作由其他软件生成的模型,软件工程师能够为这些软件开发输入和输出插件,生成并读取所交换的模型文件的内容。除此之外,信息模型还可以提供应用程序的编程接口,并遵循软件交互的标准。

建筑信息模型和管理(BIM-M)是一个涵盖了建筑物的全寿命周期(从构思到拆迁)的信息管理程序和策略。BIM-M 的主要特点是扶持和促进项目流程,并且形成项目交付的集成方式。BIM-M 使用语义丰富的三维数字建筑模型,协同该项目所有的建筑寿命周期的阶段。根据各个行业总结的使用 BIM 的益处,BIM-M 是一个面向模型的信息管理战略,BIM-M 可以帮助项目团队共享三维数字建筑模型,提供的关于建设(和建筑构件)的几何信息和各种材料特质、形成,贯穿建筑寿命周期的信息骨干。BIM-M 已成为一种解决项目管理相关的、共享效率低下的手段。BIM-M 可以覆盖建筑全寿命周期的信息,形成团队合作的研究领域。虽然 BIM 的主要作用被认为是有利于在设计阶段理解项目的构造,但是 BIM 可以具有更加广泛的功能,例如连接室内和室外的空间,促进各利益相关方之间共享建设项目的信息。尽管各个公司可能使用不同的软件应用程序,但是它们能够共同进行建设信息化管理,模拟建设流程,分析环境设计,支持施工建设,提高建筑与环境的友好协调能力,促进建筑节能,并支持紧急状态下采取的应急措施。然而,在它到达成熟完善之前,BIM-M 战略的实施还有很长的路要走。

建筑信息模型领域的发展,导致了建设项目的利益相关者们重新设计传统的建筑管理流程,把传统流程转变为基于 BIM 的设计和施工流程。虽然用于 BIM 过程的有关管理的 ISO 标准还不完善,但是在过去 5 年中形成的 BIM 项目执行计划,展现了人们在这方面的一个共同努力。项目团队在设计使用 BIM 的实用手册时,需要建立 BIM 发展战略和 BIM 项目执行计划。以下四个步骤提供了一个创建 BIM 项目执行计划的结构化程序:

(1)在项目规划—设计—施工期间,定义具有高价值的 BIM 使用和操作阶段。

(2)使用过程图设计 BIM 执行方式。

(3)以信息交流的形式,定义 BIM 成果。

(4)制订一个详细的计划,以支持 BIM-M 的执行过程。

在应用 BIM-M 时,针对的是项目的寿命周期内的一个或多个具体目标,基于 BIM 的信息管理手段,形成了覆盖多个流程的管理系统。BIM-M 发展水平的概念(LOD)指出,每一次使用 BIM 时,应该将 BIM 的使用效益最大化。BIM-M 的发展水平,描述的是某个模型元素开发的细节水平,总共有 6 个发展级别(表 8-2)。

BIM 发展水平　　　　　　　　　　　　　　　　　　　　表 8-2

LOD100

在发展水平的第一个阶段,模型中的元素可以用图形标记来表示,也可以用其他通用标记来表示,但通常模型元素的细节不满足模型发展水平的第二个阶段(LOD 200)的要求。模型元素的相关信息(即每平方英尺的材料成本,材料重量或吨位信息,暖通空调的容量等)可从其他模型元素中导出

LOD200

在发展水平的第二个阶段,模型元素或图形是用通用的系统、对象或部件表示的。模型元素具有数量、大小、形状、位置和方向等方面的信息,非图形信息也可以附着到模型元素上

LOD 300

在发展水平的第三个阶段,模型元素或图形是用通用的系统、对象或部件表示的。每个系统、对象或部件都具有数量、大小、形状、位置和方向的信息。非图形信息也可以附着到模型元素上

LOD350

在发展水平的 3.5 阶段,模型元素或图形是由特定的系统、对象或组件表示的。每个系统、对象或部件都具有数量、尺寸、形状、位置和方向的信息,并和其他建筑系统接口。非图形信息也可以附加到模型元件上

LOD400

在发展水平的第四个阶段,模型元素或图形是由特定的系统、对象或组件表示的。每个系统、对象或部件都具有大小、形状、位置、数量和方向等方面的细节,以及制造、组装和安装等信息。非图形信息也可以附着到模型元素上

LOD500

在发展水平的第五个阶段,模型元素经过现场验证,具有大小、形状、位置、数量和方向的方面的信息。非图形信息也可以附着到模型元素上

BIM-M 可以使用的范围包括:现有条件建模;成本估算;规划阶段;编程;网站分析;设计评审;设计创作;结构分析;照明分析;能源分析;力学分析;其他工程分析;LEED 评估;验证码;3D 协调;网站利用规划;建筑系统设计;数字制造;3D 控制和规划;记录模式;维护计划;建设系统分析;资产管理;空间管理/跟踪;灾害规划。

根据上述 BIM 用途和 BIM 的发展水平,表 8-3 是可以对 BIM-M 的流程进行管理的执行计划矩阵。

BIM-M 管理矩阵 表 8-3

活动	参与者/角色	模型/视图所有者	正在使用的软件	输入	输出	正在使用的BIM	BIM 的发展水平	BIM 对象的要求	交换格式

参与者/角色矩阵

活 动	参 与 者	角 色	副 角 色	模型所有权的资格

阶段/活动/发展水平矩阵

项 目 阶 段	活 动	BIM 的发展水平	BIM 对象要求

续上表

BIM 使用/发展水平矩阵		
BIM 的使用	BIM 发展水平	BIM 对象所需

（二）BIM 数据与商业智能（BIM-BI）

BIM 数据与商业智能（BIM-BI）主要有三种方法脱颖而出：第一种方法是重点利用数据来创造差异化的产品；第二种方法涉及中介信息；第三种方法是建立网络，在需要的地方、在需要的时间提供数据服务。以下对这三种方法进行详细说明：

（1）差异化创造了新的商业机会。在最近 10 年，我们已经看到了技术和数据带来的个性化体验，数据相关性到达了新水平。例如，谷歌在提供广告时，实际上是根据用户正在搜索的信息对用户推送广告的。通过联邦快递、UPS 甚至美国邮政等服务，在线零售商能够在最大程度上提供有关买家包裹的跟踪信息。谷歌、微软、雅虎和苹果的地图服务，提供了链接到"你身在何处"的信息服务。更多的服务产品，将提高客户满意度。

与此同时，提供与内容相关联的大数据，也为商家提供了机会。想象一下，当你从家里前往办公室时，根据包裹跟踪的信息，你可以将收货地址从家庭地址更改成办公地址，从而不用非等在家里。或者使用以地图为基础的数据关联，你的燃料供应链可以接到加油站的可用服务的数据上。如果，你的爱车是使用低标号的燃料，你的爱车可以和你的地图应用程序建立关联，这样你不仅可以找到在一个 10 英里半径范围内最近的加油站，也可以获得每加仑汽油的价格。从个人的角度来看，一个月支付几元钱，从而获得高智能的服务，也不用担心开车时燃油耗尽却又找不到加油站的问题，是非常有利的。

（2）中介活动增强信息的价值。中介公司如彭博、百利、邓白氏等，已经开始销售原始信息，提供基准服务，并根据结构化数据源，提供专业的分析和见解。不过，在一个大数据的世界里，这些原有的中介服务可能难以跟上数据发展的速度。信息经纪活动的新形式和新类型，及所对应的、新的、非结构化的、开放式的数据源，会带来新的中介机会，例如社交媒体的经纪人软件、聊天流程软件和视频软件等。企业将数据混搭起来，可以从中创建新的收入。

可用数据的不同排列会呈现爆炸式增长，这将导致数据流的细化和分子化。细化的数据可以告诉你，她每天喝四杯咖啡，但是她是素食主义者。会出现新的玩家，他们会把这些数据重新组合在一起，提供其相关性和背景，重新包装，挖掘出新的见解。例如，像亚马逊这样的零售商，可以卖出最热门的、采购类别的原始信息。而有关天气模式和其他合作伙伴的支付量等附加数据，可能会帮助某个供应商更准确地查明市场或客户需求的信号，在年龄、位置、兴趣以及其他类别的排序保持不变的情况下，信息经纪人可以通过这些新的分析和见解，开发新的商机。带着无尽排列的可能性，经纪业务模式将由行业或地域的条块分割型转向从用户的角度出发的精细服务型。

（3）传输网络实现数据的货币化。要真正实现数据的价值，所有这些信息都需要被传递到那些需要使用它并且可以使用它的人的手中。信息提供者和经纪人将作为信息内容的创造者，不断寻求尽可能多的方式、尽可能广的位置和分布来传输信息。但是，信息可以是在网络的任何地方被聚集、交换、创建、递送和重建成较新的和更清洁的信息。在这个方面，信息的内容交付类似于有线电视的模式。通过信息传输网络，信息化产品将找到自己的市场，传输网络成为信息货币化的基本渠道。

有的信息内容因为保密性的要求,不适合发送到互联网;有的信息可以从云服务传输到终端设备。如今,亚马逊、苹果、谷歌和微软等公司就有这样的实力,因为它们拥有营销渠道。例如,大型无线运营商可以映射手机信号塔的流量波动。利用这些数据,运营商可以与广告客户合作,基于客流量数字,为足球比赛日预测最繁忙的交通路线,从而投放相应的广告,以优化广告费率。

全球性的商业业务和信息技术的发展趋势,已经塑造了商业智能的发展方向。国际旅行、高速网络连接、全球供应链、外包等做法创造了巨大的机会,促进了信息技术的进步。托马斯·弗里曼开创性地预测了"世界是平的"。除了超快的全球信息技术的连接,开发与商业业务相关的数据标准,电子数据交换(EDI)格式,以及部署业务数据库和信息系统已大大促进了商业数据的创建和应用。互联网在 20 世纪 70 年代开始发展,随后在世界范围内,人们开始大规模地采用万维网。自 1990 年以来,业务数据的生成和收集的增加是成倍增长的,现在,大数据时代已经来临。大数据影响了许多社区、政府、健康组织以及电子商务等等。每时每刻,从网络上、移动设备上和无线传感器上生成的数据数量是压倒性的,大数据可以到达 TB 级甚至艾字节的规模。从非常详细的数据的角度,通过数据关联的方法,任何企业或组织都可以得到新的发现和见解,这些新的发现的关联性高,实际操作性强,而且内容丰富。

除了受到数据驱动的影响,商业智能具有高度的应用性,人们可以利用丰富的数据发现新的商业机遇。其中一些有前途的、高影响力的商业智能,其应用介绍如下:

(1)电子商业和市场情报。

(2)电子政务。

(3)科学技术。

(4)智能健康福祉。

(5)安全和公共安全。

基础技术和新兴的大数据研究分析,与上述新兴的机遇和高影响力的应用一起,构成了商业智能的框架。新兴的商业智能分析依赖于五个关键的技术:(大)数据分析、文本分析、网页分析、网络分析及移动分析。无疑,数据信息的大爆炸不断提醒着我们,未来将会因大数据技术而发生改变。数字化时代会创造出大量的非结构化和半结构化的数据。大数据无疑是未来影响各行各业发展的最受瞩目的技术之一。2009 年时,全世界关于大数据的研究项目还非常有限,从 2011 年开始,越来越多的管理者开始意识到,大数据问题将是未来发展中不可规避的,到了 2016 年年底,世界财富 500 强企业中,90% 的企业都开展了大数据的项目。研究显示,当前所有企业的商业数据每隔 1.2 年就将递增一倍。

二、BIM 大数据的技术手段

BIM 大数据的技术手段需要实现以下几点:综合性;始终保持分布式的信息环境;信息保证最多的数量,最新的时效,信息的开放性;新信息的导出。各种信息技术能够推动 BIM 大数据的形成和应用,例如云计算、传感器网络、物联网 Web 服务和语义网。

(一)云计算

建筑虚拟化,是指创建和使用所有信息和通信技术等资源,通过硬件基础设施,建立建筑的虚拟版本,其中包括应用软件、文件存储和信息网络。为了节约成本,企业正迅速朝着使用虚拟移动操作系统和存储设备的方向发展。按照虚拟化的增长趋势,目前的技术表明,大多数的未来信息和通信技术服务,将取决于虚拟硬件和软件。通过互联网提供的虚拟化技术,通常被称为云计算。该术语表示利用因特网(即云计算),用于管理那些高度可扩展的、可定制的虚拟硬件和软件资源(也就是服务)。

云计算建立在虚拟化的基础上,是分布式的计算方式,包括"网格计算""实用计算",以及最近的"网络和软件服务"。这意味着面向服务的软硬件架构(SOA)。云计算降低了终端用户的信息技术的使用成本,而且具有更大的灵活性。云计算降低了软硬件系统的总体拥有成本。云计算分为三个部分,分别为:

(1)提供"软件即服务(SaaS)"。

(2)提供"平台即服务(PaaS)"。

(3)提供"基础设施即服务(IaaS)"。

使用软件即服务(SaaS)的方式,用户可从承载软件的服务提供商那里租用软件集中式网络服务器,并且按照需要使用该软件。平台即服务(PaaS)为专门的应用程序开发人员提供软件环境,开发人员可以通过云服务,来完成应用程序的开发、测试和托管。基础设施即服务(IaaS)可以在云管理中为用户提供完整的虚拟硬件和软件的平台,形成虚拟服务器。

工程行业可以从云计算中受益,特别是通过软件即服务(SaaS)的方法,还可以对数据中心进行虚拟化。使用各种应用程序,云计算可以将建设信息全寿命周期的各阶段的信息,通过分布式环境存储在虚拟数据中心上。分布式环境是为软件提供的服务,建设信息也包括建设项目或建筑物的信息骨架(即 BIMS)。虚拟数据中心为数据提供服务。因此,在未来的云计算中,应着眼于数据融合,创造无缝集成的数据,并且针对建筑物的信息架构提供应用服务。

(二)传感器网络

建筑信息模型管理领域的最新发展表明,BIM 能够非常成功地提供建设要素的有关几个方面的信息。从本质上说,通过查询建筑信息模型,建筑物构件可以通过 BIM 软件实现可视化,从而帮助人们直观地理解设计意图。例如在平面图中的一个简单的矩形框,可以表示被建筑物中混凝土浇筑的结构柱,也将可用于表示住宅的窗户。但是它在 BIM 的模型中,是有特定意义的信息。同样,人们可以了解门窗、采暖、通风及空气等有意义的信息,并且通过建筑信息模型的使用,调节建筑物构件等基础设施。虽然 BIM 的信息是有意义的,但是在施工后,BIM 实际上变成了竣工后的建筑物的数据体现。换言之,BIM 用户可以找出在建筑物中的门是否是木材的,或者这个门是否已经在给定的日期前安装好了。

无线传感器网络(WSN)是指由分布式自主传感器组成的、连续的网络。无线传感器网络可以用于监测物理环境的条件。无线传感器网络的传感器是节点,每一个节点都能够收集信息,并与其他节点通信。传感器网络通常是自组织的,这意味着信息从一个节点收集后,将跳频寻路到网络的计算机中心,从节点到计算中心是以最有效的路径完成的。数据能够连续地、悄悄地在苛刻的条件下,收集很长一段时间的环境数据。在 BIM-M 的情况下,分布式传感器和传感器网络可以监视各种环境条件,如温度、不同气体的水平、污染物、湿度、门窗状态(在新兴的 BIM 2.0 技术中,就包括了门窗的开/关状态)、房间占用情况和不同条件下建筑或工厂系统的工作情况。当前的无线传感器和网络传感器(也就是嵌入的微卡)能够在不需要任何其他的硬件资源的条件下监测有关的信息。

此外,由传感器提供的信息,对于基础设施的建设信息的集成以及从而改造成为有价值和有意义的建筑信息,提供了很大帮助,特别是传感器提供的信息更加准确,而且是最新的。传感器网络为企业提供了机会来记录建筑的全状态信息(也就是实时、准确及最新的信息),用户也可以通过商定的合同和通用标准来了解消息。传感器网络服务的两个明确的特征是松散耦合和网络透明度。松散耦合,是指当一个的软件已经被公开为网络服务后,可以简单地将其移动到另一个计算机作为服务功能,成为独立于正在使用的客户端应用程序的服务。作为网络服务的消费者和提供者,双方使用开放的互联网协议,网络服务时所发送的消息,就会在整个网络上具有透明度。也就是说,网络服务的位置将不会对其功能造成影响。

传感器网络服务是具象状态传输,任何可用数据都在网络上。传感器的名字有统一的标准进行标识,即 URI 标准。传感器用来表示它在当前的状态,即元数据或数据资源,以及与其他传感器之间的联系。在传感器网络服务中,每个客户端的请求,都被视为一个独立的事务进行处理并提供服务。但是,传感器网络不存储关于发出请求的客户端的信息。在不需要存储客户端信息的状态下,网络服务器的性能得到了提高。

大量来自 BIM 构架的数据和来自无线传感器网络的数据可以综合在一起,为传感器网络的服务提供资源。各个不同来源生成的数据还可以直接混搭。综上所述,传感器网络的服务,为在云计算中整合分布式的建筑信息提供了机会,并创造了相应的环境,还能够提高新信息的质量。

(三)语义网络

通过语义网络,可以对来自多个资源的信息进行重组,以提高新信息的质量。这种重组符合语义网络的标准,能够符合信息本体的支持,特别是符合正式语言规范。其中也包括建立术语之间的关系,进行语义查询等。例如在对建筑信息模型进行查询时,工程设计人员可以向系统提问:"你能为我提供在帝国大厦的 12:00~14:00 之间,工作的电梯和自动扶梯的数量吗?"或者"你可以在伦敦为我提供这些工程的信息吗?"或者"请你提供该城市的五大最高的建筑,在 20 层楼的平均二氧化碳浓度的差异,以及提供关于我在新加坡滨海酒店房间和我在悉尼的海湾办公室的温度差异。"这些都是语义网络可以回答的问题。当前,语义搜索引擎,是能够基于语义查询,计算对于住宅建筑所需的通风流量。例如,针对"提供一个大约 200 平方米、3 居室的房子,其室内空气质量的数据"这个查询,语义网络计算的数值可能为 23.77 升/秒,这个数值是由传感器网络提供的实时信息。在计算查询结果时,需要使用建筑信息模型构架来集成并支持用户提交的查询。例如,关于在纽约、伦敦、新加坡和悉尼的建筑物进行比较的查询,就需要这种集成。针对用户所提交的语义查询,其成功率将取决于以下几个方面:

(1)分布式建筑信息模型构架的集成水平。

(2)从多个信息来源推导的松耦合型的资源,并作为网络服务公开。

（3）如何解释查询，以及推理/搜索、检索，并实现查询。

建筑信息模型的信息结构如果符合标准的话，信息检索将获得更有意义的答案，提高语义查询的准确度。总而言之，建筑信息模型作为管理手段，已经成为焦点，并正在成为更广泛的信息化的管理模式。

（四）电子商务和市场情报

围绕商业智能和分析以及大数据的兴起，从网络和电子商务中产生了虚拟社区。显著的市场转型已体现在领先的电子商务厂商的业务中。例如，亚马逊和 eBay 已经完成了具有创新性和高度可扩展的电子商务平台及产品推荐系统。主要的互联网公司，如谷歌和亚马逊，将继续引领网络分析的发展，以及云计算和社交媒体平台的应用。用户生成的网络 2.0 的内容，在各种论坛，新闻组，社交媒体平台等的出现，提供了发现新的商业机会的渠道。另一次机会是行业人员从巨大的网络中，听到了市场的声音，发现了不同商业成分的数量，包括客户、员工、投资者和媒体等的信息。从 20 世纪 80 年代各种遗留的系统中收集的传统交易记录、数据、电子商务等，和从网络上收集的数据相比较，网络数据的结构性稍差，往往含有丰富的客户的意见和行为等信息。对于客户的意见，社交媒体分析，文本分析和情感分析等技术经常被采用，例如已经开发的用于产品推荐的系统。各种分析技术还包括关联规则的挖掘、数据库分割和聚类、异常检测，以及图形挖掘。使用这种网络数据的目的是形成极具针对性的搜索和个性化的建议。

然而，网络数据的使用也引起了与之相关联的关于客户隐私的顾虑。很多与商务智能和分析相关的电子商务的研究和开发的信息，作为研究论文出现在学术期刊和流行杂志上。电子政务与政治 2.0、网络 2.0 的出现，形成了很多关于重塑政府的民众声音。政治家利用并高度参与多媒体网络平台，成功地进行政策讨论，进行竞选广告、动员选民、通知事件和进行在线捐款，政府和政治流程变得更加透明。用户的意见挖掘、社会网络分析、社会媒体分析等技术可以用来支持在线的政治参与、政治博客和论坛分析、电子政务服务，并可提高过程的透明度和加强问责制。

（五）安全和公共安全

自 2001 年 9 月 11 日美国纽约发生的恐怖袭击之后，安全研究已经获得了广泛关注，特别是考虑到业务增长之后，在全球范围内，我们对数字越来越依赖。计算科学、信息系统、社会科学、工程、医学等许多领域一直呼吁研究紧急反映系统（ERS），以帮助提高我们打击暴力、恐怖主义、网络犯罪和其他网络安全问题的能力。在 2002 年发布的国土安全部的报告中，美国建议"国土安全国家战略"，包括情报和预警、边境和运输、智能健康和福利（SBH）等。方案征集商业智能与分析人员，来研究安全、国内反恐、保护关键基础设施结构（也包括网络空间）、防御恐怖主义、应急准备与响应等各个方面的应对措施。

建筑相关领域也需要关注促进安全的信息学这一新兴领域。大多数公司主要关心的是信息安全的问题。研究表明，在 2012 年，许多国际大公司在计算机安全方面的预算花费是 328 亿美元，而中小公司也在信息的安全性方面，相比其他 IT 方面，花费更多。在学术界，一些与安全相关的学科，如计算机安全、网络犯罪和恐怖主义信息学也蓬勃发展。

第三节 BIM 大数据管理与应用模式

一、概述

越来越多的企业发现,企业价值依赖于它们挖掘数据的能力,这在高科技行业体现的十分明显。像谷歌和脸书等公司已经从了解其用户所产生的数据方面获利近数十亿美元。如图 8-7 所示是俄克拉荷马州谷歌分公司的数据中心内部机架。数据的丰度几乎影

响到每一个行业。在建筑领域中,数据具有类似的影响,建筑评论家一般不太区分技术发展与建筑风格的改变带来的差异。从这个角度看,普通大众可能对曲线形外墙和欧陆风格的设计这些陈词滥调印象深刻,但是对于数据在建设施工方面的影响却一无所知。

但是,当我们认真审查 BIM 大数据在实践中是如何应用的,可以发现数据在以下三个方面正在改变建筑、工程、施工的工作架构:

图 8-7　俄克拉荷马州谷歌公司的数据中心内部机架

1. 客户向建筑师索取数据

工程项目的客户也开始要求建筑师不仅交付工程图纸,他们都将目光投向了数据丰富的 BIM 模型。项目的客户在工程完工之后,会索取记载所有工程项目信息的 BIM 文档,并以此为基础来给下游的应用提供信息,例如基础设施或设备的管理数据等。

在建筑、工程、施工等行业,随着 BIM 技术的成熟,业主对于工程应该交付的文档有了越来越多的期望,例如,建筑师将产生的数据集,建筑—营运建设信息交流(COBIE)的电子表格,作为项目需要交付的一部分。该建筑—营运建设信息交流电子表格,本质上是项目资产的清单,如椅子和空调暖通系统。业主就可以用它来管理这些设施。英国政府要求设计师在任何公共资金资助的项目上,要制作并交付建筑—营运建设信息交流电子表格。对于建筑师来说,这意味着他们在数据方面要像在其图纸方面一样严格把关。

2. 客户从建筑物内收集数据

业主也对由建筑物所产生的数据非常感兴趣。如前面提到的,一切有关数据,从温度调节到门禁记录都被连接到互联网,由此可以创造其他用途。在 2014 年的威尼斯双年展上,美国建筑师协会会员、展览的总策划雷姆·库哈斯提出了这样的预测:"每一个建筑元素都将它自己与数据驱动的技术相关联"。

各种数据能够帮助业主衡量和定量改善其资产设备的性能。已经有许多人开始在尝试从事这些工作,比如说,从他们的暖通空调系统入手。但是,具有创新精神的业主看到的商机,是利用数据来对资产的表现,进行全面的评估。以沃尔特迪士尼公司为例,结合

销售数据和其他用户体验的指标,可以定位、跟踪、优化其公园的性能。随着越来越多的业主开始依靠建筑数据,以改善其资产的表现,建筑设计师们需要确保其建筑物能够提供关键数据。

　　建筑师也需要认识到,客户将使用这些数据来衡量自己的表现。可持续建筑的认证组织,如美国绿色建筑委员会(LEED),已经在逐步使用实际数据来验证建筑的性能。这种认证就是 LEED 的动态认证——LEED V4。可持续评级系统的最新版本并不是美国绿色建筑委员会(USGBC)推进其标准的唯一途径。随着绿色建筑认证计划的更新,在 2013 年,美国绿色建筑委员会推出了 LEED 动态认证的工作原型。LEED 动态对认证的主要目标是"将可持续设计的策略与结果分离开来。然后在比较具有相同规模的建筑设施的基础上,衡量建筑的性能"。虽然 LEED 参考指南提供的策略是很重要的,但是美国绿色建筑委员会希望能够真正衡量建筑物是否真的符合这些策略。

　　那么什么是 LEED 动态认证呢?从实物的角度来说,LEED 认证牌匾是显示现有建设项目的一个独立的数字记分牌。其简洁的界面显示建筑物的五种类别的性能:能源、水、废品、运输及人员经验。LEED 动态认证是一种让人们重新认证他们的项目的办法。认证时不必跟踪 LEED 既有建筑的所有的信息和所有的已经认证的信用点。LEED 动态认证牌匾可以安装在任何现有的 LEED 认证的建筑上,无论它最初遵循的是哪个等级系统。资产经理可以使用手动或自动的方式,通过美国绿色建筑委员会的在线仪表盘,来构建建筑资产的性能数据,这种更新不受次数限制。美国绿色建筑委员会将要求业主每年提交并核查建筑数据至少一次,这个例子是 BIM 大数据和可持续建筑的交叉合作领域。

　　另一种使用建筑物联网的方式是基于绩效的合同。比如说,在合同中规定,建筑师的设计费用的一部分是滞后支付的,直到住户入住后的数据,验证了该建筑达到了其规定的设计性能,随后业主才会将这一部分的设计费用全额支付。这对于保证建筑设计和施工质量是功不可没的,这种做法也越来越受欢迎。要能够真正赢得设计建造合同,全额获得项目的合同款项,仅仅依靠动人心魄的、设计图的视觉效果是不够的;公司还需要以实际数据来证明他们能够将他们的承诺付诸行动。图 8-8 是使用大数据架构的概念而形成的纽约曼哈顿的信息图。这张图片是按年龄对城市分层获得的快照,是曼哈顿中城的建筑的、具有颜色编码的交互式地图,图片是由墨菲科得建筑设计公司开发的。

　　3. BIM 大数据正在改变工作的过程,也改变了工作的结果

　　数据的丰度推动了数据仓库,以及建筑—营运建设信息交流电子表格等方面的应用。但是,对于建筑师来说,更深刻的变化是在工作程序方面。例如,使用 BIM 设计和文档的建筑物已经要求一套全新的业务流程。该建筑可能在视觉上与在过去设计的建筑很相似,但在幕后的一切都需要重新思考,无论是合同措辞,还是员工培训。

　　如果建筑师计划从建筑环境中利用数据,那么就会需要更显著的、程序上的变化。比如说,公司将如何验证产生的数据?他们将与项目伙伴如何交流项目的数据?在法律上,谁负责这个数据?围绕这些数据,可以提供哪些服务?企业如何从数据学到经验?企业需要雇佣数据分析师吗?对于那些愿意解决这些问题的公司,数据将给它们提供机会,深刻量化它们带给客户的价值。毕竟,客户都需要数据。

图 8-8　使用大数据架构的概念而形成的纽约曼哈顿的城市年龄分层图

二、BIM 大数据的管理与协调

很多建筑企业的高管都对 BIM 大数据能够带来的、更高的商业回报非常期待,他们也希望提高客户对于工程和服务的理解。这些建筑企业需要将其业务适应 IT 模式,以充分利用这种海量数据,从而能够通过衍生收入来获得丰厚的利润,并增加具有创新性的客户互动活动。然而,任何大数据项目的成功,在根本上都取决于一个企业的捕捉、存储并管理其数据的能力。更好的企业能提供快速、可信和安全的数据业务,决策者在成功开采大数据方面可以获得更多成功的机会,获得计划中的投资回报,并计划更进一步的投资。大数据整合与协调是这些活动成功的关键。以下是企业采取大数据整合时前五名最常见的错误以及避免的举措:

(1)不选择一个企业级的数据集成技术。

(2)保留过时的数据仓库模型,而不是专注于现代大数据架构模式。

(3)不优先采用高效的数据整合原则。

(4)低估治理的优先顺序。

(5)处理复杂的工作负载时,忽略 Hadoop/NoSQL 的大数据操作语言的处理能力。

BIM 大数据的项目集成原则有五项,了解和应用这五个原则将有助于 BIM 大数据的项目集成。

第一个原则是应用企业级的数据集成技术,旨在填补数据处理时的空缺。不过,对于企业选择数据集成技术的时候,它肯定会面临数据安全性,管理和监控方面的巨大压力。此外企业还应该有专门的、继续开发和支持资源,来不断提高所选择的数据集成技术。当前,Hadoop 是一种分析和处理大数据的软件平台,是 Appach 的一个用 Java 语言所实现的开源软件的加框,在大量计算机组成的集群当中实现了对于海量的数据进行的分布式计算。Hadoop 的框架为海量的数据提供了存储和计算。同样,企业所选择的数据集成技术本身应该适应 Hadoop 技术的规模。如果建筑企业将 BIM 大数据作为战略计划,用户的适应性和开发人员的工作效率都要高。该数据集成技术应该提供适当的工具来简化开发,加强质量,缩短实行时间。这降低了编码带来的风险,从而减少了强制性的自定义编码维护,增加了数据透明度。对于任何企业技术标准来说,BIM 大数据的集成工具应该能和具有多种异构的大数据语言和源一起正常工作,而且能够从复杂的实施情况中抽取用户数据。数据集成技术应该允许企业适应不断更新的 Hadoop 的标准,而且在技术成熟的过程中,在多个不同工作的大数据标准之间转换时,没有潜在的经营风险和营业中断。

第二个原则是注重现代大数据架构模式。许多建筑企业认为,在现有数据的仓库的基础上进行扩展,就可以作为其 BIM 大数据的架构。BIM 大数据的架构(包括数据储存、数据积蓄等)经常与传统的数据仓库共同存在,但是按照经济节约的原则建立大数据的存储,将限制大数据存储中的数据的价值。专业的存储方式和严谨的平台性能设计,将配合大数据存储的主要用途,也就是用于数据探索。经过适当设计,大数据存储可以为经常使用的数据建立子集,并将其移交给设计平台,以提高查询的速度和性能。现代大数据架构强调将实时数据摄取到大数据平台的数据流,使用本机的大数据查询语言充实和改造数据流(一些本机的大数据查询语言的例子如下:Pig Latin,HiveQL,MapReduce 等),并充分协调和治理数据流,以减少风险。

第三个原则是优先高效的数据融入和数据转换。选择正确的数据集成技术依赖于关键标准,它始于摄取实时数据到数据储存器的能力,这保证了用于支持决策的数据是先进的,也保证了业务分析的结论根据的是最新的数据。精确到毫秒的数据实时性的差异,区分了是普通客户体验还是优秀的客户体验,并为他们提供及时的见解和经验。当这些数据摄入的工具捕获数据时,应该是无创新性能的,而且不影响源技术。一旦数据摄入到储存器内,所述转化技术应该是透明的,而不需要注入专有代码到 Hadoop 节点。它应该提供模块化的、基于团队的开发设施。这应该是跨平台移植,或者换句话说,恪守"设计一次,到处运行"的规则。

第四个原则是纳入普及型数据治理。大数据库以前一般被认为是数据科学家的黑箱围栏,然而现在情况发生了改变。事实上,适当的重点应放在确保 BIM 大数据集群的透明度上。如果大数据储存充满了原始数据,它有利的一面是能够得到利润和提高客户体验;而缺点是在数据泄漏时,大量数据泄漏造成的高昂的诉讼费用和无法挽回的声誉损失。在整个数据管理的全局视野中,通过各项技术来管理元数据是治理数据的关键。它支持完整的数据源,从而针对那些通过系统传递和业务决策的数据,形成了业务问责和 IT 问责制。良好的治理取决于技术,也取决于该组织的文化和业务流程。但是选择正确的治理技术是实现企业管理数据的关键。一个好的治理技术可以提高数据的透明度,推行问责制,并且帮助识别 BIM 管理过程和企业性能需要改进的领域。在集成大数据的平台上,重要的是使用一个治理工具切入多个技术手段(例如数据库、数据仓库、数据质量和浓缩技术、数据融合技术、商业 BIM 的智能开发和分析能力技术等),以有效地完成治理要求。该治理技术应该为商务用户和技术用户服务。

第五个原则是充分利用 Hadoop 集群。如果认为 Hadoop 和 NoSQL 只是用于商品数据存储的话,就会错过了它们很大的优势,它们的计算能力可以提供很多功能。如果你没有有效地利用大数据平台来处理数据,通过数据存储可以实现的收益都将丢失。要做到这一点,应该脱离原有的数据计算方式,来查询底层的大数据;通过生成符合大数据存储标准的代码,进入大数据,这样就可以使用、存储、处理大数据。当数据量和存储能力要求扩展的时候,不必投资于额外的大数据处理硬件。要做到这一点,数据集成技术不应该使用中间件或处理平台。大数据不应该存在于目标或源数据库之外。传统的提取、转换和加载(ETL)技术专为关系型数据库设计,通常有一个基于中间件架构,它们会抵消任何大数据的优势。

三、BIM 全寿命周期管理(BLM)

由于建筑物的传感器网络持续应用迅猛增长,以及它的异质性,使用者可以更好地控制自己的居住环境,同时将能量消耗减到最小。由于建筑物是主要的能源消耗主体,并且是产生温室气体排放的主要场所,应用 BIM 全寿命周期管理(BLM)能够帮助业主和住户理解和控制其与建筑物的相互作用,是对环境非常有益的。然而,大量的原始数据集的收集和利用必须是综合计算的,可视化是其中数据处理的一个显著手段。信息可视化与用户的互动也是 BIM 全寿命周期管理(BLM)的挑战。下面讨论 BIM 全寿命周期管理(BLM)的经验教训和挑战,以及其可持续发展性。

(一)BIM 大数据与建筑全寿命周期的室内外环境

现代的建筑都会使用某种程度的仪器,例如,泵和马达在给排水系统监测中,起到了安全限制的作用,以防止用户损坏自己的设备。除此之外,住宅的电、水、气或煤气等的消费显示器,可确保房主的公平计费。现在,新的传感器网络被添加到建筑结构,超越了以往的那些基本功能和监控,与基础设施服务一起,可提高系统层面的工作效率。在建筑领域,当建筑物的设计完成后,建筑师通常将图纸移交给工程团队,工程团队负责计算分析建筑内不同区域的热需求。例如,一个简单的、布局为一层的建筑物,将包含一个中央区域和建筑物四边的边缘区域,一天中,建筑物不同立面所处的风、热环境不同,因而有不同的热需求。可将这些不同的热需求作为条件输入,提供给建筑控制系统,在每个区域都有一个恒温器与温度和湿度及传感器一起,对所需的温度进行设定和控制。从输出方面来说,在楼宇特定的区域,楼宇控制系统通常决定风门位置、风门的打开或关闭以及变风间量(VAV)的终端单元,它也可以具有一个空气压力传感器。因此,在每一个特定区域可以安装 3 个或 4 个传感器,对供热或空调进行调节。

一个典型的办公楼(图 8-9)可以有 250 个传感器传输信号进入楼宇控制系统。然而这种方法的简单性导致其应用在非常大的区域时不可能为所有用户提供舒适的工作温度。此外,也没有明确的感测或响应居住者的存在,导致加热和冷却设备运行时,只能对应简单的时间表,利用大楼经理关于建筑的预测,来控制温度。虽然这些问题看上去似乎不是太重要,但是建筑物的过冷、过热和过度照明,是导致建筑物成为人为温室气体(GHG)排放的罪魁祸首(48%)。基本上一半的空气污染,是由建筑物运行时产生的。智能建筑可持续性社区(NET-ZERO),在建筑与工程领域,几十年来一直致力于解决这个问题。现在,技术发展迅速,无论是在研究方面还是在工业应用方面,BIM 物联网控制的智能建筑已经可以显著地降低住宅和商业建筑的耗能量。作为针对极端问题的极端反应,社区设立他们的终极目标为零碳建筑,因为零碳建筑在使用中产生尽可能少的能量。一般而言,零碳建设战略中,通过设计和技术的革新,在开始时就可将使用的能量大幅度减少,减少75%,大幅度提升,对于剩余25%的电力需求,采用可再生能源,例如太阳能和风能。其中,技术效率的提高依赖于数字化楼宇控制系统及其设备和传感器网络。这种所谓的“智能建筑”的模式转变了建设系统,可以形成一个可靠的平台,为设计和计算的可持续发展提供随时随地的帮助。

图 8-9　实时可视后的办公大楼与高密度传感器网络(传感器图标在 3D 模型中用绿色和黄色覆盖)

零碳建设战略要以用户为中心进行设计,它是一种高度解析用户需求并响应的方法。也就是说,零碳建设将超越大控热区的概念,建筑系统应主要服务于被占用区域的供热和制冷的需要。为了更好地决定人们是否存在于特定的空间中,大量的位移、光敏、用电量和二氧化碳传感器,已经被集成到照明灯具和办公家具上。位移检测,以及对于二氧化碳含量是否增加的检测,可用于指示空间占用的程度。通风设计都可以满足高峰期间用户的空气质量需求,它和实际入住人口不相关。在建筑物被部分占用时,用于加热、制冷、加湿或除湿等所需的能量,比照必需耗能量来说,是浪费的。由于用户呼出的二氧化碳是一个可以预测的量值,二氧化碳水平可以用来指示实际在房间内部的人数,这是该房间通风需求的一个有用根据,尤其是在封闭的房间,如办公楼的会议室。

一些办公家具制造商已经将用户个体层面的传感器集成到他们的商业产品中。例如,江森自控生产个人环境模块(PEM),包括一个办公柜系统,安装有个人控制面板,可以调节风量、温度、照明和声学等特性,以保持个人办公环境的舒适度水平。赫曼米勒公司开发了康维亚家具系统,包括一个技术平台,允许对插头负载、照明以及温控器设定点等,进行集成控制和监测。通过加入以使用人员为中心的传感器网络和以使用人员为中心的加热或冷却系统,创建了提高建筑能效的机会。在将 BIM 大数据与建筑全寿命周期的室内外环境集成的时候,要注意以下几个问题:

1. BIM 大数据的收集

建筑物的传感器网络可以是无处不在的,并与现有的互联网协议网络进行 IP 集成。BIM 大数据的计算解决方案可以更容易地开发出来,帮助更多的人分析数据,改进思路,并提供新的商机。但是,现代化的办公大楼可能有 10 000 ~ 40 000 个传感器,几百个感应设备,几十个集成系统。例如,温度传感器产生缓慢变化的值,因而温度数据很容易压缩,以大大减少数据存储的要求。但是,电气插座上使用的电源传感器可能需要经常采样,并且取值范围不规则。而每个建筑物的数据存储量每年都可能超过 TB,这导致实时采集分析数据及与数据的交互成为重大的挑战。

2. BIM 大数据分析和可视化

虽然这些系统的可行性仍有待观察,但这些大规模数据集的可用性是一个开放的研究问题。对于大数据集的可视化,特别是环境数据的可视化是全球的研究热点。可视化的目的是深入了解数据。因此,对于可视化技术的评估,必须要考虑它们对于决策的支持。

3. 建筑环境可视化

传感器是数据收集、分析、可视化和决策的一个重要组成部分。环境扫描的用途之一,是帮助传感器的数据流和它们的物理环境相关联。这个结果是形成空间和建筑的点云数据(也就是简单的、无序的三维几何坐标)。在对一个大楼的扫描中,从内部和外部的位置,分别单独扫描,之后将数据合并,创建的整幢大楼的详细扫描含 13 亿个点。

人们在寻求将点云数据处理成有用的几何图元(如多边形和固体)方面做了大量的工作。然而,为了使建筑物和环境产生联系,需要启用多种智能分析软件、工具来标记几何形状的语义数据,对其进行可视化和仿真。在建筑领域,行业标准的数据模型已采用几何和语义来描述建筑物的所有组件。但是,还没有一个自动化的方式来全自动的根据一个点云创建 BIM 模型。

4. 增强现实

许多软件应用程序可以将 BIM 数据和传感器位置结合起来,例如 GoBIM 就是 iPhone 的一款应用程序,可以用来观看特定工地的 BIM 数据。该应用程序扩展到包括增强现实功能的 BIM 功能。

(二)BIM 大数据与实时建筑效能检测

使用 BIM 大数据进行实时建筑效能检测,其目的是要理解和利用 BIM 最佳能量值性能,超越设计和施工技术局限,在整个建筑物的生命周期的活动中,扩展它的价值。另外这种监测可以帮助人们了解建筑仪器和 BIM 之间的协同作用,实现在未来提高建设科技创新的愿景,提高知识管理的能力,获得竞争优势。图 8-10 显示了一个办公场所在有人和没人时产热的不同。建筑仪器和 BIM 之间的协同作用很大程度上依赖于语义网络。图 8-11 显示了 BIM 和语义网络。

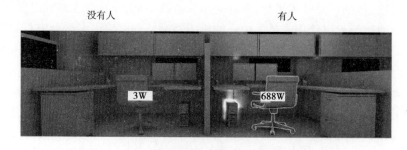

图 8-10　一个办公场所在有人和没人时产生的热能是不同的

图 8-11　BIM 和语义网络

四、BIM 360TM

BIM360™现场管理是为在施工现场,与基于云的协作和报告,融合了移动技术的、2D 和 3D 环境的管理软件。BIM360™现场管理把关键信息送到这些现场工作人员的手中,帮助提高施工质量,施工安全和为各类建筑及基建项目进行调试。见图 8-12。

例如,藤森建设是一家基于美国的家族企业,也是北美领先的建设者。藤森建设的服务包括设计、建造、房地产开发、施工管理、工程总承包、EPC/BOP 和项目开发。效率是驱动藤森建设的关键因素。藤森建设使用 Autodesk ® BIM 360 软件来管理其大型建设项目。通过使用 Autodesk ® BIM 360 场软件,藤森建设能够优化其内部流程。

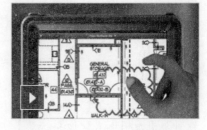

图 8-12　BIM360™现场管理软件

在更新网络文件系统的内容时,藤森团队成员面临的挑战是如何保持 BIM 360 现场管理项目库的最新内容。按照要求,需要有几个步骤来导入,将来自多个网络驱动器的文件,导入到 BIM 360 现场管理的项目库,这使得整体的处理流程非常缓慢。"我们没有办法用一个简单的或自动的方式,同步我们的 BIM 360 现场管理的项目库和我们数据中心的内容。"藤森计划经理尼尔卡特罗斯说。

藤森团队的解决方案是采用 BIM 360 现场项目的 SkySync 连接器。通过不断努力提高自己的业务流程,藤森建设借助 BIM 360 现场项目的 SkySync 连接器,成功解决了这一问题。通过利用 SkySync 上传项目到 BIM 360 现场管理的项目库,导入过程从原来的几个步骤,变得完全自动化。藤森工程师可以通过 BIM 360 现场管理的驱动,同步本地网络实现共享,省去漫长的导入时间,从而可以轻松地管理每个项目。工程师可以轻松地配置 SkySync,在预定的时间间隔内来同步自己的项目;也可以选择手动启动同步作业。更重要的是,用户可以通过他们的网络驱动器,以具有相同的名称的新文件替换旧文件,同时 SkySync 自动更新 BIM 360 现场管理的项目库。

通过使用 SkySync、面向 Autodesk ® BIM 360 现场连接器,藤森建设能够从工作流程中删除几个步骤,并且优化项目管理过程。藤森建设已经利用 SkySync 的连接器,与流行的云平台建立了连接。藤森的工程师们在使用 SkySync 与 BIM 360 现场管理时几乎毫不费力。

五、BIM 2030

随着信息和计算技术的不断发展,BIM 的开发和利用也呈现出令人惊叹的趋势。在环境监测、供应链、行业转型、建筑产业工业化、预制与预配、移动设备、物联网、商业智能等方面,都可以看到 BIM 的应用。特别是 BIM 大数据,在用户的个性化体验和发掘新的商业机会方面,必将发挥出无可替代的作用。在不久的将来,像好莱坞电影中展现的场景也许会成为现实。比如穿戴式设备和嵌入式设备的研发可能会改变我们的生活习惯。根据我们个人的工作、生活、娱乐、健康的要求和习惯,智能型的系统可以自动将环境调节到最舒适和最环保的程度。

从当前的世界发展趋势来说,BIM 的应用会越来越广泛,而且 BIM 的应用会远远地超出建筑设计、土木工程施工等行业的范畴。在今后的 5～10 年,BIM 技术必将为工程设计人员和施工人员以及广大用户带来不同凡响的体验。

(一)BIM 与先进的机器人

对于世界各地从事建筑设计与施工的专业人士来说,每一天都可以看到新的科技应用在不同的工程项目中。但是,很多中小型的建筑施工企业,特别是中国的一些企业,还在故步自封于传统的设计和施工方法。对于他们来说,砌砖机器人和能够自动组装的建筑物似乎是遥不可及的。但是,科技的进步是驱动社会生产力的重要因素。今天对于我们来说是最先进的技术,例如机器人技术、无人驾驶技术和印刷式建筑等,在不久的将来,可能在建设自动化的过程中大面积使用。这些在当前正在发展中的最新的设计和施工技术,可能会引导我们在设施的建造和运营方面,迎来大的变革。一些以前只在科幻小说和电影中出现的技术,现在都已经进入商业用途,并且使用在新的建设项目中。这些技术包括 3D 打印、无人驾驶飞机及机器人建设系统等。如图 8-13 所示的是哈斯卡瓦纳斯 DXR140 拆除机器人正在进行工作的照片。这里示出的机器人是由工程人员遥感控制的。采用先进的机器人技术,可以简化复杂的、混乱的或是危险的建设过程。

图 8-13　哈斯卡瓦纳斯 DXR140 拆除机器人正在进行工作
(照片来源:建筑、设计与建造杂志,2014)

建筑围护结构是自动化和机器人技术在建筑领域上应用最成功的地方。一些具有探索精神的、有远见的建筑围护设计,模仿现实生活中的动物皮肤来进行设计,建筑围护设计可以调整遮阳装置和通风口,从而改变室内环境的湿度、温度和光线。仿生学是这些活性或动态外墙的理论基础。利用仿生学原理,可以在建筑围护设计中纳入运动部件、传感器和致动器。这些运动部件、传感器和致动器通常与中央建筑物自动化系统共同起作用。

设计得当的动态外墙能够更好地调节室内环境,减少照明和空调的能源负荷。这种动态外墙在真实世界中,已经应用在少数的建筑上。但专家认为,动态外墙在建筑中广泛采用的可能性并不大,主要是因为它的成本太高,投资回报率周期太长。以下是一个动态玻璃幕墙的例子:

皇家墨尔本理工大学的设计中心坐落在澳大利亚的墨尔本市,该建筑是由建筑师尚·歌德赛设计的,建筑物的外墙结合了双层玻璃幕墙与第二层建筑立面。这些都是由珀麻斯第力萨集团承包建设的。外墙包括数以千计的、小的、圆盘形的太阳能集热器。超过半数以上的太阳能集热盘,由自动枢驱动,旋转到总是面对太阳的方向,从而优化太阳能收集的能力,并提供室内的遮阳功能。同时,建筑的内层皮肤,通过进气口调节空气,并通过水雾喷头,使用屋顶收集的雨水形成细水雾。两种方式相互结合,减轻建筑的制冷负荷。

另外一个先进的、自动化的外墙应用在商业建筑的最显著的例子,是在匹兹堡的 PNC 大厦。该大厦是由金斯勒设计的,设计的目的是提供一个"透气建筑"。根据设计团队提供的资料,外墙体内安装有由传感器控制的空气阀门。空气阀门和太阳能烟囱以及散热片相结合,通过空气阀门将冷空气输送进建筑内部,同时将暖空气从上面抽出。使用者期望空气阀门的开放时间能够达到 42%,比照 ASHRAE 90.1-2007 的基准,这个措施能够将电力负荷降低到 50%。

生物学本身可能最终取代仿生学。在德国汉堡,一座 5 层的多户住宅楼,在建筑物的两个外墙面上有"生物反应器"。这个设计是由奥如谱、柯尔特国际公司和德国顾问公司共同合作开发的。柯尔特国际公司负责建筑外墙的安装。这个外墙设计被称为"太阳能叶子",其外观包含平面玻璃面板,面板内有微藻,通过微藻的太阳能光合作用,可以收集产生的生物量和热量。微藻生物质通常是收集起来之后,转换成沼气,作为燃料使用。在这个建筑物里,微藻成为生物反应器板,减轻了光传输,并提供了独特的遮光策略。

奥如谱的建筑师扬·物姆介绍说:"在建筑物的外墙使用生化过程,可以创造遮阳功能,也能提供能源,很可能成为市区建筑的一个可持续的解决方案。"

工程设计和建设人员也在许多其他的建筑上,运用了动态外墙的概念。例如 2012 年韩国的世博场馆,就使用了玻璃纤维增强的塑料片。在沙特阿拉伯的 60 层帆船塔,是由帕金斯和威尔公司的罗伯特·古德温设计的。所有这些都是独一无二的设计,甚至是实验型技术。当这些系统很容易被复制的时候,动态外墙的市场化才将真正到来。

(二)BIM 与 3D 打印机技术

3D 打印技术方兴未艾,建筑施工团队可能会看到能够打印整个建筑的大型 3D 打印机,这是毫不夸张的。从投资者的角度来看,3D 打印已进入了淘金热阶段。使用大规模的 3D 打印,是否能够打印出整个结构,对于建筑行业来说,还需做进一步的探索与研究。但是大型 3D 打印能够创造任何形状的建筑构件,这一概念引起了许多公司的兴趣。如图 8-14 所示的是格拉麻左与科勒的 R-O-B 移动制作单位,在纽约创建该公司的一项结构性振荡艺术装置。该项目首次亮相于第 11 届威尼斯建筑双年展。

目前,世界上最大的 3D 打印机是由 CAD 软件控制的 D 型打印机,它是由恩里科·迪尼开发的。这个打印机已被用于制造大型雕塑,吸引了荷兰建筑师让亚·瑞森那的注意。他看到了这项技术的潜力,可以用来建立他的高度概念化的景观楼。这个楼是受莫比乌斯带的启发而设计的。迪尼和瑞森那目前正在解决莫比乌斯带的循环结构。这个结构的50%将由3D打印机来完成。

图8-14　大型3D打印机制作的建筑结构
（照片来源：建筑、设计与建造杂志，2014）

同时，在麻省理工学院的 MIT 媒体实验室，最近的研究侧重于解决解析度的问题。大型3D打印经常产生粗糙或畸形的外观效果。但在 MIT 媒体实验室制作的打印部件，其外部可以被打磨到令人满意的成品外观。为了质量和稳定性，建筑物的大型3D打印是由混凝土填充的。

总部位于伦敦的索芙特可设计公司运用部分打印的方法来建设房屋。他们的目标是一个单层结构将100%由3D打印的组件构成。他们的系统是在网络状结构上包裹覆盖轻质塑料，从而得到良好稳定的结构，成品住宅酷似蜘蛛的卵袋。但索芙特可公司特别引以为傲的技术特点是他们的速度，该公司可以在三周内，打印一个26英寸×13英尺的房子的所有部分，并在一天内将它们扣合在一起。

这项技术也有许多需要注意的地方。例如，打印速度快，会损失解析度；打印物体过大，会影响速度。荷兰 DUS 公司可以使用3D打印技术，一次打印整个房间。DUS 公司使用这项技术构建了一个坐落在阿姆斯特丹运河沿岸的房子，但是如果使用传统的外观结构的话，这个建筑可能需要三年的时间才能完成。

事实上，一些投资者设想在月球上的建筑工地使用3D打印机进行施工建设。迪尼已经与英国建筑师福斯特事务所联手，打算在月球一个站点使用 D 形3D打印机。而美国航空航天局已经揭示了南加州大学的维特比工程学院，正用等高工艺技术对于月球住房建设进行模拟。现在来说，这些尝试还只是在概念设计和模拟阶段，但是到了2030年，我们也许可以看到3D打印机建成的月球公寓。

（三）BIM 与无人驾驶飞机技术

正如3D打印技术一样，无人驾驶飞机对于建设任务而言，也是非常有用的。例如管道检查和手机信号塔的检查；对视觉上隐蔽的领域进行搜救，比如矿山地区。无人驾驶飞机甚至可以作为牧牛的工具，或用来递送包裹的工具。随着无人驾驶飞机价格的快速降低，设计、工程和施工的各个公司正在越来越频繁地把无人机用于各种工程当中。

由空中靶机对建筑工地进行快速目视检查十分便利快捷。结合专用的摄像技术,如红外线过滤器或传感器,无人机还能够探测到煤气泄漏。无人机能够返回丰富的数据,数据的层次多样。针对那些难以到达的地区,人工检查有很大的相关成本和风险,无人机可以帮助我们节约成本,避免风险。

一些类型的无人机能够提供令人惊讶的数据精度,特别是那些利用多个螺旋桨来增加稳定性的无人机。建设相关部门已经开始采用无人机,并配有高清晰度摄像机、激光扫描机及陀螺稳定仪器(QCS),结合这些技术可以返回精确的公制微米的、准确的数据。住宅和太阳能电池板的公司,像多伦多的亨太阳能公司,已经使用无人驾驶飞机准确地检查客户的建筑结构,从而提供安装的建议。西门子作为制造商,设想在未来,用四轴螺旋桨飞行器飞过现有的高楼大厦,可以获得全面的建筑信息,并创建三维数字模型(BIM)。这种类型的BIM模型,可以帮助确定建筑的维护需求,甚至还可以通过三维数字模型,仿真并计划整修工作。

瑞士的格拉麻左与科勒公司,最近在试验飞行装配建筑。这是一个大型的艺术装置,需要安装在法国奥尔良市的FRAC中心。在建设过程中,有多达50个飞行机器人队伍,合作安装了稳定的6英尺高塔楼的内置结构。多个运动捕捉传感器,以370英尺/秒的速度检测无人驾驶飞机。关于安装的过程,令人印象深刻的不是成品塔本身,而是编程。该算法需要确定如何有效地派遣无人驾驶飞机,避免碰撞,并在选择了最佳路径的情况下,快速有效提起和释放荷载。

那么这个过程怎么样才能扩大规模?无人驾驶飞机到底可不可以被设计为携带砖块和分配砂浆的自动化砌筑施工工具?这个想法现在来看似乎比较牵强,格拉麻左与科勒公司的有些脚踏实地的项目,例如在建设过程中使用机器人。该公司开发改造了货运集装箱,使得它可以执行多种任务,形成一个移动的建设制造单元。巨大的机械臂依靠算法来自动执行指令,并且尤其擅长瓦工。该公司的算法软件能够创建动态的3D墙和形状。例如,酒厂建筑物的墙壁,从远处看,像一串葡萄的三维外形。

所有这一切想要进入广泛的市场,还有很长的路要走。在美国,建筑机器人已经经过了长达数年的研发过程。很快就可以看到半自动砌块系统在建设行业中的应用。

(四)未来的技术发展趋势

一些未来的技术是针对像土木工程这样的相关领域,如使用GPS和全球卫星导航系统(GNSS),可以对大型施工设备进行卫星控制。其他的技术可归为IT类,如大数据和预测分析模型。建筑施工和规划设计公司已经开始运用这些技术,例如,预测哪些项目是可以开工或应该避免的。

自组装块的概念也是一个新兴事物。麻省理工学院的研究想法是,产生m个块,每一个块都可以组装,但是没有外部移动部件,是独立的立方体。掰开这个系统后,它能够重新组装成一个新的形状。微芯片和无线信号控制着立方块的内部运动部件和磁铁,使得它们能够紧密地扣拼起来。

这些技术现在看来似乎并不实用,但它代表了新兴的方式,为建筑物的设计和建造的根本性转变提供了思路。试想一下,在未来,业主可以使用这项技术使建筑物改变结构。这些新技术是人们创造力的体现,我们以前认为是天方夜谭的奇思怪论,也许会为建筑相关行业带来变革和商机。

章后习题

1. 谈谈你对 BIM 大数据特点的理解。

2. 谈谈你对 BIM 大数据作用的理解。

本章参考文献与延伸阅读

［1］建筑、设计与建造杂志. 2014 技术报告:顶级的高科技工具和专业人士眼中的 AEC 趋势. http://www. bdcnetwork. com/technology-report-2014-top-tech-tools-and-trends-aec-pro-fessionals.

［2］Khan, A. ,&Hornbæk, K. Big data from the built environment. InProceedings of the 2nd inter-national workshop on Research in the large(pp. 29-32). ACM.

［3］Autodesk Research. What happens when BIM meets the IoT? http://autodeskresearch. typepad. com/blog/2015/09/what-happens-when-bim-meets-the-iot. html.

［4］Thasarathar, D. BIM's future up in the cloud: The AEC industry is on the cusp of a still more signifi-cant evolution with cloud computing. Building Design & Construction. http://www. bdcnetwork. com/bim%E2%80%99s-future-cloud.

［5］Underwood, J. ,&Isikdag, U. (2011). Emerging technologies for BIM 2. 0. Construction Inno-vation, 11(3), 252-258.

［6］程学旗, 靳小龙, 王元卓, 等. 大数据系统和分析技术综述[J]. 软件学报, 2014, 25(9), 1889-1908.

［7］Isikdag, U. The Future of Building Information Modelling: BIM 2. 0. In Enhanced Building Information Models(pp. 13-24). Springer International Publishing.

［8］Davis, D. The Near Future-How Big Data is Transforming Architecture: The phenomenon presents huge opportunities for the built environment and the firms that design it. Retrieved from http://www. architectmagazine. com/technology/how-big-data-is-transforming-architecture_o.

［9］甲骨文白皮书. The Five Most Common Big Data Integration Mistakes To Avoid. Oracle.

第九章　BIM应用实践

学习目的与要求

本章从桥梁、民用建筑、商业建筑、公共项目、港口项目几个领域给出了BIM的应用实例。要求学生能够结合案例更深刻地理解BIM如何在具体项目中实施应用。

第一节　案例一 BIM 在鄂东长江大桥结构安全综合管理中的应用

本案例将探索BIM技术在桥梁工程设计、施工、运营等阶段的应用，挖掘BIM应用于桥梁工程的优势，以期给同学们带来一定的参考与启发。

一、项目背景

湖北鄂东长江公路大桥位于长江中游黄石市与鄂州市交界区域，是沪蓉国道主干线湖北省东段和国家高速公路网规划中大庆至广州公路湖北段的共用过江通道；作为国家主干线骨架的重要组成部分，是国家"十一五"重点交通建设项目和交通部重点工程，也是湖北省公路主骨架的重要组成部分。大桥投资28亿元，对进一步完善国家和区域干线公路网络，加强长江经济带的联系，增强东西交流和南北协作，促进湖北省特别是鄂东地区社会经济的协调发展，充分发挥黄石市鄂东经贸中心的作用等具有十分重要的意义。鄂东长江公路大桥位于黄石长江大桥上游（岸线距离约1.3km，直线距离约0.95km），北岸为浠水县的散花洲，南岸靠近黄石市的黄石港。桥位上离武汉的航运里程约140km，下距九江的航运里程约120km，桥位所处河道是川、湘、鄂、赣、皖、苏、沪等省市的水上交通要道。

湖北鄂东长江公路大桥桥长6 203.0m，为主跨926m的双塔双索面混合梁斜拉桥，其跨径布置为3×67.5m＋72.5m＋926.0m＋72.5m＋3×67.5m，箱梁全宽（含风嘴）38.0m，该跨径仅次于香港昂船洲大桥，居世界同类型桥梁第二位，为"湖北第一桥"。效果图见图9-1。

二、项目研究的必要性

（1）能够随时掌握桥梁结构的内力状态及损伤情况。

（2）能够在桥梁结构危险萌芽阶段发出预警。

（3）对保障桥梁安全运营具有重要意义。

（4）能够尽量长地延长桥梁的运营寿命。

（5）对降低桥梁总体运营成本具有显著效果。

图 9-1　鄂东长江公路大桥效果图

综上，以鄂东长江公路大桥主桥为依托，开展特大跨径桥梁结构安全综合管理系统的研究及其实际工程应用是十分必要的。

三、结构安全信息的定义

结构安全信息可以定义为：所有包含结构安全状态的各种信息，包括结构响应信息、通过电子化巡检或人工巡检所直接获取的结构损伤信息，以及通过对结构响应监测信息进行深入分析所获取的结构安全状态评估结果等。结构安全信息本质上是一个宽泛的概念，既包括结构响应信息这种广义的结构安全信息，也包括结构安全状态评估结果这种狭义的结构安全信息。

四、基于 BIM 的结构安全综合管理系统的探索与研究

（一）基于 BIM 的管理系统的设计原则

基于 BIM 的鄂东长江公路大桥结构安全综合管理系统总体设计所依据的基本原则是该系统应能对鄂东长江公路大桥施工和运营的全过程进行直观、可视、合理、有效的监测及养护管理；在保证建设和运营各个阶段相关系统有序衔接和协调统一的条件下，进行整个系统的开发；基于所获取的测试数据，提供必要且易于理解的结构状态等结构安全信息；基于系统的结构危险性分析和结构响应，预测结构的危险状态并进行相应的结构安全主动控制，为结构安全和行车安全提供保障。这套系统的建立需要一个核心层的基础，这个基础就是基于 BIM 建立的桥梁信息数据模型。

（二）基于 BIM 的管理系统的设计思路

尽管通过自动化数据采集系统获得的原始结构响应信息包含了丰富的结构安全状态信

息,但养护管理工作人员一般难以直接通过结构响应判别结构真实的安全状态。

因此,尽管结构响应中包含了结构安全信息,并且是进行结构安全状态评估的基础,但这部分信息是隐含的,无法直接用于指导结构的养护和管理。基于 BIM 的结构安全综合管理系统的最终目标是基于结构响应测试信息和巡检信息,获得结构的真实安全状态,为结构的养护管理提供科学依据。即根据对结构力学行为的系统研究,通过对响应信息和损伤信息的深加工,准确把握结构的安全状态。因此,基于 BIM 的结构安全综合管理系统本质上而言是通过对监测信息进行深入分析,获得结构安全信息,再对这些结构安全信息进行科学有效的管理、处理、展示的系统。在这一系统中,结构响应监测和电子化巡检是基础,结构安全信息的获取是关键,基于 BIM 平台是整套系统的核心,三者相辅相成,缺一不可。

在基于 BIM 的鄂东长江公路大桥结构安全综合管理系统中,结构安全信息主要来源于如下几个途径:

(1)利用信息自动采集系统获得力学指标的监测结果。

(2)利用信息自动采集系统及人工巡检获得结构损伤的直接检测结果。

(3)基于上述信息,通过结构力学状态识别、结构损伤识别以及结构安全状态综合评估获得结构安全状态信息。对于损伤数据信息,该系统可以直接进行数据记录与简单的分析;对于有关力学监测指标,则通过结构的状态识别、损伤识别及无模型预警获得结构状态、损伤等与结构安全直接或间接相关的信息。最后利用基于 BIM 的系统平台中的综合评估模块对以上损伤及状态信息进行综合评估,从而获得直观、科学、有效、对桥梁施工和运营阶段的养护管理具有现实指导意义的桥梁结构安全综合评估报告。系统的总体思路及运行流程如图 9-2 所示,具体如下:

(1)主要基于力学指标的监测数据进行结构施工控制的各项工作。

(2)采用闭环反馈控制原则进行结构的施工过程控制。

(3)运营阶段的结构状态评估应综合结构力学指标的监测与结构损伤的直接检测。

(4)力学指标监测侧重于结构总体内力状态的把握。

(5)损伤直接检测侧重于局部损伤的探明。

(6)利用综合评估系统将二者结合起来进行结构安全状态的评估。

(7)监测所得的各项数据必须进行科学、有效的后期处理才能用于结构安全状态的评估。

(8)基于监测数据和结构危险性分析提供结构主动安全控制措施。

在结合 BIM 技术的结构危险性分析中,结构的危险划分为结构损伤和结构状态的不利性改变两大类,根据目前的技术水平,针对不同的危险情况应采取不同的健康监测手段。

基于 BIM 的结构安全综合管理系统是一个庞大的系统工程,其核心任务是获得结构的响应信息与局部损伤信息等,并在对所获得安全信息进行综合评估的基础上保障桥梁和交通的双重安全,为结构的高质量施工建设和安全、科学、经济的运营管养提供成套解决方案。为了实现上述目标,在系统分析的基础上,将该系统分为数据自动采集与传输子系统、结构状态及损伤识别子系统、大桥结构安全信息数据库子系统以及结构安全评估子系统共 4 个大的子系统。通俗地讲,结构安全综合管理系统作为一个大系统,主要由"采集器""解码器""存储器"以及"分析器"4 大部分组成。各部分的定义如下:

1."采集器":数据自动采集与传输子系统

该子系统的主要功能是对结构响应信息进行自动采集与传输,为结构状态的综合评估提供基础信息。

2."解码器":结构状态及损伤识别子系统

该子系统的主要功能是对数据自动采集与传输子系统获得的结构响应原始信息进行解构,将结构响应信息转换为易于工程技术人员理解的结构安全状态信息,为大桥建设和运营的养护和管理决策提供科学依据。

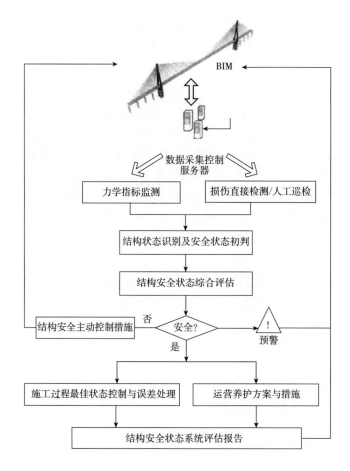

图9-2 系统总体思路及运行流程图

3."存储器":大桥结构安全信息数据库子系统

该子系统主要用于存储与结构安全相关的关键信息,包括结构状态信息、结构损伤信息、关键结构响应信息等,其主要作用在于建立结构健康状态的核心指纹库,为结构健康状态评价、结构状态变动轨迹追踪、大桥实时信息管理建立操作平台。

4."分析器":结构安全评估子系统

该子系统的主要作用在于根据结构状态及损伤识别子系统和电子化人工巡检子系统获得的结构状态信息,对结构的安全状态进行评价,并在此基础上对各种管养方案进行对比评测,给出大桥养护管理方案的建议,为运营期间的养护和管理提供依据。总体运行流程如图9-3 所示。

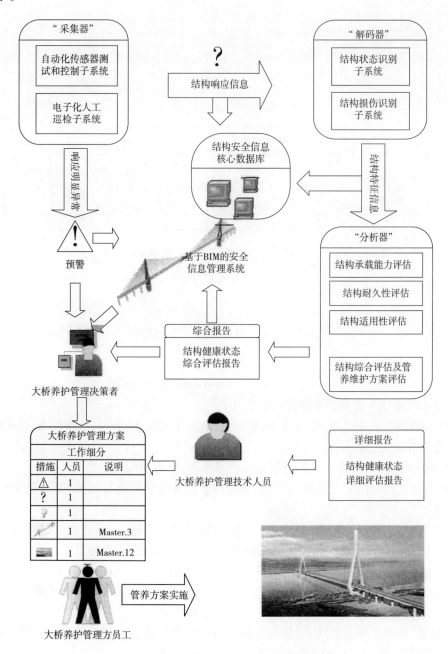

图 9-3　结构安全综合管理系统总体运行流程示意图

（三）基于 BIM 的管理系统的总框架构建

根据对国内外特大跨径桥梁健康监测技术和应用情况的调研,结合鄂东长江公路大桥项目的特点,建立的基于 BIM 的桥梁结构安全综合管理系统的总体系统集成框架图如图 9-4 所示。

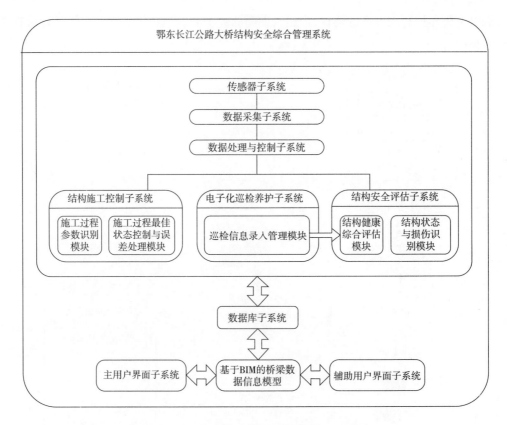

图 9-4　运营监测和综合管理系统集成总体框架图

上述系统总体框架中的各部分可解读为：

（1）传感器子系统：对结构内力、结构应变、结构几何变形、索力、支座反力、结构温度、结构动力特性等参数进行采集。

（2）数据采集子系统：实现传感器信号的采集、传输等功能。

（3）数据处理与控制子系统：对采集系统传输过来的数据进行预处理后，提交给后续子系统使用。

（4）结构施工控制子系统：主要用于桥梁的施工过程控制，根据在施工过程采集获得的相关信息数据，进行数据分析，得出目标指令，指导下一阶段施工工作。

（5）电子化巡检养护子系统：与常规的人工巡检方式不同的是，电子化巡检方式更能适应管理系统化的要求，即要求实现巡检信息的电子信息化，以数据库的形式进行管理、调用及展示。

（6）结构安全评估子系统：对获取的各类结构安全信息进行相应的信息处理，从而以直观的形式向桥梁的管理者提供参考信息。

（7）数据库子系统：通过该子系统的建立，实现对具有庞大数据量的结构信息的科学统一管理，方便信息的共享与发布，方便各个子系统之间的数据信息交换和统一。

（8）用户界面子系统：包括主界面子系统和辅助界面子系统，主要向用户提供方便的操作，科学、有效、直观的管理界面，并实现远程访问、报告输出等功能。在充分利用 BIM 技术优势的同时，还要考虑 BIM 与桥梁工程更好结合的问题。两界面子系统不仅体现了 BIM 的自身优势,也提高了 BIM 技术在桥梁结构安全综合管理系统中的实用性。

第二节　案例二 BIM 在给水排水设计中的应用

本案例将以东莞市企石镇历史博物馆为例,着重探讨 BIM 技术在给水排水设计中的应用。

一、设计软件和工程项目的选择

目前比较成熟的 BIM 软件主要有 Graphisoft 公司的 ArchiCAD,Bentley 公司的 Microstation TriFoma 和 Autodesk 公司的 Revit。尽管 Graphisoft 公司最先开发了基于 BIM 技术的软件 ArchiCAD,但是 Autodesk 公司作为全球最大的二维和三维设计软件公司,利用其在行业内的资金、技术和人才优势,推出的 Revit 系列建筑设计软件后来居上,在全世界范围内得到了多数设计人员的支持。本案例采用了 Revit 系列基于 BIM 技术的软件,采购了市场上性能优越的台式电脑,挑选了优秀的设计人员,进行了一个项目的多工种三维施工图的协同设计研究和应用,率先在国内开展了 BIM 技术多工种三维协同设计。

选择的项目必须具备以下几个特点:

1. 建筑的规模要适中

如果选择一个只有几百平方米的项目,那么就不能够体现三维协同设计的优势;而选择一个几万平方米的项目,包含的信息量巨大,电脑的硬件性能能否跟得上是个很大的问题。所以决定选择一个建筑规模在几千平方米的中小项目。

2. 建筑的造型要复杂

选择一栋普通住宅或者一栋规整的办公楼,都不能充分地显示出三维协同设计相较于普通二维设计的优势。只有选择一个空间构造复杂、涉及专业工种齐全的项目,才能够真正展现三维协同设计在空间表达上相对传统二维设计的绝对优势。

3. 设计的时间要宽裕

目前我国的经济正处在快速发展期,一般在签订合同后,项目的设计工期都非常短,而设计人员第一次采用 Revit 系列软件进行三维协同设计时会遇到许多的困难,其中可能会有多次的反复,相对于传统的作图方式,工作的效率会明显降低。因此,所选项目的设计时间一定要宽裕,才能保证按质按量完成设计任务。

基于上述几个原因,决定选择新中标的广东省东莞市企石镇历史博物馆作为第一个采用 Revit 系列软件进行三维协同设计的项目。东莞市企石镇历史博物馆建筑面积 3 917m²,建筑功能多、空间复杂、建造标准高,项目涉及建筑、结构、给排水、电气和暖通空调五个工种,并与甲方东莞市企石镇镇政府达成了给予半年的设计工期的谅解。东莞市企石镇历史博物馆 Revit 设计的 3D 图如图 9-5 所示。

二、多工种协同设计方案的实施

(一)设计研究环境的构建

考虑到包含建筑、结构、给排水、电气和暖通空调多工种信息的建筑信息模型文件较大,而设计人员访问 BIM 文件的速度要快,华南理工大学建筑设计研究院一次性投入了十几万元,构建了一个独立的小型局域网,该局域网由 6 台市场上性能优越的台式机(CPU:3GHz;内存:4GB;硬盘:1TB)组成,其中建筑、结构、给排水、电气和暖通空调各一台,还有一台作为放置中心文件的服务器。各台电脑之间的连接采用千兆网速的路由器,并配备千兆网速的网卡和网线,力争做到相互之间访问的网速最快。

图 9-5　东莞市企石镇历史博物馆 3D 图

建筑专业使用 Revit Architecture 2009 软件进行设计,结构专业使用 Revit Structure 2009 软件设计,给排水、电气和暖通空调采用 Revit MEP 2009 软件设计。

(二)协同设计工作方式的选择

Revit 系列建筑设计软件对于多工种协同设计提供了两种工作模式,其中一种是参照的方式(类似于 AutoCAD 中的 XREF 方式),另一种是工作集的方式。工作集是建筑图元(例如墙、门、楼板、楼梯等)的集合。在给定时间内,只有一个用户可以编辑每个工作集。所有其他工作组成员可以查看此工作集,但不能进行修改。这就避免了项目中可能产生的冲突。如果需要修改某一图元,而此图元属于其他人正在工作的工作集,则可以借用该图元,不需要工作集所有者放弃对整个工作集的控制。使用工作共享时,在工作集中添加和修改图元的工作组成员可以将他们的工作保存在网络或他们自己的硬盘驱动器上的本地文件中,并随时将工作发布到中心文件。他们可以随时更新本地文件,以便查看其他工作组成员已经发布的修改。这两种工作模式的优缺点如下:

1. 参照的方式

参照的方式对于权限的划分有一定的管理优势,参照的 BIM 模型只能看不能改,不能同步更新,速度快。但是,目前 Revit 的参照链接功能与 AutoCAD 相比较还有较大的差距。

2. 工作集的方式

采用工作集的方式时,BIM 模型同步更新,速度慢,要求设计小组成员有密切的沟通,要细心管理。而且系统容易出错崩溃。

经过权衡利弊,设计小组成员认为要实现真正意义的三维协同设计,就必须实现设计过程中 BIM 模型的即时更新,所以决定采用工作集的协同设计工作方式。

三、给水排水专业遇到的关键问题及解决方法

设计小组在对软件初步分析后,在施工图设计开始前提出了一些需解决的关键问题,这些问题必须按照研究计划逐一解决,项目设计才能进行下去,下面将对遇到的关键问题及解决方法进行阐述。

(一)解决可用族数量少的问题

形象地说,采用 Revit MEP 软件设计给水排水系统的过程就是一个"堆积木"的过程,各种类型积木的数量决定了想要搭建的整个给水排水系统能否完整地表现。初次采用 Revit MEP 软件进行给水排水设计时,首先面临的问题就是给水排水专业族的数量少。设计小组主要从以下几个方面丰富了给水排水专业族:

1. 充分利用软件本身自带的族

Revit MEP 软件自带了一定数量的给水排水专业族,在 3D 图中,这些族都能反映给水排水设备的真实形状,但是在平面图中,却常常只能表现该设备在正立面上的投影,不能满足我国制图标准中关于设备平面图表现形式的要求,比较典型的就是阀门。对于这类族,设计小组采取的措施是对原有的族进行改造,使之在平面图中的表现形式能够满足我国制图标准的要求,如图 9-6、图 9-7 所示。

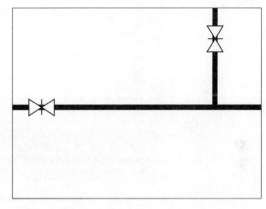

图 9-6　闸阀在 3D 图中的仿真表示　　　　图 9-7　满足制图标准的闸阀平面图

2. 通过交流获得族

Autodesk 公司的 Revit 系列软件一引入我国,就受到了我国 BIM 技术爱好者的热力追捧,一些专门的 BIM 技术讨论学习网站也应运而生,如"北纬服务论坛"(http://bbs. beiweihy. com. cn/)等,通过注册成为论坛会员,在同行之间进行交流互助,可以获得一些项目中需要的族。

3. 自己研发族

在采用 Revit MEP 软件设计项目的过程中,常常要根据每个项目的具体特点,创建只属于这个项目的特定的族,这类族一般数量较少。另外还需自己创建一些本专业的常用族,这类族是可以积累的,在以后的给水排水设计中可以调用,这样就极大地提高了日后给水排水专业的设计效率。在东莞市企石镇历史博物馆项目的设计过程中,给水排水专业自己开发的族多达五十多个。

（二）解决各种类型管道的标识问题

给水排水管道是给水排水专业设计的重要组成部分,也是给水排水设计图中需重点表达的内容。给水排水专业管道种类繁多,且常在管井、走道等位置集中敷设,在设计图中需能明确区分管道的类别。

Revit MEP 软件自带有管道绘制的功能,然而如果仅简单地使用软件自带的这一项功能,则所有的不同功能的管道可能乱成一团,无法区分。在 AutoCAD 软件中,我们常常需通过设置不同的图层来绘制不同种类的管线,再在图层中对管线的颜色、线形和可见性进行设置,从而实现不同种类的管道在同一图纸中的区分。

Revit MEP 作为一个参数化设计软件,没有了图层的概念,在 AutoCAD 软件中采用的办法显然已经不再适用。经过仔细的研究,设计小组发现采用设置不同工作集的方法(图 9-8)和对 Revit MEP 软件中的过滤器功能进行充分利用(图 9-9),可以实现对不同种类管道的显示效果进行区分,并且能使给水排水平面图符合我国的制图标准。图 9-10 反映了给水排水管道在不使用过滤器情况下的表示,图 9-11 反映了给水排水管道在使用过滤器后的表示。

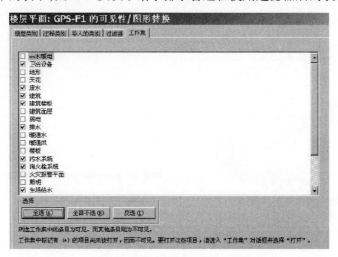

图 9-8　Revit MEP 中工作集的设置

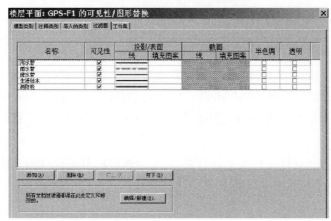

图 9-9　Revit MEP 中过滤器的设置

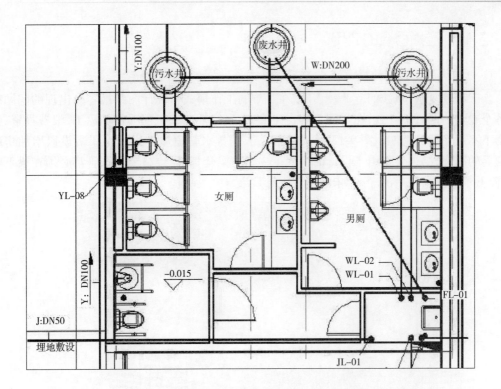

图 9-10　不设置过滤器的图中各种类型管道无法区分

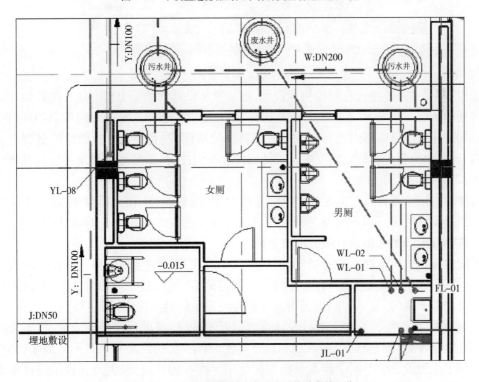

图 9-11　设置过滤器的图中各种类型管道容易区分

四、软件碰撞检查的应用

（一）传统的二维设计模式存在各工种构件容易发生碰撞的缺点

当工程较复杂、牵涉的专业较多时，在二维的工作模式中设计图纸最容易出现的问题就是各个专业的图纸不一致，在空间上存在碰撞，结果经常造成工程项目的返工，浪费投资，甚至留下不可挽回的遗憾。图 9-12 反映的是某工程排水管道原本设计穿梁敷设以增加房间吊顶后的净高，结果仅仅由于设计时遗漏了一个穿梁套管，导致整个排水管都必须在梁下敷设，降低了房间吊顶后的净高，未能实现设计效果，功亏一篑。

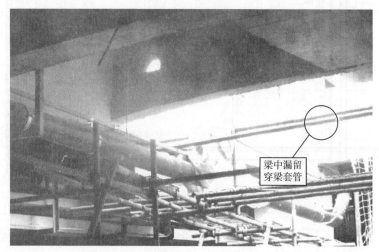

图 9-12　梁中漏留穿梁套管，导致排水管梁下安装

（二）Revit MEP 软件碰撞检查的应用

采用 Revit 系列软件进行三维协同设计，就是要从设计的源头上根本地解决管道在空间发生碰撞的问题。用 Revit 系列软件创建的建筑信息模型，不但具有一般的基于 BIM 技术的软件在同一建筑信息模型内进行参数化三维设计的功能，而且还能够在设计的过程中进行碰撞检查，自动检测建筑信息模型中各工种构件存在的冲突，并且能够显示冲突的具体位置及构件，下面举例说明。

碰撞检查首先需选择进行相互碰撞检查的对象（图 9-13）。在大模型中，软件不支持对所有类别对象同时进行相互检查，那样费时较长，甚至会发生死机。为缩减处理时间，一次检查需选择有限的图元集或有限数量的类别。

碰撞检查完成后会输出冲突报告（图 9-14），该冲突报告中会显示每一处冲突的两个构件的 ID 号，因为在建筑信息模型内，任何一个构件的 ID 号都是唯一的。此外，可以通过点击冲突报告左下角的"显示"按钮，及时显示该冲突发生的具体位置（图 9-15）。

发现构件存在冲突后，如果通过设计修改避开了冲突，再进行碰撞检查时，将不会再检测到该处存在冲突（图 9-16）。碰撞检查对于实际工程项目的巨大意义是不言而喻的，它提前观察到了工程设计中不同设计人员在空间使用上存在的冲突，极大地保证了设计图纸的准确性，是设计人员有力的助手。

　　碰撞检查功能在 Autodesk 公司的另一款重要软件 Autodesk Navisworks 中进一步得到了强化。将 Revit 软件创建的建筑信息模型导入到 Navisworks 软件中后，通过 Navisworks 软件进行碰撞检查，比用 Revit 软件进行碰撞检查速度更快，而且考虑的问题更全面，例如它能够检测到施工安装管道或者阀门时的操作空间是否足够。

 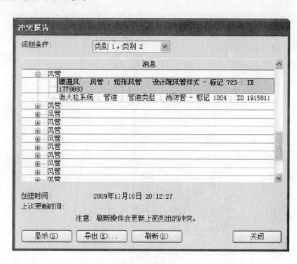

图 9-13　选择对水管和风管进行相互碰撞检查　　　　　　图 9-14　输出冲突报告

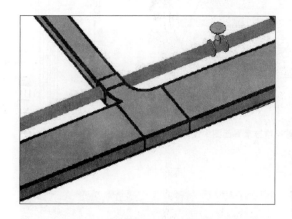 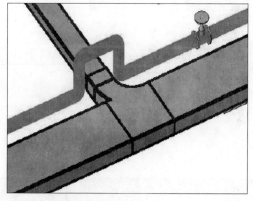

图 9-15　消防管与风管空间位置冲突　　　　　图 9-16　调整消防管以避开与风管的空间位置冲突

（三）Revit MEP 软件漫游功能的应用

　　建筑信息模型创建起来后，最激动人心的事情莫过于在建筑物还没有建立起来前，先进入到模型中观摩一番了，Revit MEP 软件的漫游功能就赋予了用户这样的能力。通过"漫游"工具，用户可以像在模型中漫游一样以任意视角查看项目。

　　Revit MEP 软件的漫游功能可以事先设定漫游路线（图 9-17），也可以任意路线漫游；可以事先设定漫游的视角，也可以任意视角漫游；可以控制漫游的速度，也可以任意速度漫游。

　　图 9-18～图 9-23 反映了在东莞市企石镇历史博物馆的建筑信息模型中的几个典型视角。

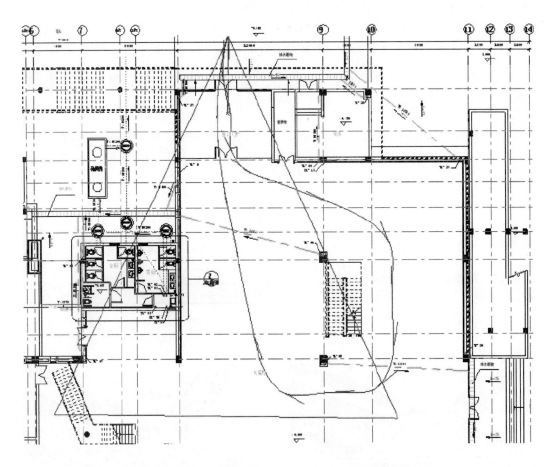

图 9-17　在企石镇历史博物馆首层给排水平面图中设定漫游路线

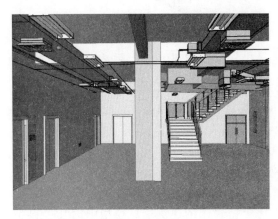

图 9-18　企石镇历史博物馆 BIM 中门厅一角
（无吊顶）

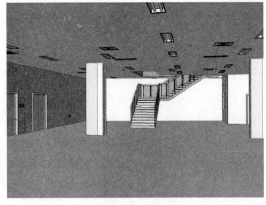

图 9-19　企石镇历史博物馆 BIM 中门厅一角
（有吊顶）

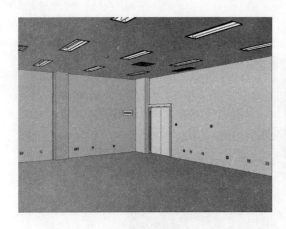

图 9-20　企石镇历史博物馆 BIM 中房间一角

图 9-21　企石镇历史博物馆 BIM 中外廊一角

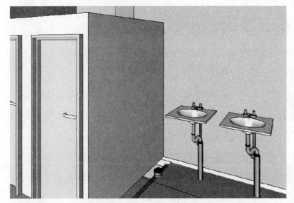

图 9-22　企石镇历史博物馆 BIM 中女卫生间一角

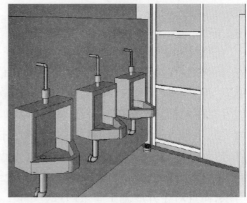

图 9-23　企石镇历史博物馆 BIM 中男卫生间一角

　　漫游功能在 Autodesk 公司的另一款重要软件 Autodesk Navisworks 中同样得到了强化。将 Revit 软件创建的建筑信息模型导入到 Navisworks 软件中后,通过 Navisworks 软件进行漫游,比用 Revit 软件进行漫游速度更快,而且考虑的问题更全面,例如它能够设定漫游的人的身高,模拟人行走的过程来测定建筑模型的空间高度是否符合设计要求。

第三节　案例三 BIM 在竹水桥设计阶段的应用

一、项目背景

　　本桥为贵阳筑城广场的人行桥。上部结构为钢制圆筒形桁架结构,其中筒外径 3.75m,内径 3.25m,计算跨径 70m。由于桥整体为圆筒形,犹如一根竹子横跨于广场河面,与周边环境浑然天成,故取名为竹水桥。工程效果图如图 9-24 所示,本工程的最大特点就是上部结构采用圆筒形桁架结构,构件均为异型构件。

二、技术标准

设计荷载:人群荷载 5kPa;桥面净宽:5m;坡度:2% 人字纵坡,无横坡;设计洪水频率:1/100;地震:基本烈度 7 度,峰值加速度 0.05g。

图 9-24　竹水桥效果图

三、基于 BIM 的桥梁工程设计阶段总体框架

当前桥梁工程设计阶段采用的整体模型计算软件主要是 MIDAS/Civil、桥梁博士等,计算与出图往往是用各自的软件平台进行,信息交换不及时,容易导致工作量上升。显然,桥梁通、桥梁设计师等这种参数化设计出图软件在本工程中并不适用。因为现有的 BIM 核心软件对桥梁计算部分的支持还非常有限,如 Revit Structural 中的计算模块也仅限于对建筑结构类的工程进行简单的计算,故不能满足本桥梁的计算要求,所以本桥梁不采用 BIM 核心软件进行计算。在出图方面,由于本桥梁工程中存在大量曲面及切割曲线,用传统的二维 CAD 画图软件已经无法实现出图,即便实现,交给施工单位的平面图纸对其来说参考意义也十分有限,而且对于开展施工非常困难(实际工程中,也需提供三维模型给施工单位)。本工程采用 Solidworks 进行三维建模,结合后期的传统 CAD 软件进行出图。

BIM 理念在本桥梁工程中的体现可以理解为:采用 Solidworks 软件作为 BIM 核心建模软件;采用 MIDAS/Civil 和 MIDAS/FEA 有限元软件作为结构分析软件;采用传统二维 CAD 软件作为平面出图软件。基于 BIM 的本桥梁工程设计阶段的总体框架如图 9-25 所示。

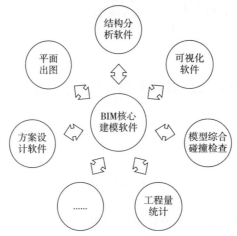

图 9-25　基于 BIM 的本桥梁工程设计阶段的总体框架图

四、基于 BIM 的核心模型

本桥梁工程 BIM 的核心建模软件采用 Solidworks，在建模时对构件进行模块化处理，对不同构件进行分类管理。本桥的核心模型如图 9-26 所示。模型中典型构件的三维模型图如图 9-27 所示。

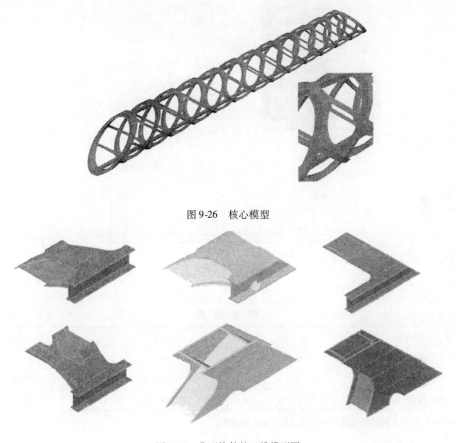

图 9-26　核心模型

图 9-27　典型构件的三维模型图

五、基于 BIM 的模型计算

(一)参数化设计

MIDAS/Civil 有限元软件是一个较为完善的参数化软件，能对构件的截面尺寸进行参数化设计，截面类型的选择较为丰富，同时也可以自定义截面输入软件中，符合 BIM 的核心特征。图 9-28 显示的是 MIDAS/Civil 有限元软件截面参数化设计的界面。

本工程的具体设计参数如下：

(1)材料：全桥采用钢材：Q345qd。

(2)计算荷载：结构自重；人行荷载：25kN/m（5kN/m^2，加载宽度 5m）；二期荷载：25kN/m。

(3)边界条件：左：固端铰支座；右：约束横向与竖向位移。

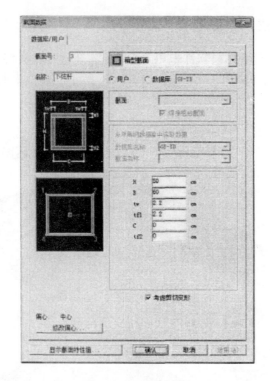

图 9-28　参数化设计界面

（4）截面性质：如表 9-1 所示。

截 面 性 质

表 9-1

截 面 名 称	$A(\mathrm{m}^2)$	$Iyy(\mathrm{m}^4)$	$Izz(\mathrm{m}^4)$
上下弦杆	0.046 5	0.001 9	0.002 5
端腹杆	0.055 3	0.002 3	0.003 9
其余腹杆	0.034 4	0.001 2	0.000 9

注：Iyy-截面对其 y 轴的惯性矩；Izz-截面对其 z 轴的惯性矩。

（二）计算结果

　　根据基本建模原则及相关设计参数，建立的空间梁单元有限元结构模型如图 9-29 所示。

图 9-29　MIDAS/Civil 空间梁单元结构模型

　　图 9-30 和图 9-31 显示的是恒载 + 活载作用下结构的位移图和应力图，具体参数如图 所示。

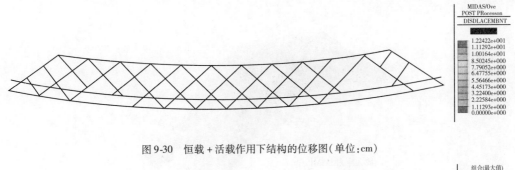

图 9-30　恒载 + 活载作用下结构的位移图(单位:cm)

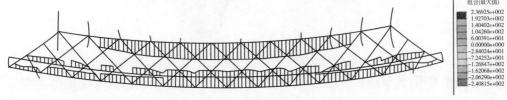

图 9-31　恒载 + 活载作用下结构的应力图(单位:MPa)

　　梁单元模型计算结果表明,在恒载 + 活载作用下,结构的最大应力出现在端腹杆与上弦杆交汇处。通过 Solidworks 输出 DXF 格式的文件,输入至 MIDAS/FEA 并对此节点进行板单元模型分析工作,局部模型如图 9-32 所示。

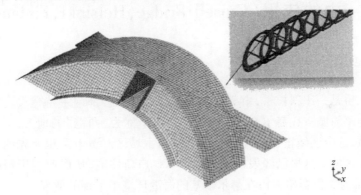

图 9-32　MIDAS/FEA 空间板单元结构模型

局部模型计算结果如图 9-33 和图 9-34 所示。

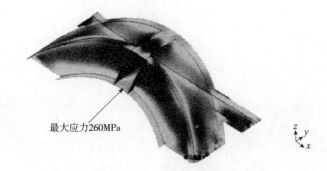

最大应力260MPa

图 9-33　恒载 + 活载作用下节点的范梅塞斯应力图(顶部,单位:kPa)

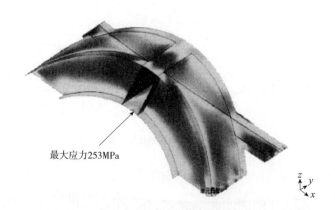

最大应力253MPa

图9-34　恒载＋活载作用下节点的范梅塞斯应力图(底部,单位:kPa)

　　计算结果表明:该节点在恒载＋活载作用下,96％板件应力均在200MPa以内,扣除应力集中(应力衰减很快的区域),局部应力最大到260MPa,满足钢结构设计规范中Q345厚度35～50mm的设计值要求。计算部分不是本书的核心,具体内容不再展开叙述。

第四节　案例四 BIM 在芬兰赫尔辛基市克鲁赛尔大桥中的应用(Crusell Bridge,Helsinki,Finland)

一、项目背景

　　克鲁赛尔大桥是一座斜拉桥,由赫尔辛基市的公共工程部门主持建设。它连接贾卡萨里的西部边缘与草湾城。在赫尔辛基的市中心曾有个称为"西港"的地方,贾卡萨里是西港附近的一个区域,这个区域正在转化为一个新的海上城区。贾卡萨里原先的货运业务已转移到城市的另一区域。这里已经发展了大约9 000户新住宅,从而产生了新的公路桥的需求。图9-35所示为克鲁赛尔大桥在赫尔辛基的海港环境中呈现的效果。

图 9-35　克鲁赛尔大桥在赫尔辛基港口的渲染图

克鲁赛尔大桥项目的建设始于 2008 年秋,预计完工时间定于 2010 年年底。本桥由芬兰的 WSP 设计公司承担设计,由斯堪斯卡土木工程公司负责建造。它有两个不对称的斜拉桥跨径,测量距离分别为 92.0m 和 51.5m(总长度为 143.5m),并具有 24.8m 的交通安全间隙宽度。桥的上部结构由纵向预应力混凝土梁构成,水平结构是一个钢和混凝土的复合结构,具体如图 9-36 和图 9-37 所示。

图 9-36　夜间桥面的建筑渲染

图 9-37　桥梁结构的建筑模型

在设计和建设过程中,项目团队采用了 BIM 技术,并且运用了精益建造的原则和工具。本案例研究着眼于项目的建设阶段,主要突出以下两个方面:

(1)在多个过程中广泛使用建筑信息模型。BIM 的应用范围包括:钢梁和混凝土钢筋的制造、桥梁部件供应链的监测和管理、模板和临时支撑结构的设计、使用激光扫描设备进行质量控制,以及使用 4D 动画进行建设规划。

(2)使用 BIM 技术,支持精益建造的实践方式。例如在本项目的施工现场,使用最后策划系统(Last Planner System™)进行精益建造,支持生产管理。

在 2001 年冬,赫尔辛基市通过设计竞赛征求了克鲁赛尔大桥的设计方案。设计竞赛的主旨是找到高质量的桥梁设计方案,方案要求是符合本区域的特点,也要考虑到景观的需要。图 9-38 显示了本项目的整体时间进度。本项目的团队和基本数据汇总于表 9-2。

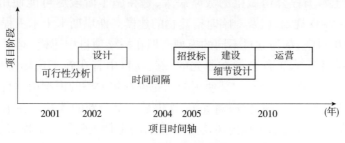

图 9-38　项目时间示意图

克鲁赛尔大桥项目团队和基本数据　　　　　　　　　　　　　　　表 9-2

业主:	赫尔辛基市公共工程部门	宽度:	24.8m
设计师:	芬兰 WSP 设计公司	跨径:	92.0m 和 51.5m
总承包商:	斯堪斯卡土木工程公司	总长度:	143.5m
工程地点:	芬兰赫尔辛基市	工期时间:	2008 年秋季至 2010 年秋季
类型:	斜拉桥	造价:	约 1 500 万欧元

二、克鲁赛尔大桥工程获得的经验

对于克鲁赛尔大桥工程的每个参与者来说,在本工程中使用 BIM,都是一个不断学习的过程。即使对于那些以前使用过 BIM 的人来说,这都是一个难得的经历。因为在工程中,大家对许多新的解决方案和技术进行了尝试。设计师对桥梁的一部分建立了模型,并且利用模型的可视化效果参加设计大赛。因为设计师在概念设计中采用了大量的钢材,所以在详细设计时,就有了非常高的精度要求。设计师给业主提出建议,要求使用建模的方式来取得更好的效果。因此,业主决定尝试建模方法。项目团队不仅对钢结构建模,而且对于各项建设,包括现浇混凝土结构以及全部钢筋都进行建模。因此,本项目无论是对于业主还是对于设计师来说,都是一个试点项目。对于业主来说,它是业主全面采用 BIM 技术的第一个桥梁工程,还在模型中融入了时间和管理的维度。而设计师此前完成的建模仅是针对简单的钢筋混凝土桥梁。克鲁赛尔大桥工程的特点是:弯曲的几何造型、斜拉索桥、属钢结构和钢筋混凝土结构的复合结构。克鲁赛尔大桥的这些特点明显比他们以前经历过的建模要复杂得多。

大桥项目与工业和住宅项目相比是完全不同的,因为它们具有更为复杂的结构。使用电脑模型分析桥梁结构是必不可少的计算步骤,也是普遍使用的设计方法。到 2008 年,在建筑项目中使用 BIM 技术已经比较常见了。但是在桥梁项目的设计建造过程中使用 BIM 技术还尚未普及。现代桥梁经常出现复杂的结构和几何形状,在现有的 BIM 应用软件中,很少能够精确地模拟这些复杂的结构和形状。桥梁建模软件市场是一个专业化市场,它有自己的一系列产品,其中的一些已经使用 3D 建模。然而,使用 BIM 软件进行一体化设计,对于桥梁设计来说仍是一个全新的领域。

设计师编制了网络模型(也就是大桥不同部分的、几何形状的简单模型)。在项目的投标阶段,设计师使用这个网络模型来帮助投标人了解桥梁的基本结构,从而帮助他们准备各自的竞争性投标。在竞标结束后,斯堪斯卡土木工程公司赢得了本项工程。斯堪斯卡土木工程公司被业主雇用之后,就收到了桥梁的完整模型。这个模型的建模软件是 Tekla Structures。斯堪斯卡土木工程公司做出的战略决策,是在施工阶段尽可能使用模型进行管理。这些管理工作包括 4D 规划,以及对临时搭建物的建模。斯堪斯卡土木工程公司之前在住房项目和工业建设项目中,都建立过不同的模型。但在桥梁项目中建模,对于他们来说还是全新的挑战。斯堪斯卡土木工程公司在原先的一些项目中有在施工现场使用 BIM 模型的经验。但是 BIM 模型是在自己公司内部使用的。克鲁赛尔大桥的模型由项目团队的全体成员共享,其中包括分包商、测量师、供应商等等,这也是一个全新的体验。在本项目上取得的积极成果,印证了斯堪斯卡土木工程公司使用 BIM 的决定是正确的。工程结束后,所有人都认为他们获得了非常宝贵的经验。

本项目是首次将 BIM 使用在这样一个高度复杂的桥梁工程上,这是一个开拓性举措,因而 Tekla 公司作为主要的 BIM 软件提供商,也参与到了项目中。Tekla 公司为项目团队提供了密集的软件技术支持。与此同时,Tekla 公司也学到了很多东西。在整个设计和施工过程中,Tekla 公司的技术人员帮助团队成员学习了 Tekla 结构建模软件的新功能,然后把这些新功能应用到了项目中去。这些新功能包括:通过 Web(同步)共享模型;4D 规划;同步模型与供应商的工厂管理软件;以及从模型中直接导出有关材料制造的数据,并导入到计算机程控机械中去。

因此,对于团队的各个成员来说,克鲁赛尔大桥项目是一个独特的学习过程。团队的每个成员都参与其中,并且愿意学习新的工作方式,最终取得了项目的成功,并积累了宝贵的经验。

三、互操作性

克鲁赛尔大桥项目经历了四个不同的阶段:设计大赛阶段、设计开发阶段、结构设计阶段和施工阶段。表9-3 列出了在这四个项目阶段中使用的各种工程应用软件。桥梁设施的维护不包括在本书当中。

在不同项目阶段,BIM 和其他应用程序的使用 表9-3

应用程序	开发商	目 的
设计大赛阶段		
Integer SuperSTRESS	Graitec	初步结构分析——3D 框架分析
TASSU	T. Palosaari	预应力混凝土梁分析
KATA	WSP	详细的结构分析(混凝土截面二维弯曲计算)
AutoCAD	欧特克	制图
3DS MAX	欧特克	建模、可视化
设计开发阶段		
Integer SuperSTRESS	Graitec	初步结构分析
Lusas Bridge Professional(FEM)	Lusas	主要结构分析
TASSU	T. Palosaari	预应力混凝土梁分析、应力分析、开裂分析
KATA	WSP	详细的结构分析
PILG	WSP	桩力分析
Tekla Structures V13	Tekla	桥台和桥塔的结构设计、制图
AutoCAD	欧特克	制图
结构设计阶段		
Tekla Structures V13	Tekla	桥的一般概念设计、结构制图
Lusas 桥梁的有限元结构设计	Lusas	结构分析
AutoCAD	欧特克	制图
MathCad	PTC	数学分析,例如预应力和混凝土徐变分析
施工阶段		
Tekla Structures V13	Tekla	主要在施工现场使用,用于模型审查、数量测量等
Tekla Structures V15	Tekla	四维模拟和临时搭建物。15 版刚一面世,就很快被用于本项目上,主要是因为它提供了工期日程与模型之间的内置链接
PERICad	PERI	建模
钢筋材料清单 V3.1	CELCA	钢铁服务(钢筋)
Trimble RealWorks	Trimble	比较设计和测量结果的异同
维科控制	维科软件	准备主计划

克鲁赛尔大桥项目在设计开发的第二阶段才开始使用 BIM 工具。使用 BIM 工具的大概开始时间是在 2008 年。设计开发在 2004 年被迫中断,到那时为止,每个应用软件的程序功能都是作为独立工具使用的。这里值得指出的一点是,在 2004 年以前,这个项目是用 3D Studio Max 作为 3D 建模的应用程序的。3D Studio Max 是一种可视化工具,但是它不是一个参数化、面向对象的 BIM 工具。经过 4 年的沉寂期,到了大桥项目的设计工作重新恢复的时候,BIM 工具已经发展到了比较成熟的程度。这时,设计团队认为 BIM 工具已经适合用于桥梁项目这种极其复杂的工程建模,最后采用了 Tekla Structures 系统作为建模工具。选择 Tekla Structures 作为建模工具的另外一个原因是,在 Tekla Structures 的早期版本中,它作为细节设计的工具主要用于材料制造,并不太适合用于早期设计阶段。

在 2004 年的时候,对于克鲁赛尔大桥项目来说,软件平台的互操作性并不是一个显著的问题。但是随着越来越多的合作伙伴加入到项目的团队中来,到了 2008 年,互操作性就成了一个重大问题。此时,建模软件在功能方面已经有了重大进展,这个重大进展成为了解决互操作性问题的一个驱动因素。这时候的建模软件,在功能上可以为更多的合作伙伴提供服务,也可以在更多的任务上使用。要解决互操作性问题,大家第一个想到的,同时也是最显而易见的方法,就是所有的主要参与者(例如业主、设计师、总承包商和主要分包商等)全部使用相同的主流 BIM 工具(比如 Tekla 结构设计工具),这样就可以解决软件系统的兼容性问题。这样一来,在这些合作伙伴之间,数据交换就简化到只需要数据同步就可以了。具体的数据同步步骤,在随后的小节里会详细讨论。然而,建筑模型的数据也需要与其他应用程序进行交换,例如 Trimble RealWorks、维科控制、PERICad、强化列表软件和材料加工厂商的 ERP 系统。有一些数据交换只需要在几何尺寸的层面上进行,例如 Trimble RealWorks 和 Tekla 模型之间进行的数据交换。如果数据交换只是关于几何尺寸,那么就可以使用 DWG 的文件格式进行连接。DWG 的文件格式是 AutoCAD 设计软件的主要文件格式。对于绝大多数的计算机自动材料用量计算软件来说,这种文件格式都可以直接导入。还有一些数据需要进行更丰富的信息交流,例如在 Tekla 模型和 PERICad 系统之间进行的数据交换就属于这个类型。当系统需要更丰富的信息交流的时候,就需要使用 IFC 的通用文件格式。有的时候,仅仅使用字母或数字类型的数据就可以满足数据交换的要求。换句话说,几何尺寸可以用参数进行描述,而不必非要用图形明确地绘制出来。例如对于钢筋形状加工,只需要从 Tekla 模型生成简单的 ASCII 文件格式。

四、模型同步

在每个项目的建设过程中,都有许多不同的参与者。并且每个参与者都会开发各不相同的建筑信息模型,以适合它们自己的专业领域。为了提高它们之间的信息交流和沟通,Tekla 系统开发了相应的功能来满足用户需求。像其他的 BIM 软件厂商一样,Tekla 系统开发了专门的软件功能,能够使不同参与者的模型保持同步。Tekla 系统使用中央同步服务器来保证模型的同步。克鲁赛尔大桥项目是第一个在桥梁工程中采用这种中央同步服务器的项目。同步是项目信息交流的关键。在很长一段时间内,克鲁赛尔大桥项目的详细设计是和建筑施工持续平行的。这种工期管理的方式是"快速通道项目"的一大特点。但是,在传统的设计—招标—建造项目中很少使用。这也是克鲁赛尔大桥项目比较独特的地方。在克鲁赛尔大桥工程中,斯堪斯卡土木工程公司是承包商,鲁奇(Ruukki)公司是钢结构的制造厂商。土木工程模型和钢结构制造模型之间的同步,也被证明了是必不可少的。在克鲁赛尔大桥项目上,业主开始使用同步服务器的时间比较晚,大约在 2009 年秋季。

项目团队每周进行一次模型同步,但模型同步的频率并不是一成不变的。每当设计者对模型做出重大改变时,设计者就会通知该项目网站,然后网站管理人员就对所有模型进行同步。即设计者"拥有"模型对象的最新版本,通知项目网站之后,网站管理人员就获得了模型对象的更改权限,能够对建筑模型进行更新。承包商需要根据建筑模型开发一些它们自己的模型,例如临时搭建物、模板和其他方面的模型,因此承包商需要及时获得有关模型的最新内容。承包商在每次模型更新时,只针对设计者添加或改变了的模型对象进行更新,取代以往的陈旧内容。承包商的项目信息经理可以对更新后的模型内容进行过滤和识别,这样做的目的是找到这些变化对于自己建设的模型所产生的影响。常常在业主对模型的修改审批通过之前,通过模型更新,总承包商就已经得到了有关模型的修改变更信息。对于承包商来说,使用模型可以为不久的将来提前做好准备,例如更快地进行信息交换。中心服务器网站上的模型和分包商的模型之间也经常进行同步工作,这种同步工作维持在一个相对较低的频率上。而且,这种同步工作主要是为了应对变化而进行的模型同步。同步信息的工作流程如图 9-39 所示。

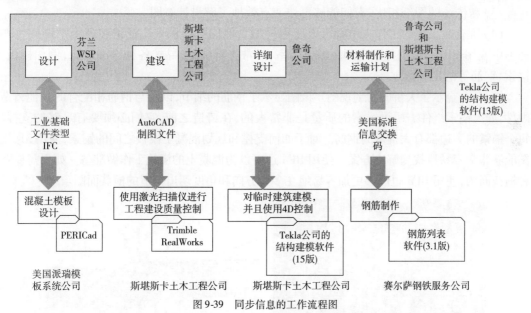

图 9-39　同步信息的工作流程图

模型同步不仅需要有相应的技术和解决方案,也需要团队成员之间有管理协议。这个管理协议要由所有各方认可,协议中要明确说明模型修改编辑的权限、内容和时间。以下描述的是协议同步的过程:

(1)WSP 设计公司的设计师将设计变更上传到模型同步服务器。

(2)斯堪斯卡土木工程公司将计划变更上传到模型同步服务器。

(3)鲁奇公司将自己的制造变更和计划更新(日期、顺序、制造、输送等)上传到模型同步服务器。

（4）所有工程项目的参与者下载"变更后"的文件，导入自己的系统，与自己的模型同步。

在模型同步的过程中还出现了一个问题。当斯堪斯卡公司将他们的 Tekla Structures 版本升级为 15 版时，发现钢筋数据的同步导致他们的模型与 WSP 设计公司的模型之间出现了异常。当时 WSP 设计公司的模型是用 Tekla Structures 系统的 13 版编译的，斯堪斯卡公司的软件升级之后就与 WSP 设计公司的软件出现了不一致。这种软件版本的不同步造成的模型同步异常，在所有团队成员的软件都升级之后，问题就迎刃而解了。

五、在施工阶段使用 BIM

下面的 7 个方面，详细说明了 BIM 用于建筑管理的不同方法。讨论的重点，是在施工现场的日常运作中如何使用 BIM。

（一）可视化

利用建筑模型作为可视化工具，是在施工过程中使用 BIM 最常见的方式之一。这样做有着显著的优点。

（1）项目的 3D 模型有助于项目的全体人员更好地理解设计概念，尤其是设计的细节。

（2）人们不仅可以在脑海里形成项目的三维图像，还可以直观地从电脑屏幕上看到项目的不同角度的三维图像。

（3）和传统的图纸相比，人们能够更快速有效地了解设计意图。

（4）所有在工地的工作人员都可以使用模型。他们可以深入广泛地在各个不同的工作任务中使用 BIM。他们经常来到现场办公室，时常查看模型，寻求各种详细信息，例如模板、锚索、钢筋等的定位数据。

图 9-40 显示了大桥的切剖视图。该图显示了钢筋的细节，以及与钢筋相配合的其他铸造硬件，如大锚索组件。桥梁锚索的质量是非常大的，在铸造之前，它们必须要有足够的支撑。每个锚索的旁边都有大批量的钢筋。对于如何支撑和规划混凝土模板之间的锚索，使用 3D 视图能够非常容易地找到解决方案。使用 BIM 还可以为混凝土的浇筑工作做准备。如果需要各种横截面图，使用 BIM 也能够更加容易地在多个方向和角度切出合适的横截面图。

图 9-40　大桥的切剖视图

（二）临时搭建物和冲突检测的设计和规划

最初，设计团队为现场施工人员提供了与模板有关的许多图纸。但这些图纸并不包括模板支撑塔和其他临时结构，例如脚手架等。在这种情况下，现场施工团队决定对所有临时设施进行建模，包括模板支撑塔和现场塔式起重机以及起重机运行的轨道。这些临时设施的模型被直接添加到已有的建筑模型中,并随时根据现场情况进行修改和维护。对临时设施进行建模,为现场施工团队提供了一个更好的有助于理解的工具。这种做法可以帮助他们辨识碰撞(冲突),提取准确的材料数量,把所有这些工作与施工进度的安排结合起来,并且利用4D的工期安排实现了施工排序的可视化。

冲突检测不仅安排在设计阶段的末尾,以及钢结构和混凝土结构部件的设计阶段之间,而且也安排在施工阶段。多次进行冲突检测的目的是结合其他系统以及临时搭建设施和模板模型,预防出现施工现场的矛盾。在桥梁结构方面,许多有可能在施工期间出现的冲突,通过这样的冲突检测,都成功地得到了预防。BIM的这项功能,为大桥工程节省了大量的资金,而且避免了很多有可能造成严重后果的问题。例如,大桥的桥墩形状复杂,模板设计难度非常高。本工程的模板供应商是PERI公司。PERI公司使用了其内部的计算机辅助设计系统进行模板设计。本桥的几何外形,首先通过工业基础文件交流格式,从Tekla模型中转移到了PERI公司自己的系统中。然后,PERI公司使用自己的内部系统,对模板和支撑塔进行了设计。设计完成之后,再次使用工业基础文件交流格式,模板模型返回到建筑模型中去。团队使用Tekla系统进行了冲突检测,找到了桥梁线缆锚与锚的相对两侧模板面板之间的冲突。随后PERI公司对于此处模板的设计进行了修改,从而解决了这个问题。

(三)建设规划和4D

本项目第一次使用建筑信息模型,是在项目的整体规划会议上。随后,在工程工期倒排会议上,团队将BIM与维科控制™软件的最终规划系统™结合使用。维科控制™软件,是基于位置的施工进度安排软件,经常被用于制订生产总计划。在这里,维科控制™软件与BIM的结合仅仅为了实现可视化。团队随后将主进度计划导入到Tekla结构软件15版的"任务管理器"中。在那里,建筑模型视图与时间表相结合,团队进行了详细的工期安排。桥梁的甲板结构被划分成至少两个工作区;在有可能的情况下,甲板可以划分成三个独立的工作区。在所有独立工作区里,工作可以并行执行。这里需要对团队各方的工作进行协调。工作区规划是一项非常细致的规划工作。项目团队使用BIM来执行工作区的规划工作。工作区规划包括空间、工作序列、工人数量,以及其他的空间信息的安排。模型中的对象被分配到每个施工活动中,并且用不同的颜色进行编码。如图9-41所示,在特定日期的某个甲板部分有两个工作区域,分别标记为红色和蓝色。

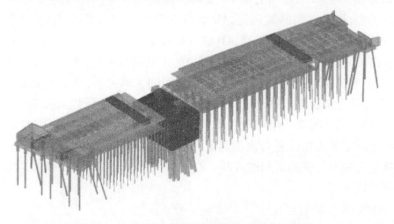

图9-41　在特定日期的某个甲板部分有两个工作区域

项目日程安排可以用 4D 动画的方式呈现。动画以单一的一天作为一帧。因此,在项目的每一天,团队都可以生成相对应的可视化效果图。这种可视化效果图,可以用来评估项目计划与施工的实际进度是否符合。在大桥项目中,工程的工期倒排一般使用最终规划系统™(LPS)软件。项目团队将 4D 动画和最终规划系统™软件一起使用。例如,在工期安排会议上,项目团队可以检查在使用空间方面做出的决定是否与现实相符合。4D 动画也可以帮助大家更好地理解自己肩负的工作,以及每一个分包商应该入场的时间。

4D 模型体现了三维模型和日程安排的结合。它能够提供精确的空间信息,并且给出所需材料的更准确的数量。相对于传统的工作计划来说,4D 模型能够帮助团队制订更为详细和准确的工作计划。克鲁赛尔大桥项目使用了 4D 模型。从工程中获得的经验证明,4D 模型能够容易和快速地从 Tekla 结构软件的模型上提取精确的材料数量进行计算,这有助于减少材料预订的过剩。以往人们往往会多预订材料,作为使用时的缓冲。使用模型辅助材料预订,可以帮助工程管理人员从供应商那里只订购必要的材料,从而减少场地占用和因为保管不善而造成的材料浪费。

然而,每一个施工活动和 Tekla 结构模型的对象之间的联系是手动建立的。因此,4D 工期安排的初始设置相当耗费时间。在施工过程中,团队发现了中央桥墩的基础桩柱存在着严重的工程问题。发现了这个问题之后,施工团队在海床上浇筑了新的混凝土基础桩柱,来更换有缺陷的基础桩柱。这导致了实际建设工作比计划时间表落后了大约两个月。为了减少工期的滞后,项目团队决定改变桥面施工的顺序,从而为重建中央桥墩留出足够的时间。工期计划修改之前,建设工作是从大桥的一端启动,并逐步建设到大桥的另一端。在原先的计划中,施工过程的中间会建设中央桥墩。工期计划修改之后,建设工作是从大桥的两端同时开始,并向着中央桥墩进行。工期计划发生了变动,然而团队并没有更新他们的 4D 模型。因为团队发现,如果要重新定义模型的话,就需要考虑重新将模型和工期链接所需的时间、重新整理清楚详细任务之间的逻辑关系所需的时间,以及重新定义模型上新近添加的物理对象与现场任务之间的关系所需的时间。团队将这些额外添加的时间,与未来从模型上获得的有价值的可视化效果做了投入产出的比较。对比之后,团队认为更新 4D 模型是得不偿失的。工期安排自身的不确定性也是团队不再对原有的 4D 工期模型进行修改的另一个理由。最后,团队决定不再投入时间更新 4D 工期安排。

从这个例子中,我们学到的教训是,4D 软件在建设调度方面必须具有足够的复杂度。在逻辑上,针对不同的工作与任务类型,4D 软件要能够定义高级别的逻辑关系。这样一来,就可以用较少的时间精力,针对施工过程中发生的变化调整 4D 模型。在修改具体任务之间的逻辑关系时,当前的 4D 软件需要先断开任务之间的逻辑关系,然后重新建立任务之间的关系。4D 软件需要定义管辖工期时间的规则。这样一来,工程管理人员就可以通过改变规则来调整建设调度,而不需要逐个修改逻辑关系。在当前的 4D 软件中,修改逻辑关系之后,管理人员需要重新定义工作任务与模型对象之间的关联。使用改变规则的方式,管理人员就不必要重新定义模型与任务之间的关联。在当时,Tekla 软件的任务调度功能还无法达到这个级别的复杂度。

(四)制造和安装钢结构组件

克鲁赛尔大桥项目采用钢部件和组件。鲁奇公司是大桥工程的钢结构加工厂。斯堪斯卡公司与鲁奇公司共享了桥梁的建筑信息模型。鲁奇公司根据需要,审查和编辑了 BIM 中的组件,使得 BIM 可以适应鲁奇公司自身的实际制造条件。然后,鲁奇公司把更新后的模型发送回了 WSP 公司以及斯堪斯卡公司,让这两个公司审核批准。在 BIM 上编辑钢结构组件时,WSP 公司参考了鲁奇公司的意见,而且也更新了服务器上的模型,最终让所有的参与者都可以看到这个更新后的模型。

除了使用 BIM 交换设计信息之外,在双向的生产序列方面,他们也用 BIM 来交换信息。具体来说,鲁奇公司和斯堪斯卡公司使用的是相同的模型。这两个公司之间经常进行模型同步。鲁奇公司直接使用模型中的施工进度数据,以确定产品的制造和交付时间。随后,鲁奇公司根据自己公司的制造、检验和交货日期等更新模型。鲁奇公司内部的数据传输是手动完成的。比如鲁奇公司自己的模型和它的企业资源规划软件之间,就是人工进行数据输入和传输的。但是鲁奇公司相信,在将来,这种数据传输可以很容易地实现自动化。每个计划会议后,施工进度文件都会被更新。同时 BIM 上也有与工程进度相关的信息。因此,材料采购工作可以做到更加准确,物流工作也可以组织得更好。钢结构部件的交付和现场安装可以使用详细的模型信息,达到前瞻性施工的要求。克鲁赛尔大桥项目钢结构的现场架设是由赛尔特拉公司负责的。该公司作为鲁奇公司的分包商,在这个项目上进行工作。赛尔特拉公司不经常使用模型,但是在克鲁赛尔大桥项目上,赛尔特拉公司的工作人员会不时地查看模型,来获得有关自身工作的、详细的产品和工艺信息。特别是在图纸不清晰的时候,或者是在出现问题的时候,模型的作用就尤为重要。

(五)钢筋详图和钢筋的制作安装

在克鲁赛尔大桥项目中,桥梁钢筋建模工作的难度是始料不及的。本桥的类型是斜拉桥,桥体需要有高密度的钢筋,甲板和邻接构件的形状也十分复杂。与简单的结构建模相比,克鲁赛尔大桥的建模工作更加困难和费时。在普通常见的钢筋混凝土结构中,建筑元件包括梁和柱体。建筑元件和结构基础的形状一般比较简单,其建模工作也相对容易。有了足够的形状信息和钢筋细节,建模人员就能够使用参数化对象的特征建立钢筋的布置图,这会大大加快建模速度。但是,克鲁赛尔大桥的桥梁有曲率,有着非常独特的几何形状。因而在建模时,克鲁赛尔大桥的桥梁以及它的钢筋布置模型往往需要进行特殊"定制"。也就是说,大多数的桥梁元件和钢筋组件需要逐个建立起相应的模型。

虽然建模工作是由 WSP 公司进行的,但是所有的项目参与者都会从中获益。业主要求WSP 公司制作所有的钢筋细节图,这是业主要求 WSP 公司需要履行的合同义务。其目的是对详细设计进行备案,并用于钢筋的现场安装。而钢筋模型制作完成之后,所有钢筋细节图都可以直接从模型中生成。通过使用冲突检测,在早期阶段,WSP 公司就可以发现并纠正钢筋和其他结构之间的许多空间冲突。采用 BIM 的信息,还可以在使用螺纹钢弯曲机和切割机时,实现材料制作的自动化。

在提供螺纹钢材料估计用量时,Tekla 结构软件输出的文件格式包括美国标准信息交换码格式、微软的 Excel 格式,以及其他一些文件格式。对于克鲁赛尔大桥工程,使用美国标准信息交换码的报告文件格式,可以将 Tekla 模型的数据按照自动的方式,直接导入供应商的螺纹钢制造加工软件。进入材料加工系统之后,这些数据可以为弯曲和切割等工作提供所需的所有信息。在加工螺纹钢时,材料供应商的软件驱动安装在车间地板上的数控机床上,可对材料进行自动加工。赛尔萨钢铁服务公司是本工程的钢筋加工制造厂商。美国标准信息交换码的文件格式可以满足赛尔萨钢铁服务公司和斯堪斯卡公司的材料制作要求,并与Tekla公司的软件相兼容,满足了技术支持的要求。显而易见,这种做法能够省去大量的人工操作,极大地减少了潜在的错误。图9-42是赛尔萨钢铁服务公司的系统屏幕截图。图中显示的是赛尔萨的内部的螺纹钢制作软件。螺纹钢数据直接从Tekla桥梁模型上提取。

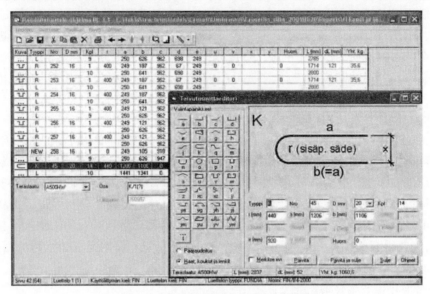

图9-42　赛尔萨钢铁服务公司的系统截图

斯堪斯卡公司和建筑钢结构供应商的合作可以说是十分成功的。然而,与之相比,斯堪斯卡公司和赛尔萨钢铁服务公司的合作还无法达到同样的集成度。建筑钢结构的供应商本身已经具备了使用BIM软件的能力。在这里,使用美国标准信息交换码的文件格式来进行信息交流,这是为了交流钢筋形状和数量的信息而量身定做的。但这些美国标准信息交换码格式的文件,无法携带模型的全方位信息,也达不到模型的同步,更加不能达到模型的信息精度。有些信息仍然需要手动进行交换。其结果是,像钢筋的捆绑批次这些对于钢筋的交付和安装都非常重要的信息,都是在模型之外手动处理的。

具体的有关钢筋的工作流程如下:

(1)WSP公司向斯堪斯卡公司的模型上传设计变更。WSP公司负责制作所有钢筋的详图,这是整个过程的瓶颈,因而使钢筋详图的信息流持续了很长一段时间。

(2)斯堪斯卡公司根据施工计划,在模型中选择对象物体和钢筋。这些对象和钢筋在模型上被编译,并且被保存在模型上。

(3)斯堪斯卡公司导出修改后的钢筋报告。这些钢筋报告使用的是美国标准信息交换码的文件格式。斯堪斯卡公司将钢筋报告发送到赛尔萨钢铁服务公司。

(4)赛尔萨钢铁服务公司将数据导入自己的"钢筋列表3.1"软件包。随后则开始制造钢筋,并将钢筋材料交付使用。

(5)斯堪斯卡公司的项目信息员从Tekla模型上打印钢筋笼的模型"快照"。工头们给自己队伍的工人浏览并查看这些钢筋快照。工人们把这些钢筋快照当作装配附图使用。

风雷公司是一家专门从事钢筋现场绑扎安装的公司。在克鲁赛尔大桥工程项目上,风雷公司负责安装钢筋。风雷公司的员工们在工作现场只使用纸质图纸,施工现场极端潮湿和寒冷,施工工期的大部分时间是在这样的工作环境下度过的。在施工现场,这样的气候情况下,无法直接使用笔记本电脑或其他电子设备,因为大多数时候,电子设备无法正常工作,这就排除了使用随身电子设备来浏览模型的可能。风雷公司也没有任何工作人员可以使用或操作建模软件。然而,由于种种原因,WSP 公司从模型中产生的二维图纸,常常不足以为钢筋安装工人使用。因为如上所述,桥梁的钢筋致密,而且非常复杂。通过 Tekla 结构软件 13 版的标准程序生成的钢筋图纸,要么过于详细,要么缺乏信息。这导致项目参与者之间产生了摩擦。这些专门的、技术方面的经验教训以及结论,特别是螺纹钢生成程序的自动绘图过程的问题,都传达给了 Tekla 软件公司,以帮助他们在未来的版本上进行改进。

由于图纸方面的困难,以及其他的一些原因,钢筋安装工人有时不得不使用模型进行工程信息的咨询。模型上标明了每一个钢筋和螺栓的细节。钢筋安装工人可以获得工程范围的全貌、预期的结果,以及钢筋笼应该如何绑扎等信息。承包商的信息员为风雷公司提供了初步的 BIM 培训,但他们却一直依靠这个信息员来浏览模型,在需要的时候也请她帮忙打印屏幕截图。

(六)激光扫描

斯堪斯卡公司作为总承包商,专门在施工现场聘请了测绘师。现场测绘师的主要任务是控制工程质量,并协助分包商为各自的工作范围定位。刚开始,斯堪斯卡公司是从设备分销商那里租赁了一台激光扫描设备。在使用设备的过程中,他们积累了经验和信心,能够把激光扫描设备与 BIM 配合使用。在租赁期满之后,斯堪斯卡公司就购买了 Trimble 公司的 VX 空间站™型号的激光扫描设备在施工现场使用。这台设备可以捕获坐标、拍摄图像,并将坐标和图像组合起来。图 9-43 是扫描仪的扫描结果,可以将扫描照片和扫描点云一起显示。图中显示的是模板和编号为 T3 的桥台桩。激光扫描集成了两种功能于一身:测绘和摄像。这使得测绘师的工作轻松许多。传统的测绘仪需要两个人同时操作,现在测绘师一个人就可以完成之前所有的工作。

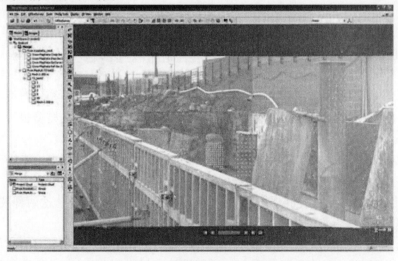

图 9-43　使用扫描仪产生的结果

测绘获得的点云和照片,被上传到 Trimble 的 RealWorks 软件。设计位置的参数可从 Tekla 结构软件的模型应用程序中导出,并导入 Trimble 的 RealWorks 软件。这些测绘数据和设计位置的参数可通过 RealWorks 软件进行比较。利用结构部件、模板和嵌入在混凝土中的钢配件等的位置,RealWorks 软件可以进行实时质量控制。例如,在安装大型桥梁的锚索锚具时,通过比较模型和施工现场的真实位置,质量控制人员发现了一个 1cm 的位置差异。现场工作人员因此重新调整了锚具的位置,又在混凝土浇筑前进行了再次检查。在大桥项目中,测绘师原先是不会使用 BIM 的。信息员给测绘师进行了如何使用桥梁模型的培训。测绘师说:"尽管从模型中提取坐标是相当复杂的工作,但是 BIM 还是非常有用的。我从中得到了准确的尺寸。在施工工作中,当有事情不清楚时,它可以让我知道应该做什么,以及必须如何去做。"

测绘师参加了所有的规划会议,包括每周一次的工期倒排会议。在会议上,他帮助参会人员确定是否有需要完成的候选任务,所有技术信息是否可用,或者是否有待解决的难题。

(七)BIM 支持的最终规划系统™

在克鲁赛尔大桥项目开始之前的三年里,斯堪斯卡土木工程公司曾在多个项目中使用最终规划系统™(LPS)。斯堪斯卡公司拥有自己的专家,可以现场培训施工人员如何来使用这个系统。最终规划系统是一个转换机制,它把"应该做什么",转换成了"什么是可以这样做的"。最终规划系统将任务的约束解除,从而形成"准备工作清单"。根据准备工作清单,可以形成每周的工作计划。它有两个主要功能:①制订可靠的短期规划;②在施工现场创造和发展组织系统,例如团队建设,承诺、信任和尊重的搭建。

最后,在对本项目过程进行总结时,有一些重要的经验教训可以分享。这些经验教训的具体内容如下:

(1)从项目的开始,就应该使用 BIM 技术和最终规划系统的管理方法。这可以帮助项目团队确立目标、进行初步的培训,并为学习和提高创造一个良好的环境。

(2)应使用 BIM 技术补充施工管理技术方面的不足,例如规划、控制、信息交流、会议、质量控制等。

(3)应使用模型的同步功能来实现快速的信息交流。

(4)应使用 4D 工期调度来帮助人们了解和评估反向调度过程中创建的承诺网络是否符合实际。

(5)如果临时搭建物是工程建设十分重要的部分,就应该对它们建模。建模可以提供精确的材料数量。并且如果在项目管理中使用了 4D 规划,临时搭建物的模型也可以帮助人们更好地理解这一时期的工作内容。

(6)可以把激光扫描的点云数据导入到 BIM 中。这种做法可以用来检查施工地点以及工作质量。这种做法是非常有效的,用得好的话,它可以防止大规模返工的发生。

(7)在使用最终计划系统的规划会议中,使用 BIM 有助于可视化。这两种技术相结合,可以帮助人们提高对产品和过程的理解。

(8)在定期的最终规划系统的规划会议上,应邀请施工现场之外的项目合作伙伴以及现场团队共同参与讨论。这有助于共享有关详细设计和材料制造的信息,并且有助于材料制造的同步。

(9)确保参与者都致力于提升自己的软件工具,以避免软件版本不同造成的问题。

第五节　案例五 基于 BIM 的商业地产项目管理

一、项目背景

天津东疆保税港区综合配套服务区商业项目(后文简称东疆商业项目)位于天津港东疆港区东海岸,用地面积 8.6 万平方米,项目采用了"碧海行云"的设计理念,采用了很多异形设计,比如屋顶是波浪形状的 GRC 板材,以表达静逸海面的层叠平缓的状态;墙体是不规则的玻璃幕墙以及采用不同的弯曲和倾斜角度的钢结构构件,从而与人工沙滩共同营造独特的海滩商业气氛。

二、BIM 技术的应用

(一)应用 BIM 技术的主要内容

1.项目的方案设计

东疆商业项目是滨海新区"十大战役"之一,也是天津港(集团)有限公司 2011 年重点工程。由于项目功能、结构复杂,因此采用 BIM 进行方案设计,以便于及时直观地使参建各方看到虚拟的二维效果,能更好地集中参建方的意见,同时也便于决策者或政府主管部门进行审查,并快速地决策以及及时地指导修改。本阶段应用 BIM 的主要工作内容有:

(1)方案设计理念的初步绘制。

(2)BIM 模型的建立。

(3)初步碰撞检查。

(4)设计优化。

(5)其他设计信息整合。

2.项目的初步设计和施工图设计

东疆商业项目主要由五部分组成:地下部分(包括停车场和设备间)、地上结构部分、外墙装饰部分、屋顶系统部分以及室外场坪部分。地下部分面积大、结构复杂,主要的设备层布置于此,通过 BIM 进行设计主要是为节省地下部分设备的占用空间、减少设备对未来运营的干扰,并为以后的运营提供准确的信息。地上结构部分通过 BIM 设计主要是进行受力分析和建筑效果的优化设计,目的是为以后进行钢结构预制加工深化设计提供信息模型。外墙装饰部分通过信息化模型,可较细致地对幕墙分割大小以及幕墙形式进行模拟,并对与结构装饰部分相衔接的部分进行优化。屋顶系统通过 BIM 设计则力求达到牢固、美观的目标。室外场坪进行 BIM 设计是为实现最佳的景观效果和交通组织设计。本阶段应用 BIM 的主要工作内容有:

(1)模型更新。

(2)管线综合。

(3)二次碰撞检查。

(4)设计再调整、优化。

（5）完成施工图设计。

3. 项目的施工实施

东疆商业项目施工阶段应用 BIM 主要是通过 BIM 的参数化设计与动态模拟，模拟出项目各个施工步骤的过程，从而便于制订施工方案措施和统筹安排各项施工资源；同时结合进度管理工具，将工程细部结构、模型中的项目要素与时间进度联系起来，建立四维 BIM 数字模型，产生具有动画效果的施工模拟，真实反映项目组织实施的全过程。此外，通过 BIM 的成本管理功能，还可将工程细部结构、模型中的项目要素与造价指标、信息联系起来，建立五维 BIM 数字模型，从而完成施工成本预算，并在施工过程中对实际成本与预算进行对比分析，更精细地检查和控制成本。

在施工过程中，施工企业也可以应用 BIM 将施工用水、电、机具、设备、临建等资源信息引入，进行资源的有效组织与调用，避免浪费；将质量、安全等管理要素引入，对质量安全进行精确的控制；将人力资源因素引入，对工序交叉搭接进行合理的安排，充分利用人的资源，避免窝工。本阶段应用 BIM 的主要工作内容有：

（1）施工组织模拟。

（2）工地现场布置。

（3）现场工序配合。

（4）调整。

（5）造价跟踪统计。

4. 其他辅助内容

除在东疆商业项目开发建设的主要阶段发挥重要作用外，BIM 的应用对于东疆商业项目的开发建设还有在其他方面的非常大的价值，如可以永久地存储项目所有信息数据等，BIM 的强大功能使得东疆商业项目的参建各方都有很大的成就感。BIM 的其他主要工作内容有：

（1）BIM 数据集中共享。

（2）各方 BIM 成果验证。

（3）业主管理团队 BIM 应用能力培养。

（4）BIM 融入业主管理模式及流程。

（5）主要材料清单统计。

（二）应用 BIM 技术的主要节点时间（图 9-44）

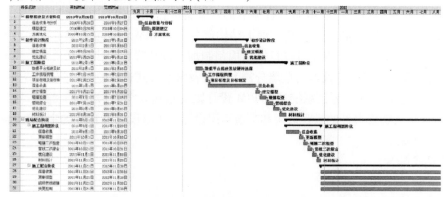

图 9-44　应用 BIM 技术的主要节点时间

（三）应用 BIM 技术的主要成果

1.建筑专业

借助 BIM,设计师合理地确定了地下一层、地上四层的平面布局方案,并以创造舒适而便利的购物环境为核心,对东疆商业项目的业态和功能进行了整体的建筑平面布局,在建筑方案上形成了如下的布局成果:

商业项目整体采用与传统方式截然不同的环形走廊,使得走廊不再是单纯的交通空间,而更多的是购物休闲的组成部分。走廊的动线设置与店铺的布局相互呼应,使得整个商业项目内既不存在死角,又让人乐于停留和驻足远眺。走廊中间还设置有景观中庭,既为各种小型活动预留了场地,也为休息、娱乐等提供了可能性。

借助于 BIM 三维建筑辅助设计功能,东疆商业项目的立体建筑详图得以展现,通过完善的空间模型直观地展现了建筑内部的具体情况以及各功能分区和细部之间的关联关系,使建筑专业设计师对功能关系有了完整的理解,从而完成了布局调整,形成了最佳建筑布局方案,如图9-45 所示。

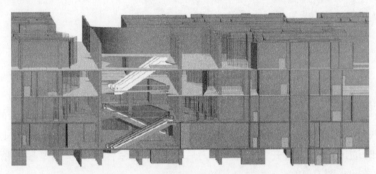

图 9-45　东疆商业项目局部建筑信息模型(背面三维视图)

2.结构专业

东疆商业项目的结构以钢结构为主,通过 BIM 三维设计平台的结构建模能力及强大的信息数据库资源,本项目的结构设计很快就提交出了成果。如图 9-46 所示,为满足商业项目的各种业态要求,建筑物的结构采用了局部降板设计,即在同一平层上,各业态空间的结构底标高不同。通过 BIM 结构设计平台建立的结构降板模型,可以清晰地反映出降板的位置关系,检查降板的设计错误情况,并完成结构中梁的高度的分析,从而提高工作效率。

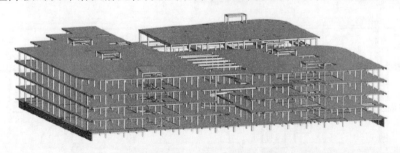

图 9-46　东疆商业项目局部建筑信息模型(正面三维视图)

3.管线综合

对于大型、复杂的东疆商业项目,设备管线布置是本项目设计中存在问题较多的部分。

本项目在进行方案及规划设计时曾尝试通过二维设计方式来协调各专业的管线布置，使各专业管线得到比较合理、有序的安排，但由于实际中管线交叉是立体的空间排布问题，单纯靠人眼对二维图纸观察很难进行全面的分析，碰撞无法完全暴露及避免。因此，项目采用 BIM 对建筑进行了一次"虚拟建造"，从而很便捷地完成了管线综合设计，如图 9-47 所示。

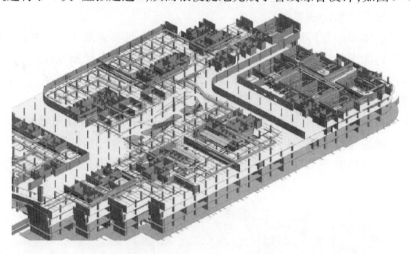

图 9-47　东疆商业项目局部建筑信息模型（鸟瞰图）

1）暖通专业

暖通里的风管在东疆商业项目设备管线里所占用的空间比较大，因此在层高限定为 4.8m 的前提下，本项目的设备夹层空间也非常有限。借助 BIM 三维设计平台，本项目在管线综合中优先确定好了暖通风管的位置并力争最优，为后期的管线综合提供了模型参考依据。

2）给排水专业（图 9-48）

由于东疆商业项目中布置有餐饮、影院、儿童水上娱乐等业态，因此项目给排水的管道种类繁多，涉及给水、排水、中水、消防、自喷等多种类型的管线。通过 BIM 三维辅助设计的应用，东疆商业项目的给排水专业设计将管道按族类型进行了分类创建，而后通过分别提供技术参数，系统地生成了全部管线布局设计。如在污废水管道设计中，通过给定管道一定的坡度并设定管线长度等数据信息，BIM 三维设计平台就自行布置了管线。以此类推，分别给定给水、中

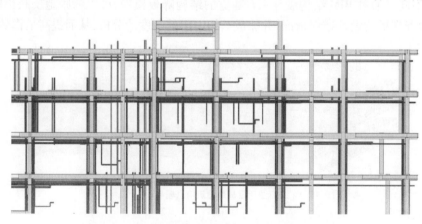

图 9-48　东疆商业项目给排水管线立面模拟图

水、消防等管线的坡度值和尺寸信息,三维设计平台很快捷地完成了全部给排水专业的管线设计,并可实现一目了然地查询管线布置高度及碰撞冲突情况,方便进行相应的修改。

3)电气专业(图9-49)

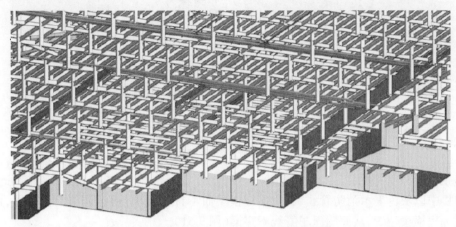

图9-49　东疆商业项目电气管线走线模拟图

东疆商业项目的电气管线同样错综复杂,照明、动力、消防、安防、广播等多种电气管线都需在建筑内有限的设备夹层及竖井内进行布线,因此电气专业规划设计阶段,就已在走向布局的设想上产生了一系列问题。

通过 BIM 进行电气专业的管线设计时,设计人员也通过参数与信息的设定,对电气管线进行了空间高度、位置关系以及走向的设计,并在模型中予以了直观展现。同时,在模型中通过对关键部位的几个简单剖切,可以了解电气桥架之间的准确距离,从而避免了碰撞。

总之,合理地排布所有管线的占用高度以达到最节省空间资源是东疆商业项目应用 BIM 进行管线综合设计的目标,因此当平面布置管线无法考虑周全时,基于 BIM 的管线综合设计使东疆商业项目的管线综合问题不仅得到了完美的解决,而且大大提高了设计效率,从而达到了事半功倍的效果。

4.碰撞检查

管线碰撞检查是 BIM 的一个非常有效的功能,它可以帮助我们检查需要查看的部分或建筑整体的碰撞情况。东疆商业项目在完成了模型的搭建工作后,即应用 BIM 碰撞检查功能对项目的结构与综合管线进行了系统的碰撞检测,通过自动生成的检测报告,设计师可以很容易地对各碰撞点的位置、碰撞管线以及碰撞量进行精确的掌控。东疆商业项目在 BIM 工作开展前虽然已经进行了初步结构、管线综合的平衡,但通过 BIM 项目仍检测出大量的碰撞。第一次碰撞检测报告显示碰撞点为 598 个,而后经过设计的深入以及应用 BIM 不断地进行管线协调、调整,第二次碰撞检测后项目碰撞点降为 58 个。接着再通过反复研究与调整,东疆商业项目最终实现了"零"撞点的良好效果。从而达到了在满足无碰撞要求的前提下,保证商业项目布局的美观和合理的目标,其碰撞检测过程重点举例如下:

1)空调风管穿幕墙

通过对比平面图,并未发现通风管线与外檐玻璃幕墙的冲突,而通过 BIM 显示出立体效果,在高度上通风管线与外檐玻璃幕墙的冲突一目了然(图9-50)。

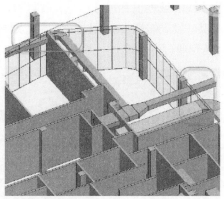

图 9-50　东疆商业项目空调风管穿幕墙模拟图

2）消火栓立管穿梁

BIM 中以灰色表示消防管线，其明显穿横梁而不符合要求，通过调整参数设置，使消火栓管线远离横梁位置，从而确保了管线不穿梁（图 9-51）。

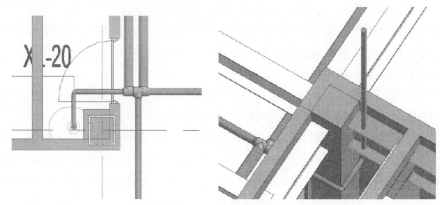

图 9-51　东疆商业项目消火栓立管穿梁模拟图

3）复杂的综合管线在某节点碰撞

图 9-52 中所示区域包含有空调风管、空调水管以及给排水管线、重力污水管线。在二维平面图纸中，所有管线在该区域都实现了不互相冲突的走线布局，而通过 BIM 模型进行三

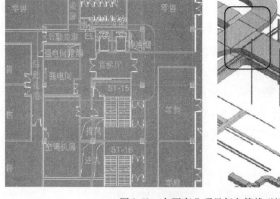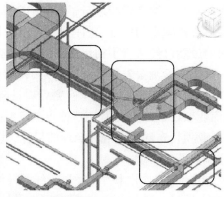

图 9-52　东疆商业项目复杂管线碰撞模拟图

维视图的真实还原时可以明显发现,该区域管线碰撞非常严重,因此该区域的管线综合调整是设计阶段需关注的重点。

5. 施工组织模拟

东疆商业项目的主体是大型复杂钢结构体系(仅钢结构的工程量就达到 1.3 万吨左右),屋面是非标准件的 GRC 板材,同时项目需要在 371 天的时间内(其中钢结构加工和安装工期仅为三个月)完成,因此项目的施工难度极大。基于 BIM 技术完成三维空间建模后,在此基础上模拟各种施工方案,并从中正确选择合理、有效、安全的方案至关重要。图 9-53 是东疆商业项目钢结构施工方案的示意图,该方案是结合 Project 软件的施工计划,通过在 BIM 中增加时间属性,形成了基于 4D 指标的施工模拟后,为每道安装工序设置合理的时间,并预演了整个项目的施工过程后,从而确定的最佳实施方案。

图 9-53　主体钢结构的施工模拟示意图

本项目根据自身平面布局和建筑造型特点,采用了分区域流水施工。工程分为如图 9-54 所示的六个区域进行施工,每一施工区域占地面积约 6 000m² ,均组织钢筋加工、绑扎,木工、瓦工及水电施工等班组根据结构缝合理展开交叉流水施工。

而六个作业区域也合理地平行施工,其中一二区为一个施工段,三四区为一个施工段,五六区为一个施工段,在同一个施工段内从 9 轴线分别向 1、17 轴两个方向施工,同一标高内整体施工顺序是一二区——三四区——五六区(图 9-55)。

项目结构的主要施工方案是采用地面组装钢结构,利用塔吊和履带吊组合的吊装方式分区域按照层数依次完成钢结构的吊装和安装,最终完成整个商业项目的钢结构工程。

(四)施工阶段造价动态管理

融入 5D 造价控制信息的 BIM 平台,实现了东疆商业项目施工全过程中对施工资源的动态管理。在 BIM 基础上通过建立计价清单并与工序节点关联,东疆商业项目建立了全面的动态预算及

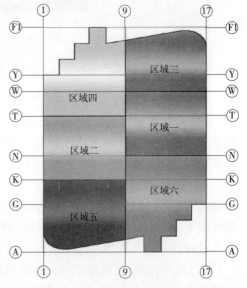

图 9-54　东疆商业项目施工现场分区图

成本信息数据。项目管理者可在任意特定时间段内,对计划进度和实际进度进行任意工序节点的工程量以及相应的人力、材料、机械预算用量和实际用量的查询,并可以便捷地进行计划进度下人力、材料、机械的预算用量,实际进度下的预算用量和实际消耗量的对比分析。BIM 造价信息平台可以显示出分部分项工程费、措施项目费、其他项目费等具体明细以及指定日期内基础施工的材料使用周计划,包括每项材料的名称、单价、计划用量、费用等信息。通过 BIM 导出造价控制管理表格后,项目管理者可以方便地进行某时间段内的计划进度预算成本、实际进度预算成本和实际消耗成本及其进度偏差和成本偏差的分析,并收到超预算预警提示。

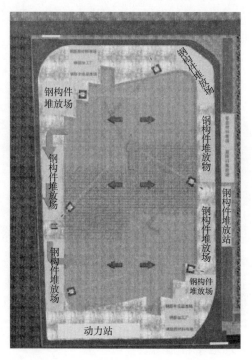

图 9-55　东疆商业项目施工现场组织图

三、应用 BIM 技术的效用总结

通过引入 BIM 技术,本工程全寿命周期内的开发建设得到明显提升,主要有以下方面:

(1)显著地缩短了项目的设计周期。以常规二维设计图纸方式进行设计,14 万平方米建筑规模的综合商业体从设计到制图至少需要 2 个月,而应用 BIM 技术,设计人员只用了 3 个星期就完成了东疆商业项目的方案设计与施工图设计。

(2)规避了管线碰撞的问题,使管线布局更趋合理。从传统意义上讲,项目都会发生很多碰撞问题,而这些问题常常遗留至施工阶段,这也是施工现场经常出现拆改的原因。通过 BIM 技术,东疆商业项目进行了碰撞检测与管线综合,有效地避免了碰撞,解决了吊顶冲突,使东疆商业项目真正地在施工阶段实现了“零”碰撞,从而避免了成本的增加及工期的延误。

(3)更为便捷、直观地通过三维模型对项目进行优化、调整。东疆商业项目“碧海行云”的建筑方案通过 BIM 得以完美展现,项目在报审行政主管部门时,由于其三维的可视化效果非常直观、易理解,并包含了景观环境模拟、日照分析等内容,使得项目很快就得到了政府主管部门的方案审批。

(4)通过 BIM 的应用,建立了三维可视模型,使得参建各方的沟通和协调更加便捷,提高了相关各方的工作效率。据统计,应用 BIM 后,东疆商业项目相比同类工程减少了约50%的协调工作量,使得参建各方的人力投入也减少了30%左右。

(5)通过 BIM 的参数化技术,东疆商业项目的管线综合得以以三维可视图的形式绘制,对某些部位(如走廊、机房等管线密集区域)通过设置联合支吊架,实现了节约型钢成本、提高内部装修美观度的效果,并最大限度地压缩了设备层所占的空间,使项目内部空间高度得到了增加(例如一层临街店铺的室内净高由原来方案阶段的 2.3m 提升至 2.7m)。

(6)施工工序组织与安排更加合理。东疆商业项目在施工阶段应用 BIM 技术,明显减少了工序不合理造成的"窝工""返工"现象。据不完全统计,项目减少了人力、物力浪费约20%,工程进度加快20%,减少设备二次采购量5%。

(7)造价管理控制更加准确和及时。通过 BIM 进行造价控制,使得东疆商业项目的综合单价信息以及人工、材料、机械等消耗量数据及时更新,并通过模型功能自动提取加以准确计算,实现了项目不同节点造价管理的一致性。如运用 BIM 进行的东疆商业项目工程概算,较以二维图纸为基础测算的概念方案阶段的造价降低了 40%,而与实际实施阶段的成本相差不超过 5%。

总之,建筑信息模型的应用不仅是建筑行业发展的主要方向,商业项目的开发建设应用BIM 同样具有显著的意义,特别是东疆商业项目在开发建设期间使用 BIM 技术,突破了常规二维方法的限制,并在项目的整个寿命周期内,在提高建造效率、节约建造成本、提高工程质量、提高系统运行管理的可靠性、节约运行管理的成本等方面发挥了不可估量的作用。

综上,本案例阐述了东疆港区商业项目应用 BIM 的可行性和必要性,细致地分析了该项目应用 BIM 的主要方法,并通过总结项目目前应用 BIM 所取得的效益,进一步证实了我国商业地产项目开发建设应用 BIM 是非常必要的,应大力推广。

第六节 案例六 基于 BIM 的全过程造价管理

一、项目概况

本案例工程的 1~3 层是层高为 4.171m 的商业用房,4~28 层是层高为 2.90m 的住宅标准层,29 层是机房层。因此,只建立两个楼层的 BIM 模型(普通层、标准层),便可以反映整栋建筑的基本概况,如图 9-56、图 9-57 所示为鲁班算量软件中的标准层 BIM 模型。

二、各阶段 BIM 技术的应用

(一)决策阶段

BIM 模型中的构件可运算性使造价人员可以利用以往类似项目的 BIM 模型或者粗略搭建的拟建项目 BIM 模型快速地统计工程量信息,再结合鲁班造价的云端系统,快速查询价格信息或相关估算指标,在不需要图纸的情况下完成项目投资估算的编制工作。

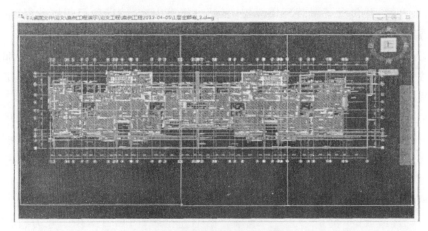

图 9-56　标准层 BIM 模型(平面)

图 9-57　标准层 BIM 模型(三维)

　　根据以上初步的 BIM 模型,利用鲁班算量软件的自动汇总功能可以快速、较精确地汇总建筑面积信息(如本案例的总建筑面积为 26 467.59m^2),为项目投资估算提供基础数据信息。图 9-58 是鲁班算量软件直接汇总的建筑面积信息,由于内容较多,只截取一部分内容以示代表。

图 9-58　建筑面积汇总表

得到总建筑面积信息后,按照项目可行性研究报告或者项目建议书的相关要求,结合当时的市场价格信息,在没有图纸的情况下,即可完成项目投资估算的编制工作。本案例工程投资总估算为 9 747.48 万元人民币,单方成本估价为 3 682.80 元/m²,如表 9-4 所示。

投 资 估 算 简 表　　　　　　　　　　　　　　　表 9-4

序号	工程或费用名称	计 算 说 明	合计 (万元)	技术经济指标(取费标准)		
				单位	数量	单位价值
(一)	工程费用		8 204.96	m²	26 467.59	3 100.00
1	建安工程费		4 764.17	m²	26 467.59	1 800.00
2	室外配套工程费		1 588.06	m²	26 467.59	600.00
3	设备购置费		1 852.73	m²	26 467.59	700.00
(二)	工程建设其他费用	取工程费用的 10%	820.50			
(三)	预备费		722.03			
1	基本预备费	取[(一)+(二)]的 5%	451.27	计投资[1999]1340 号		
2	造价预备费	取[(一)+(二)]的 3%	270.76			
(四)	工程总投资	(一)+(二)+(三)	9 747.49	m²	26 467.59	3 682.80

在决策阶段,我们可以利用 BIM 技术快速、准确地完成项目估算书的编制,为正确地决策提供有力的数据支撑,为后期项目进展提供技术保障。BIM 技术的引入,改变了传统项目估算的工作模式,在造价工程师的经验基础上,可提供更加可靠的基础数据支撑,使项目估算在真正意义上发挥指导后期成本控制的作用。

(二)设计阶段

在拟建项目经过投资决策后,设计阶段就成为项目工程造价控制的关键环节。它对工程建设项目的建设工期、工程造价、工程质量及建成后能否发挥较好的经济效益,都起着决定性作用。

设计阶段包括初步设计阶段、技术设计阶段和施工图设计阶段,相应涉及的造价文件是设计方案估算、设计概算和施工图预算。在设计阶段,工程造价控制方法有:对设计方案进行优选或优化设计,推广限额设计和标准化设计,加强对设计概算、施工图预算的编制管理和审核等。本小节主要通过案例工程演示初步设计阶段和施工图设计阶段的工程造价控制。

1. 初步设计阶段的工程造价控制

A 置业有限公司通过投资决策,决定开发本项目后,就开始着手项目设计相关事宜。为了有效地控制造价,公司委托造价工程师全程参与设计过程,采用限额设计和价值工程方法优化设计方案。根据初步设计图纸,在鲁班算量软件中搭建初步 BIM 模型,快速统计基本工程量信息,导出相应格式的文件,再导入鲁班造价软件中,形成工程基础信息的无缝对接,然后基于鲁班价格信息平台快速准确查询工、料、机市场价,编制较精准的初步工程概算书,为限额设计和价值工程分析提供数据支撑。

同时,本工程采用清单算量模式,在 BIM 中加载工程量清单信息,并赋予相关属性,利用 BIM 的可运算性直接导出工程量清单。

利用鲁班算量软件建立 BIM,将计算工程量导出为格式文件,再将此文件导入到鲁班造价软件中,避免了人工录入工程量时的人为错误,同时也提高了工作效率。

在初步设计过程中,造价工程师利用 BIM 的关联数据库,可快速、准确地获得设计过程中的工程基础数据并用来拆分实物量,随时为限额设计提供及时、准确的数据支持,为优化设计中价值工程方法的实施提供数据支持。

2. 施工图设计阶段的工程造价控制

经过初步设计和技术设计之后,BIM 技术在限额设计及价值工程方法的优化设计中的应用,使设计方案得到了进一步完善,接下来就进入施工图设计阶段。与此同时,造价工程师需要根据施工图设计进程编制施工图预算,为合理地把握工程成本和后续的工程招标提供数据支持。

随着设计深度的不断加强,造价工程师手中的 BIM 所包含的工程信息也不断更新、完善,如装饰装修工程的明细、材料做法表的明细,以及门窗表的明细等。造价工程师可以利用 BIM 的构件自动扣减功能,快速计算汇总详细工程量信息,避免因手工计算所引起的不必要错误,同时节约大量工作时间。在 BIM 中引入时间参数,构建 4D-BIM,可以在现场施工之前进行虚拟施工,为合理安排施工进度提供技术支撑。同时,鲁班系列软件提供 .LBIM 格式文件,可以在各个专业 BIM 软件中共享,提高了各个专业之间协同工作的效率。本案例将以土建工程和钢筋工程为例,演示专业之间的模型共享。如图 9-59 为 BIM 进度计划,图 9-60 为虚拟施工,图 9-61 为土建与钢筋的互导。

施工图预算是施工图设计预算的简称,又称设计预算。它是由设计单位在施工图设计完成后,根据施工图设计图纸、现行预算定额以及地区设备、材料、人工、施工机械台班等预算价格编制和确定的建筑安装工程造价文件。施工预算编制的方法有:单价法(工料单价法、综合单价法)、实物法。

本案例模型采用清单计价模式,并采用综合单价法编制施工图预算。本小节仅以土建工程为例,做简要概述。首先将鲁班土建算量软件中的案例工程 BIM 导出为"案例工程 . tozj"文件,然后在鲁班造价软件中直接提取工程数据,从而避免手动录入的人为错误,以保证数据传输中的完整性、一致性。"案例工程 . tozj"文件同时包括了工程量信息、进度计划以及三维图形文件,且在造价软件的 BIM 中可以直接选择构件显示,打破了以往传统造价软件的文本格式,方便了后续施工过程的进度款的支付、材料采购计划和劳动力计划的制订、限额领料等措施的实施。

(三)招标投标阶段

BIM 的一个重要价值体现在招标投标过程中。建设单位或者其聘请的造价工程师可以根据设计单位提供的含有丰富数据信息的 BIM,快速调取工程量信息,结合项目具体特征编制准确的工程量清单,有效地避免漏项和错误输入等情况,为顺利开展招标活动创造有利条件。图 9-62 为在鲁班造价软件中编辑的分部分项工程量清单。

在 BIM 中,我们也可以直接加载工程量清单信息。建设单位发售招标文件时,就可以将加载工程量清单信息的 BIM 一并交给拟投标单位,从而保证设计信息的完备性和连续性。

由于 BIM 中的建筑构件具有关联性,其工程量信息与构件空间位置是一一对应的,因此投标单位可以根据招标文件相关条款的规定情况,按照空间位置快速核准招标文件中工程量清单的正确性,为正确制订投标策略赢得时间。

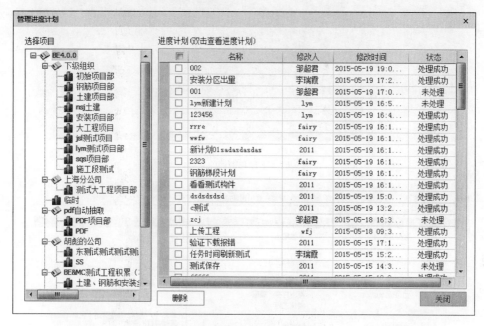

图 9-59　BIM 进度计划

图 9-60　虚拟施工

同时,由于 BIM 技术与互联网技术有很好的融合,对于招标投标管理部门来说,方便了其对整个招标投标过程的管控,有利于减少或者杜绝舞弊腐败的出现,对整个建筑行业的正规化、透明化亦有极大的促进作用。

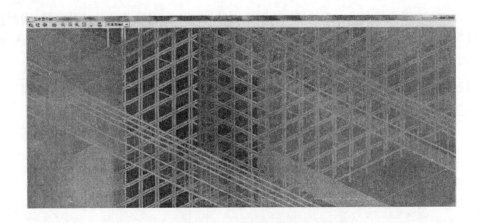

图 9-61　土建与钢筋的互导

分部	清单序号	清单编号	定额编号	项目名称	项目特征
	1	A.1		土石方工程	
	1	010101001001		平整场地	1. 土壤类别：一般土 2. 弃土运距：1KM
	2	010101003001		挖基础土方	1. 土壤类别：一般土 2. 基础类型：带型基础 3. 挖土深度：2.6m 4. 弃土运距：1km
	3	010103001001		土(石)方回填	1. 夯填（碾压）：夯填
	4	Y010103002001		原土打夯、碾压	
	6	A.3		砌筑工程	
	1	010301001001		砖基础	1. 砖品种、规格、强度等级：机砖 240*115*5 2. 基础类型：条基 3. 基础深度：3.2m 4. 砂浆强度等级：M10水泥砂浆
	2	010302006001		零星砌砖	1. 零星砌砖名称、部位：砖砌台阶 2. 砂浆强度等级、配合比：M5水泥砂浆
	3	010302006002		零星砌砖	1. 零星砌砖名称、部位：卫生间池槽、隔断 2. 砂浆强度等级、配合比：M5水泥砂浆
	4	010304001002		空心砖墙、砌块墙	1. 墙体类型：多孔砖墙 2. 墙体厚度：240 3. 空心砖、砌块品种、规格、强度等级：MU10 河淤泥烧结多孔砖 240*115*53 4. 砂浆强度等级、配合比：水泥砂浆 M7.5 砌 砂浆

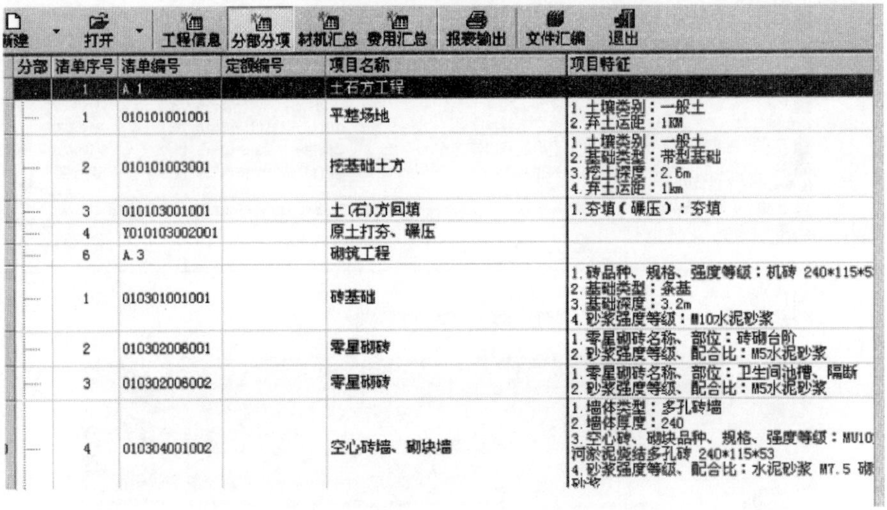

图 9-62　分部分项工程量清单

(四)施工建造阶段

工程建设项目施工阶段是按照设计文件、图纸等的要求,具体组织施工建造的阶段,即把设计蓝图付诸实现的过程。在我国,此阶段的造价管理工作一直是工程造价管理的重要内容,建设工程项目投资的绝大部分支出都在这个阶段上。由于施工过程是一个动态系统工程,涉及环节多、难度大,再加上现场条件变化多端、设计图纸存在缺陷、市场价格波动等因素,这一阶段的工程造价管理最为复杂,是工程造价确定与控制的重点和难点所在。

施工建造阶段的工程造价管理的主要任务就是通过控制工程付款、控制工程变更费用、预防并处理好费用索赔、挖掘节约工程造价的潜力来保证实际发生的费用不超过计划投资。本小节将结合工程案例,模拟 BIM 技术在工程计量、施工组织设计优化、工程变更、索赔管理、工程进度款结算以及资金使用计划和偏差分析等方面的应用,分析和探讨 BIM 技术在施工建造阶段工程造价管理中的价值。

1. 工程计量

工程计量是控制工程造价的关键环节,同时也是约束承包商履行合同义务的手段。传统模式下,承包方按照合同约定的方法和时间向发包人提交已完工程量的报告后,项目管理机构需要花费大量时间和精力去核实承包方所提交的报告,并与合同以及招标文件中的工程量清单核对,查看是否准确,同时还需现场核查已完工程的质量是否合格。承包方编制已完工程报告时,也需要花费大量的人力和时间去计量已完工程,其效率和准确性难以得到保障。

BIM 技术在工程计量工作中得到应用后,完全改变了上述工作模式。由于 BIM 技术整合了时间信息,将建筑构件与时间维度相关联,利用 BIM 的参数化特点,工程师按照所需条件筛选工程信息,计算机即可自动完成相关构件的工程量统计并汇总形成报表。根据施工进度和现场情况变化,造价人员可以实时动态更新 BIM 数据库,利用互联网或者局域网技术实现数据共享,这样造价工程师便可以在自己的端口快速、准确地统计某一时段的工程量或者某一施工面的工程量信息,快速汇总形成工程计量报告,为及时获得工程进度款赢得时间,同时达到对分包单位施工进度情况实时监督的目的。

同时,建设单位项目管理机构在收到承包方的工程计量报告后,利用自己所掌握的 BIM 数据库,亦可快速核查工程计量报告的准确性。工程师可以通过按时计量,及时把握承包商工作的进展情况和工程进度。

例如,本案例工程利用鲁班 PDS 系统,将虚拟中标合同价赋予 BIM,并上传到鲁班 MC V6 系统中,即可实现工程基础数据的共享。

如当前承包方需要快速调取 2011 年度 8 月份已完工程量信息,准确汇总工程计量报告,可登录鲁班 MC V6 客户端下载案例演示工程,点击"统计分析",按时间输入"2011 年 8 月 1 日"至"2011 年 8 月 31 日",选择此时间段所有相关清单,点击"分析",系统即可完成 8 月份工程量统计和相关合同价款计算。

2. 施工组织设计优化

在施工组织设计优化过程中,一个很重要的工作就是资源安排进度。BIM 技术应用于资源安排,亦有很大优势。利用 BIM 的参数化特性,我们可以根据施工进度快速计算出人工、材料、机械设备的使用计划,避免资源的大进大出。同时,4D-BIM 技术的应用使施工技术与管理人员可以动态把握施工进度和施工方案,能够在施工中组织专业队伍连续交叉作业,组织流水施工,使工序衔接合理紧密,避免窝工。这样既能提高工程质量,保证施工安全,又可以降低工程成本。

本案例工程采用了鲁班 PDS 系统来完成各个工种的派工计划。同时,设定各个班组的工作限度后,系统将自动检验各个工种的工作在时间安排、施工空间、工作量等方面是否冲突。

3. 工程变更

利用 BIM 技术,我们按照工程师确认后的工程变更凭证修改了 BIM 中"C1515 金属平开窗"的属性,由于 BIM 支持构建几何运算和空间拓扑关系,系统自动扣减了相应工程量,快速汇总了工程变更所引起的工程造价变化,及时反映了工程变更的经济含义。

4. 工程进度款结算

在传统模式下,建筑信息都是基于 2D-CAD 图纸建立的,工程基础数据掌握在分散的预算员手中,很难形成数据对接,导致工程造价快速拆分难以实现,工程进度款结算工作也较为烦琐。随着 BIM 技术的推广与应用,在进度款结算方面,鲁班 BIM 平台实现了框图出价、框图出量功能,可更加形象快速地完成工程量拆分和重新汇总,并形成进度造价文件,为工程进度款结算工作提供技术支持。

5. 资金使用计划与偏差分析

BIM 技术在编制资金使用计划上有较大优势。5D-BIM 模型整合了建筑模型、时间维度以及造价信息,可以伴随建设过程动态展示资金使用状况,更为直观地体现建设资金的动态投入过程,为建设单位或者施工单位合理安排资金计划提供支持。

基于 BIM 技术,我们可以快速搜索构件信息并组合相关联的成本信息,快速生成多算对比文件,为偏差分析提供基础数据,以便及早发现问题并改正问题。

对于本案例工程的虚拟合同价、实际支付价、实时结算价,可利用鲁班 PDS 系统演示基于 BIM 技术的"三算对比",实现实时偏差分析与纠正。

(五)竣工移交阶段

竣工阶段的竣工验收、竣工结算以及竣工决算,直接关系到建设单位与施工单位之间的利益关系,同时也关系到建设工程项目工程造价的实际结果。竣工阶段的工程造价管理工作的主要内容是确定建设工程项目最终的实际造价,即竣工结算价格和竣工决算价格,编制竣工决算文件,办理项目的资产移交。它是确定单项工程最终造价、考核施工企业经济效益以及编制竣工决算的依据。

如前文所述,工程竣工移交阶段的问题较多,如资料不全、信息丢失、图纸错误等。工程项目经过漫长的施工过程,涉及大量的变更文件、现场签证等有关工程资料,而办理竣工结算时,这些资料又是不可或缺的。编制工程结算过程中,建设单位委托的造价工程师与施工单位的造价工程师需要核对工程量及综合单价等基础工程数据,相互查找对方工程计算的错误和不合理之处,争取自己利益的最大化。

在传统模式下,基于 2D-CAD 图纸的工程结算工作是相当烦琐的。就工程量核对而言,双方造价工程师需要按照各自工程量计算书逐梁逐板地核对,当遇到出入较大的部分,更需要按照各个轴线、各个计算公式去核查工程量计算过程。如果碰到老一辈预算员,经常是采用手工方法计算工程量,而且计算书的格式也不尽相同,可能导致核查难度更大,资料丢失或缺少亦屡见不鲜。

BIM 技术的引入,彻底改变了工程竣工阶段的被动状况。BIM 的参数化设计特点,使得各个建筑构件不仅具有几何属性,而且还被赋予了物理属性,如空间关系、地理信息、工程量数据、成本信息、建筑元素信息、材料详细清单信息以及项目进度信息等。随着设计、施工等阶段的进展,BIM 数据库也不断完善,设计变更、现场签证等信息不断录入与更新,到竣工移交阶段,其信息量已完全可以表达竣工工程实体。在竣工移交时,BIM 的准确性可保证结算的效率,减少双方的扯皮,加快结算速度,同时也是为双方节约成本的有效手段。

本小节以案例工程标准层的一条框架梁为例,演示 BIM 在工程结算过程中工程量核对时的便捷。如在双方工程师进行工程量核对时发现混凝土的用量有较大的出入,双方造价工程师可在各自所持有的 BIM 中搜索涉及混凝土的相关构件信息,如柱、梁、板、墙等,分别核对相应混凝土用量。如发现梁的混凝土用量相差较大,便可有针对性地按楼层、轴向核对各个梁的工程量,并检查计算公式,方便快捷地完成工程量核对工作,有效地提高工程结算的效率和准确度。

第七节　案例七 BIM 在民用建筑——卡斯特罗谷市萨特（SUTTER）医疗中心项目中的应用

一、项目概况

本案例描述了美国加利福尼亚州卡斯特罗谷市的一项医疗中心项目。本项目的业主是萨特医疗集团。萨特医疗中心项目建成后，将取代原有的伊甸医疗中心。原有的伊甸医疗中心的设施已经非常陈旧，无法满足国家规定的抗震要求。项目团队是按照一体的综合项目交付形式（IPD）组织起来的。本案例研究的主要关注点，是施工过程的早期阶段。具体来说，此时桩基础和基础结构工作已经完成，钢结构的吊装工作完成度是 30%。另外，此时项目的详细设计工作还尚未完成。设计工作的这种安排调度是为了满足 OSHPD（州健康卫生规划和发展署）的阶段性要求。满足这些关键节点是项目业主的一个主要的目标。这种设计与施工的安排可以比较早地获得开工许可证，尽早开始现场建设，从而取得设计和建造之间在时间上的更大重叠。这需要项目团队与州健康卫生规划和发展署的密切合作。本项目的另外一个同等重要的目标，是减小项目投资超出预算的风险。为了降低风险，项目团队采取了一些特殊的规划、协作和采购策略。在以下的案例分析中，我们会逐项进行阐述。项目团队在工程完工后，对项目的经验进行了总结。他们认为，本项目的成功体现在以下几个方面：

（1）成功的目标成本分析。

（2）设计的改进。

（3）快捷有效地通过了 OSHPD 的施工许可审核。

因此，相对于同等规模的、传统的、设计—招标—建造的项目管理方式而言，本项目的开工建设比预期的时间提早了大约六个月。表 9-5 为本案例研究中使用的缩写词的总结说明。图 9-63 为由计算机生成的萨特医疗中心和周边建筑图。表 9-6 为项目关键节点。

本案例研究中使用的缩写词的总结说明　　　　　　　　　　　表 9-5

缩写词	含　义	缩写词	含　义
BIM	建筑信息模型	MEP	电力、取暖、空调、通风等系统
EIR	环境影响报告书	OSHPD	州健康卫生规划和发展署
IPD	综合项目交付形式	ProjectWise	智慧项目管理软件
IFOA	综合合同范本	SMCCV	萨特医疗中心
LRM	最后的关键时间节点		

项目关键节点（1 英尺 = 0.304 8m）　　　　　　　　　　表 9-6

拆除约 20 000 平方英尺的已有医疗办公建筑
拆除一个包括 42 个单元的住宅建筑（松塔住宅楼）
迁移当前伊甸医疗中心的直升机停机坪（约 150 英尺）
建设一个约 230 000 平方英尺的、最先进的、紧急医护式医院建筑，包括约 130 个注册的病床、总共 7 层的单人病房
拆除现有的约 29 000 平方英尺的桂冠·格罗夫康复医院，及其 27 个注册的病床
拆除现有的伊甸医疗中心
重建新的地面停车场、医院区域车流交通和控制装置，以及其他场地建设，例如：园艺、雨水排水、地表水收集利用等

图 9-63　由计算机生成的萨特医疗中心和周边建筑图
（图片由萨特医疗集团和得唯尼建筑设计集团提供）

二、项目介绍和业主目标

（一）项目介绍

卡斯特罗谷市的萨特医疗中心项目建成后,将代替现有的具有 55 年使用历史的伊甸医疗中心建筑。新建的萨特医疗中心能够提供全方位的医疗服务。它具备 173 个床位,是卡斯特罗谷市的非营利性医疗中心,可以满足阿拉米达县及周边社区居民的医疗保健需求。按照美国 1983 年通过的《医院设施抗震安全条例》,以及 1953 年加利福尼亚州参议院法案,该项目属于急救护理设施,需要在 2013 年 1 月 1 日之前完成抗震方面的更新,或对现有的设施进行改造,以满足法规的要求。因此,新医院必须要在该日期之前完成策划、定价、设计、审批、建设、验收,并且开始运行。萨特医疗集团必须找到一个方法,能够让所有这些工作在五年零三个月内完成。与此同时,萨特医疗中心必须在从当地的建设规划局取得准建许可之后,才可以开始工程建设。萨特医疗中心项目的这些在时间上面临的问题,需要通过在合同管理、设计和施工等方面采取有效的方法,才能够顺利地解决。

萨特医疗中心项目计划用地 18.97 英亩(约 76 769m²),新建项目将使用原有的伊甸医疗中心的场地。原有的伊甸医疗中心是有资质的急救护理医院,新医院的建设必须确保原有的医疗服务可继续进行。这就要求无论在建造期间,或是在建设完工之后,医疗服务都不能中断。以下内容按照连续 5 年期间各项活动的先后顺序进行描述。萨特医疗中心项目开始于 2009 年年中,建成于 2013 年年底。

（二）业主目标

在本项目中,萨特医疗集团的项目建设目标见表 9-7。这些目标在本项目合同文件的附件中也进行了说明。这些都是非常雄心勃勃的目标,例如迅速交货、严格控制预算、在设计和施工过程中通力合作、使用 BIM 技术实现精益建造的项目交付方式等。本次案例研究将分析其中有多少目标落到了实处,又有什么问题需要解决。对于所有项目的参与者而言,本项目说明了业主的大力支持的重要性。业主的大力支持真正为项目的成功提供了便利条件。

简介:一个建设项目如果没有成功完成业主的目标,那么它就是不成功的。但是,这些目标经常是没有书面记录的,或者是不会明确说明的,或者是随着时间不断变化的,又或者是随着执行人员的不同而变化的。在本案例中,这些情况却并不存在。业主的目标已在相关文件中明确地说明

目标 1:结构设计:在 2008 年 12 月 31 日之前,必须完成结构设计,项目团队向 OSHPD 提交第一批设计文件

目标 2:项目成本:项目总成本不得超过 3.2 亿美元,其中包括拆除原有医院的成本

目标 3:项目完工日期:在 2013 年 1 月 1 日之前,新建医院应该完成建设,全部开放营业

目标 4:医疗保健项目交付方面的创新:
(1)在医疗保健项目设计方面使用细胞单元的概念;
(2)使用控制中心的概念;
(3)运用电子健康记录系统

目标 5:环境管理与监控达到以下目标之一:
(1)满足 LEED 银级医疗保健认证标准(草案);
(2)满足 LEED 新建建筑 NC V2.2 银级认证标准;
(3)达到 LEED 医疗建筑的普通认证级别(终稿);
(4)达到 LEED 新建建筑 NC V3.0 普通认证级别

目标 6:设计与施工交付转型:本项目应显著改变复杂医疗保健设施的设计和建设的交付模式:
(1)IFOA 合同总预算的比例更高;
(2)新的激励模式(利益与风险共享);
(3)定义项目目标的新方法;
(4)设计过程的新方法;
(5)规划和跟踪工程承诺的新方法;
(6)国家监管机构积极参与工程监管的新方法;
(7)BIM 和虚拟设计和施工的更广泛使用;
(8)使用目标值设计;
(9)复杂的调试与运行和维护交接;
(10)能源建模

三、项目管理技术概述

(一)合同方法:萨特医疗集团的综合合同范本(IFOA)

本项目首次采用了 11 方的综合合同范本(IFOA),这 11 方包括业主、建筑师、总承包商、主要设计顾问、重要的贸易伙伴以及精益建造(VDC)顾问等(表 9-8)。协议的所有成员作为合同的共同签署实体,形成了 IPD 合同团队。在这个综合合同的早期版本中,业主、建筑师和总承包商签订了三方协议,组建了 IPD 的核心团队。本项目的综合合同包含了所有重要的项目参与者,要求整个团队协同工作。项目团队利用 BIM 技术,实施了精益建造方案,并且减少了系统的浪费。作为合同的共同签署实体,如果该项目超出预算,所有成员分担风险;如果项目节约了成本,所有成员共享结余。

在过去五年中,萨特医疗集团一直在试验 IPD 型综合项目团队,并且不断地尝试精益设计和建造的实践,在使用这些技术方面取得了相当大的成功。本项目汲取了之前的经验和教训。以下是综合项目交付™(IPD)的定义:

综合项目交付™(IPD)是一个项目交付系统,旨在协调各方的利益和行为,形成共同目标。无论业务大小,都可以通过以团队为基础的方法进行交付。主要团队成员包括建筑师、关键技术顾问、总承包商和关键分包商。IPD 的实施能够帮助应用和实施精益项目交付系统的原则、组织和做法。IPD 原理可以应用于各种合同方式,IPD 团队成员除了业主、设计者和承包商之外,通常还包括大量其他类型的成员。在最低限度上,IPD 需要业主、建筑师(或工程师)和建设者之间紧密合作,从项目前期设计到项目的最终完成,他们一起负责项目的建设。

IPD 团队 11 方成员列表　　　　　　　　　　　　　　　表 9-8

功　　能	承　担　公　司
业主	萨特医疗 *
总承包商	DPR 公司 *
建筑师	得唯尼集团 *
机电水暖设计	首都工程集团 *
电气设计	工程集团
结构设计	TMAD/泰勒和盖恩斯集团
消防—设计—建造	产斯贝消防公司
机械设计协助和承包商	高级空气处理集团
工艺流程和技术管理	伽发瑞公司
管道设计协助和承包商	J. W. 麦克利那汉公司 *
电气设计协助和承包商	莫罗-梅多斯公司

注:* 核心小组的成员还包括来自伊甸医学中心的代表,总共有 6 方代表。图 9-64 为本项目的团队构成。

图 9-64　项目团队构成

传统的设计—招标—建造项目一般不允许分包商在项目没有中标之前,就从事项目的详细设计。综合项目交付的组织形式如表 9-9 所示,允许总承包商和分包商运用它们的有关成本和施工方面的知识参与设计。这种一体化合作方式,具体是按照以下方式操作的:在位于项目现场的大型办公区举办每日例会和每周例会。这个被称为"大房间"的地方配备了会议室、白板、计算机和投影仪。设计团队成员和分包商的绘图人员与 IPD 团队成员一起,使用这个"大房间"进行工作。他们建立了信任关系,能够及早地发现并快速解决各种问题。这个协作过程在下面的内容中将有更加详细的描述。

业主的主要目的是减少整个项目周期的时间,使得新医院能够实现在 2013 年 1 月投入运营的目标。为了实现这一目标,该项目需要较通常更快地取得建筑许可证。此外,基础设计和钢结构设计需要满足所有电力、取暖、空调、通风(MEP)等系统的要求。业主最先发起了项目程序的集中规划工作。在使用 BIM 技术时,需要各团队成员使用 3D 格式进行设计

（表 9-10 列出了在本项目中所有用于建模的软件系统）。业主聘请了伽发瑞（Ghafari）公司对规划、工作流程和工程设计技术进行管理，并且维护各种模型和相关文档。伽发瑞公司专门设立了协同服务器，并运行宾利建模公司（Bentley）的智慧项目管理软件（ProjectWise）。项目的 IPD 合同团队的各成员都有自己的信息技术人员。在各自公司的本地局域网（LAN）环境中，信息技术人员帮助实施、配置并部署了智慧项目™管理系统，使得整个项目系统流畅地运行起来。整个系统所提供的分布式、实时型网络管理，能够让每个人都随时随地访问项目信息。这确保了所有项目的参与者都能够得到工作的最新信息，减少了错误和返工的可能性。而这种信息不一致导致的错误和返工，经常是由于项目文件陈旧或不一致而引起的。整个项目团队把所有的模型，包括 IPD 合同团队的所有成员的 3D 模型，以及其他设计顾问和分包商提交的模型都进行了整合。他们每周使用 Autodesk Navisworks 对整合的模型进行协作审查。审查时，团队有时使用"大房间"进行开会审查，有时使用在线协作技术，即 GoToMeeting™或网迅™技术进行网络会议协商。团队成员使用各种软件工具来设计他们所负责的医院项目的不同部分。具体使用的软件如表 9-10 所示。在设计过程开始时，项目团队一共只有 4、5 个多用途的 3D 模型。随着项目设计和施工的进行，到最后项目团队拥有超过 12 个 Revit 模型，超过 300 个基于 AutoCAD-3D 的三维模型，以及相关的成千上万个文档，包括许可证、建设记录和施工图等。项目团队的 3D 模型和文档文件总计超过了 40 千兆字节。本项目的工作网络有 8 台服务器，所有的项目文件都托管在这 8 台服务器上。这些服务器连接着所有的项目团队成员。本项目的信息管理实现了在团队成员之间共享的最终目标。任何团队成员从任何地方都可以实时地连接到智慧项目™的服务器网络上，并能够查找有关项目的任何方面的信息。

萨特医疗项目确立的精益设计和工程建造方法	表 9-9
精益工程交付方法	具体措施
通过更好的合作来提高可建造性，减少施工现场的错误，节省时间和成本，同时提高解决疑难问题的速度	在项目的早期，将分包商请进设计团队，在所有的关键设计、细节设计以及材料制作方面使用 BIM 技术
以利益共享的方式，使得项目团队的目标和业主的目标达成一致，从而从整体上优化项目，而不是团队成员之间各自为政。更好的合作能够减少成本，团队按照一定的目标成本来进行设计。在设计过程中，团队持续监测项目成本的变动，从而保证设计的成果无论是在建设工作开始之前，还是在建设工作中，都不超出目标成本	采用以目标价值为导向的设计方式
加强项目团队成员之间的联系，建立彼此之间的信任	连续审阅设计工作的日程计划，从而保证建设单位的送审材料能够按时提交。项目团队使用双周式工作计划安排，同时每天进行更新，在各项工作和关键节点之间建立关联，并且随时审查这种关联。根据关键节点日期的要求，详细审查每一个任务。对于具有里程碑意义的任务内容，一定要确保完成。用计算机软件来安排工期，给项目团队提供可视化工期报告，使工作任务和关联有高度的能见度和透明度，从而帮助团队合作
众多团队成员使用的 3D 模型经过集成之后，形成一个精确的、更好协作的、完整的项目模型，从而可以减少工程变更，加快工程进度，降低成本	在工程开始之前建立 3D 虚拟模型

表 9-10

萨特医疗中心项目具体使用的软件

公 司	项目中的作用	范 围	建 模 软 件	主 要 作 用	转 出 模 式	转 入 软 件
SAHCO	辅助设计, 机械分包商	暖通、空调和气动管模型	AutoCAD 和 CAD 管道设计	为暖通空调气动管建立材料制作阶段的模型	Autodesk Navisworks 管理系统	AutoCAD CAD 管道设计
J. W. 麦克利那汉公司	辅助设计, 水暖承包商	水暖模型	AutoCAD 和 CAD MEP	为水暖系统建立材料制作阶段的模型	Autodesk Navisworks 管理系统	AutoCAD CAD 管道设计
产斯贝消防公司	设计—建造, 消防分包商	消防模型	AutoSPRINK	为消防系统建立材料制作阶段的模型	Autodesk Navisworks 管理系统	AutoCAD
莫罗—梅多斯公司	辅助设计, 电力分包商	电气模型	AutoCAD 和 CAD MEP	为电气和电缆桥架系统建立材料制作阶段的模型	Autodesk Navisworks 管理系统	AutoCAD
首都工程集团	机械、水暖, 工程师	设计机械和水暖模型	AutoCAD 和 CAD 管道设计	设计机械和水暖系统模型	Autodesk Navisworks 管理系统	AutoCAD
工程集团	电力工程师	电力设计模型	AutoCAD	设计电气模型	Autodesk Navisworks 管理系统	AutoCAD
DPR 建筑公司	总承包商	石膏板建模和钢铁材料建模; 计算材料数量和成本估算	Revit、AutoCAD 的建筑专项、Timberline 预算软件, Innovaya 可视化预算软件, StrucSoft 金属木材建模软件和欧特克设计审查软件	石膏板建模和钢铁材料建模; 根据模型进行欧特克设计计算和成本估算	Autodesk Navisworks 管理系统, 金属木材建模软件, 欧特克设计审查软件和 Innovaya 可视化预算软件	AutoCAD 和 Revit
TTG	结构工程师	结构设计模型	Revit	分析设计结构模型	Autodesk Navisworks 管理系统	ETABS
ISAT	抗震承包商	抗震	AutoCAD	分析抗震模型	Autodesk Navisworks 管理系统	AutoCAD

续上表

公 司	项目中的作用	范 围	建 模 软 件	主 要 作 用	转 出 模 式	转 入 软 件
斯帕灵公司			AutoCAD	低压电工程	Autodesk Navisworks 管理系统	
ISEC	柜橱分包商	柜橱	Revit	设计柜橱模型	Autodesk Navisworks 管理系统	AutoCAD
得唯尼集团	建筑师	建筑模型	Revit	设计建筑模型	Autodesk Navisworks 管理系统、金属木材建模软件和 Innovaya 可视化预算软件	AutoCAD
多个成员公司		协调各种模型冲突、检测对比、设计变更	欧特克设计审查软件和 Autodesk Navisworks 管理系统	冲突检测和协调	Autodesk Navisworks 管理系统	各个公司使用的所有建模应用软件
哈瑞斯·萨林那斯·克里格·卢斯事务所	螺纹钢承包商和螺纹钢详图设计	钢筋模型	Tekla 结构软件(14 版)	可以进行材料制作的钢筋模型	Autodesk Navisworks 管理系统	Revit
赫里克钢铁公司	结构钢分包商	结构钢制造模型	Tekla 结构软件	可以进行材料制作的钢结构模型	Autodesk Navisworks 管理系统	Revit
战略项目解决方案	软件供应商计划和供应链	规划系统、材料管理系统	战略项目解决方案生产管理器(不是模型创建系统)	最终规划系统以及作为系统管理流程映射过程	不与任何其他系统链接	不与任何其他系统链接
伽发瑞公司	过程顾问	BIM 协调与流程映射、顾问	宾利项目——智能协作系统(不是模型创建系统)	在分布式联合建筑中的合作模式系统		各个公司使用的所有建模应用软件

　　无论项目参与者们之前的背景如何,在此项目中使用的集中合作方法和精益技术,都是他们需要不断学习的内容。下面内容中,将更加详细地进行设计过程的经验总结。使用项目的虚拟模型(图 9-65),既要求并且促进了项目团队成员之间的密切合作,也达到了预期的效果。其中预期的效果分别为:

图 9-65　项目的虚拟模型

　　对于业主而言:虚拟模型能够帮助他们更好地理解建成后的设施将如何为患者、医生和护士服务。团队成员的整体风险得到了降低,并且相应地减少了项目所需的应急准备金,减少了设计或建设中的错误和变更,从而有可能减少项目的建设时间和成本。

　　对于设计师而言:虚拟模型能够帮助他们更好地理解设计决策的影响,特别是帮助他们理解项目施工性的高低和成本的高低,并且大大降低了施工现场的技术冲突。

　　对于承包商和分包商而言:虚拟模型能够帮助他们更好地理解怎么对项目进行更好的构建,以及对阶段进行更好的划分;清楚如何安装材料或者进行异地预制组件的安装;使用模型对大多数材料用量进行目标价值分析等。

(二)利益与风险共享计划

　　为了控制设计和建造过程的目标成本,项目组任何成员所节约的成本由项目团队(包括业主)的所有成员共享。这一点,在本项目的合同条款中有特殊说明。本合同协议对促进团队成员之间的合作起到了重要作用。因此下面将对本合同进行详细描述。以下内容是业主对项目开发的奖励分配计划。

1.计划概要

　　本计划从本质上来说是非常简单的。从业主的资金投入量中减去项目的成本,就是所有项目 IPD 合同团队成员的共享收益。如果本项目的最终收益比参与者期望的各自利润的总值更多,那就共享收益;如果本项目的最终收益低于他们的各自利润的总期望值,那就共享风险。最严重的风险是项目的共享收益降为零。也就是说,如果项目成本比现有的资金量大,这种成本和预算的差值仅由业主支付。换一种方式来说,除了业主之外,其他所有 IPD 合同团队成员的风险被限制为获得各自的预期利润。另一方面,如果实际的项目成本低于目标值,共享收益将被所有 IPD 成员(包括业主)共同分配。分配时,有一个特定的比例,所有非业主的 IPD 成员的共享收益(A)占总共享收益(T)的比例不超过75%。并且 A 不超出一个特定的封顶数额,其余部分归业主所有。共享收益 A 的分步付款是在项目的重要工期控制节点进行的。每个成员公司所收到的数额是基于该公司在总合同范本中预算的百分比计算的,也就是该公司在总协议中签字负责的部分的预算所占的百分比。其他复杂的合同规定,超出了本案例研究的范围,在此不做讨论。

2. 计划的基本原则

计划的基本原则是从业主的利益出发,最大程度创造价值,同时最大限度地减少浪费。这个基本原则体现在以下几个方面:

(1)在整个设计和施工期间,增加了设计和施工团队成员之间的关联性。在解决每个问题时,先采取咨询的方式。第一个问题是:我能够请求谁的帮助来解决这个问题? 然后专注于共同探讨问题,而不是直接提出解决方案。如果团队成员彼此陌生,他们将无法密切协作,也无法实现更高的工作水平。正是因为这个原因,增加设计和施工成员之间的关联性是十分必要的。

(2)形成对项目的共同理解。团队成员要认识到,项目管理必须通过工作的协调来进行。要在申请和承诺的基础上完成工作的调度。项目管理和规划的目标,是阐明并激活彼此之间的承诺。

(3)不断探索项目层面的价值最大化,而不局限在个人或是企业层面。每一个成员都要问自己这样一个问题:我应该怎么做才可以协调统一个人或团队成员与项目整体之间的目标? 所有团队成员应该从项目的角度去考虑收益或损失,而不仅仅是从个人或企业的角度出发。另外,团队对于如何取得更好的解决方案,应该保持一个开放的心态。

(4)朝着既定目标,持续改进。项目团队应随着项目的进行而不断学习,这样才会从项目中学到方法并获得经验。

四、设计(初步设计和详细设计)

本项目是第一个遵循 OSHPD(州健康卫生规划和发展署)所规定的分阶段计划审查过程的建设项目。在对多年的建筑行业与 OSHPD 协作的经验总结的基础上,这种审查过程得以形成。1953 年,加利福尼亚州提出了地震安全立法,1994 年,加利福尼亚州的北岭地区发生了地震,随后地震安全立法获得了通过。审查的目的,是通过各方面的共同努力,使得项目的设计和施工符合这项法律的规定。这项立法对加利福尼亚州的所有急救设施规定了两个有关设计和施工的最后期限。这两个期限是非常重要的。第一个期限是,到 2012 年年底,所有的急救机构必须在满足加利福尼亚州的抗震标准要求后,才能全面运行。第二个期限是,到 2008 年年底,如果急救机构不符合地震安全立法的要求,但是已经向 OSHPD 提交了它们的结构和基础的设计改进方案,那么在进行审查时,它们有资格再提交申请,将最后期限延长 2 年。萨特医疗集团从总体战略的角度出发,决定满足这两个最后期限。

根据这项法律的规定,大多数医疗产业的业主都需要对各自的项目进行大规模的设计和建设工作。这对于那些业主和他们的供应链来说是一个巨大的挑战,也造成了资金的紧张。例如,萨特医疗集团自 2006 年起,在随后的 7 年里预计将有 6 亿美元的资本投资计划。在卡斯特罗谷项目上,由 11 个公司共同组成的 IFOA 合同团队,在项目的验证阶段结束后就要面临这些挑战。合同团队向萨特医疗集团保证,他们完成的设计和建设将符合目标预算和目标工期。

在原先的工期计划里,概念设计阶段是四个半月,接着是 8 个月的详细设计阶段,这样一来,本项目的设计阶段将在 2008 年年底完成。随后,从 2009 年年初开始,将是为期 8 个月的建筑文件细化阶段。该阶段与 OSHPD 的计划审查过程平行。因此,当设计阶段于 2007 年 9 月底开始时,整个团队承受着巨大的压力。他们需要尽快开始制作设计文档,以满足上述交付期限。而根据以往的经验,从来没有如此规模的项目在不到 24 个月内完成设计。与此同时,萨特医疗集团的一名项目经理、DPR 建筑公司的一名精益建造协调员、伽发瑞公司的两名技术人员共同组成了一个小组,开始讨论如何最好地进行规划和精简设计过程。小组对各种方法进行了探讨,最终一致认为:精简设计过程能够成功的关键在于对于设计过程、其内部相关性和各种约束的深刻理解。他们决定采取流程映射的方法,这是一种跨学科协作的工作流程映射方法,流程映射的方法以图形图像等方式更直观、更详细地阐述计划内容,特别是如何设计和建设项目,以满足应有的时间进度。这种流程映射的方法能够帮助团队集中于当前的生产需要,并消除不必要的设计工作。

这个流程映射方法于 2007 年 11 月开始应用。在整个设计和施工过程中,基本上每两周进行一次有关流程映射方法的例会。该进程的启动标志就是所有公司的关键人员参加会议,并进行各种工作流程的讨论,随后他们把关键点记录到便利贴上,并贴在白板上,然后将便利贴连成的关系图输入到微软的 Visio 图表中去。这些图表都有专门的格式。在下次会议开始前,他们会把这个图表打印出来,贴在墙上,这样在随后的例会中,他们会进一步审查工作流程,同时改变和提升该流程。通过采取这样的措施,项目团队可以立即发现需要更加深入了解的内容,特别是重要的内容部分,以避免在设计过程中返工的风险。在采用流程映射方法的过程中,项目团队总结了他们的经验。以下是他们总结出的一些值得注意的方面:

(1)是否缺乏明确的整体项目的目标。

(2)谁是利益相关者?

(3)每个利益相关者的相对重要性是什么?

(4)项目最重要的目标是什么?

(5)各项目目标的相对重要性有多大?

原有医院的临床科室在工程建设期间还会继续接诊病人。项目团队着手设计之后,项目的程序就会发生改变,这在很大程度上将造成返工的风险。

项目团队在设计的开始阶段,对在每个"传统意义"上的关键节点处应该交付的工作内容还不清楚。例如,每个分包商与他们的协作伙伴就应该交付审查的内容进行了讨论,特别是针对他们在每个关键审查节点(标准设计、详细设计和工程文档提交等)需要交付的内容进行了讨论。很明显,他们彼此之间的理解是存在显著差异的,大家还没有形成一致意见,缺乏对环境影响报告书和设计流程之间的依赖关系的深刻理解。

在此时,本项目的业主还没有取得建设新医院的开工许可授权,还需要通过公共环境影响报告的审批程序。这个审批程序通常是与设计过程同时进行的。在一开始的时候,业主还不清楚这个审批过程需要多长时间,而且业主对于环境影响的审批过程、正在进行中的精确设计以及州健康卫生规划和发展署的地震安全审批的关键截止日期等之间的相互关系还不是很理解。流程映射小组针对本项目在审批中各种可能出现的风险进行了推测。例如,项目团队向州健康卫生规划和发展署交付了详细的设计文档并申请进行地震安全审批,然后在州健康卫生规划和发展署的审查期间,根据详细的设计文档开始进行建设。如果这种方式是可行的话,项目团队可以对他们之前提交的设计文档做出协调修改,随后提交最终的项目文件。这样一来,在收到州健康卫生规划和发展署的复议意见时,这些意见可能已经在修改过的协调设计文件中解决了。还有一点就是,在州健康卫生规划和发展署进行第一轮地震安全审批时,会审查基础和钢结构设计,但是对于建筑方面以及电力、取暖、空调、通风等系统的要求,审批方并没有很明确的说明。

　　另外一个值得注意的问题是如何在设计时满足全部需求,又不超过目标预算。本项目的施工团队一直以来的预期是在计划的关键时间节点向设计团队提交预算,让设计团队对预算进行评审。预算工作一般是在设计完成后进行,但是这种方法要花费很长时间。而且,有时候因为时间的关系,成本估算刚刚完成,设计又产生了变动,造成之前的估算失效。需要确定设计规划的战略,从而能够在 2008 年底,全面完成基础和结构设计。设计团队规定,如果最终设计造成了使用空间的缺乏,那么这样的设计工作最开始就不应该完成。因为这样会无法满足临床门诊工作流程的使用要求(在医疗行业称为临床计划),因此会造成设计工作的部分或全部返工的风险。设计工作必须按照相关的规定。尽管这个规定在逻辑上看似相当无情,但是这种强硬的规定会减少之后的设计风险。设计团队的这项规定,推动了业主对于设计工作的认可。这个认可是相当不寻常的,具体体现在以下方面。首先,设计团队向业主提供临床门诊工作流程的草案。其次,业主承诺按照规定日期确定临床门诊工作流程的终稿,此后业主将不再请求更改该程序。业主非常愿意做出这样的承诺,因为这项规定是经过广泛的规划和思考之后大家达成的共识。大家意识到,如果不这样做,将使双方的预算和计划的风险大幅度提高。为了避免或减少上述风险,项目团队采取了以下几个方面的措施:

（一）在全面设计方案中使用 BIM 技术

　　工程团队从一开始就订立了协议,在协议中阐明了在本项目中,将最大限度地利用 3D 技术这一共识。这样做的目的,是在所有方面尽可能地使用 3D 模型,从而尽早发现并消除任何潜在的风险,尤其是在从设计到施工的衔接过程中。这个衔接过程往往是问题多发阶段。随后,将使用 3D 技术这一个目标,逐渐演变为利用 3D 技术来进行数字化管理。从设计到细节、材料制造等环节,全方位地简化信息交换的过程。例如,使用相同的 3D 模型来获取信息,可以简化模型转换的步骤。此外,从模型上获取信息,能在相应的范围内加快概预算的过程,特别是材料用量计算和预算的过程。这样一来,团队可以更快地得到设计方面和目标成本方面的反馈。工程团队认真审议了各种备选软件,针对这些软件系统的功能进行了比较(图 9-66)。在 2008 年 4 月,工程团队选定了 Revit 作为建筑和结构方面的系统平台,选定了 AutoCAD 作为包括机械、电气、水暖、消防保护和低压电系统等方面的基础平台。

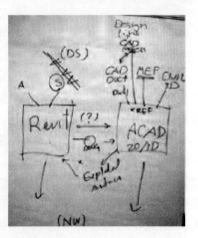

图 9-66　在设计过程的早期阶段,对 BIM 技术的评估

　　除了选定 BIM 平台之外,工程团队还需要一个强大的系统能够支持团队成员随时随地对项目文件进行访问。综合以上种种考虑,最后工程团队选择和部署了智慧软件来

进行所有文档的管理,并实现实时的文件共享。为了保证设计工作能够按时完成,工程团队绘制了设计过程的程序图,在设计工作一开始就为自己确定了最后的目标截止日期,开始了多学科的三维模型建模,以及基于三维模型的协调工作。建筑和结构类的建模工作开始得比较早。团队在 2008 年 6 月之前就开始了 3D 模型的开发。但是大多数的建模工作,包括机械、电气、水暖、消防保护和低压电系统等方面的建模工作,并不需要太早开始。这些 3D 建模工作可以等到 2008 年的下半年再开始进行。所有这些建模工作的重点,是必须满足在 2008 年年底向州健康卫生规划和发展署提交地震安全审批的所有文件的要求。对于建模和制作工程图来说,主要工作重心是 3D 模型的建立和调整,而尽可能地推迟 2D 图纸的出图时间。例如,图 9-67 显示了最终由团队提交的结构模型。州健康卫生规划和发展署所要求的第一批审批文件中,就包括这个模型,而这个模型是在提交文件的截止日期之前才完成的。图 9-68 展示了配套的 3D 模型,包括机械、电气、管道和防火保护等模型以及与其相关的设计工作。设计准备工作阶段必须收集大量的必要信息,以减少后期的变化。这一努力完全体现在随后的 3D 模型建模过程中。在提交第一批审批文件时,并不需要生成 2D 文档。

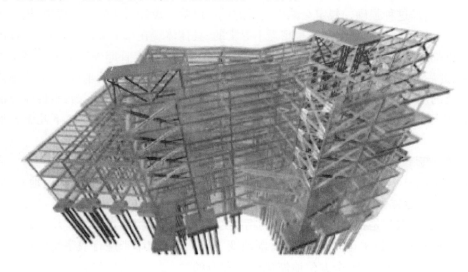

图 9-67　最终的机构模型

(二)支持团队协作的决定

到 2008 年 4 月,工程团队开始探讨如何构建自己的团队。团队构建的目的是进行工程操作,以支持项目管理的流程。团队构建时,最紧迫的问题是确定协作策略,找到合适的工作地点,并决定团队成员相互之间在协作时如何对接。

通常来说,把整个设计团队都集中在一个地方工作(例如集中在一个大房间里工作)是不现实的。造成这种情况的原因有很多种。首先,如果要容纳整个 IPD 团队共同工作的话,就需要一个足够大的空间。仅仅这笔费用就太高了。此外,如果把所有公司的设计人员都集中在一起工作的话,会把每个公司的生产人员分裂为两部分,分别为在大房间工作的核心人员和远程办公人员。两个办公区域之间就需要进行不断的资源转移,这也会增加附加费用。最终,工程团队决定每两周在大房间里进行一次面对面的会议,每两到三天根据团队的需要进行虚拟会议。双周会议的形式大致如下:

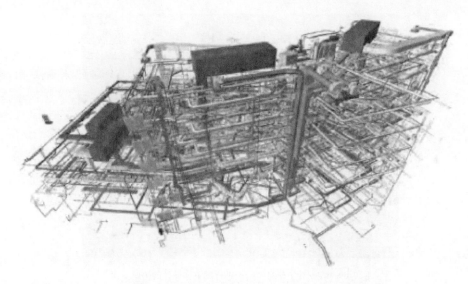

图 9-68　配套的 3D 模型(包括机械、电气、管道和防火保护等模型)

(1)每次会议中,大约 4~8 小时的时间用来进行项目整体规划,并着眼于流程控制以及关键的项目时间节点的问题,力图使这些关键节点全部得以实现。

(2)大约 2~4 小时的时间用来进行多部门协同的设计审查。在设计审查时,主要使用三维模型作为审查工具。值得注意的是,这里的设计审查不是冲突检测,而是更大规模地、自上而下地审查设计中的问题,以及这些问题对于不同专项部门的影响。

(3)在会议一开始,专门用一部分时间检查大家彼此之间承诺要完成的内容、完成的情况、已完成的部分和未完成的部分。

(4)在会议最后,专门用一部分时间来让大家明确目标任务,特别是需要在下一个规划周期之前完成的任务。

这种审查会议每两周进行一次,大家根据 3D 设计模型进行审查。在审查会议上,工程团队会列出所有有关设计方面、可施工性方面、工期安排和工作流程效率方面的问题和解决方案。随着各种设计模型的整合和集体审查的进行,新的问题不断出现。大家群策群力,共同解决这些问题。这种基于模型的设计评审过程,使得整个团队能够在一个地方集中所有设计部门的成员,轻松快速地访问各种信息,而不必依赖许多分步图纸、各个不同方面的标准和细节等这些支离破碎的信息。此外,跨部门的团队在大会议室里工作,能够共同发现问题并且解决问题。这种方法的效率远远超过采用传统的图纸审查的工作效率。在两次双周会议之间,工程团队不需要在大会议室共同工作。这时候,他们就充分使用在线协作工具,比如 GoToMeeting™和网迅™等在虚拟空间继续他们的设计讨论。在讨论时,往往使用各种模型作为辅助工具。例如,项目团队利用阶段性三维模型,组织多方成员进行关于设计的多方讨论。在设计的早期阶段,尽管信息还不完整,但是通过基于模型的设计审查过程,项目团队能够确定和避免成百上千的设计问题。这样一来,项目团队就不用等到多个设计部门把所有设计全部综合起来之后,才开始全面审查。图 9-69 显示了多个设计团队对电梯的设计进行审查的过程。

图 9-69　在设计工作早期阶段进行的电梯设计的协调工作

（三）详细设计工作以及电梯的协调

由于电梯设备的变更经常造成结构设计的变化，所以项目团队认定电梯设计是一个主要的风险项目。针对电梯设备设计的特点，项目团队制订了这样一个战略方案以降低风险。他们在设计的早期就选择确定了电梯的分包商，并且将电梯分包商加入到设计团队中，让电梯分包商负责提供有关电梯设备的生产意见。只要电梯分包商能够保证设备的生产，设计团队就可以得到有关电梯设备的可靠、准确和详细的信息。在 2008 年 6 月左右，电梯的这些信息就确定了下来。随后，团队根据二维图纸创建了电梯的三维模型。然后，团队将电梯的三维模型和正在进行的建筑和结构设计模型进行比较。这样一来，就可以立即发现电梯设备的实际尺寸与建筑和结构设计给设备的预留空间之间的差异。在对设备预留空间进行了必要的修改之后，团队发现这些修改影响了毗邻的主体建筑柱、剪切墙以及撑架。这些毗邻的建筑结构部分都分别需要向不同方向移动约 1 英尺（1 英尺 = 0.304 8m）。这项修改反过来又影响了走廊宽度，最终导致建筑物的楼板和外部的边缘向外扩大了三英尺，而建筑和结构设计团队能够迅速地将这些变化添加进他们正在进行的前期设计中去。设计团队必须保证向 OSHPD 按时提交审查资料。设计协调工作的顺利展开，使得设计团队对于完成建筑和结构设计，以及施工文件的按时送审更有信心。

（四）设计工作以及楼梯的协调

由于建筑物施工公差的要求非常严格，在规划阶段，设计团队特别确定了楼梯设计作为另一个主要的风险项目。团队在设计的早期就选择了楼梯的制造商。楼梯制造商向团队提交二维施工图，由钢结构制造商利用二维施工图的信息建立三维模型，这样就可以对正在进行的设计模型立即进行审查，确定设计冲突。例如，楼梯顶部踏板和前庭的建筑清空范围，与正在进行的、楼梯周围的钢结构剪力墙和对角线围绕支撑之间有明确的限定关系。如果使用传统的设计方式，这些问题在通常情况下，人们都很难察觉，甚至直到很久以后或建成之后才能发现这种错误，这就往往会造成返工。图 9-70 显示了在使用模型进行楼梯设计审查时，发现了存在冲突的部位，在对墙体进行移动之后，这个问题得到了解决。

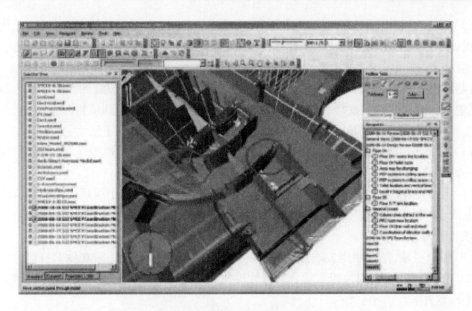

图 9-70　使用模型进行楼梯设计审查

在设计变得更加详细之后,各种设计和施工性的审查和讨论也变得更加密集。这些讨论都是使用三维模型作为讨论的主体。这些审查和讨论也不再专门利用双周会议的时间,而是根据需要随时进行讨论。采暖、通风、电力、管道、消防等的冲突检测,往往在其他的例会时间进行。此外,一些团队成员专门将他们的设计和细节设计工作人员带入大会议室,以增加面对面的互动机会,以便加快问题的解决。在双周会议上,工作流程规划继续作为固定讨论内容。每个团队成员每天用半个小时的时间,对于正在进行的工作进行自查。这种每天的自查过程是缓慢的,有时甚至是痛苦的。它随着时间的推移而不断演变,每次演变都是为了解决团队当时面临的问题。每天自查的重点是每个设计的当前状态,主要是为了检查设计工作的进展。自查是保证设计工作能够正确而快速进行的关键。这个自查演变过程与项目团队的利益与风险共享计划一起,在最大程度上帮助团队实现了设计过程效率和成本效益的最优。

五、项目团队的技术支持

如上所述,设计团队从项目一开始就使用 3D 建模作为风险管理的措施。设计团队的一些成员,例如 DPR 建设公司和伽发瑞公司,已经使用 3D 建模完成过同等规模的项目。但还有许多团队成员,虽然以前曾参与过一些 3D 建模工作,却并没有完成过如此大的一个项目,或者并没有利用模型对如此多的功能进行过协调。团队面临的第一个挑战,是选择要使用的软件工具。整个团队是否应该使用一个统一的软件平台? 这个平台是否能够满足所有团队成员的需要? 又或者,他们都应该选择自己的工具,然后利用 Navisworks 软件将这些工具集成到一起? 经过很多协商讨论后,团队在战略决策方面达成了共识。即在从设计到制造的全过程中,大家都尽可能在最大限度上利用三维数据模型。因此,团队做出了如下选择:

(1)建筑和结构小组使用同样的软件平台,因为他们需要彼此密切合作。

(2)所有通道设计的小组,包括机械、电气、水暖、电气和防火保护等系统使用统一的平台。在设计时他们需要相互之间的紧密合作,在随后的具体协调和冲突检查时也需要合作。

（3）只要有可能，设计和细节设计的小组将按照以下标准选择软件工具：软件系统应该允许设计信息不用经过转换或重新建模，就可以直接从设计模型导入到详细模型，然后自动传送到材料制作设备上去。

（4）在整个项目的工作流程中，团队不断地选择和集成其他分包商到队伍中来。与此同时，其他分包商所使用的设计系统和细节设计系统也可以随时添加到项目总系统中。

文件可互操作性的问题也得到了解决，解决方式的具体细节如下所示：

（1）每个部门的团队成员在任何时候，都必须能够获得最新的模型信息。同时，模型信息的格式要能够兼容各个团队成员自己公司的建模软件。

（2）每个星期，建筑设计小组发布建筑设计的模型。建筑设计小组还需在他们自己的模型上截取 2D 和 3D 视图，专门为智慧项目管理软件使用。这些视图以 AutoCAD 的格式转入智慧项目管理软件。

（3）每个星期，结构小组发布结构设计的模型。结构设计小组还需在他们自己的模型上截取 2D 和 3D 视图，专门为智慧项目管理软件使用。这些视图以 AutoCAD 的格式转入智慧项目管理软件。

（4）所有的机械、电气、管道、防火保护以及其他 AutoCAD 格式的 3D 模型将放在智慧项目管理软件系统的服务器上进行实时托管。这些文件可以实时调用至任何其他文件。但是在使用时，系统必须签出这些文件；当使用结束后，它们必须被返回到系统中。

（5）任何一个团队成员，在做出软件版本升级的决定时，必须由整个团队来批准，然后该成员才能升级他的软件工具。

（6）所有软件工具中，如果具有对象启用的功能，那么这个功能就由所有团队成员共享。对象启用的功能允许用户读取数据，但不能更改数据。例如，Navisworks 作为 BIM 系统，它把模型的所有信息都与对象物体相关联，但是它没有可以用于创建对象模型的程序。又如，一个 CAD 格式的管道设计文件，它的对象启用功能将帮助用户理解那些在程序中（如 Navisworks 系统中）与管道相关联的信息，但这些用户的计算机终端上可以不具备"CAD 管道设计"这样的软件。

（7）添加新的团队成员时，如果他们使用不同的 3D 制作工具，团队对于他们提交的模型有特别的要求。模型文件的格式必须能够被两种主要的 CAD（或 BIM 平台）关联或引入。相应地，IFOA 团队将把他们的信息转换成 3D 格式，并提供给这些新成员，让这些新成员的系统可以读取这些信息。

（8）基于模型的设计审查会议使用 Navisworks 系统。这个系统用来收集所有设计信息的最新版本。无论设计文件是二维还是三维的形式，这个系统都可以进行跨部门的审查。项目团队每周都发布整个建筑的复合模型。任何团队成员都可以通过 Navisworks 系统对模型进行访问并审查。这种访问和审查不受时间限制，团队成员也不需要安装任何制作软件。

与此同时，设计团队还研究了如何利用正在进行中的三维设计模型的信息，实现各种其他目的，例如进行基于模型的材料用量计算和成本估算、平衡生产调度、自动检查是否符合设计标准、能源消耗模拟以及 4D 工期模拟等。有些探索是成功的，例如成本估算。也有一些是不切实际的，或者无法大规模地应用，例如自动检查是否符合设计标准，这一项应用对于本项目来说还为时过早。还有一些应用值得继续探索，例如平衡生产调度和 4D 工期模拟。图 9-71 显示了使用 BIM 创建各种审批文件、进行材料用量计算和成本分析、实现材料生产自动化、现场放线以及完成工程进度报告等的全过程。

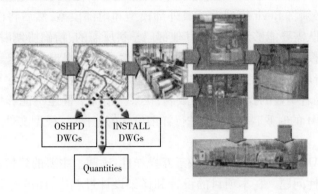

图 9-71　BIM 管理全过程

六、存在的问题及对策

（1）MEP 设计师和分包商之间的合作：机械和管道系统的单线示意图无法轻易地集成到"CAD 风道设计"软件中去。设计师们切换到"CAD 风道设计产品线"软件，有时需要通过分包商提供的材料库来创建设计。同时，他们还需注意使用标准材料进行设计，如果设计中使用了非标准的风道连接方式，系统就会发出警示，提醒设计人员尽可能地重新设计并使用标准连接，从而节省成本。

（2）石膏板的细节模型与设计变更保持一致：本项目中，设计团队使用手动记录的方式来跟踪 Revit 模型上的修改。在项目上，团队选定的用来生成石膏板的金属支撑框架模型的软件，叫作金属木材框架结构软件（Strucsoft）。这个软件不会自动跟踪并反映 Revit 模型上的修改，可以说是与 Revit 模型脱节的。因此，如 Revit 模型需要经常修改的话，就会造成框架模型需频繁更新。在本项目的设计建设阶段，还没有比较好的金属框架模型工具，也无法与 Revit 产生的模型变更进行无缝集成。在这种情况下，DPR 集团公司指定了专人负责手动跟踪不断变化的 Revit 模型设计。

（3）结构分析和设计程序之间的转换：ETABS 公司的设计分析和 Revit 模型之间的数据传输也是手动进行的。其中，仅有 Revit 模型上的结构柱控制线是可以自动传输的。这种情况就需要团队针对相应的变化，手动更新 Revit 模型。

（4）模型不仅可以用来设计，而且可以用来进行成本预算：建模的目标绝不仅仅是使用模型进行设计。本项目的一个成功的尝试，是使用模型进行成本预算。当成本预算过程启动时，DPR 公司和 DGL 公司意识到团队使用的建模程序是 Revit，它具有综合成本预算所需的信息和参数。这对于 DPR 来说尤为重要，并因此启用了自动预算过程。DGL 公司和 DPR 公司合作，首先由 DPR 公司生成共享参数的文本文件，随后将这些文件添加并链接到 Revit 建筑程序中，这样可以帮助下游的公司进行材料用量计算和成本估算。

（5）Revit 和 Tekla 的模型之间缺乏互操作性：Revit 的模型不能直接导入到 Tekla 的系统中去。Revit 的模型可以转换成 IFC 文件后导出，随后再导入 Tekla 系统。但是只有形状信息可以导入，尺寸数据却丢失了。为了解决这个问题，团队创建了参考模型，但这就需要进行更多的手动操作。

（6）模型文件大小的问题：随着设计工作的深入展开，建筑模型的文件变得越来越大。一开始，设计团队必须将 Revit 模型拆分成外部模型和内部模型，然后将内部模型又拆分成其他三个模型。团队需要能够继续添加其他部门学科所需的、精确协调时要使用的细节，因此不得不认真思考模型创建和维护的策略，但这仍然是一个困难的问题。在对详细设计进行协调时，人们对于软件性能的要求远远超过了它的能力。设计团队还考虑了其他软件工具，但是它们都面临着明显的操作性能的限制，在某些情况下甚至不能够打开模型文件。在大型项目中使用 BIM 的时候，特别是在进行详细设计的建模时，模型文件大小的问题仍然是一个突出的问题。

（7）Revit 和 CAD-MEP 的模型之间缺乏互操作性：这两个主要的建模系统平台之间也存在着显著的互操作性问题。在本项目的设计和详细设计过程中，团队充分地利用了当时所有先进的模型创建平台，甚至将这些当时最新的软硬件系统开发到了极限。上述互操作性的问题在团队的共同努力下得到了控制，并没有阻碍团队的工作。团队成员针对互操作性的问题，想出了各种各样的解决方法。例如，他们从 Revit 模型中导出了天花板的布置图，因为天花板的布置图对于 MEP 要完成的协调工作至关重要。但是这些天花板的布置图在导入到 AutoCAD-3D 模型时，天花板的网格信息全部被剥离了，这导致在 AutoCAD-3D 模型中的天花板失去了三维层高的信息，而这些信息却是在需要送审的二维图纸中的关键信息。图 9-72 显示的是使用 Navisworks 软件系统将机械系统和消防系统综合起来。图 9-73 是在 2010 年 2 月 20 日拍摄的施工现场照片。与图 9-72 相比，这个照片显示了整个工程相当于建设了两次，一次是虚拟建模，一次是实际施工。在这个照片拍摄时，钢结构工程的安装进度完成了 30%。图 9-74 显示的是使用 GoToMeetings™ 软件，在现场和在办公室的团队成员之间可以进行网络会议。

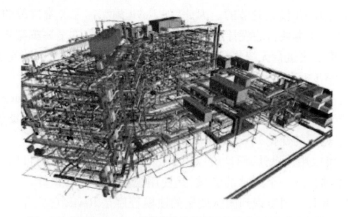

图 9-72　使用 Navisworks 软件系统将机械系统和消防系统综合起来

七、联邦文档协作系统的使用

项目的 IPD 团队在进行模型管理时，使用了宾利的智慧项目管理软件系统进行在线模型和文档的管理和协作。由于大量的项目参与者分散在多个不同的地点，这个管理软件系统变得至关重要。这个系统允许团队用分散的方式来开发模型，在模型完成之后提交到系统中，随后所有团队成员都可以立即看到这些模型。使用宾利公司的智慧项目管理软件系统,项目团队在 8 个不同地点部署了 8 台服务器。团队成员可以先在他们自己的电脑上开发模型,并将其保存在自己的电脑上,无须每次都通过互联网存到服务器上。而模型最新的修改储存在当地的服务器上,使得团队成员能够更有效地协调彼此之间的工作,如图 9-75 和图 9-76 所示。图 9-75 是"联邦模型管理"架构模型和文档协作示意图。图 9-76 是在地图上显示的该模型服务器的位置。宾利的智慧项目管理软件系统(图 9-77)为项目团队提供了以下功能:

(1)每个人都可以从他们办公室的台式机或笔记本电脑上,立即访问最新的项目文件。

(2)根据每个人在项目中承担的角色的不同,创建各自不同级别的访问权限。此访问允许用户控制各个组的访问内容,包括文件夹、多个文件,甚至单一的文件。

(3)使用简单的、类似于 Windows 资源管理器的方式查看文档,并且具有与 Windows 资源管理器相同的功能,例如拖放功能。

(4)创建不同版本的文档。

图 9-73　2010 年 2 月 20 日拍摄的施工现场照片

图 9-74　GoToMeetings™ 软件使现场和办公室的团队成员之间可以进行网络会议

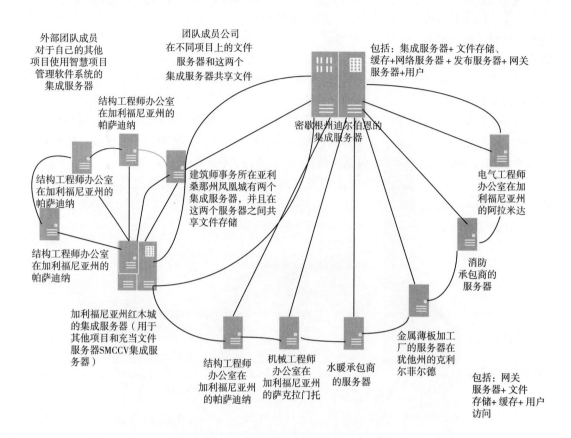

外部团队成员对于自己的其他项目使用智慧项目管理软件系统的集成服务器

团队成员公司在不同项目上的文件服务器和这两个集成服务器共享文件

包括：集成服务器+ 文件存储、缓存+网络服务器 + 发布服务器+ 网关服务器+用户

结构工程师办公室在加利福尼亚州的帕萨迪纳

结构工程师办公室在加利福尼亚州的帕萨迪纳

密歇根州迪尔伯恩的集成服务器

建筑师事务所在亚利桑那州凤凰城有两个集成服务器，并且在这两个服务器之间共享文件存储

电气工程师办公室在加利福尼亚州的阿拉米达

结构工程师办公室在加利福尼亚州的帕萨迪纳

消防承包商的服务器

加利福尼亚州红木城的集成服务器（用于其他项目和充当文件服务器SMCCV集成服务器）

结构工程师办公室在加利福尼亚州的帕萨迪纳

机械工程师办公室在加利福尼亚州的萨克拉门托

水暖承包商的服务器

金属薄板加工厂的服务器在犹他州的克利尔菲尔德

包括：网关服务器+ 文件存储+ 缓存+ 用户访问

图 9-75　"联邦模型管理"架构模型和文档协作

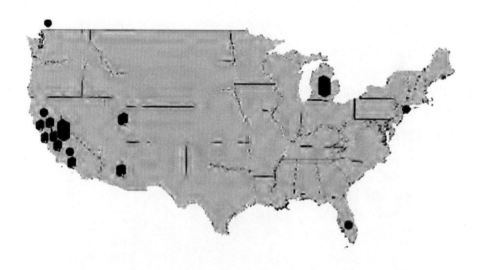

图 9-76　在地图上显示的该模型服务器的位置

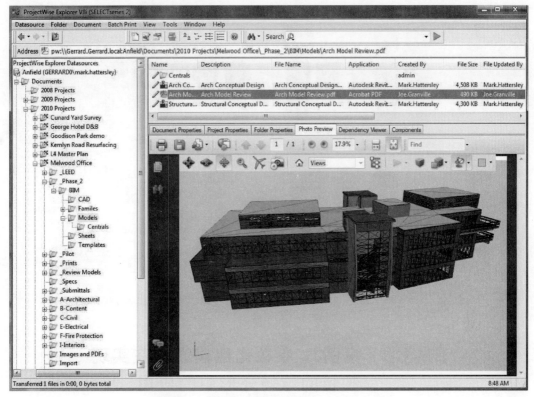

图 9-77　智慧项目管理软件系统的用户界面图

（5）追踪文件，并审计它的修改过程。

（6）文件录入和登出的功能。

（7）使用文档查看器查看和标记文件。

（8）根据对文档或文件夹的更改，创建自动通知。

（9）流程映射以及使用项目战略解决方案的生产管理功能来跟踪完成情况。

项目团队使用生产管理的解决方案（SPS）来进行流程映射，并且跟踪完成情况（图 9-78）。在项目开始时，流程映射的过程就是使用传统的方式，在大会议室的墙壁上粘便利贴的过程。然后，团队指定专人使用微软的 Visio 程序，将捕获到的数据输入到优先级关系图中。随着关系图的复杂性不断增长，他们开始不断更新流程映射。随后，这个过程转换到使用 SPS 生产管理器进行关系图管理，SPS 生产管理器能够管理日程表的数据，也能够计算计划日期。

（10）在设计中跟踪潜在的风险和机遇。

随着设计的进展，团队需要连续跟踪设计费用的变化，以确保设计费用没有超出预算目标。此外，团队还仔细研究了潜在的风险和存在的机会，以及可能会增加项目成本的因素。对于所有这些因素，他们都进行了仔细评估，并采取了适当的行动。在电子表格内显示这些问题的追踪结果。这些信息被醒目地张贴在大会议室的墙壁上，所有的团队成员都可以看到这些存在的问题和解决的情况。这些问题由核心小组在每两周的例会上进行讨论，以确保及时采取适当的措施，并且跟进解决的情况和结果。

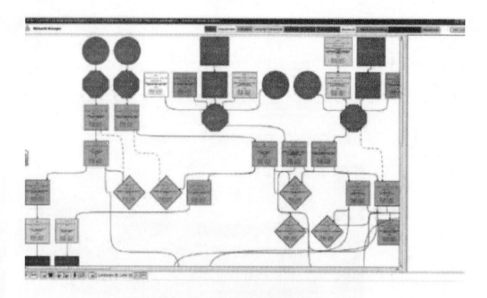

图 9-78　使用 Visio 软件制作的流程映射网络和前瞻的网络规划项目组（团队用阴影表示）

第八节　案例八　参数化建模设计在实现独特的球场外形中的应用

一、项目背景

新英杰体育场(体育场由英杰保险集团公司冠名。英杰保险集团公司签署了为期十年的冠名权合同)的设计完全取代了旧的结构,它能够提供先进的设备,以及可以容纳 50 000 名观众的场馆座位。它由世界著名的运动体育类建筑设计事务所颇普勒斯与斯科特·塔伦·沃克事务所联合设计。英杰体育场与老体育场相似的地方在于它可以为足球和橄榄球比赛提供场地。新的体育场和它的主赛区(球场)是南北定向,这一点与老体育场大致相同。新的体育场最有特色的特点是它半透明的"披甲式"有机外装修设计。这种外装修设计完全覆盖了整个体育场。图 9-79 为英杰体育场的照片。英杰体育场的屋顶部分覆盖了所有的观众座位,同时不影响主赛区(球场)和周围住宅区的最佳水平的自然光。

新球场的建设始于 2007 年 5 月,现在已经正式完工。英杰体育场的案例研究的重点在于如何使用 BIM 技术来实现自由的创新设计。在这里,我们主要讨论如何定义和开发参数模型,来支持体育场的外壳和结构的设计,以及如何使用 BIM 来管理材料的制造和安装。

二、工程概况

新英杰体育场的设计是由一个连续的曲线形的外壳来包裹住体育场的四周和屋顶的所有侧面。它的最高点的标高为 50m(164 英尺),这样的设计可以在东、西、南三侧的看台上放置四层的观众座位。北面看台只有一个较低的座位层。这种设计可以尽量减少体育场对于相邻一侧居民区的影响。本工程总造价约 4.1 亿欧元。本项目的业主是兰斯当路体育场发展公司(LRSDC)。这家公司是由爱尔兰橄榄球联盟和爱尔兰足协于 2004 年创建的,公司成立的目的是与爱尔兰政府签署有关建设与管理新英杰体育场的协议。

图 9-79　英杰体育场的照片

本项目团队由三类专业团体构成。这三类团体分别为设计师、项目经理和顾问。表 9-11 详细列出了新英杰体育场项目的团队成员。2005 年 4 月 25 日,兰斯当路体育场发展公司任命颇普勒斯建筑设计事务所(前身为 HOK 体育场馆设计)作为设计负责人,任命项目管理有限公司作为管理负责方。设计方和管理方分别单独任命他们自己的顾问公司,以便在项目的不同方面对他们进行协助。设计方的顾问包括本地设计师斯科特·塔伦·沃克。布鲁·哈珀德公司负责结构、土木和幕墙的工程设计,ME 工程有限公司负责机械工程设计。在管理方面,主要顾问是基奥·麦康奈尔·斯彭斯(KMCS)和富兰克林体育有限公司,主要负责工程量计算、成本管理和采购。

颇普勒斯建筑设计事务所和项目管理有限公司负责向兰斯当路体育场发展公司报告工程进展。兰斯当路体育场发展公司向项目监测委员会(PMC)提交设计、规划和施工等方面的有关问题的评估,并获得审批。项目监测委员会(PMC)由都柏林市的政府官员、理事会成员,以及地方社区的代表共同构成,它至今仍然在履行有关的行政职能。在评估过程中,兰斯当路体育场发展公司特别任命了爱尔兰环境资源管理有限公司(ERM)来评测初始设计方案对环境的影响。

在选择了最好的设计之后,兰斯当路体育场发展公司在全球范围内对于主承包商进行了招投标。最后是由爱尔兰的约翰·西斯克父子有限公司获得了竞标。西斯克负责专业工程的分包合同管理工作。SIAC 和西莫来·JV 公司是钢屋盖结构的建设分包商,威廉艾姆·考克斯公司负责外装修覆层和屋面的施工。

新英杰体育场的项目团队   表 9-11

客户	英杰体育场(最初是兰斯当路体育场发展公司)
项目总监	迈克尔·格林公司
体育场导演	迈克尔·墨菲公司
项目管理	项目管理有限公司
工料测量师	基奥·麦康奈尔·斯彭斯和富兰克林体育有限公司
设计与规划	
建筑师	颇普勒斯建筑设计事务所和斯科特·塔伦·沃克公司
结构、土木和门面工程师	布鲁·哈珀德公司
服务工程师	ME 工程有限公司
景观设计师	格罗斯·麦克斯公司
餐饮设计者	智能设计集团和 QA 设计公司
间距设计者	体育草皮研究所(STRI)
策划顾问	汤姆·飞利浦事务所
消防顾问	迈克尔·斯莱特里事务所
通信	WHPR
施工	
主承包商	约翰·西斯克父子有限公司
拆迁和铁路走廊	麦克纳马拉建设公司
子分包商	BAM
钢结构分包商	SIAC 和西莫来·JV 公司
机械分包商	莫科瑞公司
电气分包商	肯茨公司
屋面及覆层	威廉艾姆·考克斯公司

三、设计要求和概念的开发

新英杰体育场的设计,是一个能够容纳 5 万个观众席位的设施。但是在兰斯当路,这个建筑设计能够使用的占地面积非常小。建筑的主要目标,是在满足观众席位的设计要求的基础上,把体育场建设成为一个城市的地标性建筑,并且能够举办国际级赛事。与此同时,在项目的施工过程中,以及在整个建筑的生命周期中,出现了许多复杂的约束条件和环境因素,必须要对这些因素进行综合管理。这一系列的要求和限制条件,促成了英杰体育场在建筑形式方面的创新,以及在结构布局方面的独特的解决方案。

(一)建筑形式

在概念设计的过程中,设计团队探索了不同的球场外形。他们还制作了一组基本的建筑占地形状。建筑设计的主导思想是用光滑的、"披甲式"的、有机外装修材料来包裹球场四周,并采用无缝连续型外墙和屋顶。建筑师使用犀牛(Rhino)建模软件,快速生成了这个概念设计的表面和体积模型。犀牛软件是一个多功能的 3D 建模软件。建筑师使用三维模型确定了最好的构造形状,用来申请设计规划许可证。这个过程中所涉及的对于各种替代方

案的评估,主要基于四个标准:

(1)要确保所需的座位容量,同时为观众提供最佳的视角线和球场距离。

(2)最大限度地提高球场上的阳光照射面积,用于促进天然草皮的生长。

(3)尽量减少该建筑对附近房屋所造成的阴影。

(4)在球场东侧,提供培训场等配套设施的额外空间。

设计团队分析了有关方面的研究结果,其中包括眩光、交通运输、交通便利条件,以及紧急疏散的不同解决方案。同时,设计团队还完成了大量的基于南北方向、东西方向这两个轴向的日光—阴影研究(图9-80)。

仔细审查后,业主选择了设计方案 A。在这个方案中,主轴是南北走向,并略向西倾斜。该方案可以满足大部分的设计要求,同时尽量减少了建筑给周边地区带来的负面影响。体育场的北部附近有一片住宅区。为了减少体育场对于位于其北部附近的住宅的阴影影响,建筑师们决定将体育场北侧的高度限制为只有一层观众层。而在体育场的东、南、西三面,同时提供四个观众层。这种构造形成了英杰体育场最有特色的特点,使它成为都柏林市的一道亮丽的天际线。此外,该功能还可以让坐在南侧的观众观赏到都柏林市中心(图9-81)的壮丽美景。

图9-80　日光研究系列图,用于评估不同的建筑形式和配置

a)建成后的体育场

b)在体育场座位上可以看到都柏林市的地平线

图9-81　体育场的景色

(二)结构布局

本项目在工程设计方面最具创新性的一点是它的屋顶结构设计。该设计是由布鲁·哈珀德开发的。它包括一个复杂的分层桁架系统,其特点是主体钢桁架呈“马蹄形”,跨越体育场的东、南、西各层次。这种马蹄桁架由位于体育场北端的一对锥形的混凝土超级柱支撑。

这两个混凝土超级柱上细下粗。主体钢桁架通过一系列的二级短肢桁架连接到围绕体育场外围的环形桁架。观众座位层的后方有一系列的立柱,外围的环形桁架由这些立柱支撑。在跨越主桁架和环形桁架径向之间,由三级桁架将主桁架和环形桁架联系起来,然后三级桁架的悬臂超出主桁架长达 15m,以此来创建屋顶的内部前缘。图 9-82 显示了详细的工程结构。

图 9-82　详细工程结构

结构元件的形状、尺寸和数目不仅必须满足承重条件,而且也必须满足功能限制。例如,如果主桁架的底部太低,在顶层座位的观众视线就会被挡住。除此之外,桁架下弦的形状必须是圆形,以满足建筑师的审美要求。桁架深度的要求也被限制为 4.4m,以便使它们能够从异地的制造工厂运送到工程现场。图 9-83 是分层结构布局图。图中,主桁架是马蹄形状,并且构成了内环路;二级桁架是外环线;短肢桁架是马蹄形主桁架和二级桁架之间的对角线;三级桁架是项目从二级桁架上向球场方向伸出的悬臂桁架。参数化规则定义了桁架形状,以及包层结构和桁架之间间距的最大深度。所有这些功能性方面的考虑都有可能影响到结构的性能。通过 BIM 技术的参数化模型,把这些功能性要求作为设计规则,可以实现每个桁架材料尺寸的优化,而且可以解决上述许多的冲突。下面将介绍工程协作过程和发展这种参数模型的动机。

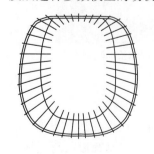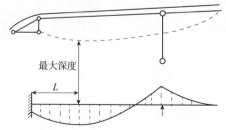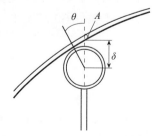

图 9-83　分层结构布局图

四、参数化设计和协作

在新英杰体育场项目的设计开发过程中，有两个并行的过程同时进行。第一个设计开发过程的主体可以被认为是球场的"核心"，即主体育场结构。主体育场结构包括观众席、球场区和所有的内部空间和设施。第二个设计开发过程的主体是体育场外装修。体育场的外壳设计非常复杂，并且需要对设计参数进行大量的约束和调整。由于这些原因，设计团队规定了协作的工作流程。该流程围绕 Bentley（奔特力）系统的生成组件（GC）软件来创建参数化模型。采用这种参数化建模方法，意味着设计团队可以对体育场的几何构架进行数控。这样一来，如果有修改变动，人们将不再需要手动编辑图纸，也不需要重建几何模型。

团队协作所采取的策略，从一开始就体现在一系列的通用设计和建模规则制定中。团队协作也通过协议的方式确定了下来。随后，通用设计和建模规则就被嵌入在参量模型内。建筑师们希望对体育场的外部几何形状具有控制权，而工程师需要设计并计算外形的结构支持系统。经过讨论，他们确定了一个假设的分界线，对建筑师和结构工程师的责任范畴进行了划分。这个假设的分界线是一个界面层，其几何形状是由建筑师控制的，随后交付给结构工程师进行开发。这种做法可以自动触发并且操纵几何外形的设计、结构的几何形状模拟以及相应的结构分析等。根据这些规则，当建筑表面的一部分产生了曲率的变化时，在下方的结构系统中就可以自动产生更新。这些更新随后就提交给结构工程师进行评估。另一方面，如果工程师改变了桁架尺寸或桁架之间的间隔，那么建筑表面设计及其所有相关组件，如覆板和支架等，也会自动调整。设计团队在参量模型中嵌入通用设计和建模规则，在此基础上进行参数协作，这种做法的 4 个相关优势总结如下：

（1）通过 BIM 软件自动传播设计变更的功能，加强了不同模型的一致性。在 BIM 参量模型中嵌入通用的参数和规则，这种做法可以让所有的建筑和工程模型都遵循相同的行为规则，还能够更加容易地产生替代的解决方案。

（2）缩短了反馈周期。结构分析过程中使用的数据需要进行预处理。参数协作能够极大地简化预处理过程，从而减少分析时间，并缩短对于结构设计分析反馈的循环过程。为了达到这个要求，布鲁·哈珀德公司的工程师们开发了自己定义的应用程序。这个应用程序可以与 Bentley（奔特力）系统的生成组件（GC）软件进行集成，在集成的基础上，进行结构分析。

（3）为寻求替代解决方案提供了便利条件。本项目设计的难点之一是建筑外壳覆板系统的设计和建模。在寻求并且分析各种替代解决方案时，参数协作为设计团队提供了便利条件。设计团队在 Excel 电子表格和生成组件（GC）软件之间建立了动态链接。本项目的建筑外壳包括覆板系统，覆板系统可以起到百叶窗的作用。而电子表格和生成组件之间的用户界面，可以用来创建复杂的百叶窗的开合模式。这样开合模式不仅必须要能够满足用户严格的审美要求，并且要满足空气处理机组的通风要求。

（4）满足了材料生产和加工厂商之间的通信需求。例如，幕墙材料生产和屋顶加工的厂商之间可以根据参数模型开发简化的中心线模型以及材料用表。

五、参数方法的技术实施

本项目使用了以下 3 个模型部件来实现外部构造的三维参数模型：

（1）数值参数。

（2）静态几何数据。

（3）生成组件软件的脚本文件。

新英杰体育场项目的模型也考虑了外部构造的表面控制点。这些表面控制点所对应的位置参数或数值数据，是从原来的犀牛模型（Rhino Model）中提取出来的。这些数值提取之后，就存储在 Excel 电子表格中。这些数值数据是由脚本代码录入到 Bentley（奔特力）系统的生成组件（GC）软件中的。这样一来，生成组件软件就从原来读入的犀牛模型中复制了外壳数据，并且可以针对原始数据点的任何改变进行自动更新。

设计团队还开发了一个图形控制系统。该系统可以利用控制曲线对模型的整体几何形状进行快捷方便的操作。图 9-84 解释了这个图形控制系统的工作原理。

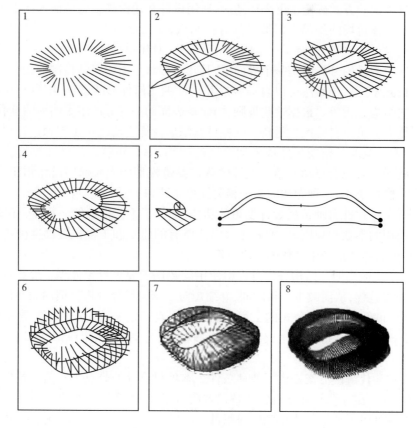

图 9-84 图形控制系统的工作原理

（1）网格文件，静态几何尺寸。

（2）建筑外壳的外边缘界定，由生成组件创建的文件。

（3）建筑外壳的内边缘界定，由生成组件创建的文件。

（4）截面几何尺寸，由生成组件创建的文件。

（5）截面高度图，数值参数。

（6）结构定义。

（7）外形定义。

（8）覆板支架定义。

该系统也进一步细化了原始模型中用于确定整体几何形体的参数规则。这个图形控制系统与其他全局变量相结合，可以用于创建外覆板系统的最终几何形体，还可以用来解决外覆板系统与场馆核心系统之间的冲突。这种几何控制系统也促进了该项目中颇普勒斯建筑师与其他专家之间的通信交流。例如，设计团队可以用它来迅速检查座椅布局和观众视线之间的潜在冲突，然后通过调整这些控制曲线来改变模型。这个图形控制系统也可以测试其他替代解决方案。

观众台的设计需要与整体体育场的碗形设计保持合适的空间关系。为了保持这个空间关系，设计团队从 CAD 文件中引入了不同层次的概念。不同层次所包含的静态几何数据可以作为 BIM 参数模型的外部参考文件。这些文件包含许多平面测量的信息。例如，体育场的观众台是混凝土结构，这个混凝土结构的径向网格和横截面都是平面信息。又如，座椅设计专家提供的、观众座椅背面的曲线也是平面信息。这些文件经过 Microstation 系统的 CAD 软件编辑之后，再结合参数模型，可以将静态几何数据转换成 BIM 的参数实体。通过使用图形控制系统，设计团队能够非常容易地进行建筑内核和外壳之间的调整。而且通过 Excel 电子表格，图形控制系统可以自动进行数值更新。

对于屋顶结构的周边元素，它们的位置是由一系列垂直平面控制的。这些平面也用来定义建筑外壳的几何尺寸。每一个垂直平面的位置，都是由碗形体育场的足迹曲线和它径向结构网格的交点来确定的。体育场的足迹曲线由变量控制，每两个垂直平面之间的空间可以用来定义一个结构平台，每个垂直平面是一个特定的二维横截面的空间参考平面。模型建成后，可以从垂直平面上提取出横截面图。另外，以中心线为基础的建筑外壳结构的三维模型以及观众平台的结构模型等，都可以用相同的机制进行数据交换。关于各种建筑外壳元件的位置和尺寸，还有一些补充信息。这些信息可以以数字格式通过 Excel 电子表格输出。

六、结构分析与反馈

在设计的发展过程中，建筑外壳的模型很可能要经过数次修改。建立一个有效的沟通机制，对于设计团队确定最终的设计意图非常有必要。出于这样的原因，布鲁·哈珀德公司的工程团队决定使用参数化建筑模型作为参考。在此基础上，建立自己的参数模型。然而，工程模型与建筑模型不同。工程模型是简化版本的模型，模型中仅需要包含结构构件的中心线，以及从建筑模型到中心线之间的、适当的位置偏移量。因此，设计团队分别建立了工程模型和建筑模型，随后通过包含在 Excel 电子表格中的控制点的数值，使这两种模型建立了动态链接。

布鲁·哈珀德公司承担了开发结构分析模型的任务。这个任务包括把工程分析融入他们的参数模型的工作流程中。这是本项目中最具挑战性的一个方面。为了将分析嵌入到建模中，布鲁·哈珀德公司开发了用户自定义的应用程序。这个应用程序可以用来集成参数模型和结构分析软件。他们使用 C++ 编程语言，通过生成组件（GC）软件的编程接口，扩展了生成组件软件的内部功能，创建了所需的应用程序。布鲁·哈珀德公司开发的这个应用程序，能够将信息从生成组件软件的参数模型直接传送到千玺机器人（Robot Millennium）软件中。千玺机器人是一个结构分析软件包。参数模型传送到千玺机器人软件之后,就可以创建结构分析文件。这样,自动化程度已经完全可以用来进行结构分析,而无须对参数模型的负载数据进行手动预处理。该程序可以自动编辑参数模型中的每个结构元件的截面尺寸,例如桁架的上下弦、系带构件和支撑构件。最初的结构分析和计算过程,主要是根据装载状态的工程力学原理评估结构元件和它的尺寸。随后,分析计算结果逐渐在进一步的分析中确定下来。布鲁·哈珀德公司研发了一种完全参数化的系统,这个系统能够生成整个体育场的屋顶结构模型,同时满足建筑原理的要求,还能够进行初步的结构架设。除此之外,这个系统还能够自动生成数据文件,能够用于结构分析,而且不需要人工干预。图 9-85 显示了千玺机器人软件创建的结构模型以及相对应的负载数据。按照从左至右、从上至下的顺序,图中显示了结构设计、建筑外壳的几何形状、覆板设计、结构分析和建设文件。

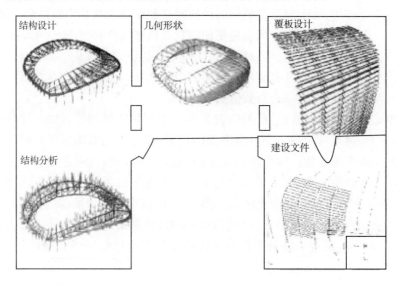

图 9-85　千玺机器人软件创建的结构模型以及相对应的负载数据

七、外部架构详图,制造和架设

参数化模型的另一大优点是能够提供详图、制造图和架设图。无论是对于外部架构的建筑模型还是结构模型,参数化模型的这个优点都起到了巨大的作用。使用参数化模型可以为外墙覆层和屋顶的结构建立相应的模型。这两种情况下的主要文档类型既包括中心线模型,也包括电子表格文件。中心线模型是随时更新的,主要代表简化的几何形状。电子表格文件包含模型元素的截面类型以及它们的尺寸的详细说明。外墙覆层和屋面建设的承包商可以使用这些模型以及模型链接的电子表格文件计算出最终结果。

(一)屋顶的制造和安装

球场外部构造的主要设计目标是产生屋顶和外墙覆层之间的、无缝的、连续的表面。因此,覆层和屋顶的制造商之间需要密切协调。为了达到这个目标,覆层和屋顶的制造商都使用了相同的中心线结构模型。这个结构模型是由工程团队在参数模型的基础上,通过精心策划施工过程而建立的。

英杰体育场的屋顶制造和安装的分包商,是意大利的超茂来(Cimolai)公司,该公司的专业领域是超大型钢结构。超茂来公司聘请了德国的 BOCAD 制造公司,使用 CAD/CAM 应用程序,直接从布鲁·哈珀德公司提供的中心线模型上获取了生产所需的所有制造信息。在这种模式下,超茂来公司的工程师可以将不同类型的截面部分的详细信息,由图形层组织起来。BOCAD 制造公司还提供了自定义的 BOCAD 宏操作。超茂来公司的工程师将图形层和自定义的宏操作结合使用,能够自动产生结构连接部件的细节信息。BOCAD 系统还支持其他的关键生产任务,例如物料管理和零件清单处理、部件嵌套过程的代码生成、激光钢材切割机的代码生成,以及最终的装配规划等。

英杰体育场项目的施工过程由非现场部分和现场部分组成。主导活动是预制的 25m 长的桁架段的装配。桁架装配完成之后,形成了主桁架的马蹄形状。这些桁架段是由焊接好的圆柱形状的构件组成的,在运到工程现场后,由起重机分别吊装。马蹄形桁架的组装顺序是由体育场北端的混凝土超大型柱开始,向南逐渐安装。在现场组装过程中,工作人员把临时支撑塔安装在管片接缝的地方,用来支持桁架段;在安装好之后,再用螺栓连接。图 9-86 是马蹄形桁架的建设过程。桁架之间使用锚栓连接。在安装时,使用临时塔架支撑。

图 9-86　马蹄形桁架的建设过程

在主桁架的所有桁架段吊装好之后,桁架段之间是用螺栓连接在一起的。主桁架固定好之后,就开始吊装屋顶的马蹄桁架。在整体结构的寿命周期中,由于屋顶桁架的大小和性质特点,整体结构都将受到热胀冷缩的影响。因此,主马蹄桁架的两端由支承板支撑,每个正桁架都落在定向轴承上,这样整个系统的伸缩都将按照规定位置进行。在设计中对于变形的考虑,也体现在覆板系统的设计和组装上。

(二)覆板系统的设计和优化

覆板系统的设计主要需考虑聚碳酸酯百叶板的排列,排列要满足体育场外壳的曲率要求。最初的覆板系统模型,是用生成组件(GC)软件,沿着边界层表面,由参数化功能引导而制成的覆板系统面板。这些面板的宽度不变,但长度可变,最大可能长度由覆板制造商的生产能力决定。这样一来,每一个面板的形状、尺寸和安装方向都可由软件自动调整。这种做法能够完美地贴合建筑外形上几何形状的曲率变化。

这些面板的工作原理和百叶窗类似。为了驱动这些百叶窗,并且保证百叶窗开口的角度能够遵循体育场外壳的曲率要求,设计施工团队还扩展了参数模型。根据空气处理机的系统要求,系统决定需要在哪些地方打开百叶窗来吸入更多的空气,并且发出相应的指令。具体的通风要求,是由暖通工程师在计算之后,以在外墙开口百分比的形式输入系统中的。如果只是简单地打开一组百叶窗,体育场外壳的外形效果可能不尽人意,建筑师们希望能够创造一个更具审美性的百叶窗开放格局。为了控制百叶窗的位置选择和打开布局,设计施工团队使用了 Excel 文件,按照整体上的预期图案控制百叶窗的开合,从而形成视觉上的外观效果。在这里,选用 Excel 是因为它具有容易使用的图形界面。使用这种方式之后,系统根据分配到电子表格的颜色,利用梯度公式,将颜色转换成面板的角度值。参数化模型可以从电子表格中读取开启面板的角度值,并开启面板到计算好的角度值。这种方法可以精确控制覆板系统的每一个面板。图 9-87 显示了开启面板的规划,图的下部显示的是利用填入颜色的电子表格作为用户界面来操纵面板的开启。

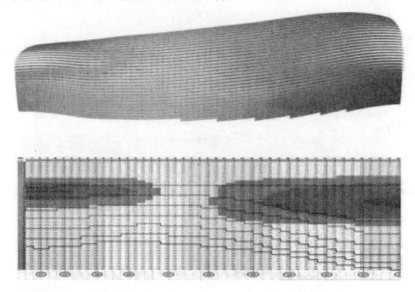

图 9-87 开启面板的规划

这种拼板模式和开关控制,需要确保覆板和连接的细节方面有很高的精确度,并且要在控制方面进行优化。因为覆板系统的模型文件尺寸非常巨大,模型上所需的部件也为数众多,创建整个体育场的外部结构的完整参数模型,这个做法是不现实的。项目团队采取的策略是"分而治之"。这个策略解决了体育场的外部结构分包商与幕墙顾问公司的合作问题。该解决方案是把整个体育场外形的参数模型作为主模型,进一步切分成更小的"子"模型,每个子模型由辅助桁架内的结构平台来限定,子模型的宽度与四个覆板的宽度相同。每个子模型控制点的信息从主模型提取,然后通过一个脚本函数导出到 Excel 电子表格中。也就是说,每个子模型由其他脚本函数创建,这些脚本函数从电子表格中读取数据,并且将每一个结构平台重建成单独的文件,这些文件再由生成组件软件读取。这样一来,人们不用处理一个非常大的参数模型,而是把它分成更小、更容易管理的部分,文件尺寸的难题也就解决了。

随后,每一个结构平台的中心线模型被送往覆板系统的外墙专业公司,公司再以 DWG 文件格式进行优化分析和细化。

来自瑞士的覆板工程公司是外墙覆板系统的专业公司。瑞士的覆板工程公司担任了英杰体育场项目的幕墙顾问,并负责有关性能要求的评估和雨屏覆板的优化设计。顾问公司的主要目标是使用价值工程来研究覆板,以达到制作与安装的高效率和低成本。对于初步的雨水径流分析,覆板工程公司与建筑师一起合作,使用的模型是由生成组件软件制作的。结构平台的中心线模型是 DWG 格式的文件。覆板工程公司与建筑师根据这个中心线模型,使用 Solidworks 系统建立了新的、非常细化的模型作为覆板的制作和安装依据。该方法可以生成覆板配置和覆板支架的替代解决方案。覆板工程公司与建筑师使用的这个方法,通过使用 Solidworks 系统的专业化宏操作,在材料制作和安装的自动化方面达到了相当高的程度。

之后,这些模型被用来执行一系列的额外研究,以评估不同的面板和支架的配置。例如,在这些研究中,有一个重要的方面是关于材料的热胀冷缩造成的横向变形,特别是屋顶钢铁材料的热胀冷缩造成的覆板竖框变形。在优化过程之后,最终的覆板设计方案确定了下来。特别值得一提的是,优化过程还提高了标准化的程度。以覆板长度为例,覆板长度从 4 114 种不同的长度减少到了 53 种长度。设计团队还专门开发了一个自定义的调节支架,提高了最终覆板系统装配的灵活性。图 9-88 显示了详细的覆板和支架系统。设计团队在经过测试和优化之后,在参数模型的基础上,通过定义参数模型的行为模式来获得覆板和支架系统的详细信息。为了获得实际的材料测试数值,设计团队还按照材料的实际尺寸建立了覆板系统的样本,帮助测试和促进施工计划的实施。

图 9-88　详细的覆板和支架系统

(三)覆板系统的制造和安装

建筑立面的最外层表皮是一层透明的聚碳酸酯雨屏,这一层雨屏是由铝梃支撑的。外层雨屏的主要作用在于防雨保护,但是它不是密封的。有些室内区域,例如会客厅和贵客区,在聚碳酸酯雨屏之下有传统的双层玻璃幕墙。威廉艾姆·考克斯公司是覆板的制造商。为了协调从设计到制造的过程,威廉艾姆·考克斯公司、建筑师以及覆板工程公司从工程一开始就密切合作,这次合作促成了覆板外观系统的成功。整个覆板的外观系统设计是自行完成的。覆板外观系统由四个主要部分构成:聚碳酸酯百叶板、百叶板的铝框、铝旋转支架和弧形铝竖框。图9-89 详细显示了这个覆板外观系统。按照从上到下的顺序,分别为:覆板外观系统模型、覆板外观系统的四个主要构成部分,以及各个材料在生产车间制作时的照片。

图 9-89　覆板外观系统的生产制作详细过程

覆板框架和覆板支架的材料是铝合金,这两种材料的制造是使用常规的铝压铸工艺完成的。威廉艾姆·考克斯公司将这两种材料的制造分包给了两个本地的铸造公司。这两家公司能够利用 Solidworks 模型的信息生产全部的压铸组件。在生产聚碳酸酯覆板的时候,材料制造所需的大部分信息是从参数模型中直接提取的。随后,材料信息存储于 Excel 电子表格中。这些信息能够识别结构平台内的每个覆板及其特定的长度、方向和开度角。覆板的横截面是恒定的,它本身是冷折叠的聚碳酸酯板。

然而,生产弯曲竖框段是材料生产中最困难和复杂的部分。弯曲竖框段上面还需要有预钻孔来连接其他的竖框段和转动支架。覆板工程公司自主设计开发了针对这个问题的解决方案,并且通过威廉艾姆·考克斯公司制造的索具车床进行了生产。从索具车床上挤压成形的铝型材由轧制机处理成规定的曲面半径,随后运到索具车床钻孔。利用 Solidworks 的三维模型可以自动生成工厂制造图。从工厂制造图的图纸上,可以获得每个钻孔的位置和直径的信息。本项目中,所有的钻孔都是利用激光装置测量,并使用索具车床的可调夹具定位,然后通过手动操作完成的。图 9-90 是使用索具车床的概念设计和生产过程。图的左侧是覆板工程公司自主设计开发的索具车床的机械图,右侧是威廉艾姆·考克斯公司制造的索具车床。在索具车床上,有一个铝合金的弯曲竖框段正在接受钻孔。在生产完成之后,每个竖框段都编有条形码,可以进行识别。条形码包含每个竖框段所在的结构平台的信息,以及竖框段在结构平台上的位置。

图 9-90　使用索具车床的概念设计和生产过程

　　最后的现场装配,在很大程度上利用了整体竖框段的预装配和支架孔预钻的技术。聚碳酸酯百叶窗的面板和框架也进行了异地预装,并按照条形码上显示的安装顺序运输到施工现场。在这个工程中,有大约 4 000 多件覆板需要安装在旋转托架上。只有覆板的安装工作是在现场进行的,这样做的目的是降低运输成本。图 9-91 是外墙覆板系统的最终装配。可调节的支架和连接装置能够起到调节覆板的作用,这个调节必须严格按照模型的变量来操作。

图 9-91　外墙覆板系统的最终装配

第九节　案例九　BIM 在港口工程——巴拿马运河扩建工程中的应用

　　本案例着重讨论了 BIM 在巴拿马运河扩建工程这一项举世瞩目的项目中的应用。本案例中,BIM 技术通过可视化,促进了客户与施工方之间的沟通,还起到了提升项目设计质量的作用。本项目的设计和施工团队为了实现企业战略和工程任务目标进行了不懈的努力。本案例的特点是:使用 BIM 支持多方合作;基于 Web 的技术服务;使用可视化技术帮助业主理解方案设计,并在众多设计方案中做出选择。

一、工程概况

巴拿马运河和苏伊士运河是世界上具有重要战略意义的两条人工水道。最初,船只行驶于美国东西海岸之间时,不得不绕道南美洲的合恩角(Cape Horn)。巴拿马运河开通后,全部航程可缩短约 15 000km。由北美洲的一侧海岸至另一侧的南美洲港口也可以节省航程多达 6 500km。巴拿马运河的开通也为航行于欧洲与东亚或澳大利亚之间的船只节省了时间。巴拿马运河整个水位高出两大洋 26m,设有 6 座船闸。一般来说,船舶通过巴拿马运河需要 9 个小时,轮船的最大吨位可以达到 76 000 吨级。从地理上来说,巴拿马运河是南北美洲的分界线。苏伊士运河两端有 25cm 的水位差,巴拿马运河则有 50cm。高潮时苏伊士运河两端的水位差仅 2m,巴拿马运河则高达 5、6m。巴拿马运河长度仅是苏伊士运河的一半,高潮时两端水位差却大很多。水位差产生的流速冲击会影响航行安全。所以航道需用船闸升降,以保障船只航行。图 9-92 是巴拿马运河工程的施工现场。

图 9-92 巴拿马运河工程施工现场(图片由美国美华集团公司提供)

二、设计要求

巴拿马运河扩建项目的一些基本数据详见表 9-12。

巴拿马运河扩建项目数据一览表 表 9-12

新的第三套船闸所需的混凝土量	430 万 m^3
由新节水盆地再利用的淡水量	60%
船舶在纽约和旧金山之间航行时,通过巴拿马运河的航线与通过合恩角的航线相比节省的航程	7 872 英里(约 12 669km)
考古文物发现	1 件
新的船闸质量	800 万磅(约 3 629t)
在巴拿马运河扩建项目现场已经发掘并恢复的物品	8 800 件
打开和关闭新船闸的时间	4.5min
工程开工后,以巴拿马运河命名的物种	1 种

美国美华集团公司作为"巴拿马运河超大型"工程的参与者,曾自豪地宣布,具有特色的

巴拿马运河扩建工程的第三套船闸项目是一个现代奇迹。船闸项目的部分，在 2015 年 4 月 11 日正式完工。图 9-93 显示了船闸的安装过程。

图 9-93　船闸的安装过程(图片由美国美华集团公司提供)

三、设计难点

如何利用建筑信息模型一直是巴拿马运河扩建项目的至关重要的部分。如果船闸的设计从概念设计开始计时，美国美华集团已经在这个项目上工作了 10 年以上。在第三套船闸的技术设计中，美国美华集团是设计团队的总负责。美华集团的船闸设计专家对于系统设计的要求是：该系统将允许更多的船只流量通过，并提高船闸操作的效率，降低系统维护的难度，以及减少总用水量。与巴拿马运河管理局制定的严格的技术要求和规范相比较，这些设计要求完全满足了所有的要求和规范。在设计中，美华集团遇到的挑战有下列几项：

第三套船闸项目是大规模的基础设施项目。项目所包括的节水盆地，是目前设计过或建造过的最大的一个。在美国美华集团所遇到的所有船闸设计项目里，这些基础设施的设计和建设，都将遵从最严格的设计标准。

船闸要有抵御大地震的能力，所以抗震设计的要求都很高。美华集团在设计船闸的墙壁和闸门时，采用了国际最先进的实践技术。闸门是巨大的钢结构，设计团队采用了先进的有限元建模工具，以保证船闸的设计达到相关标准。

除了以上的设计挑战之外，美华集团的设计工作还包括：

(1)船闸墙壁的设计：船闸墙壁设计的性价比达到了高标准。它的设计结合了基础水渠的构造，减少了静水和动水的荷载。船闸墙壁的结构架构达到了在强度和耐久性方面的性能目标，并且更加高效。

(2)抗震设计：美国美华集团采用了先进的设备和最先进的地震分析技术，在开发船闸墙壁配置时，以最低的成本满足了严格的抗震标准。

(3)耗水量：船闸项目所包括的节水盆地的体积是世界上最大的。节水盆地的设计目标是重新使用船闸所耗用淡水的 60%，这包括对补充和排空输水系统的优化。优化后，在用水效率和吞吐量方面，可以满足系统的严格的性能标准。

(4)操作和控制的集成：通过改进控制系统的设计和运行特点，船闸操作将达到无缝衔接，并且能提高操作效率。船闸设计需要保证闸门在操作时能够快速地打开和关闭。船闸的操作必须和输水系统相互配合。输水系统负责补充和排空船闸系统的水量，它的高效运行依靠于创新的水力设计和最佳的控制技术。高效的船闸和输水系统能够确保系统的安全性、高效率和吞吐量的最大化。

四、BIM 集成到设计交付

巴拿马运河工程的建筑信息模型以三维数字的形式显示了设计施工的信息，并汇集了有关建筑物的每个部件的信息。这是第一次在如此大规模的土建工程项目中使用 BIM 技术。业主专门要求，要在本项目中使用 BIM。巴拿马运河扩建项目中，设计团队利用 BIM 技术，使本项目的许多方面达到了当时条件下的最佳实践。本项目中，设计师在以下几个方面使用了 BIM：

（1）建立重点项目部件和系统的智能数据库。

（2）通过电力、机械、建筑和土木结构元素的叠加，来识别和防止冲突（即冲突检测）。

（3）以民用结构为背景，由电气和机械设计师们分别叠加他们的系统。

从 BIM 中可以随时提取二维施工图纸。现场施工的变化不仅是昂贵的，还有可能会造成施工延误。虚拟冲突检测消除了工程变更的问题。在 BIM 中，所有这些因素都已经充分得到了考虑。承包商可以随时随地地取用 BIM 中的信息。作为技术设计的牵头者，美国美华集团与合作的设计团队在全球共有五个办事处。这个多元化的工程师团队，通过使用智能三维模型实现了更好的协作，帮助他们在施工前解决了设计冲突。这有助于协调项目，并且节省了时间和资金。

美华集团在同一时间需要同时进行许多元素的设计，BIM 系统能够帮助设计团队更快、更自信地将设计变化集成起来。一个很好的例子，是用 BIM 管理复杂的电气和机械系统的布局方式。承包商和设计师使用 BIM 工具，对电气和机械系统进行了布局，并直观展示了其设计结果。这是一个高效而且强大的通信交流工具。在最终的设计中，美华集团利用 Autodesk Revit 中的产品，生成了运河的新船闸和水坝结构模型，模拟了场地功能，并且对配套公用设施进行了详细设计。美华集团还使用 AutoCAD Civil 3D 软件进行了场地设计。图 9-94 显示的就是计算机生成的巴拿马运河扩建工程的模型图像。对于大型的和复杂的设计，智能三维的 BIM 可以帮助设计团队深入了解项目的细节。BIM 系统具有协调设计和文档输出功能，从而节省时间和资金。美华集团的设计团队结合设计模型，提高了跨学科的协调程度，增强了施工前解决设计冲突的能力。

设计—建造团队在指导项目的过程中发现，使用传统的方法有时是遵守时间表的必要手段。在项目交付过程中，使用 BIM 作为进程管理工具时，项目团队的灵活性是很重要的。美华集团发现，对于大规模的项目或独特的结构，如水坝和船闸类工程，需要专门定制的BIM 结构模型。图 9-95 显示了巴拿马运河扩建工程的规模和它的独特性。

虽然软件工具是 BIM 的关键组成部分，但是融合了软件工具的一体化设计过程，才能让项目团队实现 BIM 的全部优势。在项目的所有阶段，BIM 已经体现了突出的价值。但在工程交付之后，BIM 的更多优势才会逐步显现出来。从业主的角度来说，BIM 是一个强大的运营和维护工具，可以解决基础设施长期运营和维护的需求。BIM 将成为财富创造和资产管理之间的重要纽带，这有助于促使设施更高效地运转。人们一直在研究如何更好地利用资源，以解决世界各地的重要基础设施的需求。BIM 技术是解决这个问题的关键一环。美华集团认为,在设计过程中采用 BIM,是巴拿马运河扩建工程的极其重要的一步。但是从总体上来说,BIM 技术的应用仍处在早期阶段。在重大水利基础设施项目上,美华集团才刚刚开始发挥 BIM 技术的潜力。对在巴拿马运河扩建工程中使用的 BIM 工作流程和软件应用,美华集团将把它们作为模板,在未来复杂的项目上继续参考使用。

图 9-94　计算机生成的巴拿马运河建工程模型(史蒂夫·伯利,2012)

图 9-95　巴拿马运河扩建工程的规模

五、技术要求

美国美华集团(MWH Global)凭借其在巴拿马运河项目中的出色表现,赢得了欧特克 BIM 经验大奖。美华集团使用的是欧特克的 BIM 软件系统。欧特克有限公司是全球二维和三维设计、工程及娱乐软件的领导者。美华集团是水务基础设施工程和规划领域的领先企业,主要承接水利、水电和民用基础设施方面的工作。美华集团在巴拿马运河第三套船闸项目的设计过程中,结合使用了 BIM 的流程与软件,将运河的船运通行容量扩大了一倍。美华集团通过使用 BIM 流程,提升了巴拿马运河第三套船闸项目的设计质量;通过高效管理设计变更,提高了生产率和利润率;并且通过可视化,促进了与客户及施工方之间的沟通。以下内容,对这三个方面分别进行了深入讨论。

(一)提升巴拿马运河第三套船闸项目的设计质量

美华集团在全球有五个不同的设计办事处。使用智能三维模型可以帮助工程师团队高效协作,在施工前解决设计冲突,并保持项目设计和施工图纸协调一致。第三套船闸项目包含两座巨大的船闸设施:一座在大西洋一侧,另一座靠近太平洋。每座设施设有三个闸室,涉及的创新设计元素包括:重复使用船闸系统中 60% 淡水的节水盆地,以及世界一流的地震分析。

美华集团在巴拿马运河第三套船闸项目的设计过程运用了欧特克公司的多个软件。图 9-96 由 CICP 公司提供,显示了对系统进行碰撞检测的过程。在整个设计过程中,使用的 BIM 软件有以下几种。

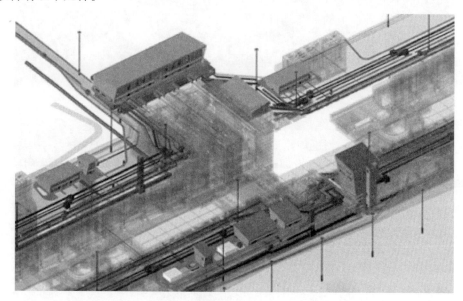

图 9-96　美华集团在巴拿马运河第三套船闸项目的设计过程运用 Autodesk Navisworks Manage 软件
(图片由 CICP 提供)

(1)Autodesk 3ds Max Design:这个设计软件用于概念设计和细化设计,并通过制作可视化视图,帮助客户理解众多设计方案。

(2)Autodesk Revit Architecture、Autodesk Revit Structure 和 Autodesk Revit MEP:这些软件用于细节设计的建模,例如运河新船闸结构、建筑、控制塔和众多辅助设施的细节设计。

(3)AutoCAD Civil 3D:这个软件主要用于场地建模,能够更有效、更准确地进行地基的设计。

(4)Autodesk Navisworks Manage:这个软件用于加强多方的协调和合作,帮助团队在施工前解决设计冲突,提升项目质量,预防成本高昂的现场变更。

(5)AutoCAD Electrical:美华集团的电气分包商使用这个软件用于对电气类的设计建模,例如用于设计电气原理图和面板布局。

（6）数据维护：项目移交给巴拿马运河的管理机构时，还要同时移交项目的模型。该团队利用 BIM 工作流程来捕捉资产信息。这些操作也会包括在主维修手册中，一并纳入项目的最终模型，另外还包括设备的数码识别标签。

（7）招标决策：在招标设计时，美华集团使用 Autodesk 3ds Max Design 软件进行设计建模。这些可视化模型有助于客户了解这些设计。针对多种设计方案，客户能够做出更明智的决策。

这些软件全部都是欧特克的 BIM 软件产品。在工程项目中使用同一家公司的软件产品，可以避免模型通用性不佳的问题。

（二）高效管理设计变更，提高生产率和利润率

在本项目中，美华集团的设计团队充分使用了 BIM 工具的建模功能，并且还将 BIM 作为一个基于模型的管理流程。使用 BIM 流程，可以对未来的未知情况做出模拟和预测，并提供意见。这有助于更快、更经济、更环保地创建并管理建筑和基础设施项目。美华集团的设计团队面向建筑和基础设施的生命周期，注重 BIM 解决方案，用 Revit 软件产品和 Civil 3D 软件创建了一系列智能模型。并根据这些智能模型，建立了一系列配套解决方案，用于对项目进行虚拟可视化和仿真、制图以及专业绘图，而且还进行了数据的管理和协作，进一步强化了 BIM 带来的益处。BIM 系统的不同产品组合，可以帮助土木工程师和设计师等利用智能模型中丰富的信息改善计划、设计、建造和管理项目的方式，从而提高生产率和利润率。

（三）通过可视化促进与客户及施工方之间的沟通

在第三套船闸项目中，使用智能三维模型完成整个设计和施工的交付为团队带来了巨大的益处。为了能向巴拿马运河管理局递交包含项目模型和数据的操作手册，团队还特别利用了 BIM 工作流程，捕捉了设备识别标签等资产信息以便收录。通过 BIM 的可视化功能，团队促进了与客户及施工方之间的沟通。在巴拿马运河项目中，欧特克咨询部深入项目第一线，观察初期产品的实施情况，并提供培训服务。在后期，欧特克还提供了不间断的产品支持和技术指导，协助美华集团从之前的二维技术主导的工作流程，成功转变为了运用智能三维模型的工作流程。

章后习题

结合本章中所介绍的任意案例及你自己的理解，谈谈 BIM 在工程项目实践应用中的关键要点有哪些。

本章参考文献与延伸阅读

[1] 洪磊. BIM 技术在桥梁工程中的应用研究[D]. 成都：西南交通大学，2012.

[2] 李雄华. BIM 技术在给水排水工程设计中的应用研究[D]. 广州：华南理工大学，2009.

[3] CAD PERI：www.peri.de/ww/en/products/service/software_e/peri_cad_e.cfm.

[4] 王韬. 基于 BIM 的商业地产项目管理研究[D]. 天津：天津大学，2012.

[5] 方后春. 基于 BIM 的全过程造价管理研究[D]. 大连：大连理工大学，2012.

[6] http://www.dpr.com/media/news/2013#n2924.

[7] http://www.dpr.com/projects/sutter-medical-center-castro-valley.

［8］http：//www. dpr. com/media/press-releases/dpr-begins-construction-on-sutter-medical-center-castro-valley.

［9］http：//www. dpr. com/assets/news-docs/ENRSMC_CastroValley. pdf.

［10］Carse A. Nature as Infrastructure：Making and Managing the Panama Canal Watershed［J］. Social Studies of Science，2012，42（4）：539-563.

［11］360 百科：巴拿马运河. http：//baike. so. com/doc/1001629-1058951. html.

［12］维基：巴拿马运河. http：//wiki. mbalib. com/wiki/%E5%B7%B4%E6%8B%BF%E9%A9%AC%E8%BF%90%E6%B2%B3.

［13］航运界. 巴拿马运河拓宽工程正式停工. ［2016-02-07］http：//www. ship. sh/news_detail. php？nid＝11650.

［14］https：//www. hpematter. com/issue-no-2-fall-2014/engineering-technology-and-sustainable-design-intersect-panama-canal-qa-mwh.

［15］微天下. 中国为何参建"第二巴拿马运河"？［2014-12-02］http：//news. sina. com. cn/w/zg/jrsd/2014-12-02/0900437. html.

［16］Hagler G. S. ，Barzyk T. M. ，Kimbrough S. ，et al. Panama Canal Expansion Illustrates Need for Multimodal Near-source Air Quality Assessment［J］. Environmental Science & Technology，2013，47（18）：10102-10103.

［17］欧特克. 美国美华集团运用建筑信息模型将巴拿马运河运力扩大一倍. ［2011-12-16］http：//usa. autodesk. com/adsk/servlet/item？siteID＝1170359&id＝18317681&linkID＝11304337. http：//blog. zhulong. com/blog/detail4715822. html.

［18］Steve B. . BIM 和 21 世纪的巴拿马运河. ［2012-10-29］https：//www. ice. org. uk/disciplines-and-resources/case-studies/bim-and-the-21st-century-panama-canal.

人民交通出版社股份有限公司　公路教育中心

工程管理类教材

1. 工程经济学(李雪淋)　　　　　　　　　978 – 7 – 114 – 06795 – 2　　　22 元
2. 国际工程管理(杜强)　　　　　　　　　978 – 7 – 114 – 13447 – 0　　　30 元
3. 公路工程经济与管理(张擎)　　　　　　978 – 7 – 114 – 13535 – 4　　　48 元
4. 工程造价控制(石勇民)　　　　　　　　978 – 7 – 114 – 07223 – 9　　　30 元
5. 公路工程造价(第二版)(周世生)　　　　978 – 7 – 114 – 09855 – 0　　　48 元
6. 公路工程定额原理与估价(第二版)(石勇民)　978 – 7 – 114 – 10858 – 7　　39.5 元
7. 公路工程造价编制与管理(第三版)(刘燕)　978 – 7 – 114 – 11511 – 0　　　52 元
8. ◆工程质量控制与管理(第二版)(邬晓光)　978 – 7 – 114 – 09116 – 2　　　30 元
9. 道路管理与系统分析方法(黄晓明)　　　978 – 7 – 114 – 07626 – 8　　　28 元
10. 工程风险管理(邓铁军)　　　　　　　　978 – 7 – 114 – 05105 – 0　　　21 元
11. 高速公路管理(第二版)(王选仓)　　　　978 – 7 – 114 – 10441 – 1　　　38 元
12. ◆工程项目融资(第二版)(赵华)　　　　978 – 7 – 114 – 08380 – 8　　　29 元
13. 公路建设项目投资与融资(张擎)　　　　978 – 7 – 114 – 11986 – 6　　　36 元
14. 工程项目审计学(张鼎祖)　　　　　　　978 – 7 – 114 – 11038 – 2　　　32 元
15. 工程财务管理(杨成炎)　　　　　　　　978 – 7 – 114 – 10297 – 4　　　37 元
16. 工程项目投融资决策案例分析(王治)　　978 – 7 – 114 – 09901 – 4　　　35 元
17. 工程项目成本管理学(贺云龙)　　　　　978 – 7 – 114 – 09886 – 4　　　42 元
18. 公路经营企业财务会计学(周国光)　　　978 – 7 – 114 – 11681 – 0　　　36 元
19. 电力企业会计(郭建强)　　　　　　　　978 – 7 – 114 – 10054 – 3　　　36 元
20. 公路行业财务管理学(第三版)(周国光)　978 – 7 – 114 – 13032 – 8　　　46 元
21. BIM 管理与应用(张静晓)　　　　　　　978 – 7 – 114 – 13657 – 3　　　45 元
22. 工程项目管理(李佳升)　　　　　　　　978 – 7 – 114 – 06487 – 6　　　32 元
23. 工程招投标与合同管理(第二版)(刘燕)　978 – 7 – 114 – 12308 – 5　　　39 元
24. 公路工程经济(周福田)　　　　　　　　978 – 7 – 114 – 06507 – 1　　　22 元
25. 公路工程预算与工程量清单计价(第二版)(雷书华)　978 – 7 – 114 – 10824 – 2　　40 元

注:◆教育部普通高等教育"十一五""十二五"国家级规划教材。